A PARIS
Chez Antoine de Sommauille et
AV PALAIS
Auec Priuilege du Roy 1665

LA VENERIE ROYALE

DIVISE'E EN IV. PARTIES;

QVI CONTIENNENT

Les Chasses du Cerf, du Lievre, du Chevreüil, du Sanglier, du Loup, & du Renard.

AVEC LE DENOMBREMENT DES FORESTS
& grands Buissons de France, où se doiuent placer les Logemens, Questes, & Relais, pour y chasser.

DEDIE'E AV ROY.

Par Messire ROBERT DE SALNOVE, *Conseiller, & Maistre-d'Hostel ordinaire de la Maison du Roy, Lieutenant dans la grande Louueterie de France, Escuyer ordinaire de Madame Royale Christine de France, Duchesse de Sauoye, & Gentil-homme de la Chambre de S. A. R. de Sauoye.*

A PARIS,

Chez ANTOINE DE SOMMAVILLE, au Palais, au cinquiesme Pilier de la grande Salle, à l'Escu de France.

M. DC. LXV.
Auec Priuilege du Roy.

AV ROY.

IR E,

La Chaſſe eſt vn ſi noble exercice, qu'il eſt preſque le ſeul où les Princes s'adonnent,

comme à l'apprentiſſage de la guerre, le plus
illuſtre des Arts, & le plus genereux des
emplois, où ſe trouuent les meſmes ruſes &
les meſmes fatigues; Si bien que le Chaſſeur & le Guerrier, ont peu de difference. Les Roys meſmes ſont égallement jaloux
des droicts & des ordres de la Chaſſe &
de la Guerre; & comme il s'y rencontre
de la peine & du plaiſir, ils en iugent abſolument l'exercice royal. A qui pourrois-je
donc plus iuſtement offrir ce Liure de Chaſſe, qu'au plus grand Roy du Monde, digne Fils du Grand & I V S T E
L O V I S, qui ne ceſſoit les trauaux de
la Guerre, que pour les reprendre à la
Chaſſe; & qui dans l'vn & l'autre de ces
penibles & violens emplois, a touſiours
partagé ſon repos. Ses preceptes m'ayans
appris les leçons que ie vay donner, ie croy,
S I R E, que vous prendrez plaiſir aux
remarques de toutes les Chaſſes conſiderables, que ie tiens de deux ſi excellens Maiſtres, H E N R Y L E G R A N D,

& *LOVYS LE IVSTE*, auf-
quels voftre Majefté fuccede tres-digne-
ment; & qu'à leur exemple elle ioindra à
fa Naiffance augufte, leurs vertueufes inclinations. Ie m'eftimeray tres-heureux &
trop bien recompenfé de mon trauail, fi la
lecture en eft auffi agreable à voftre Majefté, que l'exercice que i'en ay fait, le fut
au feu Roy voftre Pere; Et fi i'auois l'honneur d'eftre auprés de vous en mefme eftime, pour ce que i'ay d'acquis en ce bel Art,
ma fortune n'auroit point de prix, voyant
voftre Generofité curieufe de ces belles leçons, & portée aux nobles & innocens
plaifirs qui fe trouuent dans la prattique;
vous repofant de temps en temps des affaires de l'Eftat, fur les foins de cette grande & admirable Princeffe, la Reyne voftre Mere, & fur les conduites & les veil-
les de voftre Miniftre Incomparable. Cependant ie feray des vœux, que voftre Majefté foit comblée des Benedictions du Ciel;
infpirée de m'honorer de fes Commande-

mens, & perſuadée que ie ſuis, auec vne
paſſion infinie,

SIRE,

De voſtre Majeſté,

Le tres-humble & tres-obeïſſant
ſubiet & domeſtique,
DE SALNOVE.

PREFACE

PREFACE

E grand Roy LOVIS LE IVSTE d'vne memoire triomphante, infatigable aux belles choſes, n'a pû qu'augmenter la gloire de ſes Predeceſſeurs, qui n'ont trauaillé que pour ſon accroiſſement en celle de leur Poſterité. Laquelle auſſi s'eſt trouuée en ce Monarque ſi grande, & que ſon fils le digne Succeſſeur de ſes vertus, maintient auec iuſtice dans ce fleuriſſant Eſtat & par tout le pays de ſes conqueſtes. Où le ſuiuant au pas, il ſe montre encor curieux du bel art de la Chaſſe, illuſtrée d'vn tel Heros ſon Pere, dont les preceptes m'ont eſté des leçons, que i'oſe publier, venant d'vn ſi grand Maiſtre. Si bien que les regles & les ordres de la Chaſſe y ſont tellement obſeruez, dans le temps qu'il faut ſonner & parler aux chiens, que rien n'y peut manquer;

ẽ

puifque luy feul en a poly les termes, dont
les puiffantes lumieres ont découuert toutes
les connoiffances qu'on peut auoir des Cerfs,
par les foins que fa Maiefté a voulu prendre
d'aller fouuent les détourner aux Bois, & d'y
mener les plus excellens de fa Venerie, pour
raifonner auec eux fur toutes les circonftan-
ces d'vn Art fi noble. Il eft bien iufte qu'il
conduife ma plume en cét Ouurage, ayant eu
l'honneur d'auoir efté nourry fon Page, em-
ployé dans fa Venerie & dans la Guerre tren-
te-cinq ans de fuite ; tant auprés de fa Maiefté, qu'en Piedmont, par fon commandement, prés de MADAME ROYALE
fa fœur, & de fon Alteffe Royale, VIC-
TOR AMEDE'E, le Duc de Sauoye, fon
Beau-frere. Leur égale & vertueufe inclination, tant à la Chaffe qu'à la Guerre, a di-
gnement allié ces deux Princes ; puis qu'aux
mefmes emplois ils fembloient n'auoir qu'vn
mefme efprit en deux corps differents. De
forte que la Chaffe, qui fait mon fuiet, a efté
de tout temps le diuertiffement des Roys,
des Princes & des Gentil-hommes, & a tenu le premier rang des plus nobles exercices.
Auffi n'eft-il permis qu'aux Gentils-hommes,
par l'adueu des Souuerains, qui pour mettre
difference entre leurs plaifirs, fe font refer-

uée seulement la Chasse du Cerf, pour leur
abandonner toutes les autres ; honorans ainsi
la Noblesse de la participation de leurs diuer-
tissemens , pour témoigner l'estime qu'ils en
sont. Mais à present vn tel dereglement s'y
trouue , que toutes sortes de personnes chassent plustost pour l'vtilité, que pour l'action
& le plaisir ; d'où i'apprehende que cette
Chasse noble ne deuienne roturiere, & que
l'excellence de cét Art ne se perde; puisque
mesme les meutes reglées sont conduites par
de ieunes Veneurs, qui s'estiment habiles de
sçauoir emboucher vn Cor , quand ils sonnent le gros & le gresle, sans aucune difference ny reglement de tons, ne voulans pas apprendre les veritables , & establis de tout
temps, pour ne les pas obseruer, particulierement ceux du regne de ces deux florissans Monarques , HENRY LE GRAND, &
LOVIS LE IVSTE, qui donnent vne par.
faite creance aux chiens; puisqu'on leur fait
entendre par ces tons reglez , ce qu'ils doiuent executer , & selon l'ancienne maxime
Françoise , qui n'emprunte rien des Estran-
gers , dont les termes ne sont pas entendus,
eux-mesmes ne les conceuans pas, où se connoist leur ignorance. Ce qui m'a fait ressouuenir de mes premieres instructions , pour

é ij

faire renaiſtre le bel ordre , & redonner le
iour aux beaux termes, dont vſoient ces deux
puiſſans Roys, pour ſeruir aux plaiſirs de leur
auguſte Succeſſeur , & à tous les Princes &
Gentils-hommes, qui aprés les trauaux d'vne
longue guerre , pourront iouyr auſſi long-
temps des douceurs de la Paix ; mais non pas
ſans employ , parce que la Nobleſſe Françoiſe
abhorre l'oiſiueté, qu'elle ne peut vaincre plus
genereuſement que par les illuſtres combats
de la Chaſſe, d'autant plus recommandable ,
quand ces beaux termes y ſeront obſeruez,
que i'ay veu pratiquer à pluſieurs Princes &
Gentils-hommes, notamment par feu Monſei-
gneur le Duc de Montbazon, Grand-Veneur
de France, qui a fait voir par ſa capacité, que
HENRY LE GRAND l'auoit tres-di-
gnement choiſi. Et auſſi par deffunts Meſſieurs
le Mareſchal de Thoyras, de Frontenac, de
Beaumont, de l'Iſle le Roy, de S. Sere, de la
Comble, de Griſſac, la Molliere, du Mouſtier
& de Boiſelair, leſquels pouuoient en leur
temps paſſer pour les plus experts. Nous auons
encores à preſent Meſſeigneurs le Prince Thomas, de Vandoſme, de Metz, le Prince de
Guimené, Grand-Veneur de France, de Sou-
uré, le Duc & le Commandeur de Schombert,
de la Force, le Duc de ſaint Simon, de Treſme,

de Vitry, de Seruien, Monſieur le Marquis de
ſaint Heran, Grand-Louuetier de France, &
Meſſieurs de Beaumôt, qui ſuiuans les traces de
leurs Peres, ſe ſont rendus des meilleurs Chaſſeurs. C'eſt pourquoy le Roy en a fait choix,
pour luy donner les premiers plaiſirs de la
Chaſſe. Et de Lieutenás de ſa Venerie, Meſſieurs
de Rouuray, de Leuarés, de Boniface, de la Roche Bardon, de la Pliſſonniere, de Chaſteau
Regnaud, & Salomon du Belley, Seigneur de
Soiſy aux Bois, Lieutenant de ſa Venerie pour
le Loup, & le ſieur de Bourlon, Treſorier de ſa
Venerie, & ſçauant dans la Chaſſe, & de Sous-
Lieutenans, Meſſieurs de Buade, de Carbiniac
& de la Fontaine; & de Gentils-hommes ordinaires, de ſaint Rauy, Deſprez, de Thury, de
la Prairie, de Poix, de la Roche-Doüart, de
Mazancourt, de Patinoſtre, de Piquant, de la
Foſſe, de Bois-Clerc fils, & Meſſieurs de ſaint
Martin, de Valois & de Fourche, Capitaines
des équipages de Chaſſes des trois Princes que
i'ay nommez cy-deſſus. Tous ces excellens
hommes dans l'Art, pourront bien voir ſi mes
écrits n'enſeignent pas les vrayes connoiſſances, les methodes de parler & ſonner, & la maniere de bien chaſſer. Ils pourront bien iuger
ſi mes preceptes & mes aduis ſont veritables,
& les ſçauront bien diſcerner des frauduleux

ẽ iij

& imaginaires , que ie remarque sur le suiet des
grandes & hautes chasses dont ie traite. Sans
doute qu'ils diront , que les bons ordres que
i'y fais voir , ont esté obseruez de tres-long-
temps dans les Veneries & équipages de nos
Roys , & aduouëront que i'exprime nettement
la façon de tenir les chiens-courans , les limiers & les levriers, pour les six sortes de chasses, que ie diuise en six Traictez ; sçauoir pour
Cerf, Lievre, Chevreüil, Loup, Sanglier, &
Renard. Et i'espere que la maniere de chasser
le Cerf en Piedmont, qui fait la seconde Partie, sera par les connoisseurs iustement approu-
uée ; comme aussi les remedes infaillibles aux
maladies des chiens, dont ie parle vers la fin,
auec la briéue instruction des mots, tons, termes & manieres de sonner & parler; & comme
on doit peupler les forests des grandes bestes,
dont i'écris , ne sera pas méprisée. Quant au
dénombrement que i'adiouste des forests &
grands buissons qui sont en France , propres à
y forcer & prendre ces bestes , comme des logemens qui s'y feroient pour le Roy & sa Venerie, s'il y vouloit chasser , i'en croy le diuertissement & la curiosité aussi agreable , &
sans contredit, que le bel ordre qui s'y trouue
pour les Questes & les Relais dans les refuites
des Cerfs, qui concluent cét Ouurage. Mon

PREFACE.

cher Lecteur , si en voyant cétœuure, mon
stile de Caualier ne vous contente, ma profes-
sion me seruira d'excuse , ne pouuant mieux
estaller mes pensées auec la rudesse d'vn lan-
gage negligé , & d'vn discours sauuage , que
j'ay contracté dans les Bois. Si pourtant vous
auez la moindre inclination au Royal exercice
de la Chasse , ie suis asseuré que les belles instructions que j'en donne , vous feront sup-
pleer aux deffauts des termes qui les expri-
ment. Lisez-les donc auec attention, pour en
venir à la pratique , & si vous en profitez,
j'en seray le premier satisfait. Adieu.

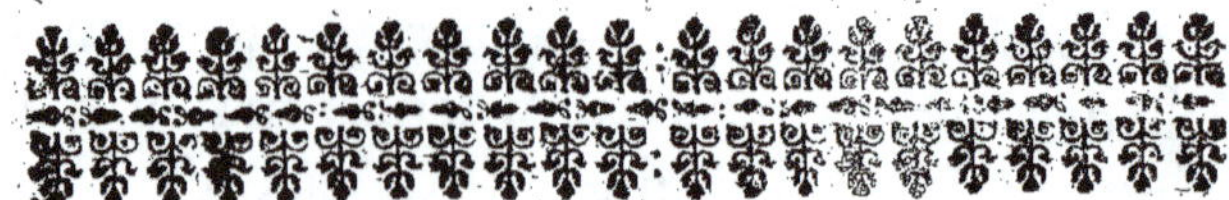

ADVIS
DE L'IMPRIMEVR
AV LECTEVR.

NE vous estonnez pas, Amy Lecteur, de voir au commencement de ce Liure de *LA VENERIE ROYALE*, & dans la suite, quelques termes qui pourront sembler nouueaux à ceux qui n'en auront pas beaucoup pratiqué l'exercice. L'Auteur y a pourueu par vn Dictionaire autant profitable qu'il est sans exemple ; & qui est comme la clef, & l'abregé de son Ouurage. Voyez-le donc à la fin du Liure, & vous y appliquez fortement. Mais ce n'est pas assez de vous instruire des termes, il faut voir l'Ouurage tout entier, & le considerer à plein fonds, pour de la Theorie venir à la pratique d'vn si bel Art, dont l'exercice est le plus genereux qui se verra jamais. Vous ne pouuez qu'y profiter, si vous auez la patience d'y donner quelques-vnes de vos heures auec attention, qui sera vne veritable marque de vostre generosité.

TABLE.

TABLE
DES CHAPITRES
DE LA VENERIE ROYALE.

DE LA CHASSE DV CERF.

TABLE

ĩ ij

LA VENERIE ROYALE.

Seconde Partie.

LA VENERIE ROYALE.

De la Chasse du Liévre.

CHAP. I. Contenant les termes desquels l'on doit vser, en faisant chasser les chiens pour le Lie-

---

De la Chasse du Chevreüil.

TROISIESME PARTIE DE LA Venerie Royale.

De la Chasse du Loup, du Sanglier, du Renard & des Receptes pour les chiens.

La Chasse du Sanglier.

DES CHAPITRES.

TABLE

De la Chasse du Renard.

Traicté des Receptes.

DES CHAPITRES.

✳❀✳❀✳❀✳❀✳❀✳❀✳❀✳

QVATRIESME PARTIE DE LA
Venerie Royale.

ADuis comme il faut peupler les forests.
340

Denombrement des forests & grands buissons de
France, & des vrayes situations qui s'y trouuent
propres aux Questes, Relais & Logements, pour
y chasser.   343

LA VENERIE ROYALE.

DE LA CHASSE DV CERF.

CHAPITRE PREMIER.

Pour connoistre le naturel & les qualitez du Cerf.

'Il eſt vray que le Createur a aſſuietty au premier des hõmes les animaux pour ſon diuertiſſement, comme au plus accomply de toute la nature ; Le meſme Dieu qui nous a donné des Roys, leur a iuſtement reſerué le Cerf, comme la plus parfaite & plus agreable de toutes les beſtes, afin que le plaiſir en fût autant precieux à ces Monarques, qu'ils ont ſur nous vn legitime aſcendant ; Auſſi eſt-ce le diuertiſſement qu'ils ſe reſeruent ſans contredit, & en diſpoſent abſolument, chacun dans ſon humeur ; Mais comme celle de nos Roys a touſiours

A

esté augufte & genereuse, aussi ont-ils voulu attaquer
cette befte vigoureufe & legere à champ ouuert, & auec
chiens-courans, pour la forcer & prendre fans furprife,
n'apprehendans pas fes forces ny fes rufes ; mais les autres Souuerains n'ont osé l'entreprendre qu'en lieux fermez & auec auantage, fe feruans de plufieurs chofes fur-
prenantes, comme de leuriers, de panderets, bricolles,
arcquebuzes, & arcbaleftres, & fi quelques-vns le chaffent fans fupercherie, ils en ont emprunté la maniere des
François, dont le courage & l'efprit feruent d'exemple
& de modele à toutes les autres nations, fi bien que la
Venerie de nos Roys fe peut dire la premiere du monde, dont les Officiers tres-experts fçauent parfaitement
la chaffe, & connoiffent à l'œil les inclinations & les proprietez du Cerf que ie puis dire veritables, & non au
iugement de quelques Auteurs qui en difent force chofes imaginaires, entr'autres, qu'on fçait l'âge des cerfs,
comme des bœufs & des vaches par la dent, & que le
cerf fe rajeunit par vn ferpent qu'il aualle à propos, &
qu'apres auoir couru tant qu'il foit tout en eauë, il re-
nouuelle fes années. Ils s'abufent : l'experience les contredit, parce qu'il faudroit auoir pris vn cerf dans lequel vn ferpent fe foit trouué en eftat de le renouueller,
fans luy ronger les inteftins. La chofe eft inouye, auffi
n'en ont-ils rien dit de veritable, ioint que le ferpent à
tant de venin qu'il infecteroit tout le monde, bien loin
d'en efperer aucune faueur : ce n'eft pas que ie doute
que le cerf ne viue fort long-temps par les connoiffances du pied & de la tefte, où la vieilleffe d'vn cerf fe peut
iuger affeurément, & non pas l'âge, fans fe tromper, mais
bien par fa conduite, & le regime de viure qu'il obferue
tout admirable, dés l'âge de fept ans, qu'il eft dans fon
entiere hauteur du cors & de la tefte, où il prend la
qualité de cerf de dix cors, qui le difcerne des ieunes
cerfs : c'eft alors qu'il entre dans vne façon reglée & perpetuelle d'agir & de viander felon les temps, ce qui pa-

roiſt aux bois, autant de fois qu'on a deſſein de le détourner ; car quand il débuche & releue du fort où il eſt demeuré à la repoſée le iour , s'il y trouue vn foſsé, il en
ſuit & longe le bord, tant qu'il ait trouué vn paſſage pour
le deſcendre & le monter , afin de n'eſtre pas obligé de
le ſauter ; & l'ayant monté , il demeure ſur le bord , pour
voir ſi dans le gagnage qu'il deſtine pour ſa nuict & ſa pâ-
ture , il ne découure aucun danger , & s'il y en a , il s'em-
peſchera bien d'y aller, ſans en auoir pris le vent, & n'y ayãt
rien à craindre , il ira touſiours au pas, ce qui eſt aller d'aſſeurance ; & s'approchant des grains, il choiſira les meilleurs ; & mangera les plus friands & les plus tendres à ſa
dent , & plus propres à la digeſtion , ce qui paroiſt à ſes
fumées , quand elles ſont déliées & bien moulües : il y
viande auſſi fort poſément, iettant les yeux par tout pour
n'eſtre pas ſurpris , & lors qu'il eſt repeu , dés la pointe
du iour il ſe retire au fort , tant il a de ſoin qu'il ne ſoit
reconnu, y allant touſiours au pas & d'aſſeurance. Il y fera ſon entrée par vn chemin où il puiſſe faire quelques
ruſes & retours , & quelques faux rembuchemens , auparauant que d'en former vn veritable, pour oſter la connoiſſance du lieu de ſon repos , & auparauant il ira dans
vne taille d'vn an ou deux, afin que ſi la rozée l'a moüillé , il y puiſſe voir le Soleil pour l'eſſuyer. Il s'y mettra
ſur le ventre (que nous appellons au reſſuy) tant qu'il y
ſeiche entierement , pour apres aller dans de plus grands
& vieux taillis ſe mettre à la repoſée, & y paſſer le iour,
où il choiſira le plus épais du bois pour ſa plus grande
ſeureté, & pour n'eſtre pas veu ny picqué des mouches
& des oyſeaux qui le découurent le plus ſouuent : nous
remarquons auſſi au Printemps & en Eſté , où les cerfs
ſont pleins de venaiſon, qu'ils s'abſtiennent deux ou trois
iours de ſortir de leurs demeüres , pour aller aux gaignages, ce que nous appellons ſe receller afin de n'eſtre pas
prouoquez d'y manger , & ce par forme de diette qui
leur eſt tres-profitable, ce qu'ils font meſme dans les

païs où ils font conferuez , & n'ont aucune allarme , ce que i'ay plufieurs fois reconnu allant aux bois. Ils font auffi parfaitement reglez à fe purger toutes les années au Printemps ; par des herbes nouuellement pouffées , qui leur faifans vn corps neuf, en rétabliffent la vigueur & la force. Et la preuue en eft tant plus certaine , que leurs fumées changent de forme en cinq ou fix iours , & que de fermes qu'elles eftoient en crottes de chévre, elles font liquides & en forme de bouzées de vache , auffi les appellons-nous bouzars , dans cette forme. Ils ont auffi l'induftrie de fe mettre plufieurs enfemble l'Hyuer , & fort proche les vns des autres à la reposée, pour fe communiquer la chaleur par leur haleine , & en Efté de fe feparer pour fe mettre plus au frais. Ie ne doute pas auffi qu'eftans indifpofez, la nature ne leur enfeigne quelques fimples pour les guerir : Toutes ces chofes donnent des coniectures qne le Cerf vit long-temps , ioint que fans accident , il s'en trouue peu de morts ; mais d'en fçauoir l'âge precisément, cela ne fe peut, ouy bien de connoiftre s'il eft ieune Cerf , ou Cerf de dix cors , & vieil Cerf, qui font les termes pour les bien difcerner , & en mieux connoiftre l'âge.

CHAPITRE SECOND.

Des proprietez qui fe rencontre dans le Cerf.

LÉ cerf n'eft pas feulement propre pour le plaifir de l'homme ; mais il luy eft auffi neceffaire pour remedier à fes infirmitez , puis qu'il fe treuue en luy force chofes tres-cordialles & fortifiantes : comme au milieu de fon cœur, il fe rencontre vn os vn peu plat & prefque en forme de Croix , auffi l'appelle-t'on vulgairement croix de cerf : il eft long comme la moitié du petit doigt, plus ou moins, à proportion de l'âge & grandeur des cerfs. Il y en

a qui difent que tuant vn cerf le iour de Saincte-Croix
cét os fe void en porter la figure, ce que pourtant ie n'ay
pas veu. De cét os nouuellement tiré du cœur, il faut ofter
toute la chair, afin qu'il en feche pluftoft & qu'il s'en garde mieux, pour au befoin le mettre en poudre, laquelle
vous pourrez infufer dans de la Maluoifie, ou bon vin
blanc, vn demy verre feulement, que vous ferez prendre
aux femmes qui feront en perilleux trauail d'enfant, pour
les en faire déliurer : cette poudre eft bonne auffi aux
fiéures malignes & pourpreufes, la prenant dans vne eau
cordialle.

Le premier bois que porte vn cerf, que nous appellons
les dagues, par où commencent les deux perches, font
auffi tres-cordialles, & font le mefme effet que le bois de
la Lycorne : on en peut raper pour mettre dans des boüil-
lons que l'on donne à ceux qui ont la fiéure, où on croid
de la malignité : l'on peut auffi mettre la dague entiere, fi
on ne la peut raper, dans vn coquemar, & en faire de la
ptifanne, qui fera le mefme effet.

Le bois nouueau poufsé du cerf, lors qu'il eft encore
mol & couuert d'vne peau veluë, eft propre à en tirer de
l'eauë par l'allembic, apres que vous l'aurez coupé par
roüelles, & de l'eauë qui en prouiendra, vous en pourrez
donner trois doigts dans vn verre, aux perfonnes qui auront la pleurefie & fiéure maligne, & mefme à ceux qui
auront la rougeole & la petite verole.

Il s'y fait auffi vne diftillation qui coule des yeux du
cerf dans deux fentes qui font au deffous (que nous appellons larmieres) laquelle s'y arrefte & s'y époiffit en forme d'vnguent de couleur iaunaftre, ce que nous nom-
mons larmes de cerf, qui font tres-fouueraines pour les
femmes qui ont le mal de Mere, delayées & prifes dans du
vin blanc, ou dans de l'eau de chardron benit : elles feruent auffi pour le mal caducq.

La moüelle tirée des òs du cerf, eft tres-fouueraine
pour fortifier & confolider les parties débilitées par ruptu-

res , ou fluxions froides , pourueu que l'on excepte la
saison que les cerfs sont au Rut, & quelque temps apres,
à cause qu'en ce temps ladite moüelle est rouge, & plustost
de sang que de moüelle, & iusques à ce qu'elle soit rede-
uenuë blanche & ferme, comme elle estoit auparauant, elle n'a aucune vertu : Pour s'en seruir, il faut casser les os &
en tirer la moüelle, & apres la mettre tremper douze heures dans de l'eauë fraîche, afin de la rendre plus belle &
plus blanche, & lors qu'elle sera fonduë, vous la mettrez
en petits pains pour la pouuoir plus commodément dis-
perser ; & pour en vser, il faut la mettre auec autant de
beurre frez que vous ferez fondre ensemble, pour corriger son extréme chaleur, & apres vous en frotterez la partie blessée, que vous mettrez vn linge chaud dessus. Le
suif se peut apprester, fondre & appliquer de la mesme
façon, horsmis qu'il n'est pas besoin d'y mettre du beurre,
à cause qu'il n'a pas la mesme chaleur que la moüelle,
ayant neantmoins la mesme vertu, outre que le nerf du
cerf à vne telle proprieté qu'il güerit le flux de sang, apres
l'auoir leué & mis tremper dans du fort vinaigre, deux fois
vingt-quatre heures, pour le faire secher au four, iusques à
ce qu'il se puisse mettre en poudre afin de s'en seruir au besoin, de laquelle poudre vous mettrez le poids d'vn écu
dans vn bon demy verre d'eauë rose & de plantin, que vous
ferez prendre aux personnes qui auront le flux de sang.

CHAPITRE III.

Du Rut des Cerfs.

D Ans ce present chapitre ie parleray du Rut des
cerfs, selon la veritable connoissance que i'en ay,
sans considerer ceux qui en ont écrit, puis qu'ils en disent
force choses qui sont vaines & superfluës, & où il y a aussi
peu d'apparence de verité qu'au suiet du premier cha-

pitre. Ie diray donc que les vieux cerfs, cerfs de dix cors,
& de dix cors ieunement entrent en chaleur au commencement du mois de Septembre , quelquesfois pluftoft de
fix ou huict iours, & quelquesfois plus tard : ce qui dépend du temps qu'il aura fait dans le mois d'Aouft:car s'il y
a eu de grandes chaleurs,elles feront éleuer des broüillards
dans les premiers iours de Septembre, qui feront auancer
la chaleur & le Rut des cerfs, à caufe que ces broüillards
épais & vn peu froids font refferrer leurs pôres & empef-
chent l'exhalaifon de la chaleur qui eft en eux causée par
leur plenitude & la difpofition de la chaleur eftrangere qui
leur doit furuenir dans ce temps, à caufe du Rut. Ce qui
eft à proprement parler l'Amour des cerfs , & qui dans
fon principe a du rapport à celuy des hommes, puis qu'il
leur prend par vne melancholie qui interdit leur conduite
ordinaire & les oblige infenfiblement à marcher iour &
nuict, la tefte baffe , ce que nous appellons Mufer, fans
s'arrefter dans les chemins & campagnes , où ils ne vont
pas de iour dans les autres temps , s'ils n'y font contraints,
& encores c'eft en fuyant, pour n'eftre pas apperceus des
hommes; mais quand ils ont cette fantaifie , ils ne les connoiffent plus, puis que lors qu'ils les rencontrant ils ne leur
quittent le chemin qu'auec peine , & quelquesfois ne le
font pas, tant ils font preoccupez de cette humèur melancholique, iufques à les rendre furieux , en forte qu'ils ont
choqué & bleffé des hommes qui leur fembloient fe vouloir oppofer à leur deffein : cette humeur mauuaife &
cette inclination à porter la tefte baffe , leur dure ordinairement cinq ou fix iours, & apres la forte chaleur du Rut
leur vient , qui les porte à ce qu'ils fouhaittent : ce qui les
oblige à aller chercher les Biches, & apres les auoir trouuées, ils les courènt & tourmentent auparauant que d'en
pouuoir ioüir , & leur grand Rut commence & continuë
pour les cerfs que i'ay nommez, tant qu'ils foient pleine-
ment fatisfaits, & peu de temps apres , les ieunes cerfs
commencent leur Rut & fe contentent des mefmes Biches,

en l'abſence de ces vieux Cerfs : Le plus grand fort du Rut
ſe tient ordinairement depuis les quatre heures apres midy iuſques au lendemain neuf heures du matin , où il ſe
fait des combats ſi furieux , qui s'y en bleſſe & tuë bien
ſouuent , & quelquesfois entremeſlent leurs teſtes , ſans les
pouuoir dégager ; Ce qui a eſté conneu, pour en auoir trouué les corps mangez des Loups dans la Foreſt de Fontaine-
beleau , dont les teſtes ont eſté apportées par les Gardes ,
& miſes dans la gallerie du Chaſteau , où elles ſont encores
auiourd'huy liées enſemble. Quand les Cerfs ont gagné
les Biches , ils continuent leur Rut au milieu des Foreſts où
il y a le moins d'ombre , c'eſt deuers ces lieux que les Cerfs
chaſſent les Biches de leurs teſtes , ſi l'amour ne les y porte,
afin de les mieux voir & d'en eſtre les Maiſtres ; Mais ſi par
mal-heur au Cerf, il en vient vn pareil à luy , ce qui arriue
tres-ſouuent , & faut qu'il le combatte & qu'il s'en rende le
vainqueur , & ſi d'autres ont veu le combat, bien qu'ils
ſoient auſſi grands Cerfs que luy & qu'ils euſſent eu auparauant deſſein de luy diſputer ſes Maiſtreſſes , ils luy en laiſſent là pleine ioüiſſance & en cherchent d'ailleurs : au
moins n'en aborderont-ils pas qu'il n'en ſoit éloigné ; &
alors s'en approchans auec furie , ils s'en contenteront &
s'en retireront au plus viſte , de la peur qu'ils auront du retour du vainqueur , & apres ils iront aux mares & aux
ruiſſeaux , ſe mettre ſur le ventre pour s'y raffreſchir , où
ils y grattent du pied , iettant la bourbe çà & là , dans la
furie où ils ſont, & afin qu'ils y puiſſent eſtre plus auant,
& y auoir plus de freſcheur , & lors qu'ils en ſont ſortis, ils
donnent encores de la teſte en terre , en la iettans par deſſus
eux , crians & beuglans, ce qu'on appelle Reer en vray terme) de toute leur force ; c'eſt où l'on peut connoiſtre &
diſcerner les Cerfs de dix cors d'auec les ieunes Cerfs, parce
que le Cerf de dix cors Rée plus gros, à la voix plus groſſe
& moins éclattante que celle du ieune Cerf : le Cerf de dix
cors ne Rée pas auſſi ſouuent , ny ſi long-temps : Il y a
auſſi vne particuliere connoiſſance qui les fait diſcerner,
                                                          lors

lors qu'ils donnent de la teſte en terre , puis que le cerf de
dix cors y donne bien auant , & la remuë de telle ſorte que
vous iugeriez d'abord & auparauant que d'en auoir reueu
du pied , que ce ſeroit de Boutis de Sanglier ; mais le ieune cerf ne donne en terre que du bout des Andoüillers &
n'en emporte que la ſuperficie ; ils donnent auſſi de la teſte
dans les ſpées , qui eſt vn reject de deux ou trois ans , & y
fracaſſent & rompent le bois , particulierement les cerfs
de dix cors : c'eſt ce que nous appellons Hardois , mais les
ieunes n'en font qu'écorcher la peau : L'on peut auſſi connoiſtre quand vn cerf a deſſein de quitter les Biches , par
l'entendre Raire , finiſſant en cela comme il a commencé ,
en reant plus bas & plus court ; c'eſt ce que l'on entend
pluſtoſt des cerfs de dix cors , qui finiſſent auſſi comme ils
ont commencé , puis que ce ſont les premiers en chaleur ,
dont le Rut dure enuiron trois ſepmaines , y comprenant
tout ce que i'en ay dit : car leur plus grande chaleur ne dure
que quinze ou ſeize iours ; & quand ils ont quitté les Biches , les ieunes cerfs en prennent poſſeſſion , leur Rut ne
dure que douze ou quinze iours au plus , à cauſe qu'ils ont
deſia donné aux beſtes par échappées , tellement que le
Rut des cerfs de dix cors & des ieunes cerfs ne peut durer qu'enuiron cinq ſepmaines , ſi ce n'eſt de quelques bien
ieunes cerfs à leur premiere & ſeconde teſte ; les cerfs
ſont plus furieux & dangereux en cette ſaiſon pour les
hommes , & auſſi pour les chiens , particulierement lors
qu'ils tiennent les abois , ce qui doit obliger le Chaſſeur
d'aller à eux auec auantage & prudence , pour leur donner le coup d'épée , qui doit eſtre au deffaut de l'épaule ,
afin de luy trouuer le cœur , on luy doit , au moins couper les iarrets ; il ne faut iamais attaquer vn cerf par la
teſte : car il ne manqueroit pas de vous choquer ; vous ne
deuez pas auſſi expoſer de ieunes chiens , qui n'ont pas
l'addreſſe de ſe pouuoir eſquiuer d'vn cerf , lors qu'il
vient à eux ; ioinct que la mauuaiſe & puante ſenteur qu'à
le cerf en ce temps , les empeſcheroit de le chaſſer , la

B

quelle odeur eſt cauſée par la chaleur qu'ils ont ſi grande, qu'elle leur fait noircir le poil au col & ſous le ventre, & meſme leur fait enfler le col & les dintiers.

CHAPITRE IV.

Des lieux où ſe retirent les Cerfs apres le Rut.

AVSSI-TOST que les cerfs ont quitté le Rut, & qu'ils ont repris leur premiere conduite, ils ſe retirent aux fonds des Foreſts, pour y eſtre plus à couuert du froid & du fâcheux temps de l'hyuer, où ils trouuent vn grand changement, puis qu'auparauant le Rut ils eſtoient dans de beaux buiſſons aux accus & confins des Foreſts, où ils auoient les gaignages à commandement & à choiſir ; mais dans ces fonds de Foreſts, il n'y peut auoir que quelques glands, que les Sangliers & les Pourceaux n'auront pû manger, & des feüilles de Ronciers que la gelée n'aura pas encores fait mourir, ou ſi par bon-heur pour eux, il s'y rencontre quelque ſource, où il y aura du Creſſon, & quelques autres herbes qui s'y conſeruent tout l'Hyuer, à cauſe de la chaleur des eaux & aux terres en friſche, pour y manger la pointe de la bruyere, comme aux taillis coupez de l'année : c'eſt toute la nourriture qu'ils peuuent eſperer pendant cette fâcheuſe ſaiſon, ce qui n'eſt pas capable de remplir leur peau, bien au contraire : car il n'eſt pas conceuable qu'vn cerf de dix cors, qui aura eu auparauant ſon Rut quatre doigts de venaiſon ſur le cimier & à proportion en tout le reſte de ſon corps, n'ait pas ſeulement perdu toute cette venaiſon, mais encores beaucoup de ſa chair, & cela en trois ſepmaines de ſon Rut, & lors que le mois de Decembre eſt venu, où commencent les grands froids, les cerfs s'attrouppent naturellement, & par le meſme inſtinct ils ſe choiſiſſent afin d'eſtre plus proportionnés de taille & d'âge, ce qui fait qu'ils ſe ſouffrent

plus facilement , se mettans les vieux cerfs & ceux de
dix cors , & quelques vns de dix cors ieunement ensemble , & ceux qui sont au dessous de cét âge , encores ensemble , horsmis les Daguets & quelques-vns qui n'ont
encores que le second bois , qui demeurent auec les biches , lesquels se mettent aussi en hardes , faisant trouppe
auec eux , c'est ce qui se void tous les hyuers. Ce qui fait
connoistre par années , si l'hyuer sera fort ou moderé : car
s'il doit estre fort , vous les verrez en plus grande troupe:
nous connoissons aussi lors que nous allons exercer nos
ieunes limiers & que nous les lançons , que la nature leur
enseigne , dans l'hyuer , de se mettre fort proche les vns
des autres à la reposée , encore qu'ils soient quantité ensemble , pour se communiquer d'autant plus la chaleur ,
& qu'en Esté , ils se separent pour mieux se raffreschir; mais
en Hyuer , ils ont l'instinct de choisir vn lieu plus sec , &
encores d'attirer des feüilles auec leurs pieds, pour mettre
au lieu où ils veulent reposer : le Seigneur du Foüillou fait
voir par ses écrits , qu'il auoit peu prattiqué les choses dont
ie parle , & entr'autres des changemens de pays que font
les cerfs en leurs viandis & façons de faire leurs nuicts,
quand il dit qu'ils en changent douze fois l'année , puis
qu'il ne se trompe en cét article que de huict : car les cerfs
ne changent que quatre fois de pays & de sortes de viandis , & par consequent de façons de faire leurs nuits , attendu qu'ils demeurent tout l'hyuer dans des fonds de
Forests & de grands païs de bois , où ils ne viuent tout ce
temps , que des choses que i'ay dites cy-dessus ; & au Printemps ils vont aux buissons , bords & accus de grands
païs , pour les noueaux viandis qui lors y poussent , &
dans les bois coupez de l'hyuer auparauant , comme aux
seigles & bleds , pois , féves & autres menus grains: ces
cerfs demeurent tout l'Esté dans ces buissons , ou s'ils les
quittent , c'est pour aller en d'autres de mesme nature,&
n'y peuuent auoir d'autres viandis que ceux que ie viens
de dire: neantmoins il y a quelques changemens , atten-

du qu'eſtant plus auancez, ils ſont plus durs : ce qui peut
faire diſcerner l'Eſté d'auec le Printemps : & dans l'Automne, ils ſe r'approchent des grands pays pour y trouuer
les Biches & donner au Rut ; leurs viandis ſont alors des
Regains qui viennent dans les chaumes d'auoyne & dans
les prez, & encores aux plus tendres des bois pouſſez de
l'année. C'eſt-là, ſans aucun contredit, les païs & les viandis où vont les cerfs tous les ans.

CHAPITRE V.

De la ſaiſon que les Cerfs muent, & mettent bas leurs teſtes.

LEs cerfs apres auoir ſouffert la rigueur de l'hyuer, &
qu'ils ſentent à la my-Février, ou au commencement
de Mars, que le temps commence à s'adoucir, ils ſe ſeparent, ou au moins ils ne demeurent que deux ou trois
enſemble, pour aller aux buiſſons qui leur ſont connus,
y mettre bas leurs teſtes, la pouſſer & la faire plus belle,
à cauſe des bons viandis qu'ils y auront le Printemps &
l'Eſté, comme i'ay dit. Ie ne pretens pas icy parler que des
vieux cerfs, des cerfs de dix cors, & de dix cors ieunement, car les ieunes cerfs ſe contentent de s'éloigner
ſeulement du milieu de la Foreſt où ils auront eſté tout
l'hyuer, pour s'approcher des gaignages qui ſont aux riues & aux accus des Foreſts pour y mettre bas, ioint que
dans cette ſaiſon les cerfs ayment la ſolitude & le repos,
à cauſe qu'ils ſe ſentent encores du trauail qu'ils ont eu
dans leur Rut, & de la mauuaiſe nourriture qu'ils ont
priſe dans l'hyuer, outre l'inquietude qu'ils ont, lors que
leur bois s'ébranle & veut tomber, ce qui leur fait perdre, pour quelques iours, le repos, par des vers qui ſe ſont
engendrez l'hyuer entre cuir & chair : mais comme ces
vers ne ſont produits que par la défaillance de la nature,

causée par la mauuaise nourriture & le fâcheux temps de
l'hyuer , ie peux dire que la mesme nature estant fortifiée
par l'àir & les nourritures de la nouuelle saison , chasse
ces vers , puis qu'ils ne peuuent subsister que dans l'humeur
corrompuë , & lors ils sont obligez de partir du lieu où ils
ont esté tout l'hyuer ; neantmoins leur diligence & leur
sortie dépendent du beau ou mauuais temps qu'il fera en
cette saison qui les peut auancer ou retarder , & en se retirant, ils se coulent entre cuir & chair, conduits par l'ordre
de la nature qui les fait aller le long du col iusques au dessus
du Massacre , qui est à proprement parler la teste du cerf,
mais on luy a osté ce nom pour le donner aux cornes qu'elle pousse, afin d'y mettre l'agréement entier , & en rendre
le terme plus beau, & lors que ces vers sont entre le massacre & la teste, c'est à dire le bois, ils s'y arrestent pour y tra-
uailler , iusques à ce qu'ils ayent rongé & decerné la teste
d'auec le massacre, ce qui ne se peut faire, sans que le cerf
en ait du ressentiment, qui est plustost vne demangeaison
qu'vne douleur, ce qui l'oblige à secoüer souuent la teste,
& à se la frotter dans des spées & à de petits arbres que l'on
appelle balliueaux , & de donner aussi quelquesfois des
Andoüillers en terre. Toutes ces choses excitent & aydent
à faire tomber plustost leur bois , ce qui ne se peut auant
que les vers ayent consolidé & purifié la playe par vne vertu
secrette que la nature leur donne. Ce qu'ayant fait, la teste
tombe à terre, & aussi-tost les vers, mais non pas comme le
pretendent ceux qui en ont écrit, disans que les deux costez
tombent en mesme temps , & qu'il y en a vn qui ne se trouue iamais, à cause qu'ils veulent que le cerf l'enterre , faisans connoistre par ce discours qu'ils n'ont eu aucune pratique dans la Chasse ; mais seulement ils ont veu apporter
vne Muë, qui est vn des costez de la teste du Cerf, par quelqu'vn qui estoit aussi mauuais Chasseur qu'eux, qui ne leur
aura pû dire que l'on ne trouue que tres rarement, les deux
costez de la teste d'vn Cerf en vn mesme lieu, à cause qu'ils
ne mettent pas bas leurs testes en vn mesme temps, & qu'or-

dinairement il se void des cerfs en cette saison n'auoir
qu'vn costé de teste, ce que i'ay veu plusieurs fois deuant
les chiens, & la mettre bas en courant, & i'ay veu laisser
courre des cerfs qui auoient leur teste entiere en fuyant,
en mettre bas vn costé, & prendre le cerf auec l'autre, &
d'autres qui tomboient entierement, estans courus. Cette
teste estant tombée, il se forme sur le Massacre, c'est à dire
la teste, vne peau déliée qui est couuerte de poil d'vn gris
de souris qui s'augmente lors que les meules se forment &
se grossissent, qui est la tige de la teste, ce qui se fait en cinq
ou six iours. C'est sous cette peau que la teste se forme, &
qu'elle augmente en peu de temps, pourueu que le cerf qui
la porte, soit dans vn pays fertile, & qu'il soit conserué de
toutes les choses qui luy peuuent donner de la crainte,
puisque c'est ce qui fait les belles testes. Les vieux cerfs &
cerfs de dix cors, & de dix cors ieunement, qui sont céux
qui mettent bas les premiers, le font presque en vn même
temps, ou à peu de iours les vns des autres, pourueu qu'ils
soient tous dans vne mesme santé & mesme force car celuy
dans lequel il se rencontre plus de vigueur, c'est luy qui met
bas le premier, comme i'ay veu, & plusieurs autres aussi
bien que moy : vn cerf de dix cors ieunement qui auoit
mis bas l'onziéme Ianuier en l'année mil six cens quarante,
ayant les meules recouuertes que ie laissay courre deuant ce
Grand Roy Louys le Iuste de tres-illustre memoire, au
bois de la Selle pres S. Cloud, cét auancement extraordinaire à mettre bas fit douter, à la premiere fois que le cerf
nous parut, que ce ne fust vne biche, ioint que c'estoit dans
vn païs où elles ont le corsage tres-grand, ce qui neantmoins ne m'empescha pas de le faire donner aux chiens,
apres en auoir reueu du pied, de la iambe & des os, & consideré ses connoissances, & en auoir obtenu la permission
du grand Veneur, selon l'ordre étably de tout temps, qui
estoit lors feu Monseigneur le Duc de Montbazon, qui
pourtant ne me le permit qu'apres l'auoir demãdé au Roy,
encores qu'il le pust par l'autorité de sa charge & de sa capa-

cité , luy ayant fait reuoir les connoiſſances du cerf que
i'ay dites , & i'ozeray auancer à ſa gloire que dans vne
occaſion ſi douteuſe,ſçachant bien que le laiſſer courre , en
appartenoit à celuy qui en auoit défait la nuiċt , il auoit raiſon de ne le pas entreprendre ſans l'ordre du Roy,pour ne
pas répondre de l'euenement , apres quoy ie le donnay aux
chiens , & peu de temps apres , il débucha de ce buiſſon,&
alla au bois de S. Cloud où il luy fut donné vn relais,& de-
là il alla aux tailles de Merly , où le Roy auoit enuoyé la
vieille Meute , qui luy fut donnée dans le bon & ancien
ordre,apres que les premiers chiens de la Meute furent paſſez , auquel païs le cerf ſe méla pluſieurs fois auec d'autres
cerfs , où les chiens le maintinrent par vne ſageſſe admirable , & le contraignirent de ſortir des tailles de Merly,
pour aller à la vallée du gros Houſt : mais comme ce bruit
de Biche continuoit , & que la creance en eſtoit demeurée
à pluſieurs , cela obligea ceux qui eſtoient à la chaſſe,de s'é-
carter à droit & à gauche , pour dans quelque rencontre le
pouuoir voir de prés , afin d'en faire vn aſſeuré iugement:
ce qui arriua heureuſement au Roy , comme au plus capable , qui s'eſtoit mis à couuert d'vne haye dans le détroit
qui eſt entre les tailles de Merly & la vallée du gros Houſt,
où le cerf vint s'arreſter à dix pas du Roy , & luy donner le
temps de le conſiderer , & de pouuoir le regarder entre les
aureilles , où il luy vit les Meules recouuertes,ce qui con-
firma l'opinion que ſa Majeſté auoit euë que c'eſtoit vn
cerf en le voyant fuïr & venant à elle : ce qui ſe peut connoiſtre de ceux qui ont vne parfaite pratique dans la
chaſſe ; puis qu'vn cerf court & fuit auec l'égalité , portant ſa teſte à proportion du corps , & non pas la biche,
qui la porte touſiours leuée , en trottant auſſi touſiours les
iambes leuées comme vn cheual échappé. Ces remarques
& la veuë qu'en eut ce grand Roy, lors qu'il eſtoit arreſté,
obligerent ſa Majeſté à crier *Tayoo* & à ſonner de ſon Cor
du greſle , ce que l'on doit faire quand on void le cerf de
la Meute ; ſa Majeſté eut auſſi la bonté d'attendre que les

chiens fuſſent venus que ie ſuiuois, pour me dire que c'e-
ſtoit aſſeurément vn cerf, ce qui r'aſſeura toute la ſuite,
qui negligeoit de ſe ſeruir du Cor, en le laiſſant ſur le coſté
iuſques-là; mais depuis l'on vid chaſſer auec grand bruit,
ce qui fit changer le deſſein qu'auoit le cerf, d'aller à la
vallée du Gros Houſt & de retourner dans les Taillis de
Merly, où il fuſt encores chaſsé & relancé pluſieurs fois, &
pris à trois quarts-d'heures de-là. Ie ne voudrois pas que
le Lecteur creuſt que ce qui m'a fait dire le particulier de
cette Chaſſe, procedaſt de vanité, ne l'ayant fait que pour
donner exemple & aduis à ceux qui exerceront le meſtier
doreſnauant, de ne ſe pas eſtonner en pareille occaſion.
Apres pourtant auoir meurement conſideré toutes les connoiſſances pour demeurer fermes, hardis & reſolus dans
l'opinion qu'ils auront priſe : car à ce Meſtier, il ne faut
pas eſtre timide ny trop chaud, ie réprens mon ſujet
pour vous dire qu'apres que cette peau a couuert les Meules, où commence la teſte du cerf, s'il a les viandis bons
& à commandement, ſa teſte aura pouſsé à quinze iours
de-là, demy-pied de reuenu, où les premiers Andoüillers
ſeront de quatre doigts de long, alors elle ſe peut dire porter quatre, & à autres quinze iours de-là, le Marain ſera
allongé d'autant ou quelque peu plus, où il y aura des ſeconds Andoüillers qui pourront auoir trois doigts de lõg,
& les premiers augmentez d'autant : alors la teſte ſe pourra dire porter ſix bien ſemez, elle continuera de meſme à
proportion de temps, iuſques à ce que la nature ait fait ce
qu'elle fera dans l'année en cette teſte, puis qu'elle peut
eſtre doreſnauant augmentée aux ieunes cerfs de groſſeur
& hauteur, & aux cerfs de dix cors augmentée ou diminuée ſeulement d'Andoüillers. I'ay touſiours remarqué
que dans la mi-May, les cerfs de dix cors & de dix cors
ieunement auoient pouſsé à demy leurs teſtes, & tout à
fait à la fin du mois de Iuillet, & les ieunes cerfs dans le
huictiéme ou dixiéme du mois d'Aouſt, encores que bien
ſouuent ils ne mettent bas leurs teſtes que trois ſepmaines
apres

apres les Cerfs de dix cors, & par conſequent ne commencent pas ſi-toſt à la pouſſer : Mais auſſi ils n'ont pas vn ſi
gros & ſi long bois à faire, ce qui fait qu'ils ne laiſſent de
l'auoir acheué huict ou dix iours apres.

CHAPITRE VI.

De la ſaiſon & du temps que les Cerfs touchent aux bois:
Comme cèla ſe fait & auſſi comme ils
bruniſſent leurs teſtes.

LEs Cerfs apres auoir pouſsé leur teſte, & qu'elle eſt
tout à fait dure ; la Nature leur enſeigne encores ce
qu'il faut faire pour oſter cette peau veluë qui la couure,
afin qu'elle en ſoit plus belle & plus parfaite, leur faiſant
connoiſtre , pour y mieux reüſſir & auec plus de facilité, que c'eſt au bois qu'ils doiuent la frotter : ce qu'ils ne
font pas d'abord , ſans quelque repugnance , par la crainte
qu'ils ont de s'y faire mal , puiſque iuſques-là elle a eſté
molle , & par conſequent ſenſible à la douleur, s'en eſtans
apperceus quand quelque branche dure & ſeiche leur a
touché ; Neantmoins ils obeïſſent à la Nature , en s'eſ-
ſayans dans les Spées ou Taillis d'vn an ou deux, où ils
choiſiſſent le bois qui eſt le plus vni & le plus aiſé à plier,
comme de la Mercelée , de la Coudre ou du Saule ; c'eſt
ce que nous appellons Herdoüers : Et apres qu'ils ont conneu par cét eſſay , que leur teſte n'eſt plus ſenſible à aucune
douleur , ils ſe la vont frotter aux plus petits Balliueaux
qui ont eſté reſeruez dans les Taillis coupez de l'Hyuer
auparauant , qui ſont les plus aiſez à plier , n'ayans pas encores la hardieſſe de s'attaquer aux plus gros , comme ils
feront à ſix ou huict iours de-là : Ces ſeconds ſe doiuent
appeller Fréoüers , auſquels vous ne pouuez auoir autre
connoiſſance , que pour eſtre aſſeuré que c'eſt vn Cerf

C

que vous fuiuez & non pas vne Biche, à caufe que le iugement en matiere de Fréoüers, ne peut feruir que pour
connoiftre la grandeur du corfage du Cerf, & de la hauteur & cheuilleure de fa tefte : & fi les bouts des Andoüillers en font gros : & pour le fçauoir, il faut qu'vn Cerf
donne à du bois qui refifte & ne plie pas, puis qu'eftant
plié, il fe peut frotter iufques au bout & le mettre à terre :
Ce font les Cerfs de dix cors & de dix cors ieunement, de
qui l'on peut tirer plus parfaitement ces connoiffances, à
caufes que ce font eux qui donnent aux gros Balliüeaux qui
refiftent : ce que ne font pas les ieunes Cerfs, n'en ayans
pas encores la force, tellement que la faifon eftant venuë
que les Cerfs de dix cors touchent au bois & font ces gros
Fréoüers, vous pouuez eftre affeuré qu'ils font vieux Cerfs,
quand vous les trouuez ainfi, ou vous pouuez difcerner
les Cerfs de dix cors ieunement d'auec les Cerfs de dix
cors, & les vieux Cerfs, qui font ceux qui font toufiours
les plus gros Fréoüers & qui donnent des Andoüillers plus
auant dans le bois, qui ont auffi les bouts des Andoüillers
plus gros : car pour la hauteur & cheuilleure de la tefte, cela eft affez incertain, à caufe qu'ils font fubjets à changer
tous les ans, pour les raifons que i'ay dites : ce n'eft pas
que quand cela s'y rencontre, la connoiffance n'en foit
plus affeurée : & lors que les Cerfs ont tout à fait ofté cette
peau de deffus leur tefte & qu'ils l'ont nettoyé du fang
qui y refte, alors elle paroift blanche : neantmoins cette
couleur ne leur agrée pas encore ; mais pluftoft, comme ie
croy, leur donne de la crainte, leur faifant croire qu'ils en
feront découuerts plus facilement : Et pour la changer de
couleur, afin qu'elle paroiffe moins, les vns la vont frotter
dans les places où l'on a fait du charbon, ce qui la rend de
couleur noiraftre & brune : c'eft auffi ce que nous appellons brunir : & les autres la vont frotter dans des terres
rouges, d'où ils empruntent en quelque chofe la couleur,
& quelques autres à des terres glaifes, ce qui les rend de couleur gris plombé.

CHAPITRE VII.

De l'ordre qui se doit obseruer par les Veneurs, lors qu'ils apportent le premier Fréoüer à l'Assemblée, pour en obtenir le present du Roy.

IL s'est de tout temps pratiqué dans la Venerie de nos Roys, qu'à celuy qui trouue & apporte le premier Fréoüer à l'assemblée où est le Roy, où qu'elle soit establie par son ordre, pourueu qu'il laisse courre le Cerf qui aura fait ledit Fréoüer, il est donné vn present par le Roy, qui doit estre aux Gentils-hommes de la Venerie, d'vn Cheual, & au valet de Limier d'vn habit ; Il semble que cette coustume se doit maintenir plustost par la grandeur de nos Souuerains que pour l'interest de leurs Veneurs, puis qu'en ce faisant, ils font voir à tous les autres Princes que la generosité regne dans toutes leurs actions & dans vn reglement incommutable, & qu'ils veulent aussi que celuy qui en pretend le bienfait, ne le puisse qu'auparauant il n'ait obserué ponctuellement les regles & formalitez qui sont establies de tout temps pour cela : Et pour y paruenir, il faut qu'apres que le Roy aura fait élection du lieu où il veut courre le Cerf, & qu'il en ait designé le iour, qu'en suite les questes en soient separées & données aux Gentils hommes & Valets de Limiers de sa Venerie, que chacun d'eux meine vn valet auec luy qui soit muny d'vne serpe, ou d'vne épée qui coupe bien pour leuer le Fréoüer, lors qu'ils le trouueront ; ou bien que ceux qui ont leurs questes proches l'vne de l'autre, se couplent & aillent ensemble, & que le premier des deux qui aura rencontré d'vn Cerf qui ait fait vn Hardouer ou Fréoüer de la nuict, qu'il sonne deux mots longs son associé, afin de l'obliger à venir à luy sans aucune réponce, pour ne per-

dre point de temps:Et pour cela il doit,en l'attendant, leuer
le Fréoüer , pour à fon arriuée luy faire reuoir les voyes du
Cerf qui aura fait ledit Fréoüer, ou luy montrer des fumées
de la nuict,s'il en a leué,& qu'auffi-tôt,chargé dudit Fréoüer,
il le faffe partir pour fe rendre en diligence à l'affemblée,puis
que c'eft celuy qui y arriue le premier, à qui ce droict appartient ; c'eft auffi à celuy qui a eû connoiffance le premier du
Cerf, qui a touché au bois , de demeurer apres pour le détourner,pourueu que ce foit dans fa quefte : car autrement il
appartiēt à celuy à qui elle feroit,d'y demeurer,encores qu'il
n'en euft pas fait rencontre le premier , & pareillement à luy
de frapper aux brisées & de le laiffer courre, & que celuy qui
portera le Fréoüer à l'affemblée,le mettra auffi-toft au milieu
des chiens courans,s'ils y font arriuez,finon qu'il prenne at-
teftation verballe de ceux qu'il y rencontrera , de ce qu'il
eft arriué le premier:Les autres qui viendront en fuitte auec
des Fréoüers,en doiuent faire de mefme,afin que l'on fçache
ceux qui ont la primauté les vns fur les autres, pour, fi par
mal-heur l'on manquoit à laiffer courre aux premieres brisées,que l'on allaft aux fecondes, ou à celle d'apres,afin de ne
faire tort à persōne:Et fi i'ay dit qu'il falloit porter le Freoüer
au milieu des chiens , ç'a efté pour deux raifons ; l'vne que
c'eft à eux anfquels il faut rēdre le premier deuoir, puis qu'ils
font les principes de la Chaffe ; & l'autre pour connoiftre fi
ces Fréoüers font faits d'vn Cerf ou fi on les a contrefaits:car
s'ils font vrais,auffi-toft qu'on les aura mis aupres des chiens,
ils fe prefferont les vns les autres pour l'approcher & le fentir,& y eftant,l'on aura peine à les en éloigner; mais s'ils font
faux,auffi toft qu'ils les auront fenty & reconneus tels,ils leueront la iambe,pifferont deffus & s'en éloigneront.   Il eft
befoin auffi que ie vous faffe connoiftre les incidens qui s'y
rencontrent,qui peuuent eftre,que fi celuy qui auroit enuoyé
le premier Fréoüer , en auoit détourné le Cerf dans vn païs
qui ne fuft pas en fi belle Meute,que pourroit eftre vn des autres qui auroient touché auffi au bois , & de qui l'on auroit
fait le rapport,& que par cette confideration le Roy ne vou-

luſt pas aller aux briſées de celuy qui auroit apporté le premier Fréoüer, le droict pourtant ne laiſſeroit de luy apparte-
nir, puis qu'il s'offre d'en laiſſer courre le Cerf; mais ſi l'on alloit à ſes briſées, & qu'il donnaſt vn Cerf aux chiens qui
n'auroit aucunement touché au bois, le droict ne luy appar-
tiendroit pas, mais pluſtoſt punition ou reprimande, & d'autant plus que ſid'on pouuoit iuſtifier qu'il euſt falſifié ledit
Fréoüer: ce qui ſe peut faire ſans toutesfois en dire l'inuention, pour n'eſtre pas l'auteur du mal, mais pluſtoſt vous donner aduis que ſi cela ſe fait dans l'eſperance que le Veneur
auroit, que le Cerf en courant ſe frotteroit la teſte contre du
bois qui feroit reſiſtance & qu'elle ſe froiſſeroit, & ainſi il pa-
roiſtroit y auoir touché: Ce qui en fait la difference, c'eſt que
quand vn Cerf touche au bois par inclination, il s'y arreſte &
appuye dauantage qu'vn qui ne fait que paſſer, & auſſi qu'au
moins il éleue la peau de ſa teſte, s'il n'en emporte le lambeau,
à cauſe qu'il ne touche pas au bois, qu'il ne ſente & s'apperçoiue que la diſpoſition ne ſoit propre à ce détachement. Le
droict du Fréoüer, dont nous auons parlé cy-deuant, arriue
ordinairement aux Officiers de la Venerie, qui ſeruent le
quartier de Iuillet, puis que c'eſt la ſaiſon & le temps que les
Cerfs touchent aux bois; Et pour ne rien obmettre, ie diray
encores qu'il faut que celuy qui a enuoyé le Fréoüer, vienne
faire le rapport du Cerf qu'il aura détourné, auparauant que
le Roy ſoit party de l'aſſemblée : car quand il n'en ſeroit qu'à
cent pas, ſa Majeſté n'a plus d'obligation d'aller à ſes briſées,
& ainſi le Veneur ne doit plus rien pretendre au droict, pour
auoir laiſſé partir le Roy, qui ne retourne iamais en arriere
dans toutes ſes actions.

CHAPITRE VIII.

De l'origine des Chiens-courans.

IL faut en ce Chapitre, que ie me serue de quelques Autheurs, pour tirer l'origine des premiers chiens-courans qui ont esté dans l'Europe, disant comme eux, que ce sont les chiens noirs & les chiens blancs, & que toutes les deux races sont venuës de la nourriture qu'en a faict Sainct Hubert; quelques Autheurs les appellent Greffiers. La recherche que i'ay faite auec soin d'où leur venoit ce nom, m'en a fait voir la cause dans vn ancien Autheur, qui dit que du Regne de Louïs XII. l'on prit vn chien blanc de la race des chiens du S. Hubert, duquel on fit couurir vne bracque blanche & fauue d'Italie, qui estoit à vn des Secretaires du Roy, que l'on appelloit en ce temps-là Greffiers, & que le premier chien qui en sortit, estoit tout blanc, horsmis vne petite tache fauue qu'il auoit sur l'épaule, & que ce chien se trouua si bon qu'il se sauuoit peu de Cerfs deuant luy, à qui l'on donna le nom de Creffier, auquel chien on fit couurir vne Lyce blanche, d'où prouindrent treize petits, tant chiens que Lyces & tous aussi bons que luy, & qu'alors les chiens blancs commencerent à prendre le premier rang d'entre les chiens, & se le sont maintenu auec iustice iusques à present, ayans toutes les qualitez requises en de vrays chiens-courans, & que depuis ces deux premieres races de chiens noirs & de chiens blancs, le Roy S. Louys estant allé à la conqueste de la Terre-Saincte, où il fut fait prisonnier, luy qui aimoit tous les exercices nobles, particulierement celuy de la chasse, se voyant à la veille de sa liberté, & aduerty qu'il y auoit vne race de chiens-courans en Tartarie, de poil gris & excellens pour chasser & forcer le Cerf, il y enuoya gens du mestier qui luy en emmenerent vne Meute entiere; Ce sont ces chiens

gris, que l'on tient eſtre les premiers dans ce Royaume,
dont la race s'eſt maintenuë iuſques au trépas de feu Mon-
ſeigneur le Comte de Soiſſons , pere du dernier mort , qui
en auoit vne belle & bonne Meute pour chaſſer le Cerf :
car pour nos Roys , il y a tres-long-temps qu'ils n'en ont
de ce poil que pour chaſſer le Liévre : Voilà les plus ſigna-
lées remarques que i'en ay peu apprendre de l'origine plus
ancienne des chiens-courans , dont ie déduiray en ſuite les
bonnes & mauuaiſes qualitez qui ſe rencontrent dans leurs
poils.

CHAPITRE IX.

Du nature & beauté des Chiens blancs.

NOs premiers Roys de France qui ont eu inclination pour la chaſſe , eurent vne bonne penſée , lors
qu'ils firent choix des chiens blancs pour chaſſer & forcer
le Cerf, afin d'en rendre le plaiſir plus parfait , puis qu'ils
ſont les plus beaux dans la couleur & les plus parfaits dans
leur nature , ayans le nez bon & la menée belle , allans &
parchaſſans bien dans les chaleurs , eſtans beaux chaſſeurs
& touſiours la queuë ſur les reins , ils tournent & requeſtent
volontiers auec beaucoup de gayeté & diligence ; ils battent raiſonnablement les eaux , mais non pas ſi hardiment
dans l'Hyuer que les autres poils , à cauſe d'vn traict de
beauté qu'ils ont au deſſus d'eux , ayant le poil plus court :
ce qui fait que l'eauë & le froid les ont pluſtoſt penetrez
iuſques à la peau ; Ils ont auſſi le naturel meilleur que les
autres chiens-courans : ce qui ſe void par la facilité de les
reduire au chenil & à la chaſſe , où ils ſont pluſtoſt ſages que
les autres & en plus grande quantité qui gardent le change, ce qu'ils font auec vne ſageſſe & hardieſſe admirable,
l'ayant fait voir pluſieurs fois dans tous les lieux où ils ont
chaſé , particulierement dans les foreſts de S. Germain ,

Fontainebelleau & Mouceaux, où il y a touſiours vne quantité de Cerfs innombrable, & neantmoins on les y a veus
pluſieurs fois maintenir quatre à cinq heures le Cerf qui
leur auoit eſté donné, ſelon les ſaiſons que l'on chaſſoit &
la force du Cerf qu'ils courroient, qui ſe méloit & ſeparoit en pluſieurs fois auec cinq ou ſix cens Cerfs, & bien
ſouuent malgré l'imprudence de ceux qui les accompagnoient, à cauſe qu'ils les preſſoient de telle ſorte, que les
chiens eſtoient contraints de quitter la voye pour s'eſquiuer de leurs cheuaux : ce qui neantmoins ne les empeſchoit pas de reuenir prendre la voye de leurs Cerfs & de le
maintenir dans tout ce change, iuſques à ce qu'ils l'euſſent
porté par terre. Et pour donner vne preuue entiere de leur
ſageſſe, ie diray auec verité que i'en ay veu pluſieurs années, iuſques au nombre de trente, découplez au laiſſé
courre, n'y ayant qu'vn ſeul valet de chiens deuant eux,
qui tenoit deux houſſines en ſes mains, ſuiuant celuÿ qui
laiſſoit courre auec ſon Limier, qui chaſſoit de gueule en
renouueller de voye, lancer le Cerf & ſonner pour donner
les chiens, quil pourtant ne paſſoient pas que le valet des
chiens ne ſe fuſt détourné à droict ou à gauche, & qu'il
n'euſt laiſſé tomber ſes houſſines à terre, ou au moins fort
bas. Toutes ces choſes font voir que les chiens blancs ſont
plus naturellement nez pour agréer & donner du plaiſir à
l'homme, que les chiens d'vn autre poil, dont la pluſpart
ne ſe reduiſent qu'auec beaucoup de peine & de chaſti-
ment. Les chiens blancs ſont auſſi moins pillarts & moins
ſujets aux maladies que les autres, à cauſe de leur temperament qui eſt plus reglé.

CHA-

CHAPITRE X.

Des chiens noirs.

I'AY creu deuoir parler des chiens noirs directement apres les chiens blancs, puis qu'ils ont autresfois precedé dans l'Europe, & qu'à mon aduis, ils sont les plus propres & plus commode pour courre le Cerf, apres les blancs : La premiere impression que i'en ay, vient de deux Meutes entieres de chiens noirs que i'ay veuës, l'vne à Monseigneur le Cardinal de Guyse, & l'autre à Monseigneur le Duc de Souuray (l'vn des meilleurs Chasseurs de ce temps) qui estoient de grands & beaux chiens, aussi bien taillez qu'il s'en puisse voir, & à qui i'ay veu prendre plusieurs Cerfs dans les païs où il y auoit force change : Mais en ces chiens de poil noir il faut qu'il y ait distinction de marque pour reüssir à chasser le Cerf, & deuenir sages, qui sont ceux qui ont leurs marques blanches, & non rouges, que nous appellons de feu, à cause que tels chiens sont tres-ardens & difficiles à corriger, aussi s'en trouue-t'il peu de cette marque de feu qui gardent le change, ny qui tournent volontiers. Tels chiens ne sont propres qu'à courre des bestes qui dressent comme le Loup & les bestes noires : mais ceux que i'ay nommez les premiers, ils sont beaux & hardis Chasseurs, ayans force & vîtesse, ils tiennent long temps sur pied, & parchassent bien, ayans le nez bon, mais non pas si parfaitement, ny auec tant de patience que les chiens blancs, à cause qu'ils ont plus d'ardeur, ce qui les rends impatiens, & les empesche de s'attacher aux voyes qui vont de hautes erres : ils se font sages à garder le change, bien qu'auec plus de temps & de peine que les blancs, & y parroissent plus hardis : c'est pourquoy les piqueurs les doiuent tenir dans la crainte plus que les blancs, ils battent hardiment les eaux dans toutes les saisons, ils sont aussi plus que-

D

resleurs & pillarts que les blancs, mais moins que les noirs qui sont quatroüillez de rouge, que i'ay nommez, & sont moins sujets aux maladies qui suruiennent aux chiens.

CHAPITRE XI.

Du naturel des chiens gris.

LEs chiens gris ont esté les premieres Meutes de nos Roys, comme i'ay dit, & qui depuis ont esté tenus & fort considerez des Nobles, ce qu'ils n'ont pas fait sans raison, puisque ie les tiens les plus commodes pour les particuliers, pourueu qu'ils soient vrays chiens courans, & non corneaux, qui sont chiens engendrez d'vn mâtin & d'vne chienne courante, ou d'vne mâtine & d'vn chien courant : car ces chiens sont tres nuisibles dans vne Meute, en ce qu'ils peuuent donner vne mauuaise impression aux vrays chiens courans, & les rebuter, en se voyant gourmandez par leur grande vistesse. Ils leur apprennent aussi à couper, & à ne vouloir point retourner ny requester, & par consequent a n'estre iamais sages, telle nature de chiens ne manquent iamais d'auoir tous ces vices, & de ne crier que rarement ; ie dis cecy pour ceux qui se veulent opiniastrer d'en tenir, à cause qu'ils les voyent vistes ; mais qu'ils tiennent plustost de vrays chiens courans, comme i'ay dit, & que le poil en soit d'vn gris vif, & non blanchatre, que les quatroüilleures en soient blanches ou noires, & qu'ils soient bien taillez, n'estans ny trop grands, ny trop petits, puisque c'est la taille où il se rencontre plus de force & de vigueur, & qui tiennent le plus long-temps sur pied : & quoy qu'ils n'ayent pas d'ordinaire le nez si fin que les autres, leur bonne volonté & les diligences qu'ils font, lors qu'ils ont perdu la voye pour la retrouuer, suppléent aux deffauts de leur sentiment, l'ayant pourtant raisonnablement bon ; ils peuuent aussi chasser plus souuent que les autres , comme plus infatigables , ce qui est necessaire aux Gentils-hommes ; ils s'entretiennent aussi mieux en bon corps , & sont peu pillars , & moins sujets aux maladies que les autres chiens , ayans vne si grande inclination à chasser, qu'ils chassent toutes les bestes que l'homme veut, sans se rebuter aussi bien dans l'Hyver que dans l'Esté , n'apprehendans pas le chaud ny le froid , y criant bien : ils se rendent mesmes assez obeissans & sages, lors que l'on leur fait chasser des bestes dont les chiens peuuent garder le change.

CHAPITRE XII.

Du naturel des chiens fauues.

LEs chiens fauues qui sont d'vn poil rouge-vif, & tirant sur le brun , où qu'ils en soient mantelez, sont ordinairement fort vigoureux & pleins de feu. Ce qui les rend étourdis & impatiens , lors qu'vne beste qu'ils chassent, tourne ; car plustost que de tourner auec elle , ils iront prendre de grands deuants pour la trouuer passée , dans l'esperance qu'ils ont qu'elle percera & tirera de long, puisque c'est ce qu'ils ayment : ce qui m'oblige de dire que ie les tiens plus propres à chasser le Loup & les bestes noires qui tirent païs sans peu tourner : ils sont aussi dangereux à s'en aller sans les picqueurs , à cause de ce que i'ay dit, ioint qu'ils crient tres-peu , dans les chaleurs , & qu'ils sont extraordinairement vistes : & quoy qu'ils ayent le nez bon , ils n'ayment pas à rapprocher vne beste quand elle va de hautes erres , à cause qu'ils sont naturellement impatiens & opiniastres, aussi sont-ils les plus difficiles à reduire & à rendre sages, pour les obliger à garder le change : ils ne se tiennent pas si gras, ny en si bon corps que les autres, à cause qu'ils ont beaucoup plus d'ardeur à la Chasse , ce qui les oblige à en prendre quelques-fois au de-là de leurs forces. Ils sont

auſſi les plus querelleurs & pillars , & plus ſujets aux maladies que les autres , ayans le ſang plus chaud.

CHAPITRE XIII.

Du naturel des chiens Anglois.

IE parleray des chiens Anglois , ſans faire difference des
poils , ce ſont à preſent ceux deſquels l'on ſe ſert plus
communément en France , à cauſe de la facilité qui ſe rencontre en eux , plus qu'aux François , à s'en ſeruir au môins
de la façon que pluſieurs en vſent , puiſqu'il ne faut plus
ſçauoir aucun terme pour leur parler , ny aucun reglement
de tons pour ſonner , mais ſeulement ſçauoir dire quelques
meſchans mots Anglois qui ne ſont pas entendus des hommes ny des chiens , n'en ayant pas l'accent , ny auſſi leur
maniere de ſonner , puiſqu'il n'y a aucun reglement de
tons pour pouuoir entendre ſi c'eſt ſonner pour chiens , ou
pour les faire requêſter , ou ſi on void la beſte qu'ils chaſſent , n'y ſonnans iamais deux fois d'vne meſme façon , ce
qui ſe doit appeller pluſtoſt , fanfares , que pour faire chaſſer des chiens , auſquels vous ne pouuez donner par ce déreglement aucune creance , puiſque les chiens ne la peuuent prendre que par l'habitude d'vne impreſſion reglée
que vous leur donnez , & qui ne doit iamais eſtre changée
ſi vous voulez qu'ils la comprennent : il eſt donc vray qu'il
eſt beaucoup plus facile de leur donner la bonne impreſſion
par des tons reglez , qu'vne mauuaiſe par ces fanfares dére-
glez , puiſque les chiens Anglois n'ont pas plus d'eſprit ny
de iugement que les chiens François ; mais ſeulement vne
obeiſſance qu'ils ont plus naturelle : ce qui me fait dire qu'il
ſeroit plus facile de leur faire entendre nos termes & façons
de ſonner , ce qui les affermiroit dans ladite creance , & leur
donneroit auſſi plus de cœur , d'émotion , & de promptitude à obeïr , & plus de ſatisfaction à ceux qui chaſſeroient

auec vous, puifqu'ils pourroient entendre & comprendre ce qui feroit dans la Chaffe par ce reglement plus facile, & maniere plus intelligible de parler & de fonner : cela feroit auffi que les ieunes gens qui fe mettroient dans le meftier, feroient contraints de les apprendre pour les pratiquer, ou de monftrer leur ignorance : car de la forte que l'on en vfe, ils y demeurent hardiment, à caufe que cela eft dans la mode, ioint qu'il y va de la reputation des François, qui ont fait voir iufques à prefent, que toutes les chofes qui dépendent de l'efprit, ont efté empruntées d'eux beaucoup plus que des eftrangers : ce qui s'eft veu d'affez fraîche memoire par la priere que fit le défunct Roy Iacques d'Angleterre pere du dernier mort, au défunct Roy de France Henry le Grand, de luy enuoyer des plus habiles de fes Veneurs, pour monftrer aux fiens les connoiffances du pied du Cerf, & la maniere de le détourner & le laiffer courre auec le limier afin qu'il puft dorefnauant courre dans les forefts qui font dans fes Eftats, & non plus dans des lieux fermez, comme font les parcs : où, iufques-là, il auoit toûjours couru, & n'auoit pû connoiftre les Cerfs qu'en les voyant : & pour luy en donner vne parfaite connoiffance, le Roy y enuoya Monfieur de Beaumont pere de Meffieurs de Beaumont qui font à prefent, & auec luy le fieur du Mouftier, & quelques valets de limiers, & depuis ce temps-là il y eft allé le fieur de Sainct Rauy qui y eft demeuré iufques à prefent, & plufieurs autres bons Chaffeurs qui y ont efté. Ie retourne à mon fujet, & dis que les chiens Anglois ont de fort bonnes qualitez, outre celles que i'ay dites, ayans le nez bon, s'attachans bien à la voye, qu'ils parchaffent plus facilement, & auec plus de regularité que les François qui s'éparpillent en chaffant, ne fe tenant pas tous dans la voye, ce qui fait qu'ils abbregent plus vn Cerf que les Anglois qui fe tiennent tous dans la voye, fe fuiuans les vns les autres, & ne retrouuent pas fi-toft le retour d'vn Cerf que les François, ioint qu'ils ne tournent pas fi volontiers, ny auec tant de legereté, fans qu'ils y foient conuiez & aydez, ce que font les François d'eux-mesmes. Il faut auſſi toutes les fois qu'on les veut faire courre & faire chaſſer, que l'on faſſe des choix des païs qui leur ſont propres, comme plaines, futayes, golis, & païs clairs, & non fourrez, où ils ne ſe plaiſent pas, y allans peu viſte : ce qui feroit durer vn Cerf tres long-temps, & bien ſouuent le faillir. Ils ne battent pas auſſi les eauës ſi hardiment que les François, particulierement ceux qui viennent du Nort, ce que font mieux ceux qu'ils appellent Bobez, qui ſont plus propres dans les païs fourrez, à cauſe qu'ils ſont plus épais & ramaſſez que ceux qu'ils appellent chiens du Nort : ils crient auſſi plus volontiers ; mais dans les païs clairs, ils ne ſont pas ſi viſtes. Ces deux ſortes de chiens ſe rendent volontiers ſages, & gardent également le change, ils ſe tiennent en bon corps & pluſtoſt gras que maigres, auſſi ne leur faut-il pas tant donner à manger qu'aux François, à cauſe qu'ils ſont plus gourmands : L'on les peut faire chaſſer ſouuent, & toutes ſortes de beſtes, horſmis le Loup, s'y en treuuant peu qui le veulent chaſſer. Ils tiennent long-temps ſur pied, ce qui fait qu'il ne faut pas tant faire de relais qu'aux chiens François ; mais ils n'ont pas la menée ſi belle ny ſi agreable, & ne crient pas ſi ſouuent, particulierement dans les chaleurs : ils ſont moins pillars, & moins ſujets aux maladies des chiens.

CHAPITRE XIV.

De la taille des chiens, & comme ils faut qu'ils ſoient,
pour eſtre bons.

C'EST vne choſe tres-importante à ceux qui veulent tenir des Meutes de chiens courans, d'en ſçauoir bien connoiſtre la taille pour eſtre bons, ou d'auoir gens pour cela qui ayent le iugement & la pratique de la Chaſſe, car quand le choix en eſt bien fait, la Meute en ſera plus aſſeu-

rément bonne , & pour y reüffir , il faut qu'vn chien courant ait la tefte plus longue que groffe , & que le front en foit
large,& l'œil gros & gay,& qu'il ait vn épy au milieu du frõt,
qui foit d'vn poil plus gros & plus long, fe ioignant par le
bout à l'oppofite l'vn de l'autre. Ie ne dis pas qu'il le faille à
tous:mais quand il s'y rencontre,c'eft vn figne éuident de vigueur & de force.Il faut auffi que le chien foit bien auallé,les
oreilles paffans le nez de quatre doigts au plus , & non comme celles qui le paffent d'vn grand demy-pied , que nous appellons clabots, à caufe qu'ils demeurent à chaffer dans trois
& quatre arpens de terre , ou de bois,felon les lieux où on les
fait chaffer , où ils tournent & rebattent les voyes plufieurs
fois. Ce qui les y oblige,c'eft qu'ils ont naturellement peu de
force,& voyans qu'ils ne peuuent aller auec les autres , ils fe
diuertiffent en leur particulier.Il faut auffi que les chiens courans ayent(s'il fe peut)vne petite marque à la tefte,qui ne def-
cende pas au deffous des yeux,& qu'ils n'ayent pas les épaules
fort larges,ny auffi trop étroites , & que les reins en foient
hauts en forme d'arc , & larges (ce que nous appellons bien
rablez)les hãches hautes & larges,la queuë groffe aupres des
reins,en amenuifant iufques au bout,qui fera épiée & éleuée
en s'arondiffant fur les reins,& non tournée comme vne trõ-
pe de chaffe (qui eft marque de peu de force & de vîteffe)
mais l'on en peut faire des limiers,la cuiffe en doit eftre trouf-
fée,le iarret droit,& la iambe nerueufe,le pied petit & fec,les
ongles gros & courts, & qu'ils ne foient pas ergottez , au
moins pour courre;mais pour mettre à la main,cela n'importe;c'eft la taille & les fignes qu'il faut aux chiens courans , &
aux lyces pour eftre affeurément bons.

CHAPITRE XV.

*Comme il faut que les lyces ouuertes foient , pour en
tirer race.*

VOvs ne deuez tenir dans vne Meute de cinquante
à foixante chiens, que cinq où fix lyces ouuertes, que
nous appellons portieres , qui font celles de qui vous deuez
tirer race , afin que quand vos chiens viennent à manquer
de force par maladie ou autre accident, vous en puiffiez
mettre de ieunes & de bonne race , puifque le prouerbe eft
vray qu'vn chien chaffe de race , ou pour le moins le fait
bien pluftoft qu'vn qui n'en eft pas , & reüffit mieux & plus
affeurément ; vous ne deuez faire eftat de ces lyces que pour
vous feruir à porter des chiens, puifqu'elles font prefque
toufiours chaudes , pleines , ou nourrices , & que leurs ma-
melles auallées leur font apprehender les forts, puifqu'elles
s'y écorchent , vous les deuez choifir hautes , longues , &
larges de coffre , auec toutes les qualitez que i'ay dites au
Chapitre precedent , & qu'elles foient de bonne & ancienne race , & de vrays chiens courans , fans aucun deffaut,
& pour en eftre plus affeuré , il faut auoir eu le foin de faire
vn papier où fera écrit l'inuentaire de la race de vos chiens,
& des remarques de leurs bonnes & mauuaifes qualitez ,
pour faire vn vray difcernement , comme fi d'vne race il y
en euft eu de frappez du haut mal , de fuiets à la goutte, & à
couper par vice de querelleurs & pillars , & qu'ils ne criaf-
fent pas bien dans les chaleurs , afin de ne s'en pas feruir
pour engendrer , mais feulement de ceux où vous n'y aurez
reconnu aucun deffaut : & apres auoir fait choix de la lyce,
fi elle démeuroit trop long-temps à deuenir en chaleur ,
comme il fe peut felon les temps & les années , vous luy
pourrez donner deux ou trois fois vne omelette auec huile

de noix ,

de noix, demy-douzaine d'œufs, & de la mie de pain de
froment, où vous adiousterez, estant quasi cuite, vne dou-
zaine de mouches Cantharides : & si c'est vne lyce qui
n'ait iamais porté, vous ne luy donnerez pas ce prouo-
quement de chaleur, qu'elle n'ait quatorze ou quinze mois,
qui est l'âge qui la peut rendre assez forte pour porter de
plus beaux chiens, & les nourrir ; neantmoins si elle deuient plutost en chaleur d'inclination d'vn mois ou d'eux,
vous ne laisserez de la faire couurir, & non pas deuant
qu'elle ait passé sa plus grande chaleur, & cependant vous
la tiendrez enfermée pour empescher d'estre couuerte
d'aucuns chiens que de celuy que vous luy destinez, particulierement la ieune lyce qui n'a iamais chienneté ; car si
elle estoit mâtinée, ses chiens en tiendroient iusques à la
troisiesme portée, ce que nous auons remarqué plusieurs
fois : Vous aurez aussi le soin de luy donner à manger deux
fois le iour, & de l'eauë (car les lyces en chaleur sont plus
suiettes à la rage que dans vn autre temps) vous la prome-
nerez aussi deux fois le iour, la tenant couplée en main, de
peur d'estre couuerte, & que ce soit dans vn lieu fermé, où
il n'y puisse entrer aucuns chiens, si vous auez la curiosité
d'en conseruer le poil ; car si elle voyoit vn chien d'vn autre
poil, ses chiens en tiendroient & seroient bigarrez par la
force de son imagination ; ce qu'il faut encore obseruer
apres que vous l'aurez fait couurir, iusques à ce qu'elle soit
entierement refroidie ; sur tout que sa plus grande chaleur
soit passée, quand vous la voudrez faire couurir, afin qu'elle en retienne plus asseurément : cela estant, vous deuez
choisir vn de vos meilleurs chiens, & où il ne manque rien
dans la taille, & dans la race (comme i'ay dit) aussi bien
qu'à la lyce : & pour le poil, cela dépend de la fantaisie, &
si c'est vne lyce qui n'ait iamais porté de chiens, il la faudra
tenir auec vn couple, dont vous luy aurez bridé la gueule,
pour l'empescher qu'elle ne morde & vous & le chien, autrement elle auroit peine à le souffrir, & si l'vn d'eux estoit
ou plus petit, ou plus grand, il le faudra soulager au besoin.

E

en choisissant vn lieu qui soit plus haut ou plus bas ; mais si c'est vne lyce qui ait desia porté, il suffira que vous la fassiez enfermer auec le chien, faisant prendre garde par la fente de la porte, sinon par vne fenestre, pour estre asseuré qu'elle soit couuerte, & iusques à deux fois, puis vous la tiendrez enfermée comme auparauant, & iusques à ce qu'elle soit tout à fait refroidie, en la traittant & promenant de mesme, & pour iuger quand elle le sera, c'est quãd vous luy verrez le bouton entierement retiré, comme auant sa chaleur : ce qu'estãt, vous la mettrez dans le chenil auec les autres chiens, & la pourrez faire chasser, iusques à ce que ses mammelles grossissent & s'auallent : mais deuant cela pour la connoistre pleine, si en luy touchant le bout de la mammelle, s'il y a quelque dureté, c'en est vne marque certaine, & en cét estat, nous disõs que la lyce est noüée : vous le connoistrez aussi quand elle battra les chiens, & ne les pourra souffrir, & lors qu'elle sera auallée, vous la sortirez du chenil pour la mettre en liberté, & la recommanderez à vos valets, à ce qu'ils ayent soin de luy dõner à manger, & de ne luy donner aucuns coups ny de baston, ny de pied, qui la feroient auorter, mais seulement du foüet ou de la houssine, pour l'obliger à se tenir dans la maison, afin de n'aller pas manger quelque charogne auec des mâtins qui la pilleroient : il la faut bien nourrir de potage & laict, quand il en sera besoin, de pain de froment, & non de seigle, qui relâche, & ne nourrit pas, afin de la tenir en bon corps, pour estre meilleure nourrice, & si vous la voyez dégoustée, donnez-luy du laict venant du py de la vache, & non de l'huyle, qui la feroit asseurément mourir.

CHAPITRE XVI.

Du soin que l'on doit auoir des Lyces, lors qu'elles font leurs chiens, & quand elles les nourriffent.

SI l'on veut de beaux chiens, il faut auoir vn particulier foin des Lyces aufsi toft qu'elles font couuertes, & continuer iufques à ce qu'elles foient deliurées de leurs chiens, notamment aux premieres portées, pour leur fçauoir choifir vn lieu propre felon la faifon, qui foit chaud en Hyuer & frais en Efté, pour y chienneter, où il faudra mettre tres-peu de paille, les deux ou trois premiers iours d'apres fa deliurance, de peur que le trop ne fift étouffer fes petits ; & ce temps pafsé, il leur faudra changer tous les iours de paille, pour empefcher que les puces & la galle ne les accüeillent ; & fi d'auanture ils en eftoient atteints, ils les faudroit frotter d'huile de noix & de laict, mélez enfemble, apres l'auoir chauffé : Et pour connoiftre fi vôftre Lyce veut faire fes chiens, il faut auoir remarqué le temps qu'elle a efté couuerte, & que les neuf fepmaines de fa portée foient expirées, alors il la faut obferuer, pour connoiftre le temps qu'elle fera inquiete, qu'elle ira & viendra, & ne voudra pas manger, à l'heure il la faudra mener au lieu preparé, où vous la ferez garder par quelque valet qui fçache la fecourir dans ce rencontre, & luy commander que le potage, le laict & mefme les œufs frez, ne luy manquent pas au befoin : car fi elle eftoit dans vn long & fort trauail, il luy faudroit faire feulement aualler les iaunes, & qu'au premier chien, il ait le foin de le tirer de deffous elle, & ainfi de tous les autres : & que fi c'eft vne premiere portée, qu'il demeure deux ou trois iours pres de la Lyce, pour empefcher qu'elle ne tuë fes petits par imprudence, ou par malice, & qu'elle ne les mange : car fi elle auoit pris cette mauuaife habitude, il feroit mal-aifé de l'en empefcher defor-

mais , & le mieux feroit de la faire couper pour feulement
s'en feruir à la chaffe ; Mais fi vous auez eu deffein de nourrir plufieurs chiens de cette portée,il faudra auoir préueu où
il y aura eu vne Mâtine pleine qui viendra à faire fes chiens
quelques iours deuant la voftre , l'auoir accouftumée chez
vous , en la nourriffant bien , & lors qu'elles auront toutes
deux fait leurs chiens , fi voftre lyce en a fait plus qu'elle
n'en peut nourrir , qui eft trois feulement : ou quatre, fi elle en a nourry ; vous prendrez le furplus , ie veux dire trois
ou quatre , que vous choifirez des plus beaux , que vous ferez porter à la Mâtine , les luy donnant apres auoir ofté les
fiens , & en auoir égorgé vn pour en prendre le fang , duquel vous frotterez les chiens de voftre lyce , & apres vous
les mettrez fous la Mâtine , que vous ferez obferuer & garder , & mefme la tiendrez en crainte , pour l'empefcher de
leur mal-faire , & l'obliger à les laiffer tetter , tant qu'elle le
fouffre volontiers. Il faut auffi auoir le mefme foin de voftre Lyce , & ne manquerez à écrire fur voftre inuentaire
ou liure des chiens , le iour qu'ils feront nez , & la quantité
des mafles & des femelles que vous faites nourrir,& le nom
du pere & de la mere , afin que la race s'en reconnoiffe à
l'aduenir , & auffi pour fçauoir l'heure qu'il les faudra tirer
de deffous la mere pour les feurer , & le temps qu'il les faudra faire nourrir chez les Laboureurs , quand il les en faudra retirer pour les mettre dans le chenil : Et pour fçauoir
auffi à l'aduenir l'âge de vos chiens, afin que quand vous
voudrez vous en feruir pour en tirer race, vous en fçachiez
l'âge , & les faire à propos couurir, pour ne les y pas mettre
trop ieunes ny trop vieux , ce qui ne doit eftre qu'à deux
ans pour les mafles , à caufe que cela leur diminuëroit leur
force , & que paffé quatre ans , ils feroient des chiens fans
force & vigueur : Et apres auoir donné ordre aux petits
chiens & les auoir fait agréer à leurs nourrices , il faut auoir
le foin de leur donner cinq ou fix iours durant deux ou trois
fois le iour, du laict venant du py de la Vache , ou bien le
faire chauffer , afin de leur empefcher les tranchées , qui ne

manqueroient de leur venir, ſans cette precaution, ce qui les poùrroit faire tarir, ou au moins auoir trop peu de laict; ce que vous deuez faire toutes les fois que vous les verrez dégouttées, outre le bon potage que vous leur donnerez, ſans eſtre ſallé : & lors que vos petits chiens auront vn mois, vous leur donnerez deux fois le iour du laict, comme i'ay dit, afin d'aider à leurs meres à les nourrir, & ſi elles ont bien du laict & qu'elles ſoient en bon corps, elles peuuent nourrir leurs chiens iuſques à deux mois, en leur donnant pourtant vn peu de mie de pain dans leur laict : ſinon vous les ſeurerez à ſix ſepmaines:& apres,il ſera tres-à-propos de les tenir encores vn mois,au moins, chez vous, pour les ac-couſtumer à manger du potage & du laict, que vous leur donnerez pour les rendre plus forts, auant que de les faire nourrir chez des Laboureurs.

CHAPITRE XVII.

L'âge qu'il faut mettre les ieunes chiens chez les Labou-
reurs pour les nourrir. Comment auparauant
il les faut eſuêrer.

APRES auoir nourry vos ieunes chiens chez vous iuſ-ques à trois mois, & que vous aurez reſolu de les mettre chez des Laboureurs, pour y eſtre nourris iuſques à l'âge de dix à vnze mois, vous les deuez eſuêrer auparauant, pour obuier aux accidens qui pourroient arriuer, s'ils deuenoient enragez chez les bonnes gens, qu'ils pour-roient mordre, & les ruiner, s'ils mordoient leurs beſtiaux: Ioinct que cela pourroit arriuer chez vous, lors que vous les auriez retiré & mis dans voſtre chenil auec les autres; Mais apres l'operation que ie diray en ſuite, il n'en peut meſarriuer, puis qu'ils ne mordent iamais & meurent de la rage, comme d'vne autre maladie : Ie tiens auſſi que cela

en peut diuertir le mal, ou au moins le rendre plus facile à
guerir : Et pour en faire l'operation, il ne faut pour tous in-
ftrumens qu'vn razoüer, vn canif, ou vn poinçon, dont la
pointe foit fort aiguë, & faire prendre le chien ou la Lyce
(car ce remede leur eft commun) auec vn couple, & luy
faire ouurir la gueule auec les mains, & apres luy paffer vn
mouchoüer dedans, qui foit tenu des deux coftez de la
gueule, pour l'obliger à la tenir ouuerte, & à laiffer prendre fa langue, que vous tirerez auec la main & la renuerfe-
rez pour voir & fentir vn petit nerf, qui eft long comme la
moitié du petit doigt & gros comme vn ferret d'éguillette,
formé comme vn ver, ayant les deux bouts pointus, ce qui
pique le chien lors qu'il eft émeu par le fang qui bout dans
toutes fes veines, quand il a l'accez de la rage, & croit qu'il
fera foulagé toutes les fois qu'il appuira ce nerf ou ver, fortement contre quelque chofe en la mordant, lequel nerf
groffit à proportion de l'âge & l'accés de la rage. C'eft
l'effect des extrémes douleurs, d'éprouuer toutes chofes
pour fe foulager. Apres auoir fait tirer la langue au chien,
comme i'ay dit, il la faut fendre le long de ce nerf, feulement, pour y pouuoir paffer le bout du poinçon par deffous, & l'ayant pris, vous l'enleuerez en mefme temps auec
affez de facilité, à caufe qu'il n'a aucune adherance ; &
apres l'auoir ofté, vous laifferez aller le chien, fçachant
bien qu'il fe guarit de fa faliue : & apres cette operation,
vous donnerez vos ieunes chiens, feparez les vns des autres, chez des Laboureurs, qui feront en païs de froment
& non de feigles, dont la nourriture ne vaut rien pour les
ieunes chiens, à caufe qu'elle paffe trop promptement &
ne nourrit pas affez pour leur faire le rable large & toutes
les autres parties à proportion, comme il faut que les
chiens courans les ayent pour auoir de la force, & qu'ils
ne foient pas auffi proches des forefts ou de quelques garennes, où les ieunes chiens ne manqueroient d'y aller chaffer
auffi-toft qu'ils auroient fept à huict mois, & que n'eftans
pas encores noüez, ils fe pourroient filer, ou fe faire pren-

dre par des Loups & mesmes par des personnes qui s'y rencontreroient, apres qu'ils seroient lassez de chasser : Ioinct
qu'il n'y a point de chiens qui se laissent aborder plus aisément que les chiens-courans, particulierement lors qu'ils
sont ieunes : Il faut donc que cette nourriture se fasse où il
y ait des plaines, prairies, ou pastures, afin que les Laboureurs y puissent nourrir force Vaches, & que le laict ne
manque pas aux ieunes chiens, qui est leur principalle
nourriture dans cét âge : Et pour les rendre plus beaux, il
faut donner aux filles dequoy les faire iollies ; & apres
que la nourriture en sera faite, recompenser aussi le Maistre (car Dieu le veut ainsi) ce qui l'obligera à vous en
nourrir d'autres auec le mesme soin. Ie n'approuue pas
que l'on les donne à nourrir à des Bouchers, comme quelques-vns font, puis que cela les rend trop gras & trop
épais, par consequent pezans & de peu de vistesse & de
force, & les accoustume tellement à la chair, que si vous
ne leur en donnez souuent, ou par des curées, ou par des
bestes mortes, ils deuiennent maigres & sans aucune vigueur, ne voulans pas la pluspart du temps manger de
pain, qui est leur meilleure nourriture, lors qu'ils ont atteint
l'âge de dix ou douze mois, si ce n'est quelquesfois qu'ils
sont dégoutez, alors il leur faut donner seulement du laict
& du potage & non de la viande : Et si vous ne pouuez les
faire nourrir chez les Laboureurs, ayans compassion de
leur pauureté presente, ou que ceux qui sont à vostre de-
uotion, ne soient pas dans les lieux propres, comme ceux
que i'ay dit, il les faut nourrir chez vous, ou dans vn lieu
qui n'en soit pas fort éloigné, afin que vous les puissiez
voir souuent, & que ce soit dans vne grande cour fermée,
à ce qu'ils n'en puissent sortir & qu'ils y ayent de l'espace
pour s'y pourmener : car lors qu'ils ont atteint sept ou huict
mois & qu'ils se voyent en compagnie, ils sont plus âpres
d'aller chasser, d'attaquer les bestiaux qu'ils trouueront
dans la campagne, & que s'ils en auoient mangé, il seroit
res-difficile de les en empescher, lors que vous les mene-

riez à la chaſſe. Quant à leur nourriture, elle doit eſtre
iuſques à ſix à ſept mois de pain de froment, mélé auec potage de laiɛt, & enſuitte d'orge, pour les y accouſtumer, il
faut qu'ils y ayent vn couuert pour s'y mettre lors qu'il
vient du mauuais temps dans l'Hyuer, & (s'il ſe peut) y faire paſſer vn ruiſſeau, ſinon auoir le ſoin de leur donner tous
les iours deux fois de l'eauë freſche, particulierement en
Eſté : & de la paille freſche tous les deux iours, pour ne
les laiſſer pas attaquer aux puces, ce qui les pourroit faire
amaigrir & les rendre galleux, par l'obligation qu'ils auroient de ſe gratter.

CHAPITRE XVIII.

Du temps que l'on doit retirer les ieunes chiens de chez les
Laboureurs.

L'ON ne doit pas manquer de retirer les ieunes chiens
que vous aurez mis chez les laboureurs ſi-toſt qu'ils
auront dix ou douze mois, pour pluſieurs raiſons, qui ſont
que le cœur & la force leur viennent, & par conſequent
l'enuie d'aller chaſſer, où il leur peut arriuer force choſes
qui leur ſeroient nuiſibles, par les efforts qu'ils y feroient,
n'ayans pas encores les reins noüez, & meſme ſe pourroient effiller ſuiure & chaſſer vne beſte dans vn païs hors
de leur connoiſſance, où leur retraite incertaine leur feroit courir riſque de Loups ou de Mâtins, qui les ren-
contrans les pourroient eſtropier, accompliſſant l'ancien
prouerbe, qui dit, que iamais Mâtin n'ayma chien noble.
Ils peuuent auſſi rencontrer vn chien enragé, & qu'allans
le matin à la chaſſe, que la roſée eſt grande ſur la terre, elle
leur peut gaſter le nez, au moins leur diminuer le ſentiment, ou faire qu'ils ne voudroient plus chaſſer dans la
chaleur : C'eſt auſſi l'âge qu'il les faut mettre dans le chenil,

nil , pour les accouftumer auec les chiens dreſſez & à aller
au couple , en prendre la nourriture , & les rendre obeïſ-
fans , leur faifans comprendre le chaftiment , pendant qu'ils
font ieunes, mais non pas comme l'enfeigne le Seigneur du
Foüillou , qui dit qu'il leur faut pendre vn bafton au col,
auffi-toft que vous les auez retiré de chez les Laboureurs,
apres les laiffer fur leur foy , & qu'ils ne peuuent aller à la
chaffe auec cét entraue , qu'à peu de iours de-là , l'on les
peut coupler auec les autres , & qu'ils îront au couple. I'a-
uoüe que cette methode leur peut donner quelque commencement à ce faire ; mais auffi ils peuuent encoúrir
beaucoup de rifque , puis que ce bafton ne peut les empefcher de fortir que pour deux ou trois iours, qui eft le
temps qu'il leur faut pour les y reduire , & auoir appris à le
tourner de biais par entre leurs iambes , & toft apres ils ne
manqueront de fortir & aller à la campagne , où ils peuuent
trouuer vn liévre , vn renard , ou quelque autre befte ,
qui les menera dans vn bois , & que l'ardeur qu'ils auront,
leur oftera le fouuenir du bafton , qui leur peut froiffer les
iambes & les nerfs , & les leur faire enfler ; Ils fe peuuent
auffi prendre dans le bois , en paffant vne haye , & y demeurer tres-long-temps , & peut-efte iufques à ce qu'il
vienne vn loup qui les y mangera : ioinct qu'ils en font plus
aifez à prendre & à emmener par des paffans ; Mais la meilleure & plus affeurée methode , c'eft apres les auoir mis
dans le chenil auec vos chiens dreffez, de les mener à l'ébat
auec eux , deux fois le iour , & coupler vn de vos chiens
auec vn des vieux , apres auoir confideré & choifi les plus
patiens & les moins querelleurs , afin qu'ils les fouffrent
quelques iours à fe mouuoir & fauter allentour d'eux , fans
les battre , & qu'il y ait vn valet de chiens aupres d'eux,
pour ayder au ieune à marcher & l'obliger à fuiure le vieil
chien , en le carreffant de temps en temps , & luy déméler les
iambes dans fa couple , où il fe mettra bien fouuent ; ce que
nous appellons déharder : vous continuerez de la forte
cinq ou fix iours , qu'il faut à vn ieune chien pour aller

au couple, & comme cela ils n'auront couru aucune rifque.
Il faut auffi qu'il y ait pour les premiers iours , iour & nuict,
vn valet de chiens dans le chenil , la houffine à la main ,
pour faire retirer les chiens dreffez, qui ne manquent pas
de venir fentir ces ieunes chiens, qu'ils ne connoiffent pas
encore , ce qui les eftonnent & ne peuuent fouffrir qu'en fe
voulans deffendre & les mordre : ce qui pourroit obliger
les vieux , apres en auoir fouffert quelque dentée, de fe ietter
deffus , les mal-traitter & mefme les étrangler : ce qui s'eft
veu affez fouuent , quand l'on n'y prend pas garde. Le valet de chiens qui eft dans le chenil , doit aller à eux de temps
en temps , pour leur donner quelque peu de friandife , afin
de s'en faire connoiftre , & qu'ils foient pluftoft accouftu-
mez auec eux dans le chenil : & lors que l'on donnera à
manger aux chiens , il aura foin de leur en donner à la main,
& felon leur appetit , & fi d'auanture ils eftoient trop long-
temps fans vouloir manger , il leur doit donner du potage,
hors du chenil , où vous les menerez auec vn couple;mais
il faut auparauant les laiffer ieûner , pour les accouftumer à
manger du pain & ne s'attendre pas au potage. Il les doit
pareillement accouftumer à ne pas faire leur ordure fur la
paille,ny d'y piffer. Le fieur du Fouillou dit auffi que quand
l'on a mis des ieunes chiens dans le chenil, il faut y fonner
tous les iours pour les réjoüir , & quand vous les menerez à
l'ébat , mon fentiment eft encores,auec raifon , contraire au
fien , puis que cette methode ne peut produire que de mauuais effets , lefquels ie vous feray bien-toft connoiftre , attendu qu'il n'y a rien qui puiffe tant émouuoir les chiens,
comme de fonner du cor,étably de tout têps pour cela: cette
émotion les oblige à crier , & ne fe voyans pas en liberté de
courre & faire ce qu'ils deuroient lors que l'on fonne , ils fe
mélent les vns parmy les autres & l'impatience les prend,
qui fait qu'ils ne peuuent foufffrir leurs compagnons , fe
querellent , fe battent & bien fouuent s'eftropient : & lors
que vous les menez à l'ébat , vous leur donnez encore vne
plus forte émotion de courre , fe voyans à la campagne ; ce

qui les oblige à leuer le nez, & ainfi prendre le vent de quelque befte qui ne fera pas loin de-là, les chiens logeans ordinairement pres des forefts & lieux commodes, pour eftre
plus proches des queftes, ou bien de quelques beftiaux, où
ils iroient, & qu'apres il feroit tres-mal-aisé de les en
empefcher dorefnauant, ce que plufieurs fois i'ay veu arriuer aux chiens du Roy, qui ont efté de tout temps les plus
fages, & qu'apres eftre échappez vne ou deux fois, l'on fut
quelque temps fans les en pouuoir empefcher, où ils peuuent courre force rifques de fe prendre couplez dans le
bois & y demeurer : car tous les chiens ne fçauent pas couper leurs couples : ioinct que la befte qu'ils chafferont, peut
paffer vne riuiere, & eux la paffer apres couplez, & s'en-
toüiller dans leurs couples, mefmes s'y noyer & auffi fe perdre par plufieurs occafions. Toutes ces chofes font pour obuier aux accidens qui peuuent arriuer aux chiens ; Mais ce
que ic vous vay faire connoiftre, eft le fondement de la
vraye creance que l'on doit donner à des chiens-courans, fi
l'on en veut eftre abfolument le maiftre & les rendre bons.
Ie diray donc que les chiens n'entendent que par fignes &
actions, fuiuis pourtant de la parole que vous leur faites
comprendre par habitude, comme auffi de fonner pour
chiens & à veuë, & pour requefter, & la retraitte : ce qui me
fait dire que vous ne vous deuez feruir de ces chofes que
dans ces occafions qui en font la neceffité, & non commé
d'vne felle à tous cheuaux, ce qui les empefche d'y pouuoir
rien comprendre, & cela à caufe que vous leur aurez parlé
en tous lieux & en tout temps, fans aucune diftinction des
temps ny des lieux : ce qui fait qu'ils ne peuuent comprendre
ce que vous voulez d'eux : Ie diray plus, qu'il ne faut pas s'ab-
ftenir feulement de fonner dans le chenil & à l'ébat, mais encores dans le village où ils font logez, & que fi cela arriue, il
faut qu'vn valet de chiens aille dans le chenil, la houffine à la
main pour reprimer les chiens, lors qu'ils voudront crier &
fe battre, leur difant, haye, en les châtiant, qui eft le terme duquel on doit vfer pour leur faire connoiftre qu'ils font en faute.

F ij

CHAPITRE XIX.

Comme il faut que le Chenil & le logement des chiens
soit fait.

IE ne pretens pas icy vous faire voir la belle Architecture
des chenils ou logemens des chiens, qu'ont fait baftir
plufieurs Roys de France en diuers lieux, particulierement
à leurs maifons de S. Germain, Fontainebleau, & Mon-
ceaux, ce qu'ont fait aufli quelques Princes & Seigneurs
dans leurs maifons de campagne, où l'on voit encores auiourd'huy des chenils magnifiquement baftis, & accompagnez de toutes les chofes neceffaires, auec fomptuofité.
C'eft en ces lieux où les curieux peuuent aller pour en prendre le modele ; mais feulement ie veux vous reprefenter la
neceffité des lieux qu'il faut pour la commodité des chiens,
& de ceux qui les gouuernent, afin de les garantir de plufieurs maux qui leur pourroient arriuer, fi leur logement
n'eftoit conftruit dans vn bel air, & en vne belle place, &
où les chiens puiffent auoir l'eauë à commandement, puifque c'eft vne de leurs principales neceffitez, & leur feroit
auantageux qu'il s'y rencontraft vne fontaine, ou au moins
que l'on y en pût faire couler vne dans leur enclos pour y
faire quelques referuoirs qui fuffent tous pleins d'eauë, où
ils puffent boire, & fe raffraîchir dans les chaleurs. Il faut
aufli obferuer que lors qu'on voudra baftir leur logement,
la façade en foit vers le Soleil leuant, & que le bâtiment
foit fait auec plaftre, ou de chaux, & non auec de la terre,
à caufe qu'elle engendre des lezars, fcorpions, & ferpens,
qui picqueroient les chiens, & leur pourroient caufer vne
enfleure, & quelquesfois la mort ; il faut aufli que les murailles foient enduittes dehors & dedans de mefme matiere,
afin qu'ils en foient plus chaudement en Hyver, & plus
fraîchement en Efté ; car quand cela n'eft pas, il s'y fait,

par ſucceſſion de temps , de petits trous qui reçoiuent le
froid & le chaud , & le communiquent dans le chenil ; il
faut que le logement ſoit bien penſé du Maiſtre qui le fait
baſtir , pour le faire faire à proportion des chiens qu'il y
voudra loger , & que le fonds du chenil ſoit paué de grands
carreaux de greſſerie bien vnis , afin que les chiens ne s'y
deſ-onglent pas, lors qu'ils viennent à ſe battre , à cauſe que
dans cette action ils y font des efforts du corps, des iambes ,
& des pieds , ioinct que ces pauez qui ſont durs , larges ,
épais, & lourds, leur empeſchent l'inclination qu'ils ont naturellement de gratter , quand ils y retrouuent vn entiere reſiſtance. Il faut qu'il y ait vn égouſt dans le milieu de l'aire,
afin que leur vrine & l'eauë qui ſe répandra de leurs vaſes ,
s'y puiſſent écouler , & ſoient conduites par deſſous la muraille du chenil , lequel doit eſtre de moyen exhauſſement ,
pour n'eſtre pas trop froid en Hyver , ny trop chaud en
Eſté,& qu'il ſoit bien percé , particulierement du coſté du
Soleil leuant , mais point du tout du coſté du vent d'aual,
qui eſt le plus incommodant , à cauſe que la pluye y ſeroit
portée par ce vent (qui eſt grand d'ordinaire) & notamment par les feneſtres, qui doiuent eſtre aſſez hautes au deſſus des bancs,pour empeſcher les chiens d'y pouuoir attein-
dre & monter, parce qu'il les faut ouurir , quand il fait beau
pour y faire entrer l'air : vous y pourrez faire mettre du verre ou de la toile gommée , qui empeſche plus aſſeurément
les mouches d'y entrer , & tient le chenil plus frais en Eſté.
Il faut auſſi qu'il y ait des ventaux pour les fermer dans les
mauuais temps, & eaus l'Hyuer, & qu'il y ait allentour de
l'aire du chenil, des bancs pour y coucher les chiens, qui ſeront faits auec des membrures , de trois à quatre poulces
d'épaiſſeur , ſouſtenus par des piliers faits de meſmes membrures plantez en terre de ſix pieds en ſix pieds, afin qu'ils
ayent la force de ſouſtenir d'autres membrures par vn bout,
& que l'autre ſoit encoché & ſouſtenu de la muraille , afin
que toutes ces membrures puiſſent porter les planches deſquelles l'on les couurira , & que le tout ſoit de bois de cheſ-

F iij

ne, qui eſt le moins pourriſſant, à cauſe que les chiens y piſ-
ſent quelquesfois, & que ces bancs ſoient éleuez de terre
de vingt poulces de haut, afin que les chiens y puiſſent
monter facilement, ſans courre riſque de s'y renuerſer, ie
veux dire pour des grands chiens : car ſi c'eſt pour de petits
chiens pour liévre, il ne les faut que de dix ou douze poulces de haut, & qu'ils ayent huict pieds de largeur : il faut
auſſi que la membrure du deuant excede de trois à quatre
poulces les planches, pour empeſcher la paille que l'on y
mettra, de tomber, & pour la tenir en eſtat ſur les bancs,
lors que les chiens ſeront deſſus. Ie trouue qu'il eſt neceſſaire de faire vne cheminée dans le chenil, comme il y en a
à tous ces grands chenils dont i'ay parlé, ſinon à proportion
de celuy que vous ferez faire, dont le foyer ſoit large &
échancré aux deux coſtez, afin que les chiens y ayent plus
de place pour ſe chauffer. Vous y ferez mettre allentour, &
au deuant, des balluſtres de fer, & vne porte aſſez haute,
pour empeſcher que les chiens ne puiſſent ſauter par deſſus, & n'approchent le feu de plus pres : car s'ils le faiſoient,
ils apporteroient de la paille dans le feu, ou remporteroient
du feu dans la paille auec leurs pieds, ce qui mettroit le feu
dans le chenil : ce réchauffement eſt fort neceſſaire aux
chiens, lors qu'ils ont chaſé par vn temps de neige, frimats
& verglats que la gelée fait attacher à leur poil, tant du
corps que des iambes, & que ce n'eſtoit par le moyen de
ce feu qui la diſſipe, elle y demeureroit attachée iuſques à
trois & quatre iours, ſans pouuoir eſtre entierement con-
ſumée, ce qui leur peut cauſer force maux, comme vn deſ-
voyement, & enſuite la cacquecendre, les rendre etiques,
leur peut auſſi faire venir le roux vieux, la galle, & vn re-
froidiſſement de nerfs, & des enfleures aux iambes & aux
pieds, iuſques à leur faire tomber les ongles, & leur cauſer la
goutte. Il faut auſſi (s'il y a moyen) faire venir de l'eau, dans le
chenil par des tuyaux, & qu'elle ſoit retenuë par des robinets,
pour la mettre quand l'on voudra dans des vazes de bois
qui doiuent eſtre deſſous, afin de la pouuoir changer ſou-

uent, & de l'auoir fraîche en Esté, & chaude en Hyuer : elle seruiroit aussi à nettoyer vostre chenil. Il faut mettre
dans ledit chenil en deux ou trois endroits, des bouchons fichez en croix dans vn baston, qui sera mis & planté entre
deux pauez pour obliger les chiens à y venir pisser, afin de
les empescher de pisser, & de se vuider sur la paille, & lors
que cela arriuera à quelqu'vn, il le faut chastier de la houssine, en luy disant, fy, fy, chien, & le nommer par son
nom, & sur le chenil il faut faire quelque chambre pour y
loger les valets de chiens, afin qu'il se puissent secher,
quand ils reuiennent moüillez de la Chasse, sans s'éloigner
des chiens, & aussi pour faire du potage, & autres necessi-
tez qu'il leur faut, & mesmes vn cabinet pour y resserrer
l'équipage necessaire aux chiens, quand on les meines à la
Chasse.

CHAPITRE XX.

Comme l'on doit panser les chiens, les mener à l'esbat, &
leur donner à manger ; & de l'ordre que l'on doit tenir
dans les équipages & Veneries du Roy où il y a Capi-
taine & Lieutenant.

JE ne voy pas seulement les termes & la belle methode
de chasser, negligez : mais encores les soins accoustu-
mez pour bien tenir les chiens-courans, & de les panser ponctuellement, tous les iours deux fois sans y manquer, ce
qui est tres-important, si on les veut auoir beaux, vigoureux, & tousiours en bon corps, puisqu'en ce faisant on
leur oste les excremens superflus & nuisibles, particulierement lors qu'ils ont esté excitez de sortir, par l'exercice violent qu'ils font à la chasse, qui leur a causé vne sueur à laquelle la poudre s'attache, aussi bien qu'à leur poil, & iusques à la peau, ce qui leur cause des maux & maladies, puis-

que cette craſſe adherante à leur peau, leur bouche les po-
res, & retient l'humeur échauffée dans le corps, & qu'ayant
le ſoin de les frotter & peigner, vous obũiez à tous ces mauuais accidens : & encore que mon principal deſſein ſoit de
rétablir dans la neceſſité du temps les ordres & ſoins que
l'on a tenu & pratiqué de temps immemorial dans les Veneries des Roys de France ; neantmoins mon intention eſt
auſſi que ce que i'en diray, ſerue aux Gentils-hommes qui
tiendront des Meutes de chiens. Ie ne dis pas qu'ils le faſſent dans vne ſi grande regularité que celle que i'ay fait
voir ; mais que ce ſoit aſſez pour tenir les chiens dans la net-
teté, afin qu'ils en reçoiuent les auantages que i'ay dit, &
qu'ils en paroiſſent plus beaux, lors que leurs amis les viendront voir chaſſer. Ie vous diray donc auparauant que de
continuer à vous parler des grands chiens blancs du Roy,
qu'il y a vne Meute que l'on appelle les petits chiens
blancs, qui ſont auſſi établis de tres-long-temps pour courre & forcer le Cerf, ayant leurs Officiers particuliers, comme Capitaines, Lieutenans, Gentils-hommes de la Venerie, valets de limiers, & valets de chiens, qui ioüiſſent des
meſmes droicts, & exemptions qu'ont ceux de la grande
Venerie, & ſont ſous la dépendance du Capitaine de ladite
Venerie, qui peut pouruoir à toutes ces charges que i'ay
nommées ; mais quand le Roy veut courre auec cette Meute, & que le grand Veneur eſt aupres de ſa Majeſté, ils luy
doiuent déferer, comme doiuent faire les Capitaines &
Lieutenans des autres équipages, & les Capitaines des
Chaſſes, puiſque tous ces équipages ne ſont que les branches de ce grand arbre, ou corps de la grande Venerie, qui
eſt compoſée d'vn grand Veneur, de quatres Lieutenans,
& quatre ſous-Lieutenans, de quarante Gentils-hommes
de la Venerie qui ſeruent, ſçauoir vn Lieutenant & vn
ſous-Lieutenans, & dix Gentils-hommes par trois mois. Il
y a encore huict Gentils-hommes ordinaires qui ont eſté
choiſis de tout temps parmy les ſuſdits nommez, pour ſeruir
actuellement dans la Venerie, ou le temps qu'il plaiſt au
                                                    Roy,

Roy, qui font ceux à qui l'on doit auoir plus de creance, quand le choix en a efté bien fait, particulierement pour faire chaffer les chiens dont ils ont la connoiffance plus parfaites de leurs noms & de leurs qualitez, puifqu'ils les voyent & les font chaffer plus fouuent que ceux qui ne feruent que trois mois, qui peuuent trouuer la Meute changée de chiens, ou pour le moins vne partie, dont ils n'en connoiftront le nom, ny la force, ny la fageffe. Il y a auffi deux Pages de la Venerie portans les couleurs du Roy, comme ceux de la petite Efcurie, quatre Aumofniers, quatre Medecins, quatre Chirurgiens, & quatre Marefchaux, vn boulanger, & douze valets de limiers, feruans trois par trois mois, & deux ordinaires, que l'on appelle de la Chambre, quatre Fourriers feruans auffi vn par quartier, quatre Maiftres valets de chiens à cheual, & vn ordinaire, douze valets de chiens à pied feruans par quartier, comme les autres Officiers cy-deffus, quatre ordinaires qui font deux grands & deux petits valets de chiens, qui doiuent demeurer actuellement aupres des chiens, iour & nuict, au moins deux. Tous ces Officiers font fous la dépendance & nomination du grand Veneur, horfmis les Lieutenans qui doiuent eftre pourueus du Roy, ce font les Maiftres valets de chiens, chacun dans leur quartier, ou, en leur abfence, l'ordinaire qui doit prendre l'ordre du Commandant au quartier de la Venerie, pour apres le donner aux valets de chiens; c'eft auffi luy qui doit répondre des foins qu'il faut auoir des chiens, comme ie diray en fuite, & pour connoiftre s'ils y manquent, cela fe fait par le foin qu'en doit prendre le Lieutenant qui fera en quartier, ou en fon abfence, le fous-Lieutenant, ou le plus ancien Gentil-homme de la Venerie en quartier, pour en rendre compte au grand Veneur, & le grand Veneur au Roy; & pour le mieux faire, il faut qu'ils apprennent à connoiftre fi les chiens ont le poil bien vny & luifant & pour les voir chaffer, en remarquer la taille, pour en fçauoir le nom, la force & la fageffe, afin qu'ils y puiffent auoir creance, quand l'occafion s'en

G

prefentera ; car il n'y a que les valets de limiers qui doiuent
eftre exempts de ces foins, qui font établis feulement pour
aller aux bois, & dreffer des limiers pour détourner le Cerf,
mais pour panfer les chiens, c'eft la charge des valets de
chiens, où doit eftre prefent le Maiftre valet de chiens, pour
leur dire les chofes qu'ils doiuent faire, comme de les panfer deux fois le iour, & auffi quand ils font bleffez ou
malades, de les frotter lors qu'ils font galleux : Et quant
au foin particulier, comme de coucher dans le chenil auec
les chiens, ce doiuent eftre les deux petits valets de chiens
ordinaires, ou à leur défaut, les deux grands ordinaires,
lefquels font établis particulierement pour cela : car pour
tout le refte des autres foins, les valets de chiens en quartier y doiuent contribuer, & mefmes à coucher auec les
chiens, en cas qu'ils manquaffent des ordinaires : car les
grands chiens blancs du Roy ne doiuent iamais coucher
feuls, à caufe que ce font chiens de cœur qui ont peine à fe
fouffrir les vns les autres, & fe pourroient battre & s'e-
ftropier ; s'il n'y auoit quelqu'vn pour les reprimer & chaftier. L'ordre a efté de tout temps que l'heure eftant venuë
il faut les panfer, fçauoir en Efté à fix heures du matin, &
à cinq heures au foir, & en Hyver à huict heures au matin,
& à trois heures au foir, les promener & les mener à l'é-
bat auffi-toft qu'ils font panfez, & pour ce faire il faut que
les grands valets de chiens ordinaires foient auec leurs petits compagnons qui auront couché dans le chenil, & qu'ils
foient les premiers arriuez pour leur ayder à nettoyer les or-
dures que les chiens auront fait dans le chenil, afin que
quand le Maiftre valet de chiens, & les valets de chiens en
quartier viendront auec des bouchons en vne main, & vn
peigne à l'autre pour les panfer, ils trouuent la place nette, &
que le Maiftre-valet de chiens fe faffent donner vne houffine
par vn de fes compagnons ; pour, cependãt que les autres pã-
feront les chiens, corriger ceux qui querelleront. Il faut
que lefdits valets prennent chacun vn chien auec vn couple, & qu'ils commencent par la tefte à le panfer, en luy

prenant les oreilles , defquels ils luy effuyeront les yeux,
& apres ils luy frotteront la tefte auec le bouchon,& en fui-
te-tout le corps, comme les iambes aufquelles ils s'arrefte-
ront dauantage pour les obferuer & toucher de la main, afin
de fentir s'il n'y a point quelque dentée fraîche faite, ou
quelques épines demeurées de la derniere chaffe , pour y
remedier promptement felon le mal : & apres ils quitteront
leurs bouchons , & prendront leurs peignes, defquels ils
peigneront le chien par tout le corps, afin d'ofter la craffe
& la poudre qu'aura émeu le bouchon , ce qui fe doit faire
à tous. Cela eftant fait , le Maiftre valet de chiens doit aller
trouuer le Lieutenant de la Venerie , ou celuy qui cõmande-
ra au quartier en fon abfence,pour luy dire l'eftat où font les
chiens , & s'il luy plaift de les venir voir mener à l'ébat, & fi
d'auanture le grand Veneur eft logé dans le quartier de la
Venerie , l'Officier doit l'aller trouuer, & mener le Maiftre
valet de chiens auec luy , pour luy demander s'il luy plaift
de venir voir promener les chiens : s'il dit qu'oüy,l'Officier
doit prendre fon cor , & fonner , ou faire fonner deux mots
pour obliger les Gentils-hommes de la Venerie de venir,
qui pourroient eftre logez à quelques fermes à l'écart, &
que ce fignal les fera venir plus promptement, que de les
enuoyer querir, à ce qu'ils fe rendent au logis du grand Veneur , pour le fuiure & accompagner au chenil, & à l'ébat
des chiens. Les Pages y doiuent eftre des premiers, s'ils ne
font allez aux bois auec les valets de limiers pour fe faire in-
ftruire, lefquels valets de limiers ne font pas obligez (comme i'ay dit) d'eftre à l'ébat des chiens-courans , mais feulement d'auoir vn foin particulier de leurs limiers, puifque
c'eft le feruice qu'ils doiuent au Roy , & qu'vn bon limier
leur eft auantageux, eftant l'inftrument de leur meftier, &
que s'il n'eft bon, ils n'y peuuent pas reüffir. Le grand Veneur eftant arriué à la porte du chenil , le Lieutenant ou
Commandant doit receuoir de la main du Maiftre valet de chiens , deux houffines, pour en donner vne au
grand Veneur , & l'autre la garder pour luy , & le Mai-

G ij

ſtre valet de chiens en doit auoir pluſieurs autres, pour
donner aux Officiers chacun dans ſon rang & ancien-
neté : & à l'inſtant il doit entrer dans le chenil, pour
voir ſi les valets de chiens ont couplé les chiens à propos & ſortablement, pour obuier qu'ils ne s'échapent, en
ayant couplé vn ieune auec vn vieil, ou vn fol auec vn
ſage : Et apres, il doit ouurir la porte du chenil, eſtant, s'il
ſe peut, à deux guichets, afin que la baye en ſoit plus large
& que les chiens ayent plus d'eſpace pour ſortir, & ne ſe pas
choquer de la hanche aux iambages de la porte, où ils ſe
pourroient étreuſler : & puis faire mettre à la teſte des
chiens vn ou deux valets de chiens, qui auront leurs trompes au coſté & des couples à l'anguicheure, pour ſi d'ad-
uanture les chiens s'échappoient, les r'appeller & recou-
pler ; leſquels appelleront les chiens en leur diſant, *Hault-à-
hault*, & les autres valets de chiens qui les ſuiuront, diront,
Tirez chiens, tirez : car le Maiſtre valet de chiens doit ſuiure
les chiens, pour obſeruer & voir s'il y en a quelques-vns de
boitteux & de melancoliques, pour apres en auoir le ſoin
neceſſaire. Le grand Veneur & tous ceux qui le ſuiuront,
doiuent aller apres les chiens, ſans les preſſer, pour leur
donner le temps de ſe vuider & manger de l'herbe, au
moins ceux qui en voudront, & les valets de chiens ſeront
ſur les aîles, pour aller aux premiers chiens à qui ils verront
leuer la teſte, & faire mine de vouloir prendre le vent de
quelque beſte, les reprimer en leur diſant haye, & les nommant par leur nom, & apres leur dire, tirez chiens, pour les
obliger à ſuiure les autres : & les valets de chiens qui ſont à
la teſte, doiuent dire de temps en temps, *Hault-à-hault* :
& cependant que les chiens ſont à l'ébat, dont le temps ne
doit eſtre que d'vne heure, le Maiſtre-valet de chiens doit
auoir donné l'ordre à vn de ſes compagnons d'aller aduertir le Boulenger d'apporter le pain pour diſner les chiens, &
deux valets de chiens demeureront au chenil, pour oſter la
paille qui ſera ſur les bancs, pour y en mettre de la frêche
du froment s'il ſe peut, à cauſe qu'elle eſt plus douce que

celle de seigle, & nettoyer le chenil de toutes les immondices & vuider les vases où est l'eauë, pour leur en donner
de fraîche : Cela estant, & l'heure de la promenade des
chiens expirée, l'on les doit ramener au chenil, pour leur
donner à manger : & aussi-tost qu'ils sont entrez, les valets
de chiens les doiuent découpler, si ce n'est quelques-vns
qui se tiennent trop pleins & trop gras, lesquels il faut tenir,
durant que les autres prennent leur repas & ne les laisser en
liberté que sur la fin du repas : car ils en trouueront assez de
ce que les autres auront laissé. Et pour donner à manger
aux chiens, en voicy la maniere : il faut que les valets de
chiens prennent chacun vn pain, ayans leurs cousteaux en
main pour le couper, & leur en ietter par petits morceaux
sur la paille, tout autant qu'ils en voudront manger : & s'il
y a quelques chiens qui soient delicats à leur manger, comme les vns à ne vouloir de la croute & les autres de la mie,
& d'autres qui veulent que l'on leur donne à la main, il
faut auoir soin de les seruir selon leur goust & inclination :
Et pendant que cela se fait, le Grand Veneur & les Officiers
auront la houssine à la main, pour voir s'ils mangent bien &
les reprimer, en cas qu'ils se querellent & battent. Il y a vne
ancienne coûtume dans la Venerie du Roy, que les chiens,
au moins cette grande Meute, mangent du pain de froment aussi blanc & aussi bon que le pain blanc que l'on fait
à Gonesse, & que les valets de chiens en peuuent prendre
pour leur nourriture, sans pourtant en abbuser. Les chiens
estans repeus, le Grand Veneur doit remettre sa houssine
entre les mains du Lieutenant qui la luy a donnée, & qui la
doit remettre auec la sienne, entre les mains du Maistre-
valet de chiens, qui doit receuoir aussi toutes les autres des
Officiers, à qui il en a donné : & alors les Officiers doiuent
accompagner le grand Veneur chez luy, & puis apres le
Lieutenant. Ie ne voudrois pas que l'on creût que ie vou-
lusse par ce discours obliger le Grand Veneur à l'ébat des
chiens, toutes les fois qu'ils se trouueroit logé dans le quartier, voulant croire plustost que cela dépend de luy. Mais

G iij

ie le supplie de trouuer bon que ie dise, que s'il s'y trouue,
son exemple produira de bons effets : Premierement, cela
obligera les valets de chiens à en auoir le soin qu'ils doiuent, & aussi les Gentils-hommes de la Venerie à y aller
souuent ; ce qui leur est tres-necessaire, pour connoistre
les chiens par leurs tailles & leurs noms, afin que quand ils
les verront chasser, ils sçachent ceux à qui ils doiuent auoir
creance, lors que le change bondira. Le grand Veneur les
obligeant à prendre cette instruction par son exemple, il la
prendra aussi pour luy, puis qu'elle luy est necessaire autant qu'à eux, pour les mesmes raisons ; ioinct qu'il se peut
rencontrer seul de Chasseur aupres du Roy, suiuant des
chiens qui se feront separez des autres, lors que le change
aura bondi deuant eux, duquel le Cerf de la Meute se sera accompagné & apres separé, afin qu'il puisse appuyer
ses chiens, les connoissans sages, & aussi que le Roy luy
peut demander les noms des chiens qu'il verroit chasser,
où ne les sçachant pas, il demeureroit court & manqueroit
en quelque façon à son deuoir ; ce qui diminueroit le plaisir du Roy, & aussi l'estime qu'il auroit fait de luy & de
sa capacité dans la chasse, en luy faisant connoistre qu'il la
negligeroit : & que quand l'on veut entreprendre quelque
chose, il s'y faut attacher auec soin, pour y estre consideré
& estimé. Encores que i'ay dit que l'on doit nourrir les
chiens du Roy auec du pain de froment, ce n'est pas que
celuy qui est fait auec l'orge, ne soit aussi propre, afin que
les Gentils hommes qui ayment les chiens auec passion,
n'en fassent pas de mesme, ny de toutes les choses que i'ay
dites touchant le soin des chiens, au moins auec tant de
regularité ; mais à proportion de leurs puissances & du
monde qu'ils pourront entretenir, pour en auoir tout autant de soin qu'ils pourront.

CHAPITRE XXI.

De l'âge auquel on doit faire chasser les ieunes chiens-courans.

LORS que vous aurez mis dans le chenil, auec vos chiens dressez, les ieunes chiens que vous aurez retiré depuis six sepmaines ou deux mois, de chez les Laboureurs & qu'ils en auront pris l'habitude & la nourriture (ce que vous pourrez iuger les voyans pleins & en bon corps & non maigres) vous pourrez alors commencer à faire chasser les mâles à quinze mois & les Lyces à douze ou treize, afin que tous les deux ayent les reins noüez, & qu'ils ayent pris leurs forces : car quand l'on les fait chasser plus ieunes & qu'il se rencontre en eux de la bonne volonté & de l'ardeur à la chasse, ils en prennent trop d'abord : ce qui les pourroit faire effiler & les empescher de pouuoir plus prendre force ; mais pour obuier à cét accident, ie trouue qu'il est à propos de commencer par les faire chasser le Liévre, & que ce soit auec des chiens dressez, qui ne soient pas trop vistes, afin qu'ils ne soient pas obligez de s'étendre pour les suiure : Cela fait, qu'ils s'en rendent en moins de temps dans l'obeïssance, à cause que cette chasse se fait ordinairement dans la plaine, ou au moins elle s'y commence, où vous pouuez tousiours voir vos chiens, apres les auoir decouplez, & le lieu plus facile pour leur reprimer cette premiere ardeur, & pour les chastier, puis que vous pouuez estre tousiours aupres d'eux, & que vous voyez ce qu'ils font : comme cela ils ne peuuent prendre aucune mauuaise habitude ; mais seulement la bonne & vraye impression que vous voulez qu'ils ayent, comme de tourner & requester, parchasser & reuenir au chastiment : Ils en auront aussi doresnauant le nez plus fin, ayant chassé ce petit

animal, qui va le plus legerement de tous , qui les oblige,
pour eſtre dans la voye, d'employer tous leurs ſentimens &
ne ſe pas écarter à droict ny à gauche : Ils ſe fortifient
auſſi peu à peu, puis que vous ne les faites chaſſer qu'autant que vous voulez , en eſtant le Maiſtre : & vous ne le ſeriez pas , ſi vous les auiez donné ſur les voyes d'vn Cerf,
qui pourroit tirer de long, & en ſe dépaïſans ainſi & vous
obliger à les abandonner par la laſſitude de vos cheuaux,
dans vn païs inconneu , dont la retraitte leur pourroit eſtre
funeſte, ſe trouuans tellement laſſez au bout de leur courſe ,
qu'ils ſeroient contraints d'y demeurer la nuict , à la mercy
des Loups, ou s'ils reuenoient , ils ſeroient apres tres-long-
temps fatiguez. Ie ſçay qu'il y a deux autres moyens dont
on ſe peut ſeruir , quand on a reſolu de commencer à faire
chaſſer les ieunes chiens le Cerf, auparauant d'auoir chaſſé : dont l'vn eſt, que vous les pouuez donner , quand vous
iugez qu'vn Cerf eſt mal-mené , particulierement dans vn
fonds de foreſt, où les Cerfs ſe font ordinairement prendre ; Mais auſſi vous n'eſtes pas aſſeuré qu'ils voudront
chaſſer dans ce commencement auec ce grand bruit de
chiens , à cauſe que c'eſt le temps qu'on a donné tous les
Relaiz , ce qui les étonne & les oblige à s'écarter dans le
bois , où ils peuuent rencontrer d'autres voyes qui peuuent
eſtre d'vn Liévre , d'vn Renard, d'vne beſte noire, ou d'vne
Biche , où ils s'attacheront , & l'ardeur de la chaſſe vous
aura empeſché d'y prendre garde , qu'au temps de la
priſe du Cerf, qui ſera peut-eſtre loing du lieu où vous aurez laiſſé vos ieunes chiens : cela eſtant , ils auront eu vne
mauuaiſe impreſſion pour leur premiere chaſſe. Le ſecond
moyen eſt, à mon aduis, le meilleur & le plus aſſeuré , qui
eſt d'enuoyer reconnoiſtre quelques iours auparauant que
vous vouliez les faire chaſſer par vn de vos Veneurs, à quelques beaux buiſſons qui ſoient éloignez au moins d'vne
lieuë du grand païs, d'où ſera venu le Cerf, dont vous aurez eu connoiſſance, & qu'il ſoit Cerf de dix cors, ou Cerf
de dix cors ieunement , s'il y en a dans le pays , ſinon qu'il

ſoit

soit seul, & choisirez vn beau iour, & que la terre en soit
bonne) n'estant pas trop seiche, afin que vous en puissiez
voir des fuites dans la plaine, lors qu'il y passera) pour
mieux assujettir vos chiens dans la voye; & ayant ces precautions, vous lancerez vostre Cerf auec le limier, &
apres estre lancé, vous donnerez vos ieunes chiens, & pour
les guider & conduire dans la voye, vous decouplerez auec
eux six ou huict de vos chiens dressez, qui ne soient pas de
vos plus vistes, afin que vos ieunes chiens en puissent estre
les maistres, aussi bien que de la voye, allans seulement apres
eux pour les remettre dans la voye, toutes les fois qu'ils l'auront quittée : Ce que feront aussi les piqueurs, qui en courant auront l'œil à terre pour reuoir des fuittes du Cerf,
afin que les voyans hors la voye, on les y appelle & vn autre
les y fasse venir : & tousiours ainsi, iusques à ce que vous
soyez à l'entrée du grand païs, ou vous aurez mis vostre
Meute de chiens dressez, & deux valets de chiens qui se.
ront connus de vos ieunes chiens, afin qu'ils se laissent
prendre à eux, quand ils seront laissez, & ne pourront plus
tenir ny accompagner les autres chiens : il faut qu'ils les reprennent auec vn couple, & suiure auec eux doucement la
chasse, pour quand ils iugeront & verront que le Cerf sera mal-mené, les découpler sur les voyes du Cerf, auec les
autres qui le chasseront; Et quand le Cerf sera pris, il faudra leur faire fouler en leur particulier, en les carressant &
leur donnant de la main aux flancs, & leur dire *Velsiallé*,
& les termes que l'on doit dire aux chiens quand ils chassent, & apres ouurir la nape au col du Cerf, pour leur en
faire manger sur le champ, afin de les mettre dans le sentiment & dans la voye du Cerf, & les obliger doresnauant
à suiure, pour en estre à la mort : car les chiens chassent
pour leur plaisir & leur interest. Ie vous donneray encores
cét aduis, que la saison du Rut n'est nullement propre pour
faire chasser les ieunes chiens, à cause de la mauuaise senteur qu'ont les Cerfs en cette saison, & le danger que les ieunes chiens peuuent encourir, lors qu'ils rendent les abois.

H

CHAPITRE XXII.

Comme le valet de limier doit faire choix d'vn chien pour met-
tre à la main, & luy seruir de limier.

IL faut que les chiens que l'on veut mettre à la main,
ayent toutes les bonnes qualitez que i'ay dites cy-deuant dans la proportion de leur taille, puis que ce sont eux
qui font le fondement du plaisir de la chasse, s'ils se rencontrent bons : c'est aussi vn choix qui se doit faire par les habiles dans le mestier, lors que l'on ameine les ieunes chiens
de chez les Laboureurs, preferablement à ceux qui doiuent estre destinez pour courre ; ce qui se rencontre fauo-
rablement pour l'vn & pour l'autre, puis qu'il faut les chiens
pour courre, grands & longs, comme ie vous ay fait co-
noistre ; mais ceux que l'on doit mettre à la main, il les
faut de moyenne taille & courts, à cause que dans cette
sorte de taille, il s'y rencontre ordinairement plus de vigueur & de feu, qu'aux grands & longs chiens, & que ce
sont les qualitez qu'il faut necessairement à vn limier, pour
n'apprehender pas les helées, broüillards & rosées froides,
qui sont tres-souuent, selon les saisons, le matin. Il faut
qu'ils soient d'vn poil vif & non elaué, ny aussi blanc,
à cause que les chiens de ces deux sortes de poil apprehendent les froids que i'ay dit, & qu'ils ayent la teste
plus carrée & l'œil plus plein de feu & bien auallez, en
vrais chiens courans, les reins hauts & larges, & les hanches de mesme, le iarret court : & pour le pied, quand
il ne se rencontreroit pas si bien fait que ie l'ay dépeint,
il n'importe pas : & aussi quand il s'en rencontreroit d'ergottez & que la queuë en seroit retroussée (puis que ces
trois deffauts ne peuuent oster que la vistesse à vn chien,
dont les limiers n'ont pas besoin) l'on les peut mettre

auec les chiens dreſſez dans le chenil, pour les apprendre à allér au couple & en prendre l'habitude, pour les
rendre plus fiers & plus hardis, & quand meſme on les
feroit chaſſer deux ou trois chaſſes, il n'en feroit que
mieux, pourueu que l'on les donne ſur les voyes d'vn Cerf
qui ſera ſur ſes fins : cela leur donne de l'émotion & les fait
aller d'abord deuant, plus gayement : veritablement vous
en aurez vn peu plus de peine à leur oſter le cacquet ; mais
il vaut mieux que cela ſoit que d'eſtre obligez à les pouſſer
du pied pour les faire aller deuant : neantmoins cela dépendra de vous : & ſi vous ne les mettez pas dans le chenil,
il faudra que ce ſoit ceux qui s'en voudront ſeruir qui leur
enſeignent à aller au couple, les tenans iour & nuiĉt, iuſques à ce qu'ils y ſoient accouſtumez, & que ce ſoit auec
vne petite chaiſne : car il en faut vne aux limiers qui doiuent eſtre enfermez & attachez ſeparément les vns des
autres. Mais auſſi il ne les faudra plus mettre dans le chenil, à cauſe que cette ſeparation les aura rendu pillars, &
qu'en cét eſtat, ſi vous les mettiez parmy les autres, ils en
pourroient eſtre mal-traittez, & que lors que vous vien-
driez à les prendre, ils ne ſeroient pas en eſtat de vous
ſeruir.

CHAPITRE XXIII.

Comme on doit dreſſer vn ieune chien-courant pour en faire
vn limier.

C'EST vne des choſes des plus importantes dans vn
équipage pour le Cerf, que les limiers en ſoient bons,
& auſſi pour la reputation des Veneurs qui y ſont, puiſque
c'eſt de-là que dépend le bon ou mauuais rapport de la demeure du Cerf, puiſque le Veneur eſt obligé de dire en ces
termes : Ie mécroy détourner vn Cerf, s'il ne paſſe depuis

moy (ou fi mon chien ne me trompe) neantmoins cette
précaution qu'il femble auoir par droict (lors qu'il dit, fi
mon chien ne me trompe) ne luy peut pas empefcher que
fon chien l'ayant trompé, il n'en reçoiue du blâme ; puifque
le choix qu'il en a fait, & les diligences qu'il a deu faire,
pour le rendre bon, ont dépendu de luy, comme de iuger,
apres qu'il l'aura mené huict ou dix fois au bois, s'il luy
eft propre ou non : car s'il le voit aller auec froideur deuant
luy, & qu'il ne luy ait pû donner aucune émotion dans tout
ce temps, il faut qu'il le remette dans le chenil (fe trouuant
peut-eftre plus propre à chaffer) & en reprenne vn autre
qui ait plus de volonté, ce qu'il verra apres luy auoir donné
connoiffance de fauues, ou des beftes qu'il aura deffein de
détourner, & qui aillent de bon temps. L'on les peut dreffer
pour fauues dans toutes les faifons, horfmis celle du Rut,
pour les raifons que i'ay dites cy-deuant : les grandes chaleurs ny font pas encores fort propres, à caufe de la feiche-
reffe de la terre. Ce qui empefche de pouuoir de reuoir des
voyes de la befte, dont voftre chien fe rabbat, & vous oblige à le laiffer fuiure, iufques à ce que vous ayez trouué vn
lieu pour en reuoir & en pouuoir iuger, & que cela pourroit donner vne impreffion mauuaife à voftre chien, fi d'a-
uanture ce n'eftoit des voyes d'vne befte de laquelle vous
voulez qu'il veüille, ioint qu'il eft bien que ceux que vous
voulez dreffer pour fauues, ayent d'abord connoiffance
d'vn Cerf pour les raifons que ie diray cy-apres ; tellement
que ie tiens l'Hyuer le plus commode pour cét effet, pourueu que l'on y excepte les fortes gelée, & le temps que la
neige eft fur la terre ; encore que le fieur du Foüillou dife
que c'eft le temps qu'il faut mener les ieunes limiers pour les
dreffer ; c'eft en quoy il fait connoiftre, comme en autres
chofes dont il traite, qu'il auoit peu de fcience & de pratique en ce meftier, puifque c'eft le feul temps qui peut le
plus donner de mauuaifes habitudes à vn ieune chien que
vous mettrez à la main pour en faire vn limier, lefquelles il
n'oublie iamais, à caufe que dans ce temps il voit les voyes

de la befte qu'il fuit : ce qui fait qu'il s'attache pluftoft à fa
veuë qu'à fon fentiment, l'obligeant toufiours à leuer la tefte pour aller où il voit des voyes, & comme cela il ne s'attache pas à celle que vous auez deffein qu'il fuiue & ne fait
que balancer, ce qui peut faire faire tres-fouuent des fau-
tes à celuy qui le meine, en changeant de voyes : car il eft
mal-aisé dans le temps que la terre eft feiche, de pouuoir
connoiftre ce changement, puifque vous pouuez auoir rencontré d'vn Cerf de dix cors, & ainfi vous deftournez, &
faites rapport bien fouuent d'vn ieune Cerf par ce changement de voye, ou, peut-eftre, d'vne grande biche ; mais fi
les icunes limiers confiderent pluftoft les voyes qui font fur
les neiges par la veuë, que par le fentiment, ce n'eft pas fans
raifon, puifque vous les voulez obliger à fe rabatre, & à fuiure des voyes qui n'ont aucun fentiment : la caufe en eft,
que s'il a fort gelé, auffi-toft qu'vn Cerf ou vne autre befte
appuye fon pied, la neige s'éparpille & retombe dans les
voyes, ce qui en ofte le fentiment, & fi elle eft molle ne faifant que tomber, ou que ce foit par vn dégel, auffi-toft que
le Cerf eft pafsé, la neige fond : c'eft ce que nous voyons
par les voyes qui font élargies, & par confequent le fentiment en eft dehors : & s'il neige, elles font furneigées, & s'il
dégele, elles font noyées, & furpluës par le broüillard qui
tombe quand il dégele : & fi la neige dure plufieurs iours
fur la terre, elle eft toute couuerte de voyes de toutes fortes
de beftes, à caufe qu'elles font dans ce temps beaucoup plus
de païs, en faifant leurs nuits, eftans affamées, ne trouuans
que tres-peu à fe repaiftre. Il y a donc tant de voyes qu'elles
mettent en confufion vn limier, ne fçachant aufquelles
aller. Ces raifons pertinentes doiuent faire connoiftre que
i'ay raifon de dire qu'il faut choifir les temps où vn Cerf
puiffe appuyer fon pied fur la terre ferme, qui ne foit pourtant ny trop dure, ny trop molle, & où le fentiment s'y con-
feruera quatre, cinq & fix heures pour les ieunes chiens,
pourueu qu'il ne vienne point de pluye qui les élaue. Ceux
qui n'auront feulement veu que pratiquer la Chaffe, pour-

roient trouuer à redire fur ce que i'ay dit que le fentiment
ne fera dans les voyes que fi peu de temps pour les limiers,
difans qu'ils auront veu requefter des Cerfs plufieurs fois
que l'on auoit brifé le foir , & que le lendemain fur les fix,
fept & huiΔ heures, felon les faifons , l'on venoit à ces brifées auec vn limier qui en reprenoit la voye & la fuiuoit,
pourueu que ce fuft en lieu couuert, & où il y euft des portées, comme font ceux où on brife ordinairement les Cerfs,
quand on a deffein de les requefter : Il eft vray qu'il y a des
limiers qui le font , mais ce ne font pas les ieunes limiers
dont on fe fert le matin pour deftourner vn Cerf, fi l'on veut
eftre affeuré de fa demeure : car ceux qui veulent de ces
vieilles voyes, ce font chiens qui ont quatre ans, & au deffus, de qui la chaleur naturelle eft diminuée : ce qui fait
qu'ils reffentent facilement le froid caufé par les gelées
blanches & rosées qui font ordinairement fur la terre le
matin, & tiennent les voyes froides, iufques à ce que le Soleil en ait ofté la plus grande froideur : ce qui leur empefche
le fentiment ; mais pour les ieunes limiers qui n'agiffent que
par la force de la chaleur naturelle toute entiere en eux, &
n'ont d'aΔion ny de fentiment qu'autant que la nature leur
en donne, & dans le temps que les voyes peuuent conferuer
leur fentiment , ce n'eft pas qu'ils ne fe puiffent rabattre,
& vous remonftrer quelquesfois du releué d'vn Cerf, quand
le temps eft beau & ferain ; mais ils n'en pourront emporter
les voyes, ny les fuiure : ce qui vous fert à connoiftre les
voyes du releué d'vn Cerf, & celle du matin, lors qu'il fe
retire & rembufche , qui font celles aufquelles vous vous
deuez attacher, fi vous auez deffein de le deftourner : i'ay
bien voulu vous donner cette connoiffance , afin de n'obmettre rien, & de vous enfeigner enfuite comme vn valet de
limier doit faire pour dreffer vn bon limier. Il faut pour y
bien reüffir, qu'il ait efté reconnoiftre auec fon chien dreffé,
à quelques beaux buiffons s'il y a vn Cerf feul , afin d'y aller
auffi toft qu'il verra vn beau iour, & que la terre fera bonne, comme dans l'Hyuer, quelle ne foit pas gelée , & dans

l'Esté s'il auoit tombé de l'eauë le iour d'auparauant, elle en
seroit meilleure, & feroit que son chien en auroit plus de
sentiment : ioint qu'il luy pourroit ayder de l'œil, puisqu'il
reüerroit des voyes du Cerf plus facilement, afin de voir
d'abord de quelle beste son chien se rabbat, & qu'il le puisse
tenir dans la voye, lors qu'il suiura. Cette preuoyance estant
obseruée, il faut qu'il prie vn de ses compagnons d'aller
auec luy, & de mener son limier dressé, pour quand ils seront arriuez aux bois, qu'il le mette deuant luy, comme vous
ferez aussi le vostre deuant vous, qui suiura vostre compagnon, apres que vous l'aurez flatté, en luy donnant d'vne
main doucement aux flancs, & de l'autre luy prendre la teste, & luy cracherez dans la gueule, & apres vous luy allongerez le trait, en luy disant : Va outre, l'amy, le nommant
aussi par son nom, vous l'exciterez aussi de vostre langue,
en la faisant frapper contre vostre palais, afin de l'émouuoir
& luy donner de la gayeté pour l'obliger à suiure vostre
compagnon, & aller deuant vous : mais que ce soit tousiours
auec douceur : & s'il reuient à vous, il le faut remettre encores deuant, en le carressant comme cy-dessus, & luy parlant encore en ces termes : *Ho loo, Ho loo, Ho loo lo loo*, &
l'exciter encore de la langue, & quand le chien de vostre
compagnon se rabbattra de bonne voye, le prier de prendre
garde si c'est d'vn Cerf, deuant que d'auancer auec le vostre : car il est important pour ces premieres fois, que vous
luy donniez connoissance de Cerfs plus plustost que de Biches, afin qu'il en prenne l'impression plus forte, pour
faire d'oresnauant qu'il s'en rabatte auec plus de chaleur, &
vous faire connoistre quand c'est d'vn Cerf ou d'vne Biche. Ce qui vous peut beaucoup seruir pour abreger & faire
vostre queste dans les saisons seiches, où l'on est quelquesfois long-temps apres vne beste, sans en pouuoir reuoir, au
moins pour en iuger : & vostre compagnon vous ayant dit,
c'est d'vn Cerf qui va de bon temps, vous le prierez de
suiure auec son limier pour le lancer, afin qu'apres vous
puissiez faire suiure les voyes qui iront de bon temps, à vo-

ftre ieune limier : mais fi c'eftoit des voyes du releué , ou qui
allaffent de cinq ou fix heures , il ne s'y faudroit pas arrefter,
puifque voftre chien ne les pourroit pas emporter , &
qu'auffi pour en renouueller de voyes auec le chien de voftre compagnon, il faudroit trop de temps pour en deffaire
la nuict. Pour abreger & le trouuer rentré , il faudra aller
prendre les deuants des plus grands forts , & des plus belles
demeures , & l'ayant trouué entré, vous prierez voftre compagnon de fuiure trois ou quatre longueurs de trait dans le
fort ; cependant que vous le fuiurez auec voftre chien , que
vous exciterez en luy difant : *Velfiallé, Velfiallé, Mirault*, ou
par fon nom , afin de l'obliger à fuiure peu à peu les voyes,
en l'y tenant le plus exactement que vous pourrez , ne luy
alongeant que le trait à demy. Vous le tiendrez auffi quelquesfois ferme deffus le trait ; & s'il ne s'y tient pas , reuenant à vous (à l'ordinaire des ieunes chiens qui n'ont pas
pris le fentiment des voyes , ne fçachans pas encor ce que
vous leur voulez) il faut le remener dans la voye , & fi vous
voyez qu'elle allaft de trop hautes erres , il faut prier voftre
compagnon de continuer à fuiure auec fon chien , tant
qu'il ait renouuellé de voyes , & que voftre chien les puiffe
emporter & fuiure , & mefme de lancer au befoin , & apres
l'eftre , vous mettrez voftre chien fur les voyes , en luy parlant & careffant de temps en temps , comme i'ay dit , fans
toutesfois luy allonger le trait tout à fait , afin de le tenir
plus fujet dans la voye , & quand vous le tiendrez fur le
traït , s'il y tient & s'y arrefte ; allez auffi-toft le carreffer , &
rompez des brifées deuant luy ainfi vous continuërez à fuiure, iufques à ce que vous ayez fait paffer deux ou trois chemins au Cerf ; & fi voftre chien auoit quitté la voye , il faut
prier voftre compagnon de la reprendre auec le fien, & auffi
quand il y fera , de vous appeller pour y remettre le voftre,
& au premier chemin qu'il paffera ; apres cela vous le brife-
rez haut & bas ; ces brifées fe doiuent faire en cette forte : Il
faut rompre vne branche de la groffeur du petit doigt , que
vous mettrez fur les voyes du Cerf, & que le gros bout foit
du cofté

du cofté où le Cerf a la tefte tournée , on en doit ietter au
moins deux ou trois , & en rompre à demy que l'on laiffe
prendre au tronc ; ce que nous appellons , brifer haut: ce qui
fe fait à deux fins : la premiere , s'il paffoit quelques beftiaux
par voftre rembufchement , qui euffent emporté vos brisées
baffes auec les pieds , vous auriez les hautes pour remarques , & pour reconnoiftre voftre rembufchement ; & la feconde , qui eft la plus effentielle , c'eft afin que fi quelqu'vn
de vos compagnons paffoit par voftre rembufchement , il
peuft iuger que vous auez connu que c'eft vn Cerf , & non
vne Biche : car pour les Biches on ne doit ietter qu'vne feu-
le brisée baffe , & que fi vous auiez manqué à brifer vn Cerf
haut & bas, ou ne l'euffiez brisé feulement que d'vne brisée,
voftre compagnon y paffant & l'ayant reconnu , il peut fe
mettre apres , & en prendre les deuans , le deftourner , en
faire rapport , & le laiffer courre , encore que ce foit dans
voftre quefte : car quand l'on ne iette qu'vne brisée , cela
doit faire croire que vous penfez que ce foit vne biche , &
non vn Cerf , & fi voftre ieune chien, par le plaifir & l'émotion qu'il a euë , veut aller deuant , vous prendrez les deuans de voftre Cerf auec luy , & neantmoins vous prierez
voftre compagnon de mettre le fien deuant luy , apres vous ,
afin que fi le voftre fur-alloit , & qu'il paffaft fur les voyes de
voftre Cerf (s'il fortoit de l'enceinte , & qu'il ne vous en
donnaft pas connoiffance) le chien de voftre compagnon fuppleaft à ce défaut. En prenant vos deuans , il faut
auffi rompre des brisées , & les ietter derriere vous , la pointe tournée vers vos tallons , dans le chemin par lequel vous
les prenez , ce doit eftre celuy qui eft toufiours le plus proche du fort où eft entré voftre Cerf : vous en deuez ietter
auffi tous les changemens de chemins qui arriueront , &
lors que vous arriuerez à voftre rembufchement, vous ferez
fuiure voftre chien , & lancerez le Cerf , & fi voftre chien
veut crier , vous le luy permettrez , au moins pour les dix ou
douze premieres fois que vous le menez : car il ne luy faut
donner aucun châfiment durant ce temps , ny iufques à ce

I

qu'il foit bien dans la voye , encore faut-il que ce ne foit
que de la bouche , & non de la main , lors qu'il fe rabbatra
d'vne autre befte que vous ne voulez pas qu'il fuiue. Vous
l'exercerez quatre ou cinq fois de la forte , & le voyant bien
vouloir de ces voyes , lors vous chercherez l'occafion & les
lieux propres pour luy en faire fuiure qui aillent de plus
hautes erres , comme fi vn Cerf fortoit d'vn buiffon , vne
heure ou deux deuant le iour , pour aller à vn autre buiffon,
diftant enuiron d'vne lieuë , que le temps fuft beau , & la
terre fauorable pour en pouuoir reuoir , afin d'ayder de
temps en temps à voftre chien de l'œil , pour luy faire tenir
la voye iufte ; & fi vous ne trouuez des occafions pareilles,
lors que vous rencontrerez d'vn Cerf qui ira de bon temps,
vous en prendrez le contrepied , afin de l'accouftumer peu
à peu à fuiure des voyes qui aillent de plus hautes erres , &
que ce foit les voyes qui viennent du gaignage , & non celles où voftre Cerf aura fait fa nuict , à caufe qu'elles vont
trop tournoyans , & que cela pourroit donner vne mauuaife habitude à voftre chien , le faifant balancer , & ne tenir
pas ferme fur la voye , à caufe qu'il en fentiroit à gauche &
à droit , & ne fçauroit aufquelles aller, & fi d'auanture voftre
chien n'eftoit pas encore abfolument affermy dans la voye,
apres luy auoir fait fuiure le contrepied , comme i'ay dit,
vous deuez reuenir où vous en auez rencontré la premiere
fois , pour en prendre & fuiure le droit , iufques à ce que
vous l'ayez lancé , pour luy donner encores ce plaifir, & vne
plus parfaite connoiffance de ce que vous voulez de luy ; &
fi d'auanture il crie volontiers, lors qu'il eft fur la voye,il faut
chercher l'occafion pour rencontrer de quelques Cerfs qui
releuent d'vn buiffon , & paffent vne plaine pour aller demeurer dans vn autre , afin d'en prendre la voye auec voftre
chien , à qui vous direz de temps en temps : *Tout quoy* , *l'amy*,
Tout quoy , & le nommerez par fon nom , allant le careffer de
temps en temps , & auec les mefmes termes , afin qu'il con-
noiffe que vous defirez de luy encore cette complaifance,
laquelle eft neceffaire , à caufe que s'il crioit le matin , il lan-

ceroit vn Cerf qui iroit loin, deuant que de demeurer, auſſi faut-il eſtre fort moderé, en luy faiſant perdre le caquet,
car ſi vous le battez, vous luy pourriez faire croire que vous
ne voulez plus qu'il ſuiue ſes voyes ; puiſque ce ſont celles
ſur leſquelles vous l'auez careſsé tant de fois, pour l'obliger
à les ſuiure ; c'eſt donc l'aſſiduité & la peine qui peuuent
faire vn bon chien ; car il ne faut pas le rebuter, mais luy
faire perdre le caquet par les longues & aſſiduës ſuites, qu'il
faut pourtant regler, ſelon la force du chien que l'on dreſſe,
& que le Veneur conſidere que s'il n'a vn bon chien, encores qu'il ſoit habile homme dé ſoy, il ne le peut paroiſtre
par le defaut de ſon limier.

CHAPITRE XXIV.

Pourquoy il eſt neceſſaire que les limiers veulent des Biches
auſſi bien que des Cerfs, ou pour le moins qu'ils s'en rabat-
tent & en remonſtrent à ceux qui les meinent.

MON deſſein eſt de ne rien obmettre dans le meſtier de toutes les choſes qui le concernent, &
qui pourroient entrer dans la penſée des curieux, & de
ceux qui ont quelque connoiſſance de la chaſſe, pour
auoir veu chaſſer le Cerf pluſieurs fois, qui m'ont demandé pourquoy l'on n'empeſchoit pas les limiers de vouloir
des Biches auſſi bien que les chiens-courans, puis que cela
donneroit vne facilité plus grande aux Veneurs & valets
de limiers pour abbreger & faire leurs queſtes, & auſſi
qu'ils en feroient le rapport plus aſſeuré, & comme cela, ils
ne courroient plus de riſque de laiſſer courre vne Biche
pour vn Cerf ; ce qui arriue aſſez ſouuent. Cette curioſité
me ſurprit & m'obligea d'y penſer, pour ſçauoir ſi cela ſe
pouuoit, ſans rebutter vn limier, & s'il eſtoit aduantageux
pour ceux qui vont au bois : Ce qu'apres auoir meurement

confideré, i'ay treuué qu'il eftoit impoffible, fans peril, de rebuter vn limier, & que mefme quand cela fe pourroit; il feroit plus des-auantageux aux Veneurs que profitable. En voicy mes raifons. La premiere, que les limiers ne doiuent pas receuoir le chaftiment fi rude que les chiens-courans, puis qu'ils font attachez actuellement à ceux qui les meinent, & que s'ils les gourmandoient, il feroient apres toufiours dans la crainte; ce qui les troubleroit de telle forte, qu'ils ne pourroient auoir dans la pensée qu'à exquiuer ce chaftiment, & par ce moyen pafferoient fouuent par deffus les voyes du Cerf, fans s'en rabattre & vous en remonftrer: Mais il n'en eft pas de mefme des chiens-courans; puis que lors que vous les trouuez chaffans vne Biche, les ayans ofté & chaftié fur les voyes, vous les laiffez apres dans leur liberté, ou bien vous les menez fur les voyes d'vn Cerf qui ne fera qu'aller, comme faifoit la Biche qu'ils viendront de quitter, & leur faites auffi-toft chaffer le Cerf en fonnant & parlant, ce qui augmente leur plaifir; Mais cela n'arriue pas de mefme aux limiers, qui peuuent auoir rencontré d'vne Biche qui ne fera qu'aller où vous les aurez chaftié: & à peu de temps apres, ils peuuent rencontrer d'vn Cerf qui ira de quatre, cinq & fix heures. Ces voyes qui vont de plus hautes erres, où ils ont peu de fentiment & par confequent peu de plaifir à les fuiure: & le fouuenir du chaftiment qu'ils viennent de receuoir, les obligent à paffer fur les voyes, fans s'en rabattre & vous en remonftrer, & auffi par l'apprehenfion qu'ils ont d'vn nouueau chaftiment: & posé qu'il s'en puiffe dreffer quelques-vns. Ie veux vous faire connoiftre comme cela feroit tres-preiudiciable aux Veneurs qui s'en feruiroient; leur eftant neceffaire qu'ils ayent connoiffance des beftes fauues qui fe rencontrent dans leurs queftes, particulierement dans l'enceinte où ils mécroyent détourner vn Cerf, pour en rendre compte, lors qu'ils viennent faire leur rapport, eftre precautionnez, pour quand ils viendront à laiffer courre, & aduertis des beftes fauues qui font dans l'enceinte, afin de pouuoir conseruer la voye & les connoissances du Cerf, dont ils auront fait rapport : car s'ils n'auoient eu connoissance que de ce Cerf, & qu'il eust entré quelques-vnes de ces grandes Biches dans l'enceinte, qui ont beaucoup de pied, qui poisent beaucoup, n'en pouuant reuoir que par des foulées, où il est mal-aisé de pouuoir iuger, quand il y a peu de difference au pied des bestes : Ioinct que celuy qui aura fait le rapport, n'aura pû dire à ses compagnons, qu'il y a vne Biche dans son enceinte & qu'ils y prennent garde, pour si d'auenture ils sont obligez par le retour que peut faire vn Cerf, luy ayder à trouuer le retour où ils peuuent changer de voyes, & où ils se peuuent tromper comme celuy qui a faict le rapport, pour n'en auoir eu aucune connoissance : & comme cela, la chaleur & l'enuie qu'il aura de laisser courre, luy fera donner cette beste aux chiens ; c'est ce qui peut arriuer plus souuent que de se méprendre en iugeant vne Biche pour vn Cerf. Il est donc vray que cette inuention ne peut estre que des-auantageuse, si ce n'est pour les ignorans, à cause du peu de connoissance qu'ils ont des pieds des Cerfs & des Biches, pour en faire le discernement.

CHAPITRE XXV.

Du temps qu'il faut à vn Cerf pour estre Cerf de dix cors ieunement, & Cerf de dix cors.

LE Cerf a pris sa croissance entiere du corps & de la teste à l'âge de sept ans, comme i'ay dit : Pour le corps, il demeure dans sa hauteur, sans plus augmenter ; Mais pour la teste, il n'en est pas de mesme : car elle sera en des années plus haute & en d'autres plus basse, & aura plus ou moins d'andoüillers, à cause qu'elle dépend de la bonne ou mauuaise nourriture, du plaisir ou déplaisir qu'aura eu

le Cerf dans les années : La groffeur du corfage en eft de
mefme (au moins pour vn temps, qui eft la faifon qu'ils
font en ceruaifon) car s'ils ont les viandis bons & à commandement, ils en deuiennent plus gros & plus pleins de
venaifon : Et pour en venir & commencer à l'origine des
Cerfs, ie diray que lors qu'vn Cerf eft né, & iufques à ce
qu'il ait vn an pafsé, il ne porte aucun bois (que nous appellons la tefte, car la tefte nous l'appellons le Maffacre) &
que lors qu'il entre dans fa feconde année, il pouffe deux
petites perches qui excedent vn peu les oreilles : c'eft ce que
nous appellons les dagues : Et la troifiéme année, les perches qu'ils pouffe, font femées de petits andoüillers, qui fortent de ces deux perches (ou de ces Marains) qui feront au
nombre de deux à chaque perche ; alors cette tefte fe peut
nommer, porter fix, à caufe que les deux bouts des perches, qui font le haut de la tefte, fe doiuent auffi compter:
Les quatre & cinquiéme années, fa tefte croiftra en hauteur & groffeur, puis qu'elle dépend du corfage qui en
fait de mefme, particulierement s'il eft dans vn bon païs,
elle pourra porter huiĉt, dix & iufques à douze : Et la fixiéme année, qui eft l'âge que l'on le doit qualifier Cerf
de dix cors ieunement, pour le difcerner d'auec le ieune
Cerf & le Cerf de dix cors, afin d'en rendre l'exercice de
la chaffe plus beau & la fcience plus parfaite : alors il pourra porter douze & quatorze : La feptiéme année, qui eft
l'âge de la derniere croiffance du corps & de la tefte (pourueu qu'il foit toufiours dans vn mefme païs) il pourra porter feize, dix-huiĉt, vingt & iufques à vingt-quatre : c'eft
le temps que l'on le peut qualifier Cerf de dix cors, puis
que fa tefte eft dans fa perfeĉtion, & que les connoiffances
y font pour la difcerner d'entre les ieunes Cerfs & les Cerfs
de dix cors ieunement ; mais non pas pour vn grand vieil
Cerf, comme ie le feray connoiftre cy-apres. Ce n'eft pas
que dorefnauant, felon les années, la groffeur & hauteur
de cette tefte, ne diminuë ou augmente, auffi bien que
la cheuillure : Neantmoins la Nature y mettra vn fi bon

ordre, que les changemens qui s'y feront, ne preiudicieront point aux connoissances & à la beauté de la teste, pourueu que le Cerf n'ait aucun déplaisir & soit nourry dans vn bon païs, puis que si cette teste n'est si bien cheuillée dans vne année, le Marain en sera plus gros & plus long; ce qui en fera la teste plus haute. Nos anciens & habiles dans l'art de la chasse, se sont curieusement estudiez en toutes les choses qui en dépendent, cómme d'auoir trouué vn moyen pour supputer les andoüillers de la teste du Cerf tousiours en pair, encore qu'il ne s'y rencontre pas ordinairement, & que l'on dit, six, huict, dix, douze, & ainsi au dessus & au dessous; Mais pour n'y pas manquer, lors que le nombre pair des andoüillers ne s'y trouueroit pas (où l'on pourroit trouuer à redire) ils ont adjousté au nombre non pair, par exemple, s'il auoit cinq andoüillers sur vne perche, & qu'il n'y en eust que quatre sur l'autre, & ainsi au dessus & au dessous, alors on dira, dix mal-semé, & ainsi des autres, où le nombre seroit non pair, & que quand il se renconttera dans vne teste vn andoüiller fort court (qui peut faire entrer en doute s'il peut estre compté) l'on doit en faire la preuue en prenant vne trompe, qui ait vne enguichure, que vous pendrez à cét andoüiller : car si elle y peut demeurer attachée, l'on le doit compter; c'est ce qui a esté obserué de tout temps.

CHAPITRE XXVI.

Des connoissances que l'on doit voir à la teste d'vn Cerf.

I'AY creu qu'il estoit inutile de faire mettre les figures, des testes des Cerfs en ce lieu, puis que tant d'autres qui ont écrit de la chasse, les ont representées, & que depuis le temps qu'ils l'ont fait, l'on en a eu vne plus parfaite & familiere connoissance : Ioinct que ie pretends d'en

donner vn si parfait éclaircissement au Lecteur , qu'aussi-
tost qu'il verra les testes , il en sçaura faire le discernement:
& pour cét effect , il faut considerer le principe & fondement de la teste , qui sont les Meules , qui sont attachées au
Massacre (ce qui est à proprement parler la teste du Cerf,
comme i'ay desia dit) à l'entour de ces Meules , ce sont les
pierrures , en forme d'vne freize & comme de petites pierres , & qui sort de ces Meules , s'appelle Marain , ou perches : ce sont elles qui forment la teste , puis qu'elles en sont
les tiges. C'est aussi d'où sortent les andoüillers : les premieres & les plus prés des Meules , s'appellent les Mai-
stres-andoüillers , & ceux d'apres les seconds : & en suite
les trois & quatriémes , selon la quantité qu'il y en aura à la
teste , & iusques à ceux qui sont allentour de l'empaumure ,
qui est le haut de la teste : ceux-là se doiuent nommer
sur-andoüillers , sans faire distinction de grands & de petits , à cause qu'ils se rencontrent ordinairement de mesme
hauteur & grosseur. Ie veux dire quand l'empaumure est
formée : comme elle est au Cerf de dix cors : car les ieunes
Cerfs n'en ont point ; mais seulement deux ou trois andoüillers par-à-mont , dont l'vn excedera les autres. Et
pour connoistre s'il y a empaumure , il faut qu'il y ait vne
largeur au bout de la teste , comme la paume de la main,
dont est venu le nom d'empaumure , & qu'elle soit renuer-
sée & vn peu creuse (c'est d'où l'on tire aussi ce que l'on dit
porter le Chandelier , qui est vn signe asseuré de grand
vieux Cerf : neantmoins cela n'est pas des termes) où sont
les andoüillers allentour, enuiron grands comme les doigts.
Il peut auoir à quelques-vnes vn andoüiller qui excedera
les autres , & le long du Marain ou de ses deux perches, il
se voit des rayes aux vnes plus creuses & aux autres moins ;
c'est ce qui s'appelle les Gouttieres : & ce que vous voyez le
long de ces perches & aux andoüillers (selon les Cerfs que
ce sont) qui est gommelleux , c'est ce que l'on appelle perlures. Il y a aussi dans les termes , les testes roüées : c'est
quand les perches sont fort proches l'vne de l'autre , ce qui
en rend

en rend la teſte moins belle , puis que pour l'eſtre il faut
qu'elle ſoit haute & bien ouuerte.

CHAPITRE XXVII.

Comme la teſte d'vn Cerf doit eſtre pour eſtre belle
en ſa perfection.

IE vous ay dit la forme & quelque choſe des connoiſſances de la teſte d'vn Cerf dans le Chapitre precedent :
Et dans celuy-cy, ie vous veux faire connoiſtre comme il
faut qu'elle ſoit pour eſtre belle & parfaite : & pour cela,
elle doit eſtre portée par vn Cerf de dix cors, né & nourry
dans vn païs fertile & temperé, & conſerué de tous les accidens qui luy peuuent nuire. Le Cerf éleué dans vn ſi bon
païs , doit pouſſer & former vne teſte haute & bien ouuerte , dont les Meules en ſoient larges & les pierrures
groſſes, comme le Marain. Le premier andoüiller gros, long
& bien tourné, n'eſtant ny droict, ny trop courbé. Le ſecond andoüiller de meſme à proportion de groſſeur, longueur & de forme , & les autres auſſi à proportion, puis
que tous ces andoüillers doiuent amenuiſer & appetiſſer
depuis la tige iuſques à l'empaumure , laquelle doit eſtre
large, creuſe & renuerſée, portant cinq ou ſix par-à-mont
de chaque coſté : les gouttieres larges & creuſes , & les perlures groſſes & la teſte bien cheuillée, portant, ſcize, dix-
huict, vingt, & iuſques à vingt-quatre. C'eſt ainſi que les
Cerf de dix cors (qui ſont nourris dans les païs de la condition cy-deſſus) doiuent pouſſer & faire leurs teſtes.

K

CHAPITRE XXVIII.

Des teftes des Cerfs contrefaites & bijarres.

AV chapitre precedent ie vous ay fait voir comme la Nature a efté tres-foigneufe de faire tout ce qu'on a peu fouhaitter pour rendre la tefte des Cerfs belle & parfaitte. Mais en cettuy-cy elle en vfe tout autrement, où elle paroift tres-auare ; ce qui fait croire qu'elle fauorife qui bon luy femble. Neantmoins ie ne la veux pas abfolument accufer de tous les deffauts qui fe trouuent dans les teftes des Cerfs, que ie vay nommer, puis que ces defauts pour eftre auffi caufez par des accidens, ou des maux qui arriuent aux Cerfs, à nous inconnus. C'eft ce qui fe voit dans les galleries des Roys, Princes & Seigneurs, qui ont pris force Cerfs, dont ils ont conferué les plus belles & les plus rares teftes, & particulieremét auec foin, celles qui fe font trouuées contrefaites, où il s'en voit vne qui n'a qu'vne perche d'vn cofté & vn mongnon de l'autre, de demy pied de haut. Vne autre qui n'aura que deux perches, fans aucuns andoüillers. Vne autre qui aura deux perches & vn fur-andoüiller à chacune, dont les perches en feront fort ferrées & roüées. Vne autre qui aura trois perches, à fçauoir deux d'vn cofté fur vne mefme meule, & vne de l'autre cofté. Vne autre, dont les deux perches en feront fort renuerfées & d'où il fortira deux grands andoüillers, qui feront vn contraire effect, puis que la pointe en fera tournée en auant, reuenant fur les yeux, au moins affez proche. Vne autre, où les andoüillers feront tournez en trompe de chaffe. Enfin, vne autre tefte qui n'aura que deux mongnons de quatre doigts de haut. Il y peut auoir des Cerfs qui ont efté chaftrez par quelques-vns de leurs compagnons, fe battans auec eux dans le Rut, ou par vn coup d'arquebufe : ceux-là ne laiffent

pas de mettre bas leurs teftes, encores que quelques Autheurs difent que non ; mais auffi il ne leur en reuient
plus, apres l'auoir mis bas ; & feulement le teft fe recouure
d'vne peau : A ceux-là il n'y a aucune connoiffance par
la tefte, puis qu'ils n'en ont point, ny feulement des meules.   Ce qu'ont toutes les teftes defquelles i'ay parlé dans
ce chapitre, où l'on peut connoiftre s'ils font vieux ou
ieunes, puis que c'eft la premiere & plus affeurée connoiffance qui foit à la tefte : mais elle ne s'y voit pas fi bien
ny fi parfaitement qu'à ces belles teftes defquelles i'ay
parlé au chapitre precedent, qui ont toutes les connoiffances parfaites. Mais à la plus grande partie de celles que
i'ay cy-deuant nommées, les connoiffances ne font qu'aux
meules, qu'il ne faut confiderer par la largeur ny groffeur des pierrures, mais prendre garde fi elles font proches
ou éloignées du teft : car fi elles font prés du teft, c'eft figne de vieilleffe : & fi elles en font éloignées de trois &
quatre doigts, elles font affeurément d'vn ieune cerf. Il y
en a quelques-vnes qui peuuent auoir des gouttieres & des
perlures : & par-là, vous pouuez voir fi elles font larges &
creufes, pourtant à proportion de la groffeur de la tefte,
car fi le Marain eft menu & affamé, les gouttieres n'en
peuuent pas eftre fi larges, ny fi creufes, ny les perlures fi
groffes.

CHAPITRE XXIX.

Des teftes des Cerfs qui font nourris dans les
mauuais pays.

APRES vous auoir fait connoiftre deux fortes de
tefte tres-differentes dans les deux chapitres precedens (qui neantmoins fe peuuent rencontrer en mefmes païs.) Ie vay vous parler de celles qui font pouffées

par des cerfs qui font nourris dans des pays fteriles, où il n'y a que des brandes & ayons, & quelques feigles & menus grains, & encores où ils font obligez de fe conferuer par leurs foins & precautions, pour fe garantir des arquebufiers en fe recellant tres-fouuent dans leurs fort, où ils trouuent tres-peu à viander : comme aux pays des Ardennes & de Bretaigne, & de quelques autres Prouinces, où les cerfs n'ont pas le corfage plus grand que les cheureüils des bons pays, & ont la tefte baffe, les meules étroites, le Marain grefle & fort menu, les andoüillers petits : & comme il y a peu de nourriture au Marain, cela fait qu'ils en eft poufsé moins : neantmoins les gouttieres en peuuent eftre creufes, mais non pas fi larges, à caufe que le Marain en eft menu & les perlures n'en font pas fi groffes ; mais elles ne laifferont pas d'en eftre éleuées, mefme l'empaumure quoy qu'étroite, ne laiffera d'eftre creufe & d'auoir des andoüillers allentour, mais petits ; les Meules en feront auffi fort prés du teft, & la pierrure détachée & éleuée des Meules, pourueu qu'il foit d'vn Cerf de dix cors & d'vn vieil Cerf : car ce font-là les connoiffances qu'il faut qu'vn Veneur fçache, auffi bien à ces teftes affamées qu'à ces belles, hautes & parfaites, que i'ay nommées au premier Chapitre, puis qu'il fe peut rencontrer dans la maifon d'vn Prince qui le conuiera (à caufe qu'il eft dans la reputation d'eftre bon Chaffeur) d'aller auec luy dans fa gallerie, où il aura eu la curiofité de mettre toutes les teftes des cerfs qu'il aura pris, pour fe renouueller le plaifir d'en compter les chaffes : & apres luy auoir montré de belles & grandes teftes, & bien nourries, il luy en peut montrer de ces tres-petites & affamées, dont ie viens de parler : qui neantmoins pourront eftre de plus vieux cerfs que celles qu'il aura veuës auparauant : Et les voyant, s'il n'en fçait remarquer les connoiffances, comme lors qu'il verra vne tefte baffe, le Marain grefle, & les autres connoiffances qui y correfpondent, s'il dit que c'eft vn ieune cerf, cela fera croire au Maiftre du logis que ce n'eft qu'vn ignorant

dans la chaſſe, encores qu'il ſçache les autres connoiſſances du Cerf, & la maniere de faire chaſſer, dont il apprendra que ce n'eſt pas aſſez de pratiquer la chaſſe & ne ſçauoir qu'vne partie des connoiſſances ; mais qu'il les faut
ſçauoir toutes, tant pour ſatisfaire à la curioſité des grands
qui s'en informent,qu'aux plaiſir des ſçauans du Meſtier,qui
s'en peuuent entretenir.

CHAPITRE XXX.

*Des connoiſſances que l'on peut tirer de la teſte des Cerfs,
pour connoiſtre vn ieune Cerf d'auec vn Cerf de dix
cors ieunement, & vn Cerf de dix cors, d'vn vieil
Cerf.*

IE n'aurois pas aſſez fait dans le deſſein que i'ay de vous
donner vn parfait éclairciſſement de toutes les choſes
que ie propoſe, ſi ie ne vous inſtruiſois en general des connoiſſances que l'on peut auoir aux teſtes des Cerfs, encores
que ie vous en aye dit vne grande partie dans les Chapitres
precedens, ſelon leurs formes ; Mais dans celuy-cy,ie vous
veux faire voir pour conclurre, comme l'on peut diſtinguer
par la teſte le ieuné Cerf d'auec le Cerf de dix cors ieunement, & le Cerf de dix cors d'auec le grand & vieil cerf :
ce que ie ne puis faire ſans reprendre les connoiſſances que
i'ay dites, pour vous mieux faire voir le diſcernement qui
s'en peut faire : Il me ſemble qu'il ſeroit inutile d'y comprendre les bien ieunes cerfs qui ne portent que leurs premieres & ſecondes teſtes, puis qu'ils ſont tres-reconnoiſſa-
bles pour cela ; mais ſeulement de commencer à parler des
cerfs qui ont leur troiſiéme & quatriéme teſte, auſſi nommez ieunes cerfs, mais non pas bien ieunes, comme ceux
deſquels ie viens de parler : ces cerfs à leurs trois & quatriémes teſtes (s'ils ſont nourris en païs bons) ils pourront

porter dix & douze , & auront le Marain & les andoüillers
raifonnablement gros , neantmoins ils ne fe doiuent iuger
que ieunes cerfs , puifqu'ils n'en auront que les connoiffances , encores que leurs teftes foient plus hautes , & le Marain
plus gros & plus cheuillé que de quelques cerfs qui feront
de dix cors , nourris dans de mauuais païs. Ce qui fe doit
iuger aux ieunes cerfs par les Meules qui feront éloignées
de trois doigts du Maffacre , & que la pierrure en fera me-
nuë ; & qu'au Marain les gouttieres en feront peu creufes,
n'allans que iufques à la moitié de la perche , comme les
perlures qui feront fort menuës , & qu'au haut de la tefte il
n'y aura aucune empaumure , mais feulement deux andoüillers qui ne feront point renuerfez , & qu'aux cerfs qui auront leur cinquiéme tefte (que nous appellons cerfs de dix
cors ieunement) que les meules ne font éloignées du teft
que d'vn bon poulce , & la pierrure de la fraife en fera plus
groffe & plus détachée : car pour la largeur des meules & la
groffeur du Marain , cela dépend des bonnes ou mauuaifes nourritures : c'eft pourquoy il ne les faut confiderer que
dans les teftes qui font de proportions égales , felon leur
âge : Il faut donc que les gouttieres en foient plus creufes,&
que la plufpart aillent le long du Marain , & qu'il y en ait à
tous les andoüillers , mais non pas iufques au bout,comme
auffi des perlures qui commenceront à eftre détachées &
groffes : elles auront auffi vne empaumure portant trois par
amont , dont les andoüillers commenceront à fe renuerfer.
Et quant aux Cerfs de dix cors , il faut regarder aux meules
qui ne feront éloignées du teft que d'vn petit doigt , & la
pierrure groffe & fort détachée , les gouttieres larges &
creufes , & les perlures groffes , qui iront , comme les gouttieres , iufques au bout de la tefte , horfmis au bout des andoüillers , où elles ne vont iamais : il y aura auffi vne empaumure large comme la main , qui fera entourée de plufieurs
andoüillers,les Maiftres andoüillers en feront gros & longs,
& les autres à proportion : c'eft alors que leur tefte eft en fa
perfection pour la beauté , mais non pas pour les plus effen-

tielles connoiſſance (qui ſont les meules, les pierrures, les
perlures, les gouttieres, & l'empaumure) car les meules s'approcheront du teſt, lors que le Cerf vieillira, & les pierrures
groſſiront : ce que feront auſſi les perlures & les gouttieres
qui s'élargiront & ſe creuſeront, & l'empaumure s'élargira
& ſe creuſera auſſi. Ces dernieres connoiſſances du vieil
Cerf, ſont les veritables.

CHAPITRE XXXI.

Comme les Cerfs ont les pieds faits, ſelon les pays où ils ſont
nez & nourris.

LEs Cerfs ne tiennent pas ſeulement des bons ; mauuais, & differens païs , pour pouſſer & former leurs
teſtes, mais encores au corps & iuſques aux pieds, ce que
nous voyons , quand nous changeons de foreſts & de païs,
où les terrains ſe trouuent differens : les vns humides & mareſcageux , & les autres ſablonneux & ſecs , & d'autres
pierreux & graueleux : c'eſt où nous apperceuons que la nature agit par ſa préuoyance ordinaire , puis qu'elle fait &
compoſe les pieds des cerfs comme il les faut, pour les y
faire ſubſiſter , attendu que dans les païs mareſcageux &
mols , les cerfs y ont le pied creux & large , le talon gros, à
cauſe que l'humidité leur fait croiſtre les éponges & la corne du pied, comme auſſi celles des os : ils y ont auſſi preſque
tous les pieds creux , & les os : ils n'en ont pas les coſtez ſi
gros, ny les pinces ſi rondes, ce qui leur rend la forme du
pied longue & large. Ce grand pied leur empeſche d'enfoncer ſi auant dans ces païs mols. Et dans les païs de ſables, il
ont auſſi ordinairement beaucoup de pied : mais la forme
en eſt differente, ayans le pied plain & plat, la ſolle plaine,
les coſtez gros, les pincés rondes , & le tallon large : mais il
n'en eſt pas ſi éleué, à cauſe que les éponges n'en ſont pas ſi

grosses , la iambe en est large , les os plus gros & plus courts:
il y a aussi plus de pieds ronds , & aussi ronds que longs que
de pieds longs : c'est-là que les Biches ont ordinairement
le plus de pied , & où on se peut plus aisément tromper,&
dans les païs pierreux & ferrez, les Cerfs ont moins de pied,
mais mieux faits, les proportions y estans obseruées, ils n'y
ont pas tant de solles : mais les costez en sont plus gros,& les
pinces plus rondes & plus grosses , dans la proportion du
pied, & plus vsées, à cause de la rudesse du terrain, ce qui
doit estre consideré par les veneurs qui vont aux bois : il
y vont aussi les pinces plus serrées , les os en sont plus
gros, plus courts, plus vsez , & plus bas ioinctez, à cause que ce sont, quasi tous, pieds ronds, qui sont ordinairement plus bas ioinctez que les pieds longs. Il se rencontre
assez souuent dans toutes ces formes de pieds , des connoissances qui sont, qu'vn costé de pied (que nous appellons la
pince) est plus long que l'autre , ce qui fait que cette pince
croise & auance sur l'autre , y en ayant quelques-vnes de
plus grandes que les autres : il faut aussi remarquer si cette
connoissance est aux pieds de deuant ou de derriere, & si elle
est de dehors en dedans du pied , ou de dedans en dehors :
& pour connoistre si elle est de dehors en dedans, il faut
qu'elle soit au costé du pied qui est au dehors du corps , &
qu'elle vienne en dedans , & pour estre de dedans en dehors , il faut que la pince de dedans aille en dehors : car il
faut que ceux qui font le rapport d'vn Cerf , déduisent toutes ces particularitez , si elles sont dans les pieds du Cerf
duquel ils feront rapport , pour en donner connoissance
aux piqueurs, qui doiuent faire chasser les chiens, afin que
si le Cerf se mesloit auec d'autres en le courant , ils le puissent reconnoistre & en garder le change. Vous n'auez donc
que ces trois formes de pieds, qui font les pieds longs, les
pieds ronds , & les pieds aussi ronds que longs; où il se peut
aussi rencontrer quelques changemens entre les pieds de
deuant & ceux de derriere , de longueur & de rondeur :
& en ce cas il faudroit distinguer , comme de sçauoir dire si

vn Cerf

vn Cerf a le pied rond deuant, & long derriere, ou auſſi rond
que long, deuant, & le meſme derriere.

CHAPITRE XXXII.

*Comme il eſt neceſſaire qu'vn Veneur pratique la Chaſſe en
differens pays, pour ſe rendre habile dans le meſtier.*

IE vous ay fait connoiſtre dans le Chapitre precedent
que c'eſtoit le terrain qui formoit le pied du Cerf: &
dans celuy-cy ie vous veux faire voir comme vn Veneur
peut connoiſtre toutes ces formes, & ſe rendre habile dans
le meſtier. Qu'il faſſe comme les apprentifs des autres arts,
qui courent & changent de pays, pour ſçauoir apres mieux
leur meſtier; puiſque le Veneur en ſçaura moins pour n'a-
uoir eſté aux bois que dans vn petit contour de pays, & peut-
eſtre dans deux ou trois foreſts ou grands païs de bois, poſé
qu'il ait eu vn bon Maiſtre qui luy ait donné les principes
des connoiſſances, & neantmoins ce pays qui luy eſt familier & connu, les luy fera negliger & oublier, puis qu'elles
luy feront d'oreſnauant inutiles par la familiere connoiſſance qu'il aura des Cerfs, dés qu'ils feront fortis du ventre de
leurs meres, & la frequente veuë qu'il en aura, à qui il aura
donné le nom & le ſurnom, pour ne pas manquer à les reconnoiſtre. Il ſçaura auſſi les lieux à point nommé de leurs
demeures, ſelon les ſaiſons ; ce qui fait qu'il n'en defera
pas la nuiĉt, pour ſçauoir les remarques que l'on y peut faire,
& comme cela, il en fera ſon rapport, ſans auoir fait aucune
reflexion aux connoiſſances ny à la façon que le Cerf fait ſa
nuiĉt : Mais quand il luy arriuera de pratiquer en d'autres
païs, & où les Cerfs auront vne autre forme de pieds, &
peut-eſtre ſi peu qu'il ne leur en paroiſtra gueres plus qu'à
vn Chevreüil qui ſera nourry dans vn bon païs, ce grand
changement, & le peu de ſoin qu'il aura eu de pratiquer &

L

retenir les connoiſſances qui luy auront eſté enſeignées ,
l'eſtonneront de telle ſorte qu'il n'aura plus l'aſſeurance de
faire vn ſeul rapport , quoy qu'il rencontre dans la queſte
qui luy aura eſté donnée de Cerfs , dans l'apprehenſion
qu'il aura que ce ſoit vne Biche , ſi ce n'eſt quelque Cerf
qui ſe fera voir à luy par hazard , qu'il laiſſera courre auſſi
de meſme ; car ordinairement les Cerfs qui ſe font voir le
matin , & qui ont veu vn homme auec vn chien , ne demeurent que rarement , & s'ils demeurent , ce ſera apres auoir
eſté loin de-là , hors de ſa queſte. Cette negligence paroiſt
auſſi lors qu'il fait chaſſer les chiens ; car la grande connoiſſance qu'il a de ce pays , luy empeſche de s'attacher à la
queuë des chiens, & l'apprend à couper & bricoller, & ayant
pris cette mauuaiſe habitude , il ne peut plus eſtre bon picqueur , puis qu'il n'apprend pas les ruſes que fait vn Cerf
lors qu'il eſt chaſsé, & ſe contente auſſi-toſt que ſes chiens né
chaſſent plus, de les mener requeſter au lieu où il ſçait que les
Cerfs ont accouſtumé d'aller : où quelquesfois il peut reüſſir,
mais plus ſouuent faire faillir vn Cerf, qui peut eſtre demeuré ſur le ventre, apres auoir fait bondir le change , dont il ne
ſçaura point le lieu, pour n'auoir pas ſuiuy ſes chiens , & que
ſe trouuant dans vn autre pays qu'il ne ſçaura pas, il y perdra
toutes ſes pretentions , pour n'auoir plus aucune connoiſſance.

CHAPITRE XXXIII.

Des connoiſſances que l'on doit auoir par le pied pour diſ-
cerner le Cerf de dix cors ieunement , & le Cerf de dix
cors , d'auec la grande & vieille Biche brehaigne , &
qui ne portent point de Fans.

IL y a deux ſortes de Biches que l'on pourroit prendre
pour des Cerfs par le pied , ſi on n'en conſideroit pas
exaċtement les connoiſſances. Les premieres ſont les Biches brehaignes qui ne portent iamais de Fans, ce qui eſt
cauſe qu'elles employent toute leur nourriture à faire vn
grand & gros corſage , & à proportion beaucoup de pied;
& les ſecondes : ce ſont celles qui portent des Fans , qui
excedent en corſage & en pieds les autres qui portent Fans,
particulierement lors qu'elles ſont pleines , à cauſe que dans
ce temps elles pezent dauantage , & que leurs allures en
ſont meilleures & plus reglées , ioint que c'eſt la ſaiſon
qu'elles ſe ſeparent des autres , pour aller dans quelque
buiſſon ou bout de pays pour y eſtre ſeules , & y auoir les
gaignages à commandement , afin de n'eſtre pas obligées de les aller chercher loin, à cauſe de leur peſanteur,
& auſſi pour y faire choix du lieu où elles veulent faire
leurs Fans : Mais les Biches brehaignes ne ſe connoiſſent
pas par cela , qu'elles ne ſoient deſia auancées dans l'âge, à
cauſe qu'elles ne ſe ſeparent des autres que le plus tard
qu'elles peuuent , & encor s'en font-elles chaſſer par la ialouſie qu'elles ont de leurs Fans, & la connoiſſance qu'elles prennent à l'heure que ces brehaignes n'en portent pas:
tellement que bien qu'elles ayent beaucoup de pied, elles
n'ont pas eſté fort dangereuſes iuſques-là , puis qu'elles ont
eſté en harde auec les autres : ce qui a empeſché les valets de
limiers de s'y arreſter : mais lors qu'elles en ſont ſeparées , &

qu'elles sont seules, ou deux ou trois ensemble au plus, particulierement aux printemps, & tout l'Esté, elles font aussi
les mesmes pays que les Cerfs de dix cors , & de dix cors
ieunement, tant aux buissons qu'aux bouts de forests , donnans aussi dans les mesmes gaignages pour y viander & faire leurs nuits. Tous ces signes qui se trouuent aussi aux vieilles Biches pleines , la conformité de la vieillesse des Cerfs
que i'ay nommez , & de ces Biches , & ce grand pied , & les
connoissances qui se rencontrent semblables en beaucoup
de choses , ayans les costez , les pinces , & les os vsez , qui
est-ce qu'ont les Cerfs de dix cors ieunement , & de dix
cors , peuuent donner de l'émotion à vn Veneur qui est naturellement ambitieux de donner du plaisir à son Maistre,
& luy faire croire d'abord que c'est vn Cerf de dix cors. Ce
qui me fait dire que les vns y manquent pour auoir trop de
chaleur , & les autres manquent de science , & la pluspart
par negligence, puis qu'aussi-tost qu'ils ont rencontré vne
beste qui a beaucoup de pied , & qu'ils en ont reueu en
deux ou trois endroits , & quelquefois en des lieux où l'on
ne peut pas faire vn asseuré iugement , se contentant de reuoir d'vn grand pied , & que la beste pese beaucoup, ils la
rembuschent pour vn cerf : mais s'ils vouloient se donner
la peine d'en faire suiure le contrepied auec les limiers , &
en défaire la nuict , ils en pourroient reuoir en plusieurs endroits du pied, de la iambe & des os , & aussi en considerer
les allures , où ils verroient que la Biche iroit les quatre pieds
vn peu ouuerts , particulierement lors qu'elle passeroit dans
vn lieu mol , ce que ne font iamais les cerfs de dix cors , &
peu souuent les cerfs de dix cors ieunement : si ce n'est à
quelqu'vn le pied de deuant : mais celuy de derriere sera
fort serré , ioint que les pinces ne font pas tournées du pied
de la Biche , comme celles du pied du Cerf, n'ayant pas la
rondeur si parfaite , & qu'elles les ont plustost formées en
pourceau qu'en cerf , & qu'elles n'attirent iamais la terre
à elles , comme font les cerfs de dix cors ; elles ont aussi autant & quelquefois plus de pied derriere que deuant , ce

que les cerfs n'ont iamais , ayans touſiours plus de pied
deuant que derriere , outre que la iambe & le tallon
n'en ſont iamais larges tous deux enſemble ; car ſi la
iambe paroiſt large aux Biches , c'eſt qu'elles ont les os
plus longs que les Cerfs , & qu'ils ſont tournez en dehors , & en garde de Sanglier , & les Cerfs les ont tournez en dedans , & en formes d'ongles. Les Biches ne ſont
auſſi iamais ſi bas ioinctées que les cerfs , encores qu'il y
ait égalité d'âges , & que les allures d'vne Biche ne ſoient
pas ſemblables à celles d'vn cerf , puis qu'elles n'y ont aucun reiglement aſſeuré , mettans vne fois leurs pieds de
derriere à droict de celuy de deuant , & l'autre fois à gauche , & bien ſouuent rompent les voyes de celuy de deuant:
ce qui eſt infaillible , pourueu que vous vouliez vous donner la patience de la ſuiure douze ou quinze pas : car il s'en
peut rencontrer quelques vnes qui ſe pourroient iuger , ou
apparence de cela , dix ou douze pas : ce que font plus ordinairement celles qui ſont pleines ; Mais iamais il ne s'en
eſt veu vne qui ſe ſoit iugée plus de quinze pas , pourueu
que l'on y prenne garde exactement. Ie croy auoir eſté en
aſſez d'endroits , tant en France , Sauoye & Piedmont ,
trente ans & plus , pour connoiſtre ces choſes , où i'ay reueu
de toutes ſortes de Biches , dont i'ay examiné les connoiſſances que i'ay dites , & particulierement les allures que
i'ay touſiours reconnuës ainſi. Il faut neantmoins obſeruer quelques temps dans deux ſaiſons que les Cerfs ſe mé-
jugent (il n'y en a qu'vne pour les ieunes Cerfs) qui eſt la
ſaiſon du Rut , & auſſi pour les cerfs de dix cors , & encores au temps qu'ils ont mis bas leurs teſtes : ce qui peut
eſtre enuiron trois ſepmaines , qui eſt le temps qu'il faut à
leurs allures , pour reprendre leur fermeté qu'ils auoient
perduë par cette grande & groſſe teſte qui leur ſert de con-
trepoids Et ce qui empeſche les ieunes Cerfs de tomber
dans cette défaillance , c'eſt que leur bois eſt encores fort
leger : ce qui fait que le corps ne s'en peut pas encore reſ-
ſentir. Et ſi c'eſt dans les ſaiſons que le terrain eſt ſec , qui

L iij

ſont les temps les plus difficiles pour en reuoir & iuger des
voyes,vous vous pourrez ſeruir des fumées,où vous ne vous
ſçauriez tromper, pouruëu que vous vous attachiez à la forme,ſelon la ſaiſon:comme au Printemps,que les cerfs les iettent en bouzards & en platteaux:& les grandes Biches & brehaignes les iettēt formées,ou pour le moins à demy formées,
aiguillonnées ou martelées,à cauſe qu'elles ont vne chaleur
extraordinaire dãs le corps, qui s'y conſerue malgré les herbes nouuelles pouſſées,qu'elles mangent en cette ſaiſon auſſi
bien que les cerfs:cela cauſe qu'elles n'engendrent pas,& que
les grãdes & vieilles Biches dont i'ay parlé ſont auſſi échauf-
fées extraordinairement par le Fan qu'elles portent : Et lors
que les Cerfs de dix cors iettent leurs fumées formées, elles
ſont plus dures & plus maſſiues, & les aiguillons en ſont plus
gros & courts : & que celles qui ſont aiguillonnées , le ſont
toutes ſans exception:ce que ne ſont pas celles des Biches, y
en ayant quelques-vnes qui ne ſont pas aiguillonnées,les aiguillons en ſont auſſi plus longs. Ils s'y en trouue auſſi qui
ſont entez,ce qui ne ſe void pas dans celles des cèrfs de dix
cors;mais pour eſtre ridées & bien mouluës,elles le peuuent
eſtre les vnes comme les autres , puis que ces deux connoiſſances dépendent de la vieilleſſe qu'ils peuuent auoir égallement. On y peut auoir auſſi quelque connoiſſance par leur
maniere de faire leurs nuicts,puis que les Biches y vont plus
tournoyant,& ne ſe retirent pas auſſi de ſi bonne heure au
fort,que les Cerfs:ce que vous pouüez iuger par la chaleur
qu'aura voſtre limier, lors qu'il ſuiura les voyes qui iront de
meilleur temps:Les Biches iettent auſſi,dans les ſaiſons que
i'ay dites,beaucoup plus de fumées que les Cerfs,

CHAPITRE XXXIV.

*Les connoiſſances que l'on doit remarquer pour connoiſtre le
ieune Cerf d'auec la ieune Biche.*

I'AY voulu particulariſer dans ce chapitre les connoiſſances que l'on doit auoir pour diſcerner le ieune Cerf
d'auec la ieune Biche, afin de ne rien confondre & mieux
faire entendre au Lecteur que ces deux differentes âges de
cerfs de dix cors & de ieunes Cerfs, & de vieilles & ieu-
nés Biches, n'ont aucune conformité de connoiſſance,
puis que les cerfs de dix cors & les vieilles Biches, ont les
coſtez, les pinces & les os vſez, & qu'ils ſont bas ioinctez,
à cauſe de leur âge & vieilleſſe : Et ceux deſquels ie vay
parler, ont toutes les connoiſſances, que i'ay dites, tran-
chantés, & ſont auſſi haut ioinctez, à cauſe de leur ieune-
neſſe : & comme cela, les ieunes Cerfs & les ieunes Biches ont beaucoup de connoiſſances ſemblables, & que ie
trouue plus delicates à en faire le diſcernement que des
vieux cerfs & des vieilles Biches, particulierement au
temps qu'elles ſont pleines, & qu'elles peuuent autant peſer que les ieunes cerfs, & dont les allures en paroiſſent
meilleures en ce temps & ſont plus aſſeurées, à cauſe de la
peſanteur qu'elles ont, qui les oblige de marcher auec
moins de gayeté : elles ſe ſeparent auſſi des autres beſtes
dans le temps que les ieunes cerfs ſe ſeparent des autres
pour faire leurs teſtes, & les Biches pour faire leurs Fans,
allans les vns & les autres dans de meſmes pays. Les ieunes
cerfs ont les coſtez, les pinces & les os tranchans, & ſont
haut ioinctez, ce qu'ont auſſi les ieunes Biches : i'entends
celles qui excedent les autres dans la grandeur du corſage
& du pied : car pour les ordinaires, pourueu que l'on ſoit
connoiſſeur, l'on ne s'y peut tromper. Vous voyez par ce

que i'en ay defia dit , que les connoiſſances en ſont conformes : Ie continueray , diſant que le ieune Cerf va le
pied de deuant ouuert , ce que fait auſſi la ieune Biche ;
Mais il y a difference aux pieds de derriere , que le ieune
cerf va ſerré , lors qu'il va d'aſſeurance : ce que ne fait pas
la Biche, qui le porte vn peu ouuert. La Biche n'a pas auſſi
les pinces ſi rondes, le talon & la iambe ſi large , ny les os ſi
bien tournez, les ayans en dehors: c'eſt toutesfois où il ne paroiſt pas tant qu'aux os de vieilles Biches, à cauſe qu'elles ſeront plus courts, & les ieunes Cerfs les ont tournez en dedans, ſans y manquer, comme les allures aſſeurées & reiglées,
comme aux vieux cerfs : ces deux dernieres connoiſſances
ſont les plus conſiderables & aſſeurées pour le diſcernement
que l'on doit faire d'auec le ieune cerf & la ieune Biche. Il y a
auſſi connoiſſance aux fumées, les ieunes cerfs les iettent plus
groſſes & les aiguillons plus courts, plus réiglez & plus gros:
Et lors que l'vn & l'autre iettent leurs fumées formées (qui eſt
le temps que les Biches ont fait leurs Fans) elles les iettent en
plus grande quantité que ne font les ieunes Cerfs, à cauſe de
l'auidité qu'elles ont à viander pour ſe reſtablir & nourrir
leurs Fans : Ioinct que leurs fumées ſont la pluſpart défor-
mées, glereuſes, & quelques-vnes teintes de ſang : & pour les
Macheures & Mouleures, & point ridées, elles ne le ſont, ny
de l'vn ny de l'autre : car ces connoiſſances ne ſe voyent que
par la vieilleſſe.

CHAPITRE XXXV.

Comme l'on peut connoiſtre & diſcerner par le pied le
Cerf de dix cors ieunement d'auec le
ieune Cerf.

IE vous ay fait connoiſtre vne des plus conſiderables parties qui ſoit dans l'art de la chaſſe, pour cerf, dans ces deux precedens chapitres, puis que c'eſt ce qui la rend plus auguſte & plus rare : & que cela fait voir à toute la Chreſtienté, qu'il n'y a que les François qui ayent cette ſcience de connoiſtre par le pied le cerf d'auec la Biche : & que les meſmes François n'en ont pas voulu demeurer là; mais ont voulu ſçauoir la difference qu'il y a entre les ieunes cerfs, les cerfs de dix cors ieunement & les cerfs de dix cors, afin d'en rendre le plaiſir en ſa dernicre perfection, & que doreſnauant on ne s'abſtienne pas ſeulement de courir les Biches, mais auſſi les ieunes cerfs, ſi ce n'eſt aux deffaut des vieux : & pour le faire mieux comprendre, ils y ont ioinct les termes à la ſcience, afin qu'elle en fuſt plus regulierement obſeruée en la prattiquant : ce qui ſe doit faire par les connoiſſances que ie diray en ſuite. Que ſi vous rencontrez d'vn cerf de dix cors ieunement, qui ſoit accompagné d'vn ieune cerf, le cerf de dix cors ieunement deuroit auoir plus de pied que le ieune cerf, puis qu'il eſt plus aduancé en âge. C'eſt ce qui peut arriuer à des Cerfs qui auront eſté nez & nourris dans vn meſme pays, & encore cela n'eſt pas infaillible, parce que le ieune Cerf peut eſtre engendré d'vne plus grande Biche que le cerf de dix cors ieunement, le pied ſera à proportion du corps. Il eſt donc mieux de ne conſiderer que les connoiſſances qui ſont fixes : comme de voir & iuger qu'au pied du ieune cerf les coſtez en ſont tranchans, ſelon la propor-

M

tion & forme du pied : car les pieds longs & les pieds creux,
les ont naturellement plus tranchans que les pieds ronds
& les pieds aussi ronds que longs, puis qu'en ces deux manieres de Cerfs il se peut rencontrer deux sortes de formes
de pieds, & considerer que le cerf de dix cors ieunement,
doit commencer à auoir ces connoissances que i'ay dites,
vsées, qu'il aura aussi les pinces plus grosses & plus émous-
sée : car pour la selle & le talon, cela dépend de la grandeur du pied, comme aussi à la pluspart, de la largeur de
la iambe ; puis que s'ils ont le pied grand, il faut que la
iambe en soit grosse & large. Mais le ieune Cerf aura les os
tranchans & petits, qui seront éloignez de trois ou quatre
doigts du talon : ce que nous appellons haut ioinctez. Et le
cerf de dix cors ieunement, aura les os plus gros & vsez, &
& plus creux (si ce sont deux pieds creux) & sera aussi plus
bas ioincté, ayant les os à deux petits doigts du talon. Les allures en seront aussi differentes, en ce que le ieune Cerf va, les
pieds de deuant fort ouuerts, & qu'il donne & rompt la moitié des voyes de ses pieds de deuant auec ceux de derriere : ce
que ne fait pas le cerf de dix cors ieunement, qui donne seulement du pied de derriere dans le bout du tallon de celuy de
deuāt, & va le pied de deuant serré, ou au moins tres-peu ouuert : Et dans la maniere de faire leurs nuicts, elle est aussi dif-
ferenté, dautant que le ieune Cerf court & se iouë dans les
gaignages : ce que ne fait pas le cerf de dix cors ieunement,
comme ie le feray voir plus particulierement dans vn chapitre separé : comme aussi des fumées.

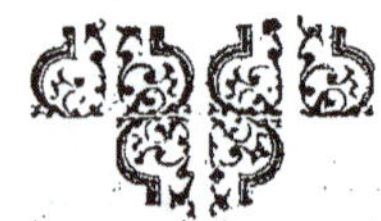

CHAPITRE XXXVI.

Des connoiſſances que l'on doit auoir pour diſcerner & connoi-
ſtre le Cerf de dix cors ieunement, d'auec le Cerf
de dix cors.

LE cerf de dix cors ieunement n'a qu'vn an à porter ce
nom, puis qu'il y entre dans la ſixiéme année de ſon
âge, & en ſort à la fin pour prendre le terme & le nom de
cerf de dix cors : ce qui luy continuë pluſieurs années, &
iuſques à ce qu'il ſoit reconneu par les Veneurs grand vieil
cerf, lors que les connoiſſances y ſeront, comme ie les diray dans vn chapitre cy-apres. L'on ſe ſert auſſi du terme.
Il peut eſtre cerf de dix cors ieunement : c'eſt lors qu'vn
cerf entre dans ſa cinquiéme année & pendant icelle, &
auſſi de bien ieune cerf, qui eſt quand vn cerf eſt dans ſa
deuxiéme & troiſiéme année. Neantmoins de ces deux
termes, l'on n'eſt pas obligé d'en parler, en faiſant le rapport, mais ſeulement ſe peuuent dire à diſcretion, pour
plus particulierement inſtruire les picqueurs. Il ſeroit comme inutile de faire le diſcernement d'vn cerf de dix cors
d'auec vn de dix cors ieunement, ſi le nom & le terme de
l'vn ne duroit pas plus que l'autre : & qu'il ſeroit mal-aiſé,
puis que cette proximité d'âge eſt ſi voiſine : Mais comme
ce terme de cerf de dix cors doit demeurer autant qu'vn
cerf peut viure, le diſcernement s'en peut & doit faire.
Pour mieux faire paroiſtre les connoiſſances par les degrez
de l'âge des cerfs, quoy qu'elles ſe trouuent aſſez conformes : ce qui m'oblige d'en faire quelques redites, & que
pour la grandeur du pied, elle peut eſtre égale & inégale,
pour les raiſons que i'ay dites au chapitre precedent, &
que le cerf de dix cors ieunement, à l'âge de ſix ans eſt ſur
le point de prendre ſon entiere croiſſance ; mais la force

aux membres & aux liaiſons n'y eſt pas encore : ce qui forme & établit les principalles connoiſſançes, & qui fait que le
cerf de dix cors va les pieds plus ſerrez que le cerf de dix cors
ieunement, & qu'il attire la terre à ſoy en marchant; ce que ne
fait pas le cerf de dix cors ieunement. Il a auſſi les pinces &
les coſtez plus gros & plus vſez, & le talon & la iambe plus
large, les os plus courts, plus gros & plus vſez : il eſt auſſi plus
bas ioinĉté, les os n'eſtans éloignez que d'vn petit poulce du
talon; neantmoins aux vns plus & aux autres moins, ſelon les
formes des pieds. Les allures en ſont auſſi differentes, puis
que le cerf de dix cors ne rompt iamais de ſon pied de derriere (ſi ce n'eſt rarement) la voye de ſon pied de deuant, le
mettant ordinairement à vn doigt du talon : ce que ne fait
pas le cerf de dix cors ieunement, qui donne du pied de derriere dans le bord du talon de celuy de deuant. La maniere
de faire leur nuiĉts, eſt auſſi en quelque façon differente, puis
qu'vn cerf de dix cors va auec plus de retenuë dans les gaignages que le cerf de dix cors ieunement, à cauſe qu'il a plus
d'experience des dangers qui luy pourroient arriuer : & que
lors qu'il y eſt, il y choiſit mieux ſon viandis & le fait plus poſément : ce qui ſe void par ces fumées, qui ſont mieux mouluës que celles du cerf de dix cors ieunement. Il y a auſſi d'autres connoiſſances aux fumées, que ie diray dans le chapitre
que i'en feray. Le cerf de dix cors ruze auſſi dauantage que le
cerf de dix cors ieunement, lors qu'il ſe retire au fort & ſe
rembuche.

CHAPITRE XXXVII.

Des connoiſſances que l'on doit obſeruer pour diſcerner les grands vieux Cerfs, d'auec les Cerfs de dix cors.

IE vous ay fait connoiſtre cy-deuant, qu'il falloit pour iuger vn cerf de dix cors, qu'il euſt la ſolle large, les coſtez gros, les pinces groſſes, le talon & la iambe large. Mais icy ie vous feray voir que pour eſtre qualifié grand vieil cerf, il faut qu'il ait toutes les connoiſſances contraires à celles que ie viens d'exprimer, puis qu'il doit auoir la ſolle retreſſie & les coſtez moins gros ; mais plus vſez, & les pinces auſſi moins groſſes & plus émouſſées & parfaittement ſerrées, attirant la terre à ſoy de telle façon, qu'il y paroiſſe beaucoup, & que le talon & la iambe en ſoit retreſſie, en ſorte qu'il n'y ait lieu que pour mettre le poulce & le doigt entre les os, & qu'ils ſoient courts, vſez & proches du talon: ce que nous appellons tres-bas ioinctez, & que meſme les allures en ſoient differentes à celles des cerfs de dix cors: qu'ils ayent ies quatre pieds tres-ſerrez, & que les pieds de derriere demeurent éloignez de quatre doigts de ceux de deuant, & vn peu en dehors, & touſiours dans vne meſme diſtance. Toutes ces choſes arriuent aux cerfs comme aux hommes, en ce que en l'vne & l'autre eſpece, quand la chaleur naturelle diminuë, les membres diminuent auſſi.

CHAPITRE XXXVIII.

*Des allures du Cerf & de la Biche, & de la connoiſſance
qu'on en peut tirer.*

ENCORES que i'aye dit quelque choſe des allures des
cerfs & des biches dans les chapitres precedens,
ſelon les rencontres qui m'ont obligé d'en parler. Ie n'en
ay pourtant pas aſſez dit pour en donner vne parfaite connoiſſance, & oſter l'impreſſion à ceux qui n'ont pas prattiqué d'aller au bois pour y détourner le cerf, & qui ont
leu ce qu'en a écrit le ſieur du Foüillou, qui dit, Que les
Cerfs vont l'emble comme les Meules, & que leurs pieds
de derriere ſurpaſſent ceux de deuant de quatre doigts,
ſans en faire aucune exception, ſinon des vieux cerfs. Il
eſt vray qu'il y en a quelques-vns ; mais ce ſera au plus vn
de cinquante, que nous appellons Embleures : car effe-
ctiuement, ils vont l'emble naturellement, qui ſont de
grands & longs corſages de cerfs, qui ont ordinairement
grande force, & par conſequent ſont plus difficiles à forcer;
Mais tous les autres cerfs ne ſurpaſſent iamais du pied de
derriere celuy de deüant, & ont les vns & les autres vn reiglement aſſeuré dans leurs allures, auſſi bien que les embleures : ce qui forme & établit, ſelon leur âge, le iugement
dont ie veux parler, puis que le ieune cerf met touſiours
ſon pied de derriere dans celuy de deuant, n'en rompant
que la moitié,& en vn meſme lieu, ſans y manquer :& que le
cerf de dix cors ieunement met le pied de derriere ſur le
bord du talon du pied de deuant. Et quant au cerf de dix
cors, il met le pied de derriere à vn doigt pres de celuy de
deuant : Et les vieux cerfs à quatre doigts des pieds de deuant, & plus en dehors : ce qui ſe fait toute l'année horſmis
dans la ſaiſon du Rut, & quinze ou vingt iours apres que

les cerfs de dix cors ont mis bas. Et pour les cerfs qui em-
blent, ils font le contraire en vieilliſſant : car leurs pieds de
derriere s'approchent touſiours de ceux de deuant, à cauſe
que le corſage du cerf, lors qu'il vieillit, deuient plus large &
plus gros, & aſſujettit ſes pieds de derriere à ne les pouuoir
ſi fort auancer : Et pour les Biches, elles n'ont aucun reiglement dans leurs allures, mettans leurs pieds de derriere
quelquesfois au coſté droit de ceux de deuant, & d'autresfois à gauche, & quelquesfois les couurent & les ſurpaſſent,
ſi ce n'eſt quand elles ſont pleines, eſtans obligées par leur
peſanteur de reprimer cette legereté & gayeté qui ſont en
elles naturellement : ce qui leur cauſe ce déreiglement dans
leurs allures, & eſtans pleines, elles ont plus de reiglemens
dans leurs allures, mettans leurs pieds plus ſouuent en vn
meſme lieu, ce qui pourtant ne continuë pas. Il faut auſſi
ſçauoir que l'on ne peut aſſeoir aucun iugement aux allures
des cerfs & des Biches, que lors qu'ils vont au pas & d'aſſeurance, à cauſe que c'eſt le temps qu'ils n'ont aucun effroy, & qu'ils marchent naturellement, ſi ce n'eſt à vn cerf
que l'on court, où l'on peut ſe ſeruir de ſes allures, quoy
qu'il fuye, pour iuger s'il eſt mal-mené ; ce que l'on peut voir
quand les fuites n'en vont pas droit, & qu'elles vont balançant ; tellement que les allures, pourueu que l'on en excepte les ſaiſons que i'ay dites, & qu'on les ſçache bien connoiſtre, c'eſt vne des bonnes & des plus aſſeurées connoiſſances
que nous ayons.

CHAPITRE XXXIX.

*Des connoiſſances que l'on peut auoir pour diſcerner & connoi-
ſtre les cerfs de dix cors d'auec les ieunes Cerfs, lors
qu'ils font leurs nuits.*

C E V X qui ſont deſtinez pour allez au bois y détourner le cerf, ne ſçauroient auoir trop de précaution
& de ſcience dans l'art de la chaſſe, pour préuoir aux temps
qui arriuent dans les ſaiſons, afin que s'ils ne peuuent ſe
feruir des vnes, ils ayent recours aux autres, comme
dans l'Eſté que le terrain eſt tres-dur, que l'on ne peut reuoir des voyes d'vn cerf, pour en pouuoir iuger, mais ſeulement pour connoiſtre où il a la teſte tournée, & iuger
que c'eſt le droit, qu'au moins ils ſe feruent de celles qu'ils
peuuent auoir appriſes par leurs ſoins & pratiques, comme
des remarques que l'on peut faire, lors que les cerfs débuchent du bois, où ils ont demeuré le iour à la repoſée, pour
aller dans les taillis ou gaignages y viander & faire leurs
nuits, afin que par les ſignes qu'il y reconnoiſtront, ils puiſſent faire le diſcernement des ieunes & des vieux cerfs, en
défaiſant leurs nuiĉts : ce qu'ils doiuent faire apres auoir
rencontré d'vn cerf, en prendre & ſuiure le contrepied
auec leurs chiens, afin de s'appliquer à leur maniere d'agir,
& voir qu'auſſi-toſt que le ieune cerf débuche du fort, s'il
y rencontre vn foſsé, il le ſaute & bondit pluſtoſt que d'en
aller chercher le paſſage, ou quelque lieu plus commode, &
que peu apres il va la pluſpart du temps fuyant, iuſques à ce
qu'il ſoit dans le gaignage, & lors qu'il y eſt, il y mange &
viande auidemment, ſans conſiderer les morceaux qu'il
prend, ny en quels lieux, les arrachant bien ſouuent par
l'ardeur qu'il a de les prendre : & lors que ſa premiere faim
eſt

est amortie, il s'y iouë & fait paſſade, & quand il a viandé,
& ſuffiſamment repeu, il s'en retourne au fort, encores
fuyant & y eſtant, s'il trouue encore vn foſsé, il le ſaute,
entre dans le fort & s'y rembuſche. Voila tout ce que font
les ieunes Cerfs. Encore que ie vous aye fait connoiſtre la
façon que les Cerfs de dix cors font leurs nuicts dans le premier chapitre, neantmoins ie ſuis obligé dans celuy-cy,
qui en eſt le ſujet, pour faire connoiſtre les ieunes Cerfs
d'auec les Cerfs de dix cors, de reïterer ce que i'en ay dit, diſant que le cerf de dix cors, lors qu'il débuſche du fort, il s'arreſte pour conſiderer s'il ne voit rien de nouueau dans le lieu
où il veut aller au gaignage pour y faire ſon viandis, & n'y re-
connoiſſant rien, s'il y a vn foſsé entre le bois & le gaignage,
il le longera, iuſques à ce qu'il ait trouué vn paſſage pour n'e-
ſtre pas obligé de le ſauter; & y allant, ce ſera touſiours au pas
& d'aſſeurance, où eſtant, il y viandera poſément, prenant allentour de luy la pointe des grains ou du bois nouueau pouſsé, ſi c'eſt dans vne taille, ſans en arracher aucun des grains
(comme font les ieunes Cerfs) & faiſant ſa nuict, il ira touſiours d'aſſeurance, pourueu qu'il n'ait aucun effroy ny allarme qui l'oblige à fuyr: car d'inclination il ne s'y iouë iamais,
& lors qu'il ſe retirera au fort, ce ſera encore en y allant d'aſſeurance, choiſiſſant, pour y entrer, vn chemin pour y faire
plus commodément les ruſes & retours qu'ont accouſtumé
les Cerfs de dix cors, & quelques faux rembuſchemens, particulierement ceux qui ont eſté courus. Vous pouuez iuger
& connoiſtre par ces manieres d'agir des ieunes Cerfs, &
Cerfs de dix cors, qu'il y a grande difference des vns aux autres, & par-là vous en pouuez faire vn iugement aſſeuré,
pourueu que vous obſeruiez ponctuellement ce que i'en ay
dit.

CHAPITRE XL.

Des formes differentes des fientes & fumées des Cerfs.

LA fiente du Cerf que nous appellons par nos termes, fumée, eſt la plus conſiderable & aſſeurée connoiſſance, apres celle du pied, que nous ayons pour faire le diſcernement, non ſeulement du cerf d'auec la Biche ; mais encor de la ieuneſſe & vieilleſſe des Cerfs ; elles nous arriuent auſſi dans vn temps où elles nous ſont tres-neceſſaires ; puiſque c'eſt dans les mois de May, Iuin, Iuillet & Aouſt (qui eſt la ſaiſon où l'on en peut tirer les plus aſſeurées connoiſſances, & auſſi celle où nous en auons le moins par le pied, à cauſe de la ſeichereſſe qu'il fait ordinairement en ce temps) que les cerfs ſont aux buiſſons où ils ſont peu de païs, en faiſans leurs nuits, à cauſe qu'ils ont les viandis à commandement & en quantité, & que ſur la fin de ces mois ils commencent à eſtre raſſaſiez & peu affamez. La forme de leurs fumées ſe change auſſi-toſt que le Printemps eſt venu, & que les herbes pouſſent ; car auparauant elles eſtoient dures & ſeiches, & en forme de crottes de chévre, & au commencement de May elles ſe trouuent changées dans vne autre forme, puiſqu'elles ſont molles, & en forme de bouzées de vache, plattes & rondes : c'eſt auſſi cette premiere forme que nous appellons bouzars, leſquelles ſont liées & en maſſe. La ſeconde forme ſe fait au commencement de Iuin, qui eſt le temps que les grains & le rejet du bois commence à durcir : ce qui fait que les fumées commencent auſſi à prendre vne autre forme, qui eſt encore ronde, & en maſſe, & platte ; mais elles commencent à ſe détacher. C'eſt cette ſeconde forme que nous appellons platteaux, leſquels ſe peuuent ſeparer les vns des autres : & la troifiéme forme fe fait à la fin de Iuin , ou au commencement de Iuillet, laquelle nous appellons , en torche ou demy-formée , alors elles font toutes feparées les vnes des autres , & dans la fin de Iuillet, elles changent encor pour fe mettre dans leur perfection & entiere forme qui eft longue & dure , où il y a aux vnes au bout d'en haut, des aiguillons que nous appellons aiguillonnées, & celles où il n'y en a point , nous les appellons martelées ; les vnes font auffi ridées, qui eft proprement des rides , & les autres ne le font pas, eftant vnies. Il y en a auffi que l'on appelle les bien moulues , & les autres mal : ce que l'on appelle les bien machées , & mal machées : Il s'en trouue auffi d'entées , c'eft quand vne fumée eft formée dans le corps, que deux n'en font qu'vne , & qu'en fortant , elles fe ioignent, & fe peuuent feparer auec les mains, fans fe rompre, comme font les autres. Il y en a encor qu'on appelle vaines, à caufe qu'elles font plus legeres , & moins maffiues que les autres ; ces deux dernieres connoiffances ne fe peuuent voir & iuger qu'aux formes en torches & formées, comme les aiguillonnées & martelées : ce font-là les formes des fumées & les connoiffances que i'ay voulu vous faire connoiftre en ce chapitre, pour vous en mieux faire comprendre le difcernement, encores que i'aye efté obligé d'en parler ailleurs.

CHAPITRE XLI.

Les connoiffances que l'on peut tirer des fumées pour difcerner les Cerfs d'auec les Biches.

IL me refte à vous donner vne plus entiere & particuliere connoiffance des fumées du cerf & de la Biche, pour en fçauoir faire le difcernement : & pour y reüffir, c'eft de bien remarquer les formes des fumées , comme ie les ay dites, & felon les faifons , où vous verrez que les cerfs

les iettent en forme de bouzards : car lors les grandes &
vieilles Biches brehaignes (qui font les plus dangereufes
pour la connoiffance des fumées) les iettent formées maffiues, aiguillonnées ou martelées & ridées, â caufe de la chaleur extraordinaire qu'elles ont , & autres raifons que i'ay
deduites cy-deuant, ce qu'elles continuent tout l'Efté. Leurs
fumées ne peuuent eftre dangereufes que pour les Cerfs de
dix cors & vieux Cerfs, parcé qu'elles font maffiues , bien
mouluës & ridées , ce qu'on ne voit iamais aux ieunes cerfs ,
puifque ces trois connoiffances ne dépendent que de la vieilleffe , & lors que les Cerfs de dix cors les iettent formées ,
la forme en eft également mieux faite, les aiguillons en font
auffi plus gros, plus courts & plus reglez ; mais aux fumées
des Biches il y a des aiguillons plus longs aux vnes qu'aux autres,& auffi de moins gros: il s'y en trouue auffi d'entées , ce
qui ne fe void pas au cerfs de dix cors,où il fe voit de la graiffe & venaifon,ce qui ne fe void pas fur celles des vieilles Biches qui font plus feiches , ioint qu'elles en iettent en cette
faifon deux fois autant que les Cerfs : mais pour les rides, &
eftre auffi bien mouluës , elles le peuuent eftre également,
puifque ces deux connoiffances viennent de l'âge qu'ils peuuent auffi auoir également:& pour connoiftre celles des ieunes Cerfs d'auec celles des ieunes Biches , celles du ieune
Cerf font plus groffes & mieux formées, & les aiguillons en
font auffi plus gros & plus courts ; il en iette auffi beaucoup
moins qu'vne Biche ; elles font auffi plus dorées & colorées
que celles de la Biche: mais pour les moulures elles peuuent
eftre les vnes comme les autres, puifque cette connoiffance
dépend de la ieuneffe. Elles ne feront pas auffi ridées pour
la mefme raifon , pourueu que vous confideriez toutes ces
connoiffances, & particulierement de prendre les fumées
dans leurs formes,felon les differentes faifons que ie vous ay
dites,& ainfi il fera tres-mal-aisé de vous y tromper.

CHAPITRE XLII.

*Comme l'on peut connoiſtre le Cerf de dix cors d'auec le
ieune Cerf, par les fuméés.*

AVSSI-TOST que le Printemps paroiſt doux, &
qu'il fait pouſſer les herbes, les Cerfs changent de
nature, ce qui ſe voit par le changement de leurs fumées,
dont la premiere forme eſt en bouzars, elle en eſt plus groſſe & plus épaiſſe des Cerfs de dix cors que des ieunes Cerfs:
ils en iettent auſſi moins, elles ſont ridées & bien mouluës,
ce que ne ſont pas celles du ieune Cerf, qui ſont vnies &
mal mouluës. Et la ſeconde forme qui eſt en platteaux, les
Cerfs de dix cors les iettent larges, épaiſſes & ridées, bien
mouluës, dorées, & glereuſes, à cauſe qu'ils commencent
à auoir de la venaiſon : ce que ne font pas les ieunes Cerfs
qui n'en ont pas encores, & qui s'en chargent peu, mettant pluſtoſt leur nourriture à croiſtre : ce qui fait que leurs
fumées ſont plus blanches & ſans gleres : elles n'ont auſſi
aucunes rides, & ne ſont pas ſi larges ny ſi épaiſſes, & en
iettent touſiours plus : & quant à la troiſiéme forme qui eſt
en torche & demy formée, lors que les Cerfs de dix cors les
iettent de la ſorte, les ieunes Cerfs qui ne ſont pas ſi auancez, les iettent encores en platteaux, & quand les Cerfs de
dix cors, & les ieunes Cerfs les iettent formées, celles des
Cerfs de dix cors ſont plus groſſes & plus lourdes, ridées &
bien mouluës, les aiguillons gros & courts, & celles qui
ſont martelées & ſans aiguillons, ont les meſmes qualitez:
Il y a auſſi à pluſieurs quelques petits morceaux de graiſſe &
de venaiſon, ce que n'ont pas celles des ieunes Cerfs, ny ne
ſont pas maſſiues, ridées, ny bien mouluës, & quelques-
vnes ſont entées : ils en iettent beaucoup plus que les Cerfs
de dix cors, & lors qu'ils commencent à toucher aux bois

(qui est le temps que leurs fumées se défont de couleur &
de forme) celles des ieunes Cerfs qui n'y sont pas encore,
ont leurs formes parfaites, & la couleur en est dorée, à cause qu'ils sont dans leur plenitude, & celles des cerfs de dix
cors sont noires, celles des ieunes cerfs ne sont pas aussi
ridées ny bien moulües.

CHAPITRE XLIII.

Des portées des Cerfs & en quel temps elles se font, & des con-
noissances que l'on en peut auoir.

NOVS n'auons point de connoissance si douteuse, &
que l'on peut dire trompeuse, que les portées, puis
que l'on y peut tromper son compagnon & s'y tromper soy-
mesme : Et neantmoins le sieur du Foüillou, de la sorte qu'il
en parle, l'estime. Ce que ie vous feray voir, apres vous
auoir dit ce que c'est que portées, & en quel temps elles se
font, pour les bien connoistre. Les cerfs de dix cors commencent à faire des portées de la teste à la my-May, qui
sont connoissables : & les ieunes cerfs au commencement
de Iuin. Les testes des vns & des autres estans pour lors à
demy-poussées & assez hautes pour tourner les branches &
les feüilles, quand ils passent dans les taillis de trois, quatre
& cinq ans, où ils font leur demeures : pour lors, à cause
que ce bois est tendre, qu'ils plyent aisément, obeïssant
à leurs testes, qui sont molles & douloureuses : & lors qu'ils
y passent, ils écartent la pointe des branches à droict & à
gauche, les poussant en auant : ce qui fait aussi que les feüilles se tournent : & ainsi ces branches & ces feüilles se tiennent dans cét estat quelques iours, au moins la pluspart, s'il
ne vient de la pluye & quelque grand vent. Il faut que ces
portées soient à hauteur de six pieds, pour estre de la teste
d'vn cerf : car toutes les bestes en peuuent faire du corps.

Et les Biches , qui doiuent eftre les plus dangereufes , ce
font celles qui les font les plus hautes : pour difcerner le cerf
de dix cors d'auec le ieune cerf , c'eft quand elles font fort
hautes & larges , qui eft le figne éuident que c'eft vne
haute & large tefte qui les aura faites , & d'vn cerf de dix
cors & non de celle d'vn ieune cerf, qui ne les peut faire
que baffes & étroittes , felon la forme de fa tefte. C'eft ce
que l'on peut tirer des connoiffances des portées : ce qui feroit beaucoup fi elles eftoient fixes & affeurées , puis qu'elles font dans vne faifon où il fait mauuais reuoir, ce qui
oblige de s'en feruir : & pour les connoiftre mieux , il faut
en fe baiffant regarder deuant foy , afin d'en confiderer la
hauteur & la largeur, par le bois qui y eft plyé & les feüilles
qui en font renuerfées ; Mais s'eftans conferuées (ne venant aucun temps contraire) il arriuera qu'allant aux bois
auec voftre limier dans ce mefme pays , deux ou trois iours
apres qu'vn Cerf les aura faites , & qu'il aura quitté cette
contrée de pays , où il peut auoir fait aufsi plufieurs rembuchemens pareils : ioinct que l'ordinaire des cerfs , c'eft
de fe rembucher par quelques petits faux fuyans , particulierement en cette faifon , qu'ils n'ayment pas à toucher
leurs teftes aux bois. Les Biches cherchent auffi ces entrées
commodes , notamment celles qui ont le corfage grand,
où vous en pourrez rencontrer d'vne de la nuict dont voftre
limier fe rabbatra & vous fera connoiftre , en la fuiuant,
qu'elle a bien du pied & qu'elle poife beaucoup. La faifon
qui eft contraire pour en reuoir & en bien iuger , vous oblige à laiffer fuiure voftre chien iufques à ce que vous foyez
deux ou trois longueurs de trait dans le fort , où vous
voyez auffi-toft des portées hautes & larges , qui feront
celles d'vn cerf ; mais qui les aura faites vn iour ou deux
auparauant , & que cette Biche que vous fuiuez , fera rem-
buchée fur les mefmes voyes du Cerf. : L'apparence vous
feroit iuger par le pied , à caufe de fa grandeur & de la pefanteur de la befte , que ce doit eftre vn Cerf , non ieune
Cerf : & ayant veu fes portées, vous n'eftes plus en doute

que ce ne ſoit vn Cerf de dix cors, & l'apprehenſion que
vous aurez de le lancer, ſi vous ſuiuez auec voſtre limier,
vous empeſche d'entrer dauantage dans le fort : ce qui ſeroit le vray moyen pour reconnoiſtre qu'à peu de temps
de-là les voyes de la Biche, ne ſuiuroient pas la meſme
routes de ces portées : & ne l'ayant pas fait, vous la briſerez
haut & bas, en viendrez faire voſtre rapport & la laiſſerez
courre ; c'eſt de la ſorte que l'on s'y trompe. Voyons à preſent comme on vous peut tromper : L'art de la chaſſe a eſté
de tout temps ambitieux & plein de ialouſie, par l'enuie que
les Veneurs ont d'exceller ſur leurs compagnons, & comme cela, vous en pouuez auoir vne qui aura ſa queſte aupres
de la voſtre, ayant ialouſie de longue main de ce que voſtre reputation eſt plus grande que la ſienne, pour auoir fait
rapport de pluſieurs Cerfs qui ſe ſeront trouuez iuſte, & que
vous aurez laiſsé courre : il cherchera les moyens de vous la
diminuer, en ſe leuant plus matin que vous, le iour deſtiné
& commode pour courre : ayant eu deſia connoiſſance
qu'il y a vne grande Biche dans voſtre queſte, il ira pour
en rencontrer & la rembucher, apres l'auoir ſuiuie deux ou
trois longueurs de traict dans le fort, & marqué les voyes
auec des morceaux de papier, afin qu'apres s'eſtre retiré &
auoir attaché ſon limier à dix ou douze pas de-là, il vienne
ſur les voyes, & à l'entrée du fort, hauſſer les bras tout autant
qu'il pourra, pour écarter les branches : & s'il n'eſt aſſez
grand, il coupera deux grands baſtons, qu'il tiendra en
ſes deux mains, les hauſſans le plus haut qu'il pourra, pour
faire de hautes & larges portées, iuſques où il aura ſuiuy
dans le fort auec ſon chien, & apres reprendra ces petits
morceaux de papier qu'il aura mis ſur les voyes pour y aller
iuſte, afin qu'il ne paroiſſe pas qu'il ait eſté là. Il reuiendra
aux lieux où il aura reueu de cette beſte, pour en effacer
les voyes, afin que vous n'en reuoyez pas auparauant que
d'auoir veu ces fauſſes portées, qui ne manqueront pas
de vous donner de la chaleur, & apres il s'en ira faire ſa
queſte : auſſi-toſt vous arriuerez à la voſtre, où voſtre chien
ne man-

ne manquera de s'en rabattre & vous mener droit au fort,
où vous reuerrez des foulées qui peseront : ce qui vous
obligera à leuer la teste & les yeux, pour connoistre s'il y a
des portées : ce que vous verrez aussi-tost, & vous con-
tenterez d'en auoir veu huit ou dix pas dans le fort, de
peur de la lancer, Vous briserez haut & bas, & la détour-
nerez, ce qu'il ne sera pas mal-aisé à faire : car les brisées ne
vont pas loin.

CHAPITRE XLIV.

Du lieu où doit aller le Veneur en queste, en Ianvier,
Fevrier & Mars, pour y trouuer & dé-
tourner le Cerf.

ENcores que les cerfs ne changent que trois fois de
pays dans l'année, ie me trouue neantmoins obligé
d'y en augmenter vne quatriéme, en prenant vn peu de
chacune de ces trois, afin de les rendre plus commodes
pour ceux qui seruent le Roy par trois mois dans sa Venerie, puisque c'est le principal sujet qui me fait écrire : Et
pour leur en donner l'intelligence plus facile, ie commenceray par le quartier de Ianvier, Fevrier & Mars, que les
cerfs sont dans les fonds de forests, où ils demeurent quasi toutes les années, si le Printemps ne s'aduance, qui les
oblige d'en sortir (qui est la saison que les cerfs de dix cors
& de dix cors ieunement, mettent bas leurs testes) ce qui
les fait separer & quitter les fonds de forests & aller aux
buissons voisins, pour y trouuer les grains, qui commencent à reuerdir, afin d'y pousser leurs testes. C'est donc-
ques en ces deux sortes de pays où l'on doit aller en queste;
durant ces trois mois. Le premier, qui sont les fonds de forests; c'est sous les fustayes, où il faut aller, pour auoir connoissance des Cerfs qui y vont faire leurs viandis & à quel-

O

ques ronſſieres, où ſe trouueront encores quelques feüilles
conſeruées de l'Hyuer. Ils vont auſſi aux ruiſſeaux &
fontaines, pour y trouuer du creſſon & autres herbes :
comme aux brandes & taillis pouſſez de l'année, & ſi le
temps eſt aſſez beau, il les obligera d'aller au mois de Mars
aux buiſſons. Il y faut aller pour y queſter, dans de pareils
taillis de l'année, comme dans les ſeigles & bleds. Et pour
abbreger, lors qu'ils ſeront encore dans les fonds de foreſts, il faut aller reconnoiſtre auparauant les bois les plus
forts : ce que nous appellons les belles demeures, les plus
voiſins de ces lieux, où les cerfs vont faire leurs nuiᵈts, afin
que le iour deſtiné pour courre, vous y alliez auec voſtre
limier en prendre les deuants, pour n'eſtre pas obligé d'en
defaire la nuiᵈt, où vous ſeriez tres-long-temps, à cauſe
qu'ils font en cette ſaiſon plus de pays, trouuans peu à viander, & que les nuiᵈts ſont longues. Vous perdriez auſſi
beaucoup de temps, qui vous doit eſtre cher, les iours
eſtans courts, ce qui oblige de reuenir de bonne heure à
l'Aſſemblée, pour attaquer auſſi vn cerf de bonne heure,
& que vous n'auez pas beſoin de defaire toute la nuiᵈt
d'vn cerf, puis que le terrain eſt fort fauorable pour reuoir
des voyes & en iuger.

CHAPITRE XLV.

*Où l'on doit aller en queſte pour trouuer & détourner le
Cerf en Avril, May & Iuin.*

LEs cerfs apres auoir reconneu les buiſſons, les bouts
& les bords de foreſts où ſont les gaignages plus à
commandement & meilleurs : comme bleds, ſeigles, pois,
féves & les bois pouſſez de l'année, ils y établiſſent leurs
demeures, chacun dans ſon particulier, au moins les cerfs

de dix cors, qui veulent eftre ordinairement feuls : ce font ceux auffi qui vont le plus fouuent aux buiffons, à caufe qu'ils ont plus de connoiffance du pays que les ieunes Cerfs, & aufsi plus d'hardieffe & d'adreffe pour fe parer des accidens. Ils font, dans cette faifon, faciles à trouuer & à détourner, à caufe qu'ayans fait choix d'vn buiffon, ils n'en bougent plus, fi on ne les oblige d'en partir. Neant-moins ils fe peuuent receller & demeurer quelquesfois vne ou deux nuicts, fans fortir du fort, où il les faut aller que-fter, en y perçant auec le limier, pour en rencontrer de la nuict : ce qu'on doit faire quand on a eu connoiffance qu'vn Cerf a donné au gaignage, au bord de ce buiffon, vn iour ou deux auparauant, dans lequel y peut auoir quel-que taille dérobée, qui fera deux ou trois perches de bois, qu'auront coupé des payfans, l'Hyuer precedent, de peur d'eftre apperceus & repris de la Iuftice, où vn Cerf peut faire fa nuict : & quand bien vous le lanceriez, il ne faut pas apprehender qu'il quitte ce buiffon, pourueu que vous ne le fuiuiez qu'vne longueur de traict ou deux, pour en pouuoir reuoir, iuger & enleuer des fumées, fi vous n'en auez fuffi-famment reueu du pied. Il faut aufsi fçauoir difcerner les demeures des Cerfs en cette faifon, à caufe de leurs teftes qui font molles & tendres : ce qui les oblige à aller demeu-rer dans les taillis de trois, quatre & cinq ans, dont le bois obeyt : & non les vieux taillis de neuf, dix & douze ans, où ils fe feroient douleurs à leurs teftes, à caufe qu'elles y trouueroient de la refiftance. Il y a donc facilité à les détour-ner en cette faifon, mais ils font aufsi tres-difficiles à for-cer, à caufe qu'ils font dans leur pleine force, ayans efté renouuellez par les herbes nouuelles, qui les ont remis en bonne chair, & ont pour lors plus de force que les ieunes cerfs, qui ne font pas encore remis de l'Hyver : Neant-moins il y a toufiours plus d'auantage d'attaquer vn cerf de dix cors, qu'vn ieune cerf, que vous trouuez ordinaire-ment plus éloigné du change : ce qui donne le temps à vos chiens de Meute d'en prendre le fentiment, aupara-

O ij

uant qu'il y ſoit ; ils les chaſſent auſſi plus volontiers, à cauſe
de ſa peſanteur & qu'il ne tourne pas tant.

CHAPITRE XLVI.

*Où l'on doit aller en queſte pour détourner le Cerf, en
Iuillet, Aouſt & Septembre.*

LES deux premiers mois de ce quartier , & quelques
iours dans le troiſiéme, ſont les plus commodes pour
ceux qui vont au bois : car les cerfs ſont encores dans les
buiſſons & aux acuts de pays , où ils eſtoient le quartier
paſſé , où ils font tres-peu de pays en faiſant leurs nuicts :
ce qui ſe fait quaſi touſiours dans vn meſme lieu, à cauſe
qu'ils ſont pleins de venaiſon & auſſi raſſaſsiez de viandis,
ce qui les empeſche de pouuoir beaucoup marcher : c'eſt
auſſi la plus douce & commode ſaiſon pour les Picqueurs,
pourueu que ce ſoit en pays où il y ait des cerfs de dix cors,
qui ſe chargent de venaiſon, & non où il n'y ait que de ieunes cerfs , qui ſont pour lors en leur force. Il faut donc en
cette ſaiſon plus exactement donner vn cerf de dix cors
aux chiens , à cauſe de l'aduantage que vous y aurez : car ſi
vous attaquiez vn ieune cerf dans cette ſaiſon chaude, vos
chiens auroient peine à le maintenir ſi long-temps & à le
r'approcher , s'éloignant d'eux , l'air & la terre leur eſtant,
en cette ſaiſon fort contraires : ioinct que c'eſt la plus dangereuſe ſaiſon pour faire deuenir les chiens enragez, à cauſe que cette maladie vient d'vn ſang échauffé , qui ſe corrompt en ſuite : auſſi leur faut-il faire manger peu de curée,
mais pluſtoſt force laict venant du py de la Vache.

CHAPITRE XLVII.

*Où il faut aller en queſte pour détourner le Cerf, en Octo-
bre, Nouembre & Decembre.*

IE ſuis contraint dans ce dernier quartier d'emprunter
vne partie du mois de Septembre, à cauſe que ce dernier mois du quartier eſt preſque tout à fait dans la ſaiſon
du Rut, qui fait vn tres-grand changement à la maniere
d'agir qu'auoit le cerf, puis que de tres-facile qu'il eſtoit
à détourner, il eſt deuenu en huit iours, tres-difficile, &
quaſi impoſſible, au moins pour en eſtre aſſeuré : ce qui
fait auſſi que le terme duquel nous vſons, en faiſant noſtre
rapport, ainſi nous mécroyons détourner vn cerf, s'il ne
paſſe depuis nous, eſt fort à propos, & ne doit pas eſtre
oublié dans cette ſaiſon, puis qu'il ſe renconrre preſque
touſiours : car du cerf qui ſera auec des biches pour y Ru-
ter, que vous aurez ſuiuy depuis le matin iuſques à neuf ou
dix heures (qui eſt le temps qu'ils ſe donnent ordinairement vn peu de relâche, ſe ſeparans des biches pour
vne heure ou enuiron) vous prenez les deuants auec voſtre limier, & le trouuez demeuré dans vne enceinte, où
les demeures en ſeront aſſez raiſonnables, pour obliger vn
cerf à demeurer. Neantmoins auſſi-toſt que vous ſerez
party, la premiere fantaiſie ou ialouſie qui luy prendra, il
en ſortira pour aller trouuer ſes Maiſtreſſes, qu'il fera marcher comme auparauant, ſans leur donner non plus qu'à
luy, aucun relâche ; & dans cette ſaiſon pour en auoir connoiſſance, il faut aller dans les fonds de foreſts (qui ſont
les lieux où ils ſe raſſemblent auec les biches pour y tenir
leur Rut) mais pour leurs viandis, ils en prennent ſi peu,
que l'on a peine de s'en apperceuoir, ſe contentans de
viander ſeulement ce qu'ils trouuent en allant dans leur

extréme neceſſité : car ils ſont tellement préoccupez de
cette fantaiſie d'amour , qu'ils ne penſent ny à manger, ny
à s'arreſter. Et pour eſtre plus aſſeuré de courre le iour que
vous auez prémedité, il faut apres auoir ſeparé les queſtes ,
donner auſſi l'ordre au Maiſtre valet de chiens , de mener
vos chiens-courans dans le milieu du pays , où vous enuoyez aux bois, & leur donner l'ordre qu'ils y ſoient à huict
ou neuf heures du matin , au plus tard , & que ceux qui
voudront les voir chaſſer & faire chaſſer, y aillent auec
eux : Et meſme le Roy (s'il veut eſtre aſſeuré de chaſſer ce
iour-là) apres qu'il aura déjeuné & commandé de porter
dequoy repaiſtre ceux qui ſont aux bois, leſquels doiuent
eſtre allez deux enſemble , pour quand ils auront rencontré d'vn cerf courable, ſelon le pays , ie veux dire des
plus vieux cerfs, & qui aille de bon temps , que l'vn deux
vienne à l'Aſſemblée prémeditée pour en faire le rapport , & que l'autre demeure touſiours apres le Cerf, briſant
par tous les chemins où il paſſera , en prenant ſes deuans,
afin que s'il eſtoit trop éloigné pour entendre ſonner ou
houpper , lors que l'on l'iroit chercher , on le puiſſe ſuiure & trouuer par ces briſées, & qu'auparauant de partir de
l'aſſemblée , l'on ſepare les relais pour les enuoyer dans
les pays , à la refuite des cerfs, horſmis la vieille Meute que
l'on doit mener auec la Meute pour ſçauoir où l'on donnera
le cerf aux chiens, afin de l'enuoyer à la principale & plus
proche refuite , cependant que ceux qui auront deſtourné
le cerf que l'on voudra courre , déjeuneront & ſe botte-
ront : vous deuez auoir auſſi enuoyé deux hommes à cheual de differens coſtez pour ſonner deux mots , afin d'obliger le reſte de vos Veneurs de venir à eux , & prendre l'ordre que vous leur aurez donné : pour , apres auoir beu vn
doigt , s'en aller chacun à vn relais , & comme cela vous
donnez vn Cerf aux chiens dans le temps qu'il a quitté les
Biches, ſinon vous ne laiſſez de l'en ſeparer : Voila la meilleure & plus aſſeurée methode pour courre durant le Rut , &
quand les cerfs n'y ſont plus , vous ferez de meſme qu'aux

autres temps , & dans le reste du quartier, qui est Nouembre & Decembre , vous irez quester les cerfs sous les futayes dans les fonds de pays , où ils viandent du gland , &
quelques fruits sauuages qui y sont tombez, aux brandes
& ronssiers , & aux tailles de l'année : mais pour les abreger
& ne pas perdre de temps , il faut aller prendre les deuans
des grands forts qui sont les plus fourrez , où ils se mettent
en cette saison, pour y estre à l'abry & plus chaudement.

CHAPITRE XLVIII.

De l'ordre que l'on doit prendre, lors que le Roy veut aller chas-
ser , & de la façon qu'on doit faire le logement.

IE ne croirois pas vous auoir assez satisfait des connoissances & manieres de chasser que i'ay données, si ie ne
vous faisois connoistre aussi les ordres qui se doiuent obseruer dans les Veneries du Roy ; puisque c'est ce qui maintient l'vnion dans les corps, & qui fait que le Maistre en est
mieux seruy, & comme il y a desia quelques années qu'elles
n'ont esté pratiquées, il seroit à craindre pour ceux qui les
doiuent donner , qu'ils y manquassent, ne les sçachant pas,
ce qui feroit naistre du mépris dans l'esprit de ceux qui les
deuroient executer , si ie ne disois comme ie les ay veu donner depuis quarante ans sous le regne de ce Grand LOVYS
LE IVSTE, & que i'ay aussi pratiquées par ses ordres : ce
qui fait que ie ne puis que les bien déduire en ce chapitre,
pour les restablir dans leur premiere splendeur. Ces ordres
se doiuent prendre par ceux qui ont les premieres charges
dans les Veneries & équipages du Roy, & ainsi des particuliers , comme quand le grand Veneur se trouue aupres
du Roy ; lors qu'il luy prend enuie d'aller à quelques-vnes
de ses forests pour y chasser le cerf , c'est à luy de receuoir
l'ordre de sa Majesté, & de le donner au Lieutenant de la

Venerie qui fera pour lors en quartier, ou en fon abfence,
au fous-Lieutenant, ou les fufdits n'y eftans pas, au plus
ancien des Gentils-hommes de la Venerie en quartier ;
comme auffi tous les fufdits le doiuent prendre du Roy,
chacun felon le degré de fa charge, en l'abfence du grand
Veneur, & celuy qui l'a receu du Roy, ou du grand Veneur, le doit donner au Marefchal des logis ou Fourrier de
la Venerie, afin de l'obliger à partir auffi-toft pour aller
faire les logemens au lieu defigné par le Roy pour fa Venerie. Il doit auffi commander qu'vn des valets de chiens aille auec luy pour choifir vn logement propre aux chiens, ou
au moins le plus comme qui fe trouuera dans le lieu ; où
il y aura, s'il fe peut, vne grande cour fermée de murailles,
où les eauës foient en commandement, & confiderer le logement felon les faifons, afin qu'il ne foit pas trop froid en
hyuer, ny trop chaud en efté, & qu'il n'y ait eu ny poulles,
ny cochons, à caufe que cela pourroit donner le farcin aux
chiens : ce lieu doit eftre nettoyé, où apres vous mettrez de
la paille de froment, afin qu'auffi-toft que les chiens feront
arriuez, on les y puiffe mettre à couuert, pour les empefcher de fouffrir le froid ou le chaud felon la faifon : c'eft le
foin que doit auoir le valet de chiens, puis que le Marefchal
des logis, apres auoir reconnu & marqué le logement des
chiens (qui le doit eftre le premier, puifque ce font eux
qui font le principe de la chaffe)doit vifiter les maifons qui
en font plus proches, pour y loger le Maiftre valet de chiens,
les valets de chiens en quartier & ordinaires & le boulanger, puifque les chiens & les fufdits Officiers ne font qu'vn
corps, pour auoir le foin des chiens, dont ils doiuent ref-
pondre. Et apres que le Fourrier aura fait ce logement, il
doit faire celuy du grand Veneur, & en fuite celuy du
Lieutenant, fous-Lieutenant, & Gentils-hommes en quartier & ordinaires, felon leur rang, & l'equipage qu'ils auront, & des valets de limiers ; car les pages de la Venerie
doiuent loger auec les Lieutenans (comme ils auoient accouftumé) & prendre ce qui leur eft ordonné du Roy pour
leur

leur nourriture, ce qui eſt vn bon ordre, & non celuy qui
s'eſt tenu depuis quelque temps, leur ayant eſté permis de
prendre leur argent pour en viure à leur diſcretion, & la
pluſpart du temps auec des perſonnes qui ne leur peuuent
donner que de mauuaiſes habitudes : ce qui ſe doit conſiderer, puis qu'eſtans ſous la veuë & conduite des Lieutenans, qui ſont perſonnes de condition, ils y doiuent apprendre les bonnes mœurs & la ſcience de la chaſſe, comme
ont fait ceux qui ont eſté nourris du temps que i'auois
l'honneur d'y eſtre, afin qu'ils ſe rendent capables de ſeruir
le Roy, pour monſtrer que de la nourriture de ſes pages, il
a tiré ſes meilleurs hommes, & les plus habiles dans la chaſſe, Dans ce rencontre, le Mareſchal des logis doit auoir reſerué quelques logis pour les perſonnes de condition qui
voudront voir courre les chiens du Roy.

CHAPITRE XLIX.

Comme il faut faire partir les chiens du Roy de leur
logement, & les accompagner.

LE iour eſtant arriué du commandement qui aura eſté
fait pour faire marcher les chiens du Roy, il faut que
celüy qui commande, conſidere la ſaiſon dans laquelle il ſera, afin que ſi c'eſt en Eſté, il donne l'ordre dés le ſoir au
Maiſtre valet de chiens, que l'on les panſe & tienne preſts
dés le grand matin, pour les faire partir au frais, & que
ſi c'eſt en Hyuer, s'il a gelé, l'on ne parte qu'apres que le
Soleil aura donné ſur la terre, ou pour le moins que la gelée
en ſoit amortie, afin qu'ils ne ſe gaſtent pas les pieds, & que
l'on leur donne chacun vn morceau de pain, deuant que de
partir. Il faut auſſi qu'il commande au boulanger d'aller deuant, & auec luy deux valets de chiens, pour leur choiſir
vn lieu propre où on les puiſſe faire dîner, & ſi c'eſt en Eſté,

que ce soit dans vne grange, s'il y a moyen, afin qu'il y aye
de l'air, & qu'ils y mettent de la paille, à cause qu'il est besoin que les chiens y demeurent, iusques à ce que le grand
chaud soit passé ; & comme la marche ordinaire des chiens
courans doit estre par iour de six lieuës, on en doit faire
quatre le matin (particulierement en Esté) & aussi-tost
qu'ils auront disné, il faut que le boulanger & les deux valets de chiens repartent, pour preparer ce qui leur faut.
Le Maistre valet de chiens ayant esté de grand matin, suiuy
de ses compagnons, panser les chiens, les voyant pansez &
en estat de partir, il doit aller au logis du Commandant, où
doiuent estre les Gentils-hommes de la Venerie, & les pages à cheual, leurs trompes au costé ; il luy doit demander
s'il luy plaist qu'on couple les chiens, & ayant dit qu'ouy, il
s'en doit retourner au chenil, pour les faire coupler, & apres
que tous les Officiers auront beu vn doigt, ils se doiuent
rendre à cheual auec le Commandant, deuant le chenil, où
arriuans, le Maistre valet de chiens doit donner vne houssine au Lieutenant, apres au sous-Lieutenant, & en suite
aux Gentils-hommes de la Venerie, puis aux pages (car
pour les valets de limiers, ils ne sont pas tenus de suiure &
accompagner les chiens courans, mais seulement d'auoir
soin de mener leurs limiers. (Les chiens estans couplez, &
dans le soin que doiuent auoir eu les valets de chiens de
mettre vn ieune chien auec vn vieil, afin qu'il puisse reprimer l'ardeur du ieune, il doit marcher vn valet de chiens
ou deux deuant eux, pour les guider & conduire, & les
empescher d'aller plus viste qu'eux, ayans des houssines à
leurs mains, & toutes les fois qu'ils voudront s'auancer au
de-là d'eux, les en frapper, leur disant, derriere, & les
nommant par leurs noms, afin de leur faire connoistre qu'ils
les doiuent suiure seulement. Les autres valets de chiens
& les pages, Lieutenans & Gentils-hommes de la Venerie
doiuent suiure les chiens, sans les presser, afin de leur donner
le temps de se vuider, & lors qu'ils passeront en veuë de
quelques bestiaux, ils s'en approcheront pour les retenir de

plus court, & voir auſſi s'il y en a quelques-vns qui leuent
la teſte , afin d'aller à eux les reprimer de la voix & de la
houſſine, s'ils s'apperceuoient qu'ils vouluſſent s'emporter
en leur diſant *haye* , & les nommant. Ils doiuent auoir ce
meſme ſoin , lors qu'ils paſſeront dans des bois, où il y aura
des beſtes fauues , & lors qu'ils ſont arriuez au lieu où ils
doiuent diſner & coucher, le Commandant mettant pied
à terre, doit aller viſiter le logement des chiens , pour connoiſtre s'il leur eſt propre & bien nettoyé , ſi la paille que
l'on leur a donné, eſt neufve, s'il y en a ſuffiſamment,& alors
les y faire loger, auparauant que d'aller à ſon logement.

CHAPITRE L.

*Comme l'on doit ſeparer les queſtes aux Veneurs & valets de
limiers qui doiuent aller aux bois, ſur la fin duquel eſt vne
belle inſtruction pour les ieunes gens.*

LEs chiens eſtant logez ſelon l'ordre du Roy , & quoy
qu'il n'ait pas dit à celuy qui aura pris l'ordre, qu'il veut
courre preciſément le lendemain , afin de donner vn iour
de repos aux chiens, & le meſme temps à ceux qui doiuent
aller aux bois , pour reconnoiſtre le pays, les vns à cheual
ſans limiers , & les autres à pied auec leurs ieunes limiers,
pourtant cela ſe doit obſeruer ſelon la ſaiſon que le terrain
ſera fauorable, pour pouuoir rencontrer & reuoir des voyes
des Cerfs, autrement il faudroit que tous allaſſent auec
leurs limiers pour en auoir vne plus aſſeurée connoiſſance,
ſans neantmoins s'areſter à abreger vn Cerf, lors qu'ils en
auront rencontré & reueu de la nuit ; mais ſeulement d'en
prendre les grands deuants, afin de ne ſe pas fatiguer , &
auſſi les limiers , & de ne pas allarmer les Cerfs: ce qui les
pourroit faire changer de païs la nuict d'apres, particulierement dans vn païs de buiſſons, ce que l'on ne doit faire

qu'apres en auoir conferé auec celuy qui commande au
quartier, & en auoir receu l'ordre de luy, & qu'il ait separé
les cantons verbalement, fans que cela puiffe tirer à confe-
quence, ne pretendant pas de l'obliger à leur donner queftes, en leur particuliers, où ils trouueront des Cerfs, lors
qu'il les feparera par écrit, & comme cela l'on a connoiffance des Cerfs dans le païs où vous vous voulez courre, où
l'on les trouuera à point nommé, le iour que le Roy veut
chaffer. Il faut auffi que quand ils feront venus, ils aillent
rendre compte de ce dont ils ont eu connoiffance au
Commandant, lequel doit partir auffi-toft apres, pour aller trouuer le grand Veneur, & luy en faire la relation, s'il
eft aupres du Roy ; finon il la doit faire au Roy, & fçauoir
de luy en quel canton & quel iour il luy plaift de courre, &
l'ayant refolu pour le lendemain, il luy doit demander s'il
luy plaift de feparer les queftes, y ayant preueu, pour en
auoir pris le memoire du Capitaine des chaffes de la foreft,
ou de quelques-vns de fes gardes qui en ait le plus de connoiffance : & fi le Roy luy dit qu'oüy, il tiendra du papier &
vne écritoire toute prefte pour les écrire par billets feparez :
& apres l'auoir donné au Roy pour les diftribuer & feparer,
ainfi que bon luy femblera, fi fa Majefté n'en veut pas prendre
la peine, le grand Veneur, ou celuy qui commandera, doit
reuenir au quartier de la Venerie, où eftant il doit faire
fonner deux mots longs, afin d'obliger les Officiers & ceux
qui doiuent aller aux bois, de venir à fon logement. Le
Capitaine des chaffes, ou quelques-vns de fes Officiers,
doit auffi venir prendre l'ordre du grand Veneur, afin que
fi ceux qui doiuent aller aux bois, ne fçauoient pas le pays,
pour aller à leurs queftes, il leur baille des gardes pour
les y conduire, & apres qu'ils feront tous venus, le grand
Veneur, ou Commandant, qui aura écrit les queftes par
billets feparez, doit prendre la fienne & la donner à vn
Gentil homme de la Venerie, ou valet de limiers, qu'il
peut mener auec luy, & donner la feconde au Lieutenant,
qui peut auffi mener vn valet de limiers : & apres au fous-

Lieutenant & Gentils-hommes en quartier & ordinaires ,
& aux valets de limiers : car les pages doiuent aller auec les
plus habiles dans le meſtier , pour eſtre inſtruits , ſi d'auenture le grand Veneur , ou le Lieutenant ne leur commande
d'aller auec eux. Le commandement eſtant fait , il doit dire que l'on ſoit matinal , & que l'on reuienne ſur les neuf ou
dix heures à l'Aſſamblée , afin de ne pas faire retarder le
plaiſir du Roy : & apres il doit donner l'ordre au Maiſtre-
valet de chiens de les tenir preſts le lendemain au matin , &
leur donner à manger ſobrement : particulierement s'il y
a des chiens fort gras , ou chiens Anglois , il ne leur en faut
point donner en tout , à cauſe qu'ils manqueroient d'haleine , & qu'il prenne garde s'il y a quelques chiens fort
maigres ; melancholiques ou boiteux , afin de les laiſſer guarir auparauant que de les faire chaſſer : Et pareillement où
le Roy veut que l'on faſſe l'Aſſemblée (ſi elle ne ſe fait dans
le village où eſt logée la Venerie) pour y mener les chiens
ſur les huict heures du matin. Et pour éclaircir plus parfaitement les pretentions que pourroient auoir quelques-vns,
de vouloir retourner à leurs queſtes , apres eſtre partis de ce
logement & y eſtre reuenus , peut-eſtre deux ou trois iours
apres , l'on doit ſeparer derechef les queſtes , ou pour le
moins cela dépendra de celuy qui commande au quartier,
diſant que chacun retourne à ſa queſte. Ie treuue en ce rencontre vne choſe tres-neceſſaire à dire , pour les ieunes gens
qui ſe veulent rendre habiles , à ce qu'ils ne manquent pas
d'aller auec les meilleurs hommes dans le meſtier , les iours
que l'on va reconnoiſtre le pays , où on a le temps que l'on
veut , puis que l'on n'eſt pas obligé de reuenir à l'Aſſemblée,
à l'heure dite , comme le iour des chaſſes : ce qui fait que
l'on a le temps de deffaire la nuict d'vn Cerf & de s'inſtruire
de ſa maniere d'agir , de ſes ruſes , & d'en leuer les fumées
& les conſider (ſi c'en eſt la ſaiſon) comme d'en reuoir
de toutes les connoiſſances du pied , tout autant que l'on
veut , pour ſur toutes ces choſes inſtruire vn ieune homme ,
& apres l'interroger , pour connoiſtre s'il a eu l'impreſſion

P iij

des connoiſſances que vous luy auez données, pour le corriger, ou remettre ſur celles qu'il aûra manquées. Et quand
tous les Veneurs ſeront reuenus du bois & ſeront r'aſſem-
blez au logis du Commandant, s'il y a quelqu'vn de la
compagnie qui ait reueu & détourné d'vn pied de beſte,
qui le peut auoir mis dans le doute par ſa grandeur, ou
quelques connoiſſances qu'il ait remarquées eſtre bonnes,
& d'autres doûteuſes: ou bien ſi c'eſt d'vn Cerf, ſans en
eſtre en doute, ſinon de l'âge & la qualité, il doit conuier
toute la compagnie d'y aller, particulierement à la conſide-
ration des ieunes gens, afin qu'ils voyent là tous les habiles
dans le meſtier, y raiſonner ſur toutes les connoiſſances,
chacun dans ſa maniere & ſa ſcience: & ſi la choſe n'eſt re-
ſoluë, lancer la beſte & la voir, afin que doreſnauant l'on
puiſſe plus parfaitement connoiſtre, en quoy l'on a manqué
aux connoiſſances.

CHAPITRE LI.

*Contenant l'ordre que l'on doit tenir, lors que l'on va aux
bois pour y détourner le Cerf.*

LE ſieur du Foüillou a fait voir dans ſes écrits & ſelon
ſon ſens, les bons & mauuais préſages que peut auoir
vn Veneur par les rencontres, lors qu'il va au bois à deſſein de rencontrer d'vn Cerf & de le détourner, que ie
trouue aſſez ridicules, & qui ſe pourroient gliſſer dans l'o-
pinion de quelques eſprits foibles, licentieux, ou peu curieux, de lire les cas de conſcience, comme peuuent eſtre
quelques Chaſſeurs, lors que ſoûtenant qu'au rencontre
d'vn Preſtre, le Veneur s'en peut retourner, pour eſtre aſſeuré de ne trouuer aucun Cerf dans ſa queſte. Mais que
s'il fait rencontre d'vne femme, qu'aſſeurément il trouuera
vn Cerf & le détournera. C'eſt dont il ſe faut des-abuſer &

croire pluſtoſt que Dieu y eſt offencé, puis qu'il ſeroit mal-
aiſé, ſi vous auiez la creance que ce Preſtre vous eût porté
mal-heur, de vous pouuoir empeſcher de murmurer contre luy : & cependant c'eſt vne perſonne enuers laquelle
Dieu vous commande le reſpect : Et au regard de la femme, d'en faire vn iugement temeraire & ſcandaleux, ſi
apres l'auoir rencontrée, vous trouuiez vn Cerf, puis que le
ſieur du Foüillou s'imagine & veut faire croire que c'eſt
vne femme de ioye; mais il faut pluſtoſt croire que le moyen
de faire reüſſir ce que nous deſirons, c'eſt de ſe mettre & ſe
maintenir dans la grace de Dieu, en nous proſternant à ſes
pieds, pour y faire voſtre examen & quelques prieres qui
luy puiſſent eſtre agreables, afin de bien rencontrer &
nous guarantir de mauuais accidens, comme il ſe peut
en chaſſant, d'y eſtre bleſſez par des cheutes de cheuaux,
ou de la teſte d'vn Cerf : & auſſi d'en eſtre tué, comme
l'ont eſté deux Gentils-hommes de la Venerie, depuis cinquante ans : l'vn à la foreſt de Senard, nommé ſainct Bon,
qui auoit eſté nourry Page de la Venerie : & l'autre à la foreſt de Liury, qui s'appelloit Clair-bois : Et que ce ne ſoit
pas ſeulement pour la crainte de ces accidens, mais pluſtoſt
pour l'amour que nous deuons à Dieu, en pratiquant la
chaſſe comme vn diuertiſſement innocent, & afin de ſuiure
l'exēple que nous en ont montré deux grands Perſonnages,
S. Hubert & S. Euſtache, qui ſont nos protecteurs, comme ceux qui nous ont donné les premieres inſtuctions de
la chaſſe : & en ſuite ce grand Roy L O V I S LE I V S T E,
qui encores qu'il ſe fuſt beaucoup occupé à la chaſſe, elle
ne l'a pas empeſché d'eſtre tres-pieux & deuot, n'ayant pas
manqué vn iour, tant qu'il a veſcu, à dire forces prieres, ny
d'entendre la Meſſe. Ie puis dire encores de Victor Ame-
dée, Duc de Sauoye, qu'il a eſté l'vn des grands Chaſſeurs
de ſon temps : ce qui ne l'a pas empeſché de viure comme
vn Religieux, n'ayant iamais manqué d'obſeruer tous les
ieûnes commandez de l'Egliſe, & y adioûter tous les vieilles
des Feſtes de la Vierge, vn ieûne au pain & à l'eauë, horſ-

mis quelques années auant ſa mort, par l'aduis de ſon Con-
feſſeur, qui en ces iours-là, luy ordonna vn peu de vin. Et
ie puis dire auſſi auec verité, ne l'auoir pas entendu iurer
vne ſeule fois, en dix-huict ans que i'ay eu l'honneur de le
ſeruir dans la guerre & dans la chaſſe, bien que trop d'occaſions s'y rencontrent. I'ay encore vne choſe tres-admi-
rable à dire de ce ſage Prince, qui eſt de ne luy auoir iamais oüy médire d'aucun : ce qui eſt tres-conſiderable, puis
qu'vn coup de langue d'vn Prince peut ternir la réputation
d'vn Gentil-homme. Suiuons donc les exemples de ces
grands Perſonnages, en prenant le diuertiſſement de la
chaſſe quelquesfois ; mais non pas pour nous y attacher de
telle ſorte, qu'elle nous preoccupe abſolument l'eſprit, afin
que nous puiſſions vaquer au ſpirituel & au temporel, ſelon
la vacation dans laquelle nous ſommes. Et apres vos prieres
vous deuez déjeuner, pour reſiſter au trauail que vous
pourrez eſtre obligé de faire, puis qu'il ſe peut que vous
rencontrerez d'vn Cerf qui fera beaucoup de pays auparauant que de vouloir demeurer : & ayant déieuné, vous
irez prendre voſtre limier, & luy mettrez la botte au col, à
laquelle vous aurez noüé vne couple pour la mettre auparauant la botte, au col de voſtre chien, afin que (s'il ſe l'oſtoit
lors qu'il ſuiuroit vn Cerf) il fuſt retenu par cette couple :
vous luy donnerez vn petit morceau de pain, pour luy empeſcher les tranchées que la roſée froide luy peut cauſer :
ce qui le pourroit faire paſſer ſur les voyes d'vn Cerf, ſans
s'en rabatre & vous en remonſtrer : & apres vous irez à voſtre queſte, auec intention de vous y diuertir, ſeruir voſtre
Maiſtre, & de n'y pas tromper voſtre compagnon, ſi vous
eſtes plus matinal que luy. Ce que vous feriez en allant faire ſa queſte, deuant que de faire la voſtre, afin, ſi vous y
trouuiez vn Cerf, de le lancer, pour l'obliger à aller demeurer dans la voſtre : ce qui reüſſit tres-mal, la pluſpart du
temps, puis qu'apres l'auoir lancé, vous vous engagez in-
ſenſiblement à le ſuiure, & s'il ne va pas dans voſtre queſte,
il ſera cauſe que vous ne la ferez pas : & il ſe peut que dans
ce temps

ce temps celuy qui aura ſa queſte de l'autre coſté de la voſtre, aura rencontré d'vn Cerf dans ſa queſte, qui ira de la
nuict dans la voſtre, & ne le trouuant pas briſé, & vous
auoir houppé trois mots longs, comme il ſe doit faire, &
qu'il nait aucune reſponſe de vous, il le peut rembucher,
briſer & détourner, en faire rapport, & le laiſſer courre
deuant vous dans voſtre queſte, ſans que vous vous y puiſſiez oppoſer: cela eſtant, vous receuez vn affront, puis que
vous paſſez pour vn negligent, ou pour vn fureteur de
queſte, faiſant celle des autres & non la voſtre: & vous fera connoiſtre que les bonnes actions ont ce qui leur eſt
deû, & les mauuaiſes auſſi; Mais pour y aller auec ſincerité,
il ne faut pas déployer le laict, que vous ne ſoyez arriué
dans voſtre queſte, où vous prendrez voſtre limier par
là teſte, luy faiſant carreſſe & luy crachant dans la gueule,
& en le quittant, vous allongerez le traict & luy direz,
Va outre, & le nommerez: & à peu de temps de-là, vous
vous ſeruirez des termes que i'ay dit, qui eſt de luy dire,
Ho l'amy, *Holo*, *holo loo*, & ioüer apres de la langue, pour l'é-
mouuoir à aller gayement deuant vous afin que lors qu'il
rencontrera des voyes de fauues, il s'en rabatte & vous
en remonſtre: car les limiers des Officiers de la Venerie
du Roy, ne doiuent vouloir que les fauues; mais ceux des
Seigneurs, il eſt bien qu'ils veüillent de toutes beſtes pour
s'en ſeruir dans l'occaſion, & ſelon le plaiſir de leur Maiſtre: Et quand vous verrez que voſtre limier ſe rabatra,
vous luy donnerez le temps de prendre la voye; veſtant,
il le faut tenir ferme ſur le traict, & luy dire, *Vay-le là*, en le
nommant: & s'il demeure ferme c'eſt ſigne qu'il eſt ſur la
voye; vous irez à luy, en racourciſſant le traict, & le pliant
dans voſtre main, afin qu'il ne bouge de la place & qu'il
n'efface pas les voyes: & apres l'auoir ioinct, vous le mettrez derriere vous, pour en pouuoir reuoir plus facilement,
& iuger ſi c'eſt d'vn Cerf, & s'il a la teſte tournée au fort,
où il faut ietter vne briſée à l'entrée; & dire a voſtre chien,
Tien à moy, *Velecy Reuary*, pour l'obliger à reuenir à vous &

Q

luy faire suiure le contrepied, afin d'en pouuoir reuoir des
connoissances, & en leuer des fumées, si c'est en la saison: car
si vous suiuiez le droict des voyes qui va dans le fort & que
ce fust vn Cerf, vous le lanceriez & luy donneriez, peut-
estre vn tel effroy, qu'il ne voudroit plus demeurer : ce qui
feroit que vous n'en pourriez venir à bout, ny le détourner ; Mais apres en auoir reueu (en suiuant le contrepied)
du pied, de la iambe & des os, si c'est dans vne saison & vn
terrain assez mol, pour cela, ou si c'est sur de l'herbe, ou
des feüilles, qu'il fasse des foulées, il les faut considerer
pour iuger s'ils sont fort enfoncées, pour connoistre si la
beste qui les a faites, peze beaucoup. Et pour le sçauoir, il
faut mettre vn genoüil à terre & mettre les doigts dans les
foulées, où vous connoistrez si les pinces en sont grosses &
les costez, si le talon en est large : si c'est en Esté, il en faut
reuoir en quelque endroit où la rosée ait rendu la poudre
vn peu ferme, sinon il en faut leuer des fumées, où vous
trouuiez des connoissances telles que i'ay dites : alors vous
les mettrez dans le fonds de vostre chappeau, apres auoir
mis de l'herbe dessous & dessus, afin qu'elles ne se defassent
pas de couleur ny de forme afin que quand vous ferez vostre
rapport à l'Assemblée, vous les y puissiez faire voir entieres
pour en pouuoir remarquer les connoissances. Il faut par
ses formes & connoissances du pied & des fumées, que
vous iugiez s'il est ieune Cerf, Cerf de dix cors ieunement,
ou Cerf de dix cors, & que par cela vous iugiez de la qualité des Cerfs qui seront dans le pays où vous estes aux bois:
& si c'est vn Cerf courable, ou non : comme si vous estes
dans vn pays où il y ait Cerfs de dix cors, il ne vous faudra pas arrester à suiure & détourner vn ieune Cerf : &
apres ce iugement d'vn Cerf courable, il faudra reuenir à
l'entrée du fort, où vous en auez rencontré la premiere
fois, & suiure vne longueur, ou demy de traict dans le fort,
pour connoistre s'il y entre pour y demeurer, ou bien pour
y faire vn faux rembuchement : ce que vous connoistrez
lors que vous verrez demeurer vostre limier au bout de la

voye & reuenir à vous ; alors vous retournerez au chemin
pour deméler cette ruze : & pour en trouuer les dernieres
voyes, vous le logerez à droiſt & à gauche, ce que vous ferez auſſi dans le bord du fort : & ſi vous auez trouué que
les dernieres voyes ſoient ſimples & non doubles dans le
chemin , & qu'elles entrent dans le fort , vous le rembuche-
rez, le briſant haut & bas , comme i'ay dit, de pluſieurs briſées : & dans le chemin où il longera, vous rayerez derriere
les voyes auec le bout du pied , & le plus dangereux des
faux rembuchemens : c'eſt lors qu'vn Cerf entre dans le
fort & en reuient tout court & repaſſe le chemin par où il
eſt venu, ſans le longer, entrant droiſt dans le fort de l'autre coſté du chemin , où bien ſouuent il ne paroiſt aucunes
voyes pour y faire trop dur, ou que le chemin ſera ſi eſtroit
que le Cerf l'aura peu affranchir de ſes allures : tellement
que ſi vous n'auez ſuiuy ce que i'ay dit , dans le fort , pour
vous faire connoiſtre qu'il reuient , vous croyez détourner
vn Cerf deuant vous & il demeure derriere ; Mais quand
cela vous arriuera, & que l'on viendra à vos briſées , ayant
ſuiuy auec voſtre limier douze ou quinze pas , voyant qu'il
ne tourne ny à droiſt , ny à gauche , c'eſt ſigne qu'il retourne ſur ſes premieres voyes & qu'il vous a fait vn faux rembuchement : en ce cas , il faudra faire de neceſſité vertu , &
de ſorte qu'on ne s'apperçoiue pas de la faute que vous
auez faite.   Pour cela, il faut faire reſter les chiens de la
Meute , & vous prendrez auec voſtre limier ſur la droiſte ,
& voſtre compagnon ſur la gauche : & pour ne perdre point
de temps , vous irez prendre les deuants dans le fort , de
l'autre coſté du chemin , vis à vis de voſtre rembuchement,
où vous ne manquerez de rencontrer des voyes de voſtre
Cerf, & de le lancer peu de temps apres , prenant garde
vne autre fois que cela ne vous arriue ; Mais ſi vous trouuez
voſtre Cerf entrer dans le fort ſans aucune feinte : apres
auoir conneu par les foulées que c'eſt le Cerf que vous
voulez détourner , vous regarderez en haut, ſi c'en eſt la
ſaiſon , aux branches & aux feüilles , ſi elles ſont tournées,

Q ij

pour en iuger auſſi par les portées. Cela eſtant vous le rem-
bucherez & briſerez, comme i'ay dit, haut & bas, & apres
vous reuiendrez au chemin, où vous l'auez rembuché, & y
ietterez vne brisée derriere vous, le rompu deuers vos ta-
lons: ce que vous ferez auſſi à tous les carrefours & changemens de chemins, & en prenant vos deuants, vous ne laiſſerez aucun chemin dans voſtre enceinte, ſi ce n'eſtoit que
vous euſſiez donné de l'effroy à voſtre Cerf, & qu'il y fuſt
ſur pied : en ce cas, il faudroit prendre de plus grands deuants, pour attendre à l'abbreger & à accourcir l'enceinte
encore vne heure: vous aurez touſiours voſtre chien deuant
vous, à qui vous parlerez de temps en temps, pour l'émouuoir à ſe rabattre, en cas que voſtre Cerf paſſaſt. Et auſſi
pour vous donner connoiſſance des Cerfs & Biches qui entreront & ſortiront de voſtre enceinte, pour eſtre certain de
ce qui y ſera, afin de le dire à l'Aſſemblée, & à vos compagnons qui ſeront auec leurs limiers au laiſſé courre auec
vous, afin qu'ils ſoient aduertis pour ne pas changer de
voyes, lors qu'ils queſteront auec leurs limiers, & vous ay-
deront à trouuer le retour de voſtre Cerf. Mais ſi d'auanture vous trouuez vn Cerf ſorti de voſtre queſte, qui aille de
meſme temps que celuy que vous aurez rembuché, ce que
vous connoiſtrez par voſtre chien, le voyant rabattre auec
autant de chaleur: car ſi c'eſtoit du releué de voſtre Cerf, ce
ſeroit auec froideur, en negligeãt ces voyes, & que ſi le pied
eſtoit de meſme forme que celuy que vous auez rembuché,
& que vous n'en puiſſiez reuoir que des foulées, ny iuger ſi
ce ſont deux Cerfs approchans d'âge, & qu'apres auoir ſuiuy deux longueurs de trait, vous n'auriez pû iuger ſi c'eſt voſtre Cerf ou vn autre Cerf qui ſorte de voſtre enceinte, il
faut le brizer d'vne brizée baſſe ſeulement, à cauſe du doute
où vous eſtes; Vous reuiendrez donc au chemin où vous deuez ietter cette brisée, pour ne pas hazarder de lancer voſtre Cerf; mais pluſtoſt en prendre le contrepied que vous
ſuiurez en allongeant le trait à demy à voſtre chien, afin de
l'empeſcher de crier & l'obliger à tenir la voye iuſte: car ſi ce

n'eftoit pas voftre Cerf que vous fuiuiffiez , le voftre pourroit eftre fur le ventre à la reposée, proche des voyes de celuy que vous fuiuez , & comme cela le limier en paffant , s'il
auoit la pleine liberté du trait,il pourroit en auoir le vent &
l'aller lancer , & fi vous voyez que le Cerf, dont vous fuiuez
le contrepied,tourne & faffe fa nuit dedans voftre enceinte,
ne perçant pas droit , c'eft vn figne éuident d'vn autre Cerf
qui fait fa nuit dans cette enceinte où vous en pourrez ré-
uoir & leuer des fumées , pour iuger s'il eft plus Cerf que le
voftre;mais quand cela feroit , vous deuez auparauant que
d'aller apres , acheuer de prendre vos deuans , & du Cerf
dont vous auez eu la premiere connoiffance,afin de vous en
affeurer,en cas que ce plus Cerf qui fort de voftre enceinte,
ne demeuraft pas dans voftre quefte , & l'ayant trouué demeuré,vous irez apres le plus Cerf pour effayer à le détourner,& s'il fort de voftre quefte, entrant dans celle de voftre
voifin,quand vous l'aurez brisé de deux brisées, l'vne haute
& l'autre baffe,vous vous deuez retirer à cent pas de là, afin
de ne luy pas donner de l'effroy pour houpper vn mot long
& haut (& non pas dans le chappeau , comme font les four-
bés) ce que vous deuez reïterer iufques à trois fois , en cas
que voftre compagnon ne vous entende pas. Mais s'il vous
répond d'vn mot , vous deuez houpper de deux pour l'obliger à venir à vous , & y eftant vous luy direz, i'ay fuiuy vn
Cerf que ie mefcroy tel qui fort de ma quefte , & entre dans
la voftre ; vous plaift-il que ie vous en faffe reuoir ? Alors
vous le menerez au lieu où vous l'auez brisé,& quand il en
aura reueu,& qu'il fera tombé dans voftre iugement,& dans
la refolution de le deftourner, vous deuez vous retirer & aller acheuer voftre quefte , fi vous ne l'auez faite , & s'il ne
vous conuie pas d'en prendre les deuans auec luy : Mais fi
fon fentiment ne fe rapportoit pas au voftre , & qu'il n'euft
pas deffein de le deftourner, en ce cas il faudroit qu'il fouf-
frift que vous le deftournaffiez dans fa quefte:Mais s'il a voulu aller apres , & qu'il ait eu la ciuilité de vous prier de luy

Q iij

ayder à deſtourner le Cerf que vous auez amené dans ſa
queſte, afin d'abbreger pour reuenir pluſtoſt à l'Aſſemblée;
vous le deuez faire, & prendre d'vn coſté, cependant qu'il
prend de l'autre, & le premier qui ſera au rembuchement,
attendra ſon compagnon, ou ſi l'vn ou l'autre trouuoit ſorty
le Cerf, il faut qu'il houppe vn mot pour obliger ſon compagnon de venir à luy, & luy remonſtrer les voyes du Cerf qu'il
trouue ſorty, pour iuger enſemble ſi c'eſt qu'ils ont rembuché, & ſi ce l'eſt, il le faut encore rembucher, en reprendre
les deuans, & briſer apres vous à tous les changemens de
chemins que vous ferez, apres meſmes l'auoir deſtourné,
tant que vous ſoyez hors du bois, afin que ces briſées vous
faſſent reconnoiſtre & trouuer l'enceinte de voſtre Cerf, lors
que l'on viendra à vos briſées, pour le laiſſer courre; & quád
vous arriuerez à l'aſſemblée, vous donnerez la deference à
celuy à qui eſt la queſte où ſera deſtourné le Cerf, d'en faire
le rapport, qui doit eſtre au Lieutenant de la Venerie, ſous-
Lieutenant, ou au plus ancien des Gentils-hommes en quartier de la Venerie, luy diſant, nous meſcroyons deſtourner
vn Cerf vn tel & moy, en tel lieu, & le Lieutenant luy doit
demander, quel Cerf eſt-ce? & luy doit dire s'il eſt ieune
Cerf, ou Cerf de dix cors ieunement, ou Cerf de dix cors, &
ſi c'eſt vn pied long ou vn pied rond, ou vn pied auſſi rond
que long, ou long derriere, ou auſſi rond que long deuant, &
s'il a quelques connoiſſances, dire auſſi à quel pied elles ſōt,
& ſi elles ſont de dehors en dedans, ou de dedans en dehors,
afin que ſi l'on va laiſſer courre ſon Cerf, les picqueurs faſſent ces remarques pour en faire garder le change aux chiés,
& s'il a des fumées, les mōſtrer, & apres l'Officier les doit mener au grand Veneur, comme les autres qui auront fait leur
rapport ſeuls, ou accompagnez, qu'ils doiuent faire dans les
meſmes termes que ie viens de dire, pour eſtre tous conduits
par le Commandant deuant le grand Veneur, lequel apres
les auoir entendus & ſceu d'eux quels Cerfs ce ſont, & où ils
les auront deſtournez, les doit mener au Roy, & luy en faire

les rapports, pour auiser quel Cerf l'on ira courre.

CHAPITRE LII.

Où il se void comme l'on doit faire choix d'vn Cerf, quand
il y en a plusieurs de destournez, & du lieu
où on le doit attaquer.

LE choix que l'on sçait bien faire d'vn Cerf, lors que
l'on le veut courre, & du lieu pour l'attaquer, en rendent la prise plus asseurée: c'est aussi ce que l'on doit entendre, quand l'on dit qu'vn Cerf bien donné aux chiens est à
demy pris: il s'y doit aussi comprendre qu'il soit bien destourné, afin que celuy qui laisse courre, soit aussi-tost apres
qu'il est lancé dans la reposée, pour faire donner les chiens,
& ne luy pas donner le temps de se fort-longer, comme il
feroit, s'il s'en estoit allé auparauant d'effroy: ce dernier est
quelque chose, mais la premiere disposition est beaucoup
plus, quand elle est bien & meurement pensée: ce qui se
doit faire par le Roy & le grand Veneur, le Lieutenant &
sous-Lieutenant, & les Gentils-hommes de la Venerie, où
doit estre aussi le Capitaine des chasses du pays, & ses Officiers qui sçauront le pays, ou quelques Gentils-hommes qui
y auront chassé & veu courre le Cerf, afin de sçauoir leurs
refuites, selon les lieux où il y en aura de destournez; & lors
que le Roy en sera suffisamment informé, il doit faire le
choix du lieu où il n'y a qu'vne refuite, & qu'elle soit la plus
asseurée, puisque l'on peut donner vn Cerf à vn bout de
pays qui en aura deux, & vn qui sera à l'autre bout n'en aura qu'vne, ce que l'on doit obseruer pour aller preferablement à celuy qui n'a qu'vne refuite, & à vn Cerf seul, plustost qu'à deux ensemble, si ce n'estoit qu'ils fussent dans
vn buisson de cent ou deux cens arpens de bois, esloigné du

grand païs & du change, d'vne lieuë ou enuiron, & où l'on
les puſt ſeparer, lors qu'ils ſortiroient à la plaine, auparauant
que de les donner aux chiens ; pourueu toutesfois que ces
trois Cerfs ſoient de meſme qualité, ie veux dire tous Cerfs
de dix cors: car s'il y en auoit vn ſeul dans vn pareil buiſſon
qui ne fuſt que Cerf de dix cors ieunement, & que l'autre
qui ſeroit deſtourné dans le grand païs, fuſt Cerf de dix
cors, il faudroit aller au Cerf de dix cors ieunement, qui
ſeroit dans le buiſſon, pourueu qu'il le fuſt : car s'il n'eſtoit
que ieune Cerf, l'on ne le doit pas faire, puis qu'ordinairement le temps que les Cerfs vont aux buiſſons, c'eſt au
Printemps & en Eſté, que les ieunes Cerfs ont la force &
l'haleine incomparablement plus grande que les Cerfs de
dix cors, & de dix cors ieunement, qui ſont chargez de
venaiſon, ce que n'ont pas les ieunes Cerfs, & que la con-
ſideration pour laquelle on doit attaquer pluſtoſt vn Cerf
aux buiſſons qu'aux grands païs, c'eſt pour donner l'auantage aux chiens de prendre le ſentiment d'vn Cerf, auparauant qu'il ſoit arriué dans le change, & lors qu'il n'y a des
Cerfs deſtournez que dans la foreſt ; l'on doit aller aux
bouts & accuſts de cette foreſt, en cas qu'il y en ait de deſtournez, pour les attaquer, & faire touſiours le choix d'vn
Cerf ſeul, & du plus Cerf qui eſt plus agreable à voir deuant les chiens, dont ils gardent mieux le change, à cauſe
de ſa peſanteur qui leur donne plus de ſentiment : il dreſſe
mieux auſſi qu'vn ieune Cerf, ce qui fait qu'il s'en fait chaſſer plus agreablement, & ne tient pas ſi ſouuent les grands
forts, ce qui ſoulage les picqueurs, & oblige le Maiſtre à
tenir plus ſouuent la queuë des chiens, & a le plaiſir de voir
bien tenir la voye à des chiens, tourner, requeſter & parchaſſer quand vn Cerf eſt fort-longé, & lors qu'il donne
dans le change, de les voir auſſi le garder auec ſageſſe &
hardieſſe. Les picqueurs les peuuent auſſi mieux ayder par
le iugement qu'ils peuuent faire plus aſſeurément d'vn Cerf
de dix cors, qui eſt plus connoiſſable d'auec les autres, que
ne peut eſtre vn ieune Cerf, ſi dauanture il n'a quelque
connoiſſance,

connoiſſance , ou vn pied extraordinaire.

Ie ſçay qu'il y en aura qui trouueront à redire ſur ce que
i'ay dit qu'il falloit attaquer vn Cerf aux accuts & bouts des
grands pays , pluſtoſt que dans le milieu , afin de donner le
temps aux chiens de la Meute d'en prendre le ſentiment ,
auparauant qu'il ſoit dans le change, & qu'ils diront qu'il eſt
mieux de l'attaquer dans le milieu du grand pays & le
grand change, à cauſe que les chiens qui ſeront frais & viſtes
au partir du couple , le preſſeront & l'obligeront s'éloigner du milieu du pays & du change , & comme cela les
chiens en prendront vn entier ſentiment, auparauant qu'il
y ſoit reuenu , ioint que le Cerf ſera aſſez mal-mené pour ſe
faire remarquer , lors qu'il ſera meſlé dans vne harde de
Cerfs frais , quand on le verra. Ie l'auouë , pourueu que
ces choſes reüſſiſſent ainſi , & ie ne veux pas conteſter que
cela ne puiſſe arriuer de cinq ou ſix fois l'vne : mais ie puis
dire que c'eſt beaucoup hazarder voſtre plaiſir , puis qu'il
eſt bien mal-aiſé de deſtourner vn Cerf ſeul dans vne enceinte , & dans vn fonds de pays où ſont retirez preſque
tous les Cerfs dans l'Hyuer , que l'on y court le plus ſouuent à cauſe des fortes gelées qui vous empeſchent d'attaquer vn Cerf dans les buiſſons , puiſque vos chiens ſe deſol-
leroient , lors qu'ils paſſeroient dans les plaines , & quand
bien vous y auriez deſtourné vn Cerf ſeul , & auſſi donné
aux chiens ſeuls , il ne manquera de s'aller meſler auſſi-toſt
auec d'autres Cerfs deſquels il aura eu le vent , pour n'en
eſtre ſeparé que d'vn chemin , puiſque ce grand bruit de
chiens qu'il entendra, l'y obligera : quel ſentiment donc auront pû prendre vos chiens en deux ou trois cens pas qu'ils
l'auront chaſſé pour en pouuoir garder le change ? puiſque
ce n'eſt que ſimplement le temps qu'il leur faut , pour paſſer
cette premiere ardeur quils ont au partir du couple : tellement que voſtre Cerf s'eſtant meſlé auec d'autres auſſi
vieux Cerfs que luy, & quand il s'en ſeparera , vos chiens ne
manqueront à ſe ſeparer , & obligeront ceux qui les ſuiuent,
à en faire de meſme de prendre party auec ceux à qui ils

R

auront plus de creance, & que lors qu'ils regarderont à terre, & reüerront des fuites d'vn Cerf de dix cors, ils croiront que c'est celuy que l'on a donné aux chiens, & que les autres qui chaffent auec les autres chiens, les doiuent rompre & les amener pour se rallier auec les siens, & comme cela ils s'attendent les vns aux autres: ce qui fait bien souuent faillir vn Cerf, & quelquefois auffi en courre deux, ou trois, ou quatre, & auec peu de plaifir: puifque vous voyes chaffer peu de chiens deuant vous, & que vous vous voyez feul, n'ayant dans la penfée que l'ambition de prendre vn Cerf pour en apporter le pied au Roy, afin de vous en faire confiderer, pour auoir fi bien gardé le change: ce qui pourra faire vn contraire effet, puifque lors que vous vous prefentez à luy auec vn pied de Cerf, croyant luy donner de la ioye, vous le metez en colere, à caufe que ce fera peut-eftre le trois ou quatriéme que l'on luy aura apporté, defquels il n'aura eu aucun plaifir, & que ce fera dans vn pays qu'il fait conferuer auec foin: Il eft donc mieux & plus affuré de les attaquer dans les lieux les plus éloignez du grand change, afin que les chiens ayent paffé leur ardeur, & en ayent pris le fentimét pour le maintenir & en garder le change, lors qu'il s'en feparera.

CHAPITRE LIII.

L'ordre de tenir & donner les Relais.

IL eft tres-important que ceux aufquels l'on donne la conduite des Relais, foient entendus dans la chaffe: auffi les a-t'on donné de tout temps à mener & conduire dans la Venerie du Roy aux Gentils-hommes, & que dans les autres équipages des Princes & Seigneurs, fi on ne les donne à gens du meftier, il faut, au moins, qu'ils ayent quelques connoiffances & prattiques de la chaffe, & l'hu-

meur naturelle à l'aymer, ayant auſſi eſprit & iugement, &
peu de chaleur, puis qu'vn relais donné à propos, rend la
priſe d'vn Cerf aſſeurée, comme de le donner mal, le fait
faillir ; puis qu'vn homme qui conduit vn relais, le fait
aduancer auſſi-toſt qu'il entend la chaſſe, & auparauant
que le Cerf de la Meute ſoit paſſé, ſi elle vient droiċt à luy;
car ſi elle s'en eſloignoit, il doit s'auancer ; mais venant à
luy, il ne faut pas que ces chiens partent du relais, ny aucun de ceux qui tiennent les cheuaux, qu'il ne leur ait fait
le ſignal auec ſon chappeau, ou qu'il ne leur ait enuoyé quelqu'vn (ſi d'auanture il n'en peut eſtre veu) pour leur dire
qu'ils viennent & qu'il a veu paſſer le Cerf de la Meute : car
il doit, apres auoir placé ſon relais, s'auancer cinq ou ſix
cens pas, le long de la route où il ſera, pour ſe tirer du bruit,
& auoir ċét auantage, pour voir paſſer le Cerf & entendre
plus facilement la chaſſe, & ſi-toſt qu'il ſera paſſé, qu'il
aille au lieu où il l'aura veu trauerſer la route, pour y ietter
deux ou trois briſées ſur les voyes, & que s'il a le temps de
mettre pied à terre, pour reuoir des fuites du Cerf, il en
conſidere la forme & les connoiſſances, afin de les dire aux
Picqueurs qui ſeront à la queuë des chiens : comme auſſi la
hauteut & groſſeur de corſage, le pelage & les connoiſſances qu'il aura remarquées à la teſte, afin que par là ils puiſſent iuger ſi c'eſt le Cerf de la Meute, & l'ayant reconneu
pour tel & qu'il ſoit ſeul, il peut faire donner ſon relais,
apres que les premiers chiens qui chaſſent, ſeront paſſez;
Mais s'il eſtoit accompagné, il eſt obligé de le dire aux Picqueurs qui ſont à la queuë des chiens, & leur demander
s'ils veulent qu'on donne les chiens du relais, puis que c'eſt
à eux à iuger s'il en eſt beſoin : ce qu'ils ne doiuent faire que
par l'extréme laſſitude des chiens, ou qu'il n'y ait que peu de
chiens deuant eux, & encore que ce ne ſoient pas de leurs
chiens ſages & de change : car vn relais ne ſe doit donner à
vn Cerf qui eſt accompagné d'autres, particulierement s'ils
ſont auſſi Cerfs que celuy de la Meute, à cauſe que les
chiens que vous donnerez frais, maiſtriſeront & iront de-

uant ceux qui auront chaſſé depuis deux ou trois heures,
qui ont le ſentiment du Cerf, & non ceux que l'on viendra
donner : Mais ſi ce ne ſont que ieunes chiens que vous ayez
deuant vous, & que vos bons & ſages ſoient demeurez, vous
deuez faire donner le relais, puis que de deux maux on doit
éuiter le pire, & eſperer que les chiens du relais que vous
aurez donné, maintiendront plus aſſeurément voſtre Cerf,
quoy qu'il ſoit accompagné, ayant le ſentiment plus fort
que les autres, qui n'ont que peu chaſſé; ce qui eſt connu
aux chiens des relais, à cauſe que ce ſont vieux chiens qui
chaſſent dés long-temps: ce qui fera que lors que le Cerf de
la Meute ſe ſeparera, ils en garderont plus aſſeurément le
change que les ieunes chiens: Et ſi par l'imprudence de celuy
qui meine le relais, il auoit fait retourner le Cerf de la Meute, pour s'eſtre trop auancé auec les chiens qui auroient
crié, ne les ayant pas fait chaſtier, ce qui cauſeroit deux
maux, l'vn de faire retourner le Cerf: & l'autre, que les
chiens chaſſans, tomberoient en deffaut & viendroient au
bruit des chiens du relais, les croyans ſur les voyes, donnans
le temps au Cerf de ſe fort-longer, chercher le change, & de
ruzer par des retours, & de ſe reméler dans le change: En ce
cas, il ne faudroit pas donner les chiens; mais pluſtoſt requeſter & chercher le retour auec les chiens, qui l'ont deſia
chaſſé, puis qu'il ne faut iamais relayer, s'il n'y a des chiens
qui chaſſent, à moins que l'on fuſt dans vn grand & long deffaut, & que ceux qui tiendront les relais, l'euſſent appris par
l'vn des Picqueurs qui auroit eu connoiſſance de ce deſordre: ce qui ſe doit touſiours faire, lors qu'on eſt en deffaut.
Cependant qu'vne partie des Picqueurs demeure à requeſter, on doit aller dans la fuite ordinaire des Cerfs, prendre
les deuans à l'œil dans les routes, & ſçauoir de ceux qui ſont
au relais, s'ils ont veu paſſer le Cerf de la Meute, leur en dire
le corſage, le pelage, la hauteur & cheuillure de la teſte, la
forme de ſon pied, & de quelle qualité il eſt, afin que s'ils
l'ont veu paſſer, ils luy puiſſent dire le lieu, pour luy faire
donner le relais ſur les voyes: & s'ils ne l'auoient pas encore

veu paſſer, & qu'ils le viſſent depuis ces connoiſſances qu'il
leur auroit dites, cela ſeruiroit à le connoiſtre & donner les
chiẽs du relais que le Picqueur doit ſuiure & tenir, au moins
iuſques au premier relais, qui ſera donné, & qu'il enuoye
deux ou trois de ceux qui tiendront des cheuaux au relais,
ſe ſeparer dans le pays, pour chercher les Picqueurs de la
Meute, qui requeſtent, pour les ioindre au pluſtoſt auec
leurs chiens le long des routes. Voilà ſuccinctement comme
ſe doiuent donner les relais. Il eſt auſſi beſoin de vous aduertir que pour y maintenir le bon ordre, il faut que ceux à qui
on donne la conduite des relais, ſoient les Maiſtres, non ſeulement des chiens, mais auſſi de ceux qui y tiennent les cheuaux du Roy : & que ceux des Princes & Seigneurs reçoiuent l'ordre par le premier Eſcuyer du Roy, & les Eſcuyers
des Princes, à ce qu'ils luy obeyſſent, ſur peine de punition:
& apres ils leur ordonneront qu'ils ſuiuent celuy qui menera
les chiens des relais, ſans qu'il y ait aucun qui paſſe deuant
eux, & qu'auſſi-toſt qu'ils ſeront arriuez à leurs relais, ils
choiſiſſent vne place, ſi c'eſt en Eſté, au milieu de deux ou
trois groſſes ſpées, pour y faire mettre les chiens à couuert
des mouches & au frais, commander à celuy qui les tient, de
ne bouger d'aupres d'eux, pour les empeſcher de couper
leurs couples, & qu'ils ayent ſoin de leur chaſſer les mouches auec vn feüillard, & à ceux qui tiennent leurs cheuaux,
de les attacher auſſi au frais, s'ils n'aiment mieux demeurer à
cheual, & les émoucher, pour les empeſcher de mener du
bruit : Et apres cét ordre, il faut qu'il aille où doit venir la
chaſſe, comme i'ay dit au commencement de ce chapitre.

CHAPITRE LIV.

*Du lieu où l'on doit faire l'Assemblée, lors que l'on
veut courre le Cerf, & comme l'on doit separer les Relais.*

CE que nous appellons l'Assemblée, c'est le lieu à donner le rendez-vous aux Veneurs & valets de limiers,
qui sont aux bois; pour y venir faire leur rapport, il faut que
ce lieu soit choisi par ceux qui connoistront le pays où l'on
veut courre, & qu'il soit iustement au milieu, afin de donner plus de facilité à ceux qui seront aux bois, de s'y rendre auec moins de peine, apres auoir fait leurs questes &
à l'heure qu'il faut, pour manger, & separer les relais, afin
d'aller au laissé-courre entre dix & vnze heures (particulierement en Hyuer, que les iours sont courts) & s'il s'y
rencontre vn village, ou vne ferme, pour apprester le disner, il seroit plus à propos pour y manger les viandes chaudes; sinon il faut que ce soit dans vn beau carrefour, où
l'on portera des viandes froides, à moins que le Roy fust
allé aux bois & qu'il y voulust disner: en ce cas, il faudroit
choisir vn village le plus commode & le plus proche des
questes: cela estant, l'Assemblée est deuë par le Roy aux
Veneurs, qui est vne quantité de pain, vin & viande, qui
sont reglez & ordonnez de tout temps dans la Maison du
Roy, que ie leur ay fait donner plusieurs fois, estant en
quartier de Maistre d'Hostel: C'est aussi ce qui rend les
Officiers de la Venerie Commensaux de la Maison du
Roy, puis qu'ils y ont pain & vin ordonné; c'est dans ce
lieu où les chiens doiuent estre conduits par les Maistres-
valets de chiens & leurs compagnons, en quartier & ordinaires, ayans leurs trompes au costé, dont les anguicheures
soient chargées de couples, afin que si quelques chiens

coupent les leurs, ils leur en mettent d'autres , & aussi pour harder & tenir les chiens , lors qu'on laissera courre : Et estans arriuez à l'Assemblée, il faut qu'ils choisissent vn lieu commode & éloigné des cheuaux , pour mettre les chiens à couuert du chaud, ou du froid, selon la saison : & qu'vne partie des valets de chiens demeure auprès d'eux, pour empescher qu'ils ne se battent : que l'autre partie aille dans le bois le plus proche & le plus commode , couper des bastons gros comme le poulce & longs de deux pieds & demy, qu'ils pelleront, horsmis la poignée qui doit auoir demy pied de long. Neantmoins à la reserue des mois d'Avril, May, Iuin, Iuillet , & iusques à ce que l'on ait pris vn Cerf qui ait touché au bois, aussi ne doiuent-ils pas cesser de les peler , que lors que l'on aura pris vn Cerf qui aura mis bas, & apres en auoir coupé & fait la quantité qu'ils iugeront pour le Roy & les Picqueurs qui seront à l'Assemblée, ils les garderont iusques à ce que l'on aille au laissé courre , & alors ils les doiuent donner au Maistre-valet de chiens. Il faut que ces bastons soient du bois le plus vny , comme de coudre, marselée & chastigner. Le Roy estant arriué à l'Assemblée, le grand Veneur luy doit mener ceux qui ont esté aux bois , particulierement ceux qui ont détourné des Cerfs, & en son absence les Lieutenans , ou ceux que i'ay dit, pour luy en faire les rapports : & apres aller disner, pour ne perdre aucun temps, afin que tous les Veneurs soient à cheual , leurs trompes au costé , lors que le Roy sortira de son disner , pour suiure les chiens , que l'on doit mener au lieu le plus commode & le plus proche , pour y séparer les relais, qui doiuent estre conduits par le Maistre-valet de chiens, assisté de ses compagnons en quartier, notamment les ordinaires , qui connoissent encore mieux les chiens, où le grand Veneur sera present , suiuy du Lieutenant & sous-Lieutenant & Gentils-hommes en quartier & ordinaires de la Venerie , qui connoissent la force & sagesse des chiens , afin d'oster ceux qui ne peuuent pas aller de Meute, pour les mettre à la vieille Meute : ceux aussi qui

n'y pourront pas aller , les mettre au relais des fix chiens , &
ainfi des autres relais , puis que la force peut diminuer &
augmenter aux chiens par l'aage , les indifpofitions & accidens qui leur peuuent arriuer , afin de leur donner lemps
de fe remettre. Les relais font reglez , de tout temps, de
nombre , auffi bien que les chiens dans la Venerie du Roy,
qui font vne vieille Meute , & les fix chiens , & trois relais
où l'on peut augmenter vn relais volant de chiens , qui feront tirez de la Meute ; mais des moins viftes & menez par
vn des grands valets de chiens ordinaires , qui fçaura
mieux le pays que ceux qui font en quartier , & qui eft auffi
plus en haleine pour faire diligence. Ce relais ne fe doit
faire qu'en cas que vous laiffiez courre dans vn pays de plufieurs refuites , afin d'y eftre fecouru , fi voftre Cerf ne donnoit pas dans vos relais établis : car celuy-là ne doit auoir
aucun lieu fixe,& doit fuiure la chaffe à veuë de pays. Il eft
bien pourtant de l'enuoyer en lieu auancé , du cofté où ne
font pas vos relais , afin de donner cét auantage à celuy qui
le meine , & qu'il vous puiffe plus affeurément fecourir en
vous fuiuant : car il ne faut pas donner ce relais , que les
chiens de la Meute ne foient las & mal-menez , & que
celuy qui le meine , n'en ait l'ordre des picqueurs,qui fuiuent & font chaffer les chiens de la Meute.   Ce relais fe fait
plus ordinairement pour les Seigneurs qui courent lé Cerf,
que pour le Roy , qui court toufiours dans les forefts, où les
refuites font affeurées ; mais les Seigneurs courent bien
fouuent où il peuuent, pour y trouuer vn Cerf. Les chiens
eftans feparez & ordonnez d'aller au relais (felon leurs forces.) le grand Veneur doit demander au Roy , s'il luy plaift
de les enuoyer ; & s'il ne le veut faire , il les doit enuoyer ,
faifant choix de deux Gentils-hommes en quartier & de
deux ordinaires , pour tenir & accompagner les chiens de
la Meute , & que ce foient ceux qui détournent les plus
Cerfs , & dans les plus belles Meutes, afin que fi l'on manquoit à laiffer courre aux premieres brifées , l'on en euft
vn fur le lieu pour aller aux fiennes , ce qui fera qu'on ne

perdra

perdra aucun temps : car pour le Lieutenant & fous-Lieutenant , ils doiuent aller de Meute : La vieille Meute fe
doit enuoyer la premiere & à la refuite la plus proche , où
l'on doit donner le Cerf aux chiens : Et fi par mal-heur ,
l'on manquoit à laiffer courre aux premieres brifées , &
qu'on allaft laiffer courre vn autre Cerf affez éloigné de là,
il faudroit enuoyer changer la vieille Meute de fon lieu , &
la mettre à la place d'vn autre relais qui foit le plus proche
d'où l'on iroit laiffer courre , & enuoyer ce relais en fa place : Et pour l'accompagner, le grand Veneur y doit enuoyer
deux Gentils-hommes de la Venerie & vn valet de chiens,
pour mener vne partie des chiens : car l'autre doit eftre menée par les valets des Gentils-hommes qui la conduifent,
& femblablement aux fix chiens, où il doit auoir vn Gentil-homme de la Venerie , comme aux autres relais , qu'ils
feront mener par leurs valets : Et s'il n'y auoit des Gentils-
hommes fuffifamment pour conduire les relais, le Marefchal des Logis y doit aller. Les Gentils-hommes de la Venerie , qui feront de Meute, doiuent tenir & accompagner les chiens , au moins iufques à la vieille Meute, & ceux
qui en font , iufques aux fix chiens, & ainfi des autres qui
tiennent les relais , fans les quitter , s'il ne leur arriue accident. Le Capitaine des chaffes du pays où l'on doit courre & fon Lieutenant, auec fes gardes , doiuent fe trouuer
à l'Affemblée. Le Capitaine, ou fon Lieutenant, pour conduire le Roy : & les gardes , pour aller auec ceux qui menent les relais, pour les guider. Le grand Veneur, ou Commandant , doit enuoyer aduertir le Premier Efcuyer du
Roy , pour le faire venir , & les cheuaux du Roy , afin qu'il
les fepare & ceux de fes Efcuyers , & les enuoye chacun
auec vn relais , apres auoir refervé les plus viftes pour aller
de Meute. Il doit enuoyer ceux d'apres à la vieille Meute,
& dans cét ordre aux autres relais : & commander aux Pages qui les menent, qu'ils ne s'éloignent pas des chiens , &
obeïffent à ceux qui menent les relais , afin que l'on puiffe
donner les chiens à propos , & que les cheuaux du Roy

S

foient frais, lors qu'il les voudra monter. Le grand Veneur doit feparer les ſiens de la forte, & ainſi les Officiers & ceux qui feront à la ſuite du Roy.

CHAPITRE LV.

De l'ordre que l'on doit tenir lors que l'on va laiſſer courre le Cerf.

APRES auoir enuoyé les relais, il faut conſiderer le temps qu'il leur faut pour aller aux lieux qu'on leur a deſtiné, & ſçauoir la diſtance qu'il y aura de l'Aſſemblée à l'enceinte où eſt détourné le Cerf que l'on veut courre, afin de ne pas aller donner le Cerf aux chiens, auparauant que les relais foient à leurs poſtes, à cauſe que ſi le Cerf y paſſoit auparauant qu'ils y fuſſent, vous courriez riſque de n'eſtre point relayez: Ce temps eſtant iugé & attendu, le Maiſtre-valet de chiens doit auoir les baſtons de chaſſe deuant luy à cheual, & en donner trois aux Lieutenans de la Venerie, pour en preſenter deux au grand Veneur, afin que le grand Veneur en donne vn au Roy : & s'il y a des Princes, le Lieutenant en doit prendre du Maiſtre-valet de chiens, pour leur en donner : & le Maiſtre-valet de chiens, aux Officiers & Picqueurs, & à ceux qui ſont à la ſuite du Roy, comme aux Gentils-hommes de la Venerie, qui ſont allez aux relais. Ces baſtons ſe portent à la main, pour empeſcher que les branches ne vous puiſſent offenſer la veuë, lors que vous eſtes dans le fort, à la queuë des chiens. Il eſt auſſi beſoin d'y porter de gros gans, pour empeſcher que les branches ne vous faſſent mal aux mains (particulierement dans l'Hyuer, qu'il n'y a point de feüilles), & de fort groſſes bottes, pour conſeruer les iambes des meſmes accidens & des épines. Les baſtons eſtans diſtribuez, celuy qui doit laiſſer courre, doit marcher le pre-

mier , s'il sçait bien le pays , sinon il doit auoir prié le Capitaine des chasses de luy donner vn de ses gardes à cheual , à
qui il dira le lieu où il a détourné le Cerf , afin qu'il l'y mene , ou pour le moins aux dernieres brisées qu'il aura iettées en se retirant ; où estant , il les suiura pour aller à son
rembuchement. Les valets de limiers doiuent marcher
apres luy , tenans leurs limiers auec le traict dénoüé à la
main , & le Maistre valet de chiens à cheual apres , & en
suite vn valet de chiens à pied , deuant les chiens de la
Meute , tenant vne houssine à la main , comme tous les autres qui suiuront les chiens : & les deux Pages tenans aussi
chacun vne houssine & les anguichures des leurs trompes
garnies de couples , & de chacun vne harde , pour reprendre les chiens qui se separeront du corps de la Meute , lors
qu'ils chasseront ; ce que fera aussi le Maistre-valet de
chiens : car ces trois personnes ne doiuent faire autres fonctions dans la chasse , si ce n'estoit que l'on fust dans vn
grand & long deffaut , & qu'ils eussent trouué des chiens
qui chassassent le Cerf de la Meute : en ce cas , ils doiuent
les appuyer , sonner & parler à eux , iusques à ce qu'il soit
venu des Picqueurs , ausquels ils en doiuent remettre la
conduite , & eux rentrer dans leurs fonctions : Et apres
doiuent marcher les Lieutenant , sous-Lieutenant , Gentils-hommes de la Venerie , grand Veneur & le Roy : &
apres, ses Escuyers , Capitaines des Gardes , & les Princes
& Seigneurs qui seront à sa suite. Et lors que celuy qui doit
laisser courre , iuge qu'il n'y a plus que cent pas iusques à
ses brisées , & qu'il ait trouué vne belle place , comme vn
carrefour , il doit s'y arrester , disant au Maistre-valet de
chiens, Faites harder les chiens : ce qu'il doit faire apres
auoir mis pied à terre & dit à ses compagnons , *Hardons les
chiens dans l'ordre* , qui est de harder les plus sages ensemble , afin de les donner les premiers : & cependant celuy
qui a fait le rapport , doit aller dire au Lieutenant de la
Venerie , qu'il est proche de ses brisées , s'il luy plaist de le
dire au grand Veneur , afin que le grand Veneur le dise

au Roy, pour sçauoir s'il luy plaist (comme tous les suſ-
dits) de reuoir du Cerf, dont il a fait rapport : & ſi le Roy
n'y veut aller, il faut que le grand Veneur y aille & qu'il
mene auec luy ceux qu'il a établis pour faire chaſſer les
chiens; puis que cela eſt de conſequence pour iuger ſi le
rapport qui luy en a eſté fait, eſt iuſte : c'eſt à dire, ſi le
Cerf eſt auſſi vieil Cerf que l'on l'a fait dans le rapport, &
auſſi pour en remarquer la forme du pied, & s'il y a quelque connoiſſance, & à quel pied, afin qu'ils le puiſſent
diſcerner, lors qu'il ſe mélera auec d'autres Cerfs & qu'il
s'en ſeparera ; Mais s'il ne ſe trouuoit que ieune Cerf, &
celuy qui en auroit fait le rapport, l'euſt fait Cerf de dix
cors, il faudroit aller à d'autres briſées, s'il y auoit vn
Cerf de dix cors détourné, ſans conſiderer le temps que
l'on prendroit, pluſtoſt en apparence qu'en effect, puis que
vous le recouureriez, en ce qu'vn Cerf de dix cors dureroit
moins & ſe feroit mieux chaſſer : ioinct que les chiens en
garderoient plus aſſeurément le change, pour les raiſons
que i'ay dites au chapitre cy-deuant : pour empeſcher
doreſnauant des rapports frauduleux, & que ſi le Veneur
l'a fait par ignorance, il ſe faſſe inſtruire deſormais par les
habiles dans le meſtier : Mais ſi le rapport ſe trouue iuſte,
celuy qui doit laiſſer courre, demandera au grand Veneur,
Vous plaiſt-il que ie faſſe approcher les chiens & que ie frappe
à mes briſées ? Le grand Veneur doit dire au Roy ce que
l'on a iugé du Cerf, & quel pied il a, & apres luy demander
s'il trouue bon que l'on frappe aux briſées; & en ayant receu l'ordre, il doit commander à celuy qui doit laiſſer
courre, d'y frapper, & le ſuiure, & apres luy les chiens &
les picqueurs : alors celuy qui doit laiſſer courre, doit careſſer ſon chien ſur les voyes & au rembuchement, & apres luy
alonger le trait, le laiſſant ſuiure & crier : les valets de limiers doiuent pareillement le ſuiure, leurs limiers derriere
eux, & le trait dénoüé à la main, pour eſtre preſts à alonger lors qu'il les priera de luy ayder & trouuer le retour de
ſon Cerf (s'il en fait vn) & apres il tiendra ſon chien vn peu

de temps fur ce trait, luy difant *Vayla*, en le nommant, &
le laiffera fuiure en criant. *Harout Harout*, *Haly*, en regardant à terre, & lors qu'il en reuerra des voyes ou des foulées, il criera *Velcy va auant*, *dy vray*, *Velcy va auant*; & fi
c'eft à la faifon qu'il y a des portées, il fe baiffera vn peu
pour les mieux iuger fi elles font hautes & larges, comme ie
les ay dit, à l'heure il pourra crier *Velcy va auant par les portées*, plufieurs fois, & lors qu'il aura fuiuy quelque temps,
qu'il les confidere & regarde encore pour iuger fi elles font
de mefme que les premiers qu'il a veuës, de peur que fon
chien n'ait changé de voyes, & trouuant que non, il doit
reïterer & dire *Velcy va auant par les portées*, apres l'amy, apres,
& le nommer par fon nom, *Harout*, *Harout*, *Haly*, & fi fon
Cerf fait vn retour (comme ils ont accouftumé deuant
que de fe mettre à la repofée) fon limier luy fera connoiftre
lors qu'il demeurera, ne trouuant plus de voyes deuant luy:
cela eftant, il doit dire au valet de chiens & aux picqueurs
de demeurer ferme, iufques à ce qu'il ait trouué le retour,
car s'ils branfloient, ils pourroient paffer fur les voyes du
Cerf, & en ofter le fentiment aux limiers : & pour abreger,
il doit prier vn de fes compagnons de prendre les deuans à
main gauche, cependant que luy les prendra fur la droite,
& fi fon compagnon trouue le retour pluftoft que luy, apres
auoir fuiuy deux ou trois longueurs de trait, & le temps
qu'il luy faudra pour reuoir & iuger par les foulées & les
portées, que c'eft le Cerf dont il aura reueu au rembuchement, il doit crier *Velcy va auant*, & auffi-toft apres s'arrefter pour attendre celuy qui a fait le rapport, & l'ayant
ioint, il luy doit remonftrer des voyes du Cerf, que fon
chien a fuiuy iufques-là, pour luy faire connoiftre fi c'eft
fon Cerf: & fi ce l'eft, il doit mettre fon chien derriere,
pour laiffer fuiure la voye à celuy qui en a fait le rapport,
qui doit crier *Hault-a-hault*, pour faire venir le grand Veneur, les chiens, & les picqueurs, qui les doiuent fuiure,
fans s'écarter dans l'enceinte, & luy fuiure fa voye auec fon
chien, luy parlant comme cy-deffus, & obferuant les mef-

mes formes & les mesmes termes ; & lors qu'il verra son
chien hausser la teste pour euanter , il doit croire que le
Cerf n'est pas loin de là à la reposée : neantmoins , de peur
que ce ne fust d'vne autre beste dont il eust le vent , il faut
qu'il le tienne plus court sur le trait & plus souuent arresté
& luy dire *Vayla* , & par son nom , afin de luy faire suiure la
voye iuste , & qu'il ne la change pas, & aussi-tost qu'il l'entendra redoubler de voye,& le bruit qu'vn Cerf fait au partir
de la reposée,il doit crier *Gâre Gâre* , afin d'auertir les Picqueurs qui suiuét les chiens,& ceux qui sont dans les chemins
autour de l'enceinte, de prendre garde à eux, pour essayer de
voir le Cerf,& d'en remarquer le corsage,le pelage & la teste,
& lors que celuy qui laisse courre , sera dans la reposée , il la
doit considerer , en voyant si elle est longue & large , & si la
forme du pied,& les connoissances en sont du mesme que du
Cerf dont il a fait rapport,& si c'est à la saison des fumées, les
considerer pour iuger si elles sont semblables à celles qu'il
aura leuées le matin,& apportées à l'Assemblée, & toutes ces
cônoissances se treuuans conformes,il doit crier *Volcelay*, car
quand vn Cerf fuit,l'on doit parler en ce terme , & non plus
Vol cy va auant,il doit suiure encore trois ou quatre lôgueurs
de trait, auparauât que de faire dôner les chiés,pour obuier
à vne ruze que font ordinairement les Cerfs au partir de la
reposée,particulieremét les Cerfs de dix cors,& ceux qui ont
esté courus par des chiens courans,qui sont vn retour aussi-
tost qu'ils sont lancez pour se deffaire des chiés qui s'emportent ordinairemét deux ou trois cens pas, apres estre découplez,à cause de l'ardeur qu'ils ont dans ce temps , ioint que si
vn Cerf auoit fait vn retour,& qu'ils n'en trouuassent plus la
voye,ils pourroient lancer vn ieune Cerf ou vne Biche , &
quâd ils ne lanceroient rien,vostre Cerf peut aller faire partir
vn ieune Cerf de la reposée pour s'y mettre sur le ventre , &
que lors que vous feriez reuenir vos chiens pour requester &
trouuer la voye de vostre Cerf,ils tomberoient sur les voyes
du ieune Cerf,le chasseroient sans faire faute , puis qu'ils
n'auroient pas encore pû prendre le sentimét du Cerf qui leur

auroit esté donné,& ay ans suiuy deux ou trois longueurs de
trait,cõme i'ay dit,qui vous empesche ce mauuais rencõtre,
& vous donne le temps de reuoir des fuites de vostre Cerf,&
en estre asseuré,vous deuez demander au grand Veneur s'il
luy plaist d'en reuoir des fuites ou s'il veut que vous fassiez
dõner les chiens,& s'il dit,oüy,vous deuez sõner le premier
en cette occasion,& le grand Veneur apres vous , & cela à
cause que c'est vous qui auez fait le rapport,qui laissez courre,&qui deuez répondre de l'euenement:comme s'il arriuoit
que ce fust vne Biche,ou vn ieune Cerf , & que vous eussiez
fait rapport d'vn Cerf de dix cors:puis que c'est celuy qui
sõne le premier qui laisse courre,s'il le fait de son mouuemẽt,
& que ce ne soit pas par la priere que luy aura faite celuy qui
fait le rapport de sonner,n'ayãt peut-estre pas de trompe sur
luy,ou ay ant mal à la bouche:car si vn Veneur auoit fait rapport d'vne Biche pour vn Cerf,& que l'on vinst à ses brisées,
& qu'en suiuãt les voyes,il reconnust par le pied les portées,
& les fumées,que ce fust vne Biche,il peut dire: *Ie me suis trõ-*
pé à ce matin,mais pour le present ie connois que c'est vne Biche & ne
faisant pas donner les chiens,il ne peut estre accusé d'autre
faute que dû retardement au plaisir de son Maistre,& que s'il
y auoit quelqu'vn des picqueurs qui voulust raffiner & croire
que ce fust d'vn Cerf,ou par malice qu'il sonnast pour chiens,
ce qui obligeroit de dõner les chiés,ce seroit luy qui auroit
laissé courre & fait la faute,encores que celuy qui a fait le
rapport n'eust pas fait la declaration susdite,parce qu'il faut
que ce soit luy qui sonne le premier,ou qui en donne l'ordre.

CHAPITRE LVI.

Des qualitez qu'vn bon Picqueur doit auoir.

I'AY creu qu'il estoit à propos de vous faire connoistre les bonnes qualitez que doit auoir vn Picqueur auparauant que de le faire chasser, afin qu'en vous les déduisant en détail, vous les compreniez mieux. Il est donc à propos qu'il soit homme de iugement, vigoureux, & hardy, afin qu'il n'apprehende pas de franchir & sauter vn fossé, & de passer vne riuiere dans l'occasion, ny de donner dans le fort où les branches & les épines le pourront égratigner, & s'il se rencontre bon sonneur, il s'en fera mieux entendre, & en donnera plus d'émotion aux chiens ; c'est vne bienseance qui se peut rencontrer au Picqueur ; mais il n'en est pas de mesme de la science qui se doit acquerir par le temps & l'assiduité que l'on doit rendre pour se faire connoisseur, qui est la qualité que l'on doit auoir pour estre bon Picqueur (puisque c'est ce qui forme & asseure le iugement en faisant chasser:) il faut aussi qu'il connoisse le nom, la force, le nez, & la sagesse des chiens qu'il veut faire chasser, & qu'il ne soit pas trop chaud, ny aussi trop timide, puis que le trop de chaleur peut faire prendre le change aux chiens, & la timidité les empesche d'y chasser : quand ils sont sages, & que dans ces recontres le Picqueur se doit conseruer le iugement pour leur ayder de la parole & de l'œil, se ressouuenir de la forme du pied & des connoissances du Cerf que l'on aura donné aux chiens, & qu'il n'en fasse pas vn iugement en courant (comme font les étourdis) mais plustost s'arrester, pareillement mettre pied à terre, & (s'il en est besoin) le genoüil, pour en mieux considerer la solle, les costez, les pinces, le talon, la iambe & les os, afin de voir si ces connoissances sont confor-

mes à

mes à celles du Cerf que l'on a donné aux chiens : car le
Picqueur ne doit pas eſtre ſatisfait d'en auoir reueu, quand
il alloit d'aſſeurance (encores que ce ſoit la forme & le
temps que l'on peut plus aſſeurément iuger d'vn Cerf pour
ſçauoir de quelle qualité il eſt :) il faut auſſi qu'il en reuoye
lors qu'il fuit , pour s'en ſeruir, afin de le plus aſſeurément
reconnoiſtre , puis qu'vn Cerf qui aura vn pied auſſi rond
que long , allant d'aſſeurance , peut , quand il court , faire
des fuites rondes : & pour le ſçauoir , il faut au premier
chemin ou plaine que paſſera vn Cerf, apres eſtre donné aux
chiens, que là les Picqueurs en conſiderent les fuites , &
voir ſi elles ſe rapportent à la forme du pied , lors qu'il alloit
d'aſſeurance , pour leur en ſeruir dans les temps qu'il fuira,
& ira d'aſſeurance : comme s'il arriuoit qu'il fuſt fort-longé
deuant les chiens, & qu'il fiſt des ruzes , qui ſont d'aller &
venir ſur eux d'aſſeurance dans les chemins , c'eſt au connoiſſeur à qui ie donne cét aduis , afin qu'il ne ſe laiſſe pas
emporter par la chaleur aſſez ordinaire aux Chaſſeurs , &
non à ceux qui n'ont que la qualité de hardis Picqueurs,
qui ne ſonnent & ne parlent aux chiens que dans le temps
qu'ils chaſſent , ou qu'il n'y a qu'à crier *ourvary* , pour les
obliger à tourner : mais lors qu'ils arriuent dans le change ,
les voyant balancer , ils demeurent interdits & hors d'œuure , ayant recours au ciel pluſtoſt qu'à la terre , où ils ne
connoiſſent rien : ce qui me fait conclure & dire , qu'il faut
eſtre connoiſſeur , pour eſtre bon picqueur.

T

CHAPITRE LVII.

Comme le Picqueur doit parler & sonner lors qu'il
fait chasser les chiens, la mort du Cerf,
& la Retraite.

CE v x qui doiuent faire chasser les chiens, se doiuent
nommer Picqueurs, qui sont ceux desquels i'ay parlé au chapitre precedent, vous ayant fair voir leur capacité; & dans celuy-cy ie veux enseigner comme ils doiuent
parler & sonner quand ils feront chasser, ainsi que l'ont
pratiqué de tout temps les bons & anciens Picqueurs, &
non comme en vsent la pluspart de ceux d'àpresent, puisque c'est vne methode qui a esté raisonnée & epurée par
vne quantité innombrable d'excellens hommes en cét art,
depuis deux cens ans, & qui est reconnuë presentement par
les sçauans, pour la vraye & la meilleure que l'on puisse tenir, qui est que l'on ne doit iamais sonner du cor que du
groston, quand l'on fait chasser, & par mots coupez, comme *Don*, *Don*, *Don*, *Don*, *Donhoon*, & ce dernier doit estre
long. L'on doit aussi parler en ces termes : *Il va là chiens*, *Il*
va là, *& s'en va là*, & quelquesfois dire, *outre-vault chiens*,
outre-vault, quand ils tiennent la voye, & la chasse, &
parlant à ceux qui sont à la teste, les nommer en disant les
termes cy-dessus; Le gresle ne se doit sonner que lors que
vous voyez le Cerf, où l'on doit dire d'vn ton haut *Tayaut*,
ce qui fait connoistre à ceux qui suiuent la chasse, ce que
l'on y fait, & qui établit & maintient la croyance aux
chiens, puisqu'il y a vn reglement, & que dans la maniere
que l'on sonne & parle à present aux chiens, il n'y en a aucuns, leurs termes tenans plustost du Basteleur que du
Chasseur; Neantmoins ie ne veux pas estre si regulier que
ie ne dise que quelquesfois en faisant chasser, quand l'on

n'eſt pas dans vn païs de change, ou que vous eſtes aſſeuré que voſtre Cerf eſt ſeul deuant les chiens, vous ne puiſſiez ſonner quelque ton du greſle, pourueu qu'il ſoit ſuiuy du gros ton, & acheué, & que pour les autres chaſſes (dont ie parleray en ſuite du traité pour Cerf) l'on ne le puiſſe plus ſouuent, comme pour Loup, Sanglier, & Renard, qui ſont beſtes qui ne donnent pas ſi ſouuent dans le change, eſtant beſoin d'animer les chiens ; Mais pour Cerf, Liévre & Cheureüil, il n'en faut pas vſer ainſi, puis qu'il leur faut pluſtoſt donner de la crainte, afin de les obliger d'en garder le change, particulierement du Cerf, qui le cherche & fait bondir plus qu'aucun des animaux, & que lors qu'vn Cerf tourne (ce que vous voyez par vos chiens lors qu'ils demeurent ſans crier) il faut leur dire *Houruary chiens, Houruary, à moytié hault*, & ſonner, ſi vous voulez, le premier ton du greſle, & les autres entrecouppez du gros ton, en cette ſorte : *Ton hon, Ton hon, Ton hon*, pour les obliger à retourner plus promptement à vous, & en trouuer le retour, & lors que vous en reuerrez des voyes qui ſeront du retour & doubles, vous leur crierez *Volcy reuary, Volcy reuary*; & quand les voyes ſeront ſimples, vous crierez *Volce l'eſt la voye* & à l'heure que vous iugerez que voſtre Cerf ſera accompagné, afin de les tenir en crainte, & en garder le change, vous leur crierez *Laylà, chiens, Laylà*, & cela iuſques à ce que voſtre Cerf ſoit ſeparé & ſeul, & que l'on rompe ceux qui prendront le change, que l'on les oſte de deſſus les voyes, en leur criant *haye*, & que le Picqueur qui les remenera auec les autres qui chaſſeront le droit, les appelle en leur diſant *à moytié à hault & à moytié à hault*, chiens, & celuy qui les fait ſuiure, leur doit dire *tirez, chiens, tirez*; & pour les faire requeſter & les obliger à ſe rabatre des voyes du Cerf, il leur faut dire *Velcy allé, Meſbelots, Velcy allé*, & les nommer, particulierement ceux en qui vous auez creance, où vous ſonnerez encore par mots entrecoupez, & ſi vous auez deſſein de faire venir quelqu'vn des Veneurs à vous, il faut ſonner vn mot long,

T ij

& luy vous doit répondre du mesme mot, ce qu'oyant, vous
sonnez deux mots longs, qui est le signal de la chasse pour
le faire venir au pluftoft sans aucune réponse ; & le Cerf
estant pris, vous en sonnerez la mort par trois mots longs,
comme *Don, Don, Dooon*, & en suite la retraite, comme
Donhon, Donhon, Donhon, Donhon, ce dernier mot se doit
sonner long.

CHAPITRE LVIII.

Comme les Picqueurs doiuent faire chasser les chiens pour forcer le Cerf.

CE n'est pas assez de vous auoir donné toutes les precautions pour chasser le Cerf, il en faut venir à l'execution, en vous faisant connoistre comme on le doit forcer
& prendre ; & pour n'y rien obmettre, ie veux auparauant
vous dire les obstacles qui s'y rencontrent par la diuersité
des temps & des saisons qui en peuuent diminuer le plaisir,
comme les vents autans & galernes qui empeschent
d'ouyr les chiens, & leur oste vne partie du sentiment des
voyes, ce qui fait qu'ils n'en chassent pas auec tant de chaleur, ny n'en gardent pas si bien le change, qu'au Printemps, pour la forte senteur des herbes qui poussent, &
oppriment vne partie du sentiment des voyes aux chiens,
aussi s'en voit-il beaucoup moins dans cette saison qui gardent le change, que dans les autres saisons. Celles du rut
fait aussi par la forte senteur des Cerfs, que les chiens n'en
chassent pas si hardiment, & qu'il est besoin quand vous
estes dans le change, de les réchauffer pluftoft que de les in-
timider, pour les obliger à maintenir ces puantes voyes.
Voila les temps & les saisons que les Picqueurs doiuent obseruer, afin de n'auoir pas vne si grande confiance aux
chiens que dans les beaux temps & autres saisons, qu'a-

pres leur auoir donné vn Cerf, ils leur laiſſent paſſer cette
premiere ardeur qui leur eſt ordinaire , & ne les approchent
pas qu'ils n'ayent bien pris la voye , & qu'ils ne l'appuyent.
Vous ne ſonnerez auſſi dans ce commencement , que mediocrement , afin qu'ils puiſſent s'imprimer le ſentiment du
Cerf que vous leur aüez donné , auparauant qu'il ſe meſle
auec d'autres Cerfs : & y eſtant , qu'ils en gardent le change , lors qu'il s'en ſeparera,& s'il y a quatre Picqueurs commandez pour tenir & faire chaſſer les chiens (ſi c'eſt en païs
de grand change) que deux les tiennent aſſiduëment les
vns apres les autres , & que les deux autres ſuiuent ſur
les ailes , l'vn à droit , & l'autre à gauche , pour voir venir le change , lors que le Cerf de la Meute & les chiens
le feront bondir , afin de l'obſeruer , pour voir s'il y eſt : &
n'y eſtant pas , s'il y a des chiens qui chaſſent le change , de
les rompre & les faire rallier au corps de la Meute. Les Pages
& les Maiſtres-valets de chiens doiuent ſuiure la chaſſe ,
pour faire auſſi rallier les chiens qui ſuiuent de loing & qui
traînent , leur criant , *Tirez , chiens , tirez* , & qu'au premier
chemin où le Cerf de la Meute longera ou trauerſera ,
les Picqueurs s'y arreſtent aſſez , pour conſiderer la forme du pied par les fuites , afin que le Picqueur ſoit muny
de tout ce qui luy eſt neceſſaire pour s'en ſeruir dans l'occaſion , & particulierement lors que les chiens prendront le
change , afin qu'ils puiſſent reconnoiſtre leur Cerf & le
remettre deuant eux. Il faut auſſi qu'il n'y ait que ceux qui
ſont à la queuë des chiens qui ſonnent : car ſi ceux qui ſont
aux ailes ſonnóient , ils pourroient cauſer du deſordre. Ie
dy meſmes quand ils verroient le Cerf de la Meute , pourueu que les chiens chaſſent & en tiennent la voye : car ſi
vous ſonnez , vous ferez venir les chiens qui ne ſeront pas
dans la voye , comme font les ieunes chiens & les moins
ſages : & venant à celuy qui ſonnera pour prendre la voye ,
ils l'emporteront au preiudice des ſages , qui viendront
apres , & ces étourdis ne la maintiendront que iuſques à ce
que voſtre Cerf s'accompagne. Mais lors qu'il ſe ſepare-

T iij

ra, ces chiens n'eſtans pas ſages, ils n'en garderont pas le change, & vos bons chiens venans aprés & trouuans les voyes chaſſées, ils s'en refroidiront, & peut-eſtre les quitteront pour aller ioindre ceux qui ſeront deuant eux, qu'ils trouueront en defaut, ou chaſſans le change ; ce qui vous peut faire faillir le Cerf, ou au moins, eſtre long-temps ſans le pouuoir remettre deuant les chiens. Ie diray encore plus, qu'on ne doit pas ſonner, quand bien les chiens ne chaſſeroient pas, pourueu qu'il n'y ait que peu, & que ce ſoit ſur vn retour que le Cerf de la Meute euſt fait, dont les Picqueurs & les chiens en queſtaſſent le bout de la ruze, puis que cela peut faire deux mauuais effects : l'vn qu'il donnera vne mauuaiſe impreſſion aux chiens, de ne leur pas laiſſer acheuer de trouuer le bout de la ruze du Cerf qu'ils chaſſent, & les accouſtumera qu'auſſi-toſt qu'vn Cerf tournera, ils leueront la teſte, pour écouter & oüir ſonner, au lieu de tourner & requeſter : ioinct qu'ils peuuent, venans à celuy qui ſonnera, faire partir le Cerf qui ſera à la repoſée, entre le lieu d'où ils ſeront partis, & celuy qui aura ſonné, que les chiens pourront chaſſer quelque temps auparauant que vous les puiſſiez rompre, & cependant voſtre Cerf ſe fort-longera & retournera au change, pour faire les meſmes ruzes : ce qui vous donnera bien de la peine, & vous fera perdre beaucoup de temps, & tres-ſouuent faillir vn Cerf. Tellement que la vraye methode, c'eſt de ne ſonner qu'à la queuë des chiens, puis qu'il n'appartient qu'à ceux qui les voyent chaſſer, de iuger de ce qu'ils font, & que ſi d'auanture il y auoit quelque chien qui euſt pluſtoſt trouué le retour du Cerf que les autres, il le faut arreſter iuſques à ce qu'ils ſoient venus, en luy diſant, *derriere*, & non *haye*, à cauſe qu'il n'eſt pas en faute, afin de chaſſer dans le bel ordre & non en bracconiers, qui ne font que couper & eſſayer à trouuer vn chien ou deux pour dérober vn Cerf &, que tant que les chiens qu'ils ont deuant eux, veulent chaſſer, ils les ſuiuent, & la pluſpart du temps, ſans ſonner, pour mieux couurir leurs fineſſes ; mais auſſi-toſt

qu'il leur arriue defordre , ou par le change , ou quelque
ruze d'vn Cerf fur vn retour, ils quittent leurs chiens & là
en vont chercher d'autres , pour faire le mefme : & fi en
chaffant, ils paffent à vn relais , ils le font donner au preiudice de ceux qui chafferont le Cerf de la Meute, qui viendront apres , & ne trouuans plus de relais , leurs chiens &
leurs cheuaux eftans recrus , font obligez de fe retirer, &
cela eftant , les vns ny les autres ne prennent le Cerf. Il eft
donc mieux de chaffer dans le bon ordre , & de deffendre
à ceux qui font aux relais , de ne les donner que lors qu'ils
verront les Picqueurs établis pour tenir les chiens , & qu'ils
les auront fait chaffer iufques-là , fi ce n'eftoient les meilleurs & les plus fages chiens de la Meute qui s'en feroient
allé fans Picqueurs , comme cela fe peut ; Mais s'il y a des
Picqueurs,ce doit eftre d'eux de qui ils doiuent receuoir
l'ordre pour relayer , puis que ce font eux qui peuuent iuger le befoin qu'ils en ont : comme quand vn Cerf eft feul
deuant les chiens , & qu'il y ait au moins vne heure qu'ils
le chaffent, l'on ne peut manquer à relayer ; mais s'il eft accompagné d'autres Cerfs & particulierement s'il y en a
d'auffi Cerfs que luy , ils ne doiuent pas faire donner vn
relais,fi ce n'eft dans vne extréme neceffité , comme de n'a-
uoir que trois ou quatre chiens deuant foy., en qui le Picqueur n'ait pas creance pour n'eftre pas fages , ou bien que
ces chiens foient outrez , ou tres-mal menez. La raifon eft,
que faifant donner des chiens frais , qui n'auront pas encores eu le fentiment des voyes du Cerf de la Meute , quoy
que ce foient des chiens fages , comme doiuent eftre ceux
des relais , ils maiftriferont vos chiens de Meute , ou pour le
moins s'ils vont auec eux , ce fera par vn effort de leur ambition , qui les mettra hors d'haleine & les empefchera de
conferuer le fentiment de leur Cerf, & fera auffi qu'auffi-
toft que voftre Cerf qui fera mal-mené , fe fentira pouffé
par ces chiens frais & trop preffé , il fe feparera des autres,
auant que vos chiens , que vous aurez donné frais,en ayent
pû prendre le fentiment : car lors qu'ils s'en feparera , ce

sera pluftoft par bon-heur que par fageffe, s'ils en gardent le change. Il faut donc pluftoft parchaffer auec vos chiens fages, qui ont eu le fentiment du Cerf, iufques à ce que vous l'ayez feparé ; & lors vous donnerez vos relais dans l'ordre, apres les premiers chiens paffez afin de leur donner cét auantage, pour eftre les maiftres de la voye & en garder le change, au cas que le Cerf s'y remélaft, ou au moins iufques à ce que vos chiens du relais en ayent pris le fentiment, pour en garder le change à leur tour. Et pour iuger fi voftre Cerf eft accompagné, c'eft lors que vous verrez mollir vos chiens fages & n'aller pas fi vifte, qui eft vne prudence que les chiens prennent dans la pratique de chaffer, afin que lors que le Cerf qu'ils chaffent, fe feparera des autres, ils ayent l'haleine & le fentiment libre, pour en faire le difcernement : c'eft lors que vous leur deuez crier, *Layla*, plufieurs fois, & iufques à ce que il doit eftre feparé ; ce que vous iugerez, leur voyant appuyer la voye auec plus d'ardeur & de viteffe (figne que le Cerf fera feul deuant eux) & auffi-tôft vous deuez fonner pour chiens : car lors qu'il eft accompagné, il ne faut fonner que pour auertir les relais, puis qu'on ne fonne que pour réchauffer & réjoüir les chiens & leur donner de l'émotion ; & dans ce temps, il leur faut donner de la crainte. Il faut auffi que les Picqueurs ayent l'œil à terre, dans tous les lieux où ils croiront d'en pouuoir reuoir, afin d'aider à leurs chiens & s'affeurer dauantage que c'eft le Cerf de la Meute qu'ils chaffent, & particulierement lors qu'il eft fur fes fins, qui eft le temps que les Cerfs rufent & cherchent le change, & auoir vn foin particulier de faire rompre les chiens qui le prendront pour les r'allier auec ceux qui chafferont le droiét : ce qui fait deux bons effeéts, l'vn que vous chaffez à plus grand bruit, & ainfi auec plus de plaifir : & l'autre, que cela rend vos chiens fages. Il faut auffi toutes les fois que voftre Cerf tournera (particulierement dans le fort) retourner iufte dans la voye : car les Cerfs tournent fur leurs mefmes voyes, ioint que fi vous vous écartiez à

gauche,

gauche, ou à droiĉt dans le fort, auec des chiens, vous feriez bondir le change, ce qui pourroit porter vos chiens à
le chasser : & si cela vous arriuoit, il faudroit briser haut
dans le fort, au lieu où vous vous seriez apperceu que le
change auroit bondi, comme au premier chemin que vous
trouuerez au sortir du fort, y ietter des brisées basses, afin
que vous puissiez reconnoistre le lieu où vous est arriué ce
desordre, & les dernieres voyes que vous aurez chassées
de vostre Cerf, pour apres auoir rompu vos chiens & fait
prendre les ieunes & les plus fols, aller prendre les deuants
dans le vent, auec les plus sages, & commencer du costé
de la refuite ordinaire des Cerfs, pour abbreger : & neantmoins il les faut prendre entiers, par des chemins & des
routes les plus proches & les plus commodes, en parlant à
vos chiens, pour les faire requester. Et toutes les fois qu'ils
se rabbatront, il leur faut donner le temps d'assentir des
voyes, pour connoistre si c'est leur Cerf, & cependant les
Picqueurs regarderont à terre, pour leur ayder de leur iugement ; & si vous ne trouuez vostre Cerf passé, il faut reuenir auec vos chiens dans le fort où a bondy le change,
où sera demeuré vostre Cerf, & vous ressouuenez de prendre d'abord ses deuans ; car si vous vous amusiez à requester dans le fort où auroit bondy tout ce change, & que
vostre Cerf s'en allast, il auroit le temps d'en aller chercher
d'autres, de ruzer, & de reprendre haleine & force ; &
comme cela vous vous asseurerez, puisque si vostre Cerf
demeure, vous le venez relancer apres, & qu'autant de fois
qu'il fera ces retours dans vn chemin, vous regardiez par
dessus la croupe de vostre cheual, pour en reuoir plus facilement des voyes qui retournent, & briser doresnauant
à tous les chemins par où vous passerez, & s'il donne dans
vne plaine, faisant mine d'y vouloir aller, comme font les
Cerfs malicieux, particulierement quand il fait sec, & que
la poudre vole, afin d'oster le sentiment aux chiens, & de
reuenir sur leurs mesmes voyes dans le mesme païs. Pour
obuier à cela, il faut que le Picqueur s'arreste au sortir du
V

fort pour deux raifons, l'vne pour ne pas faire emporter les
chiens au delà des voyes, & l'autre pour regarder à terre, &
voir fi le Cerf retourne fur luy, afin que fi cela eft, il rap-
pelle fes chiens auec le cor & la voix, en leur criant *Volcy
reuary à moy tié à hault*, & ayant relancé voftre Cerf, s'il va
chercher l'eau pour la longer & battre, comme dans vn
ruiffeau qui pourra trauerfer le pays où vous chafferez, y arriuant auec vos chiens, il faut obferuer fon entrée, pour
voir s'il monte ou defcend : car fi vous vous eftiez mépris,
vous perdriez vn grand temps, comme s'il montoit & que
vous defcendiffiez ; & lors que vous ferez affeuré où il à la
tefte tournée, vous longerez l'eau, & crierez à vos chiens,
il bat l'eau, & pour en eftre plus affeuré, il faut qu'vn des
Picqueurs aille dans le ruiffeau deuant les chiens, pour voir
fi les branches & herbes qui feront deffus le bord, feront
moüillées des éclabouffures qu'aura fait le Cerf en entrant
dans le ruiffeau, & s'il y a quelque groffe pierre qui excede
l'eau, d'y regarder auffi, afin de voir fi elle eft moüillée, &
voyant ces fignes, il doit crier *il bat l'eau*, & fonner pour
chiens, & les autres Picqueurs doiuent eftre auec les chiens
my-partis des deux coftéz du ruiffeau, pourtant à douze
pas, pourueu que ce ne foit point dans vn lieu où il y ait
des forts & des demeures. Car, en ce cas, il faudroit longer le ruiffeau fur le bord, de peur de faire bondir le change, & à caufe que les chiens pourroient auoir plus de fentiment dans ce lieu couuert, où le Cerf feroit des portées au
fortir du ruiffeau, & que fi c'eftoit vne plaine au fortir du
ruiffeau, les voyes du Cerf en feroient élauées pour dix ou
douze pas de l'eau qui defcendroit le long de fes iambes,
ce qui en ofteroit le fentiment ; c'eft ce qui m'a fait dire qu'il
falloit prendre à douze ou quinze pas du ruiffeau : En cas
qu'il n'y euft point de bois où il pût faire des portées, vous
continuërez ainfi à longer, ou monter ce ruiffeau, iufques
à ce que vous trouuiez voftre Cerf forty ; Mais s'il alloit
dans vn étang, il faut empefcher vos chiens d'y entrer, &
pluftoft aller prendre les deuans auec eux de l'autre cofté,

pour connoiſtre s'il en ſort, & les ayant pris entierement,
ſi vous ne le trouuez pas ſorty, il faut, auec vos chiens,
vous retirer à quelque ferme là aupres, pour vous y rafraiſ-
chir, où vous demeurerez vne heure : car ſi le Cerf a deſſein d'en ſortir, il le fera dans ce temps-là qu'il n'entendra
plus de bruit, & alors vous viendrez reprendre vos deuans;
le trouuant, vous mettrez quelques Caualiers ſur le bord
de l'étang, pour l'empeſcher d'y reuenir ; car s'il eſt mal-
mené, auſſi-toſt que vous l'aurez relancé, il y reuiendra, &
s'il n'en eſt pas ſorty, c'eſt ſigne qu'il n'a plus de force, &
que s'il va ſur ſes fins à vne grande riuiere, ce ſera pour
touſiours s'y faire voir, s'il ne paſſe dans quelques Iſles où
vous irez le relancer, en y menant vos chiens auec vn batteau : car il ſeroit dangereux de les laiſſer battre l'eau apres
le Cerf, s'il s'y opiniaſtroit, à cauſe qu'il pourroit y auoir
pied en pluſieurs endroits, & non pas les chiens, ioint que
les abords ſont difficiles à monter, & que les chiens eſtans
las, s'y pourroient noyer ; mais ayant vn batteau, vous l'y
prenez ſans aucune riſque, & le Cerf eſtant pris, vous en
ſonnez la mort, comme ie l'ay dit au chapitre cy-deuant,
& en ſuite la retraite, cependant que l'vn des Picqueurs en-
leue le pied droit de deuant auec vn couteau, en fendant
la peau entre le gros nerf & l'os, la longueur de demy-pied
qu'il coupera comme la peau de deſſus, la leuant iuſqu'au
premier ioint du pied, & le decernant, il l'enleüera, puis
fendra le nerf & la peau enuiron trois doigts pour y paſſer la
main, & apres le preſentera au grand Veneur, ou en ſon
abſence au Commandant qui le donnera au Roy; c'eſt au
Gentil-homme de la Venerie qui a relayé le dernier, à aller
chercher vne charrette pour amener le Cerf, au quartier de
la Venerie, afin d'en faire curée aux chiens, & s'il y a vn
valet de limier, ce doit eſtre luy qui garde le Cerf, iuſques à ce que la charrette ſoit venuë, & demeurera auſſi
auec le meſme Gentil-homme à la conduite iuſques au
quartier, & s'il ne ſe rencontre vn valet de limier à la mort,
ce doit eſtre au penultiéme des Gentils-hommes de la Ve-

V ij

nerie qui aura relayé à garder le Cerf(l'ordre estant ainsi
étably de tout temps) car les valets de chiens doiuent remener les chiens qui se seront trouuez à la mort (au moins
vne partie) & les autres doiuent aller par le païs d'où la
chasse est venuë, sonnant la retraite de temps en temps, afin
que s'il est demeuré des chiens, de les prendre & ramener
au quartier ; car sans ces diligences, il demeureroit tres-
souuent des chiens couchez de lassitude, dans le bois à la
mercy des loups, ioint qu'il y en peut auoir qui auroient
chassé le change, qu'ils doiuent rompre & ramener comme
les autres; & que les autres qui emmenent les chiens qui ont
pris le Cerf, si tost qu'ils seront arriuez au quartier de la
Venerie, mis les chiens dans le chenil, & beu vn doigt, ils
preparent ce qu'il faut pour faire la curée, comme quelques cuuiers ou vases pour mettre la moüée du sein de
pourceau & du lait, si c'en est la saison.

CHAPITRE LIX.

Des lieux où l'on peut requester vn Cerf, lors que l'on l'a
failly, & comme on le doit faire.

IE vous ay fait voir comme il falloit connoistre vn Cerf
par le pied, le corsage & la teste, le détourner, le chasser, & le prendre; neantmoins ie n'ay pas assez fait, puisque la prise en peut estre incertaine, à cause de beaucoup
d'obstacles qui arriuent assez souuent lors que l'on chasse,
comme d'vne grande nuée qui peut tomber à l'improuiste
qui élauera les voyes du Cerf que vous courez, & qui les
refroidira, aussi bien que vos chiens de le chasser, & qu'vn
relais peut estre donné mal à propos, ou bien qu'vn Cerf
s'opiniastrera à battre l'eau, ou qu'il se sera accompagné
d'autres aussi Cerfs que luy, desquels il vous aura donné le
change, & qu'apres il se sera fort-longé pour auoir le temps

de ruſer dans les chemins, ou autres lieux; toutes ces choſes font qu'vn Cerf ménage ſa force, puiſque cela vous
met dans de grands & longs defauts, ce qui fait que bien
que vous ayez retrouué ſes voyes, & que meſmes vous
l'ayez parchaſſé, rapproché, & relancé, la nuit vient auſſi-
toſt qui vous oblige à le briſer pour le requeſter le lendemain; & pour y reüſſir, il faut que vous l'ayez chaſſé tard,
& que vous ſoyez aſſeuré que c'eſt la voye de voſtre Cerf
lors que vous le briſez, & que vous iugiez ſi c'eſt dans vn
païs où l'on le puiſſe, comme en des buiſſons, ou que ſi c'eſt
dans vn grand pays, il faut qu'il y ait peu de Cerfs; car dans
les grands pays (qui ſont tres-peuplez de Cerfs, & de toute
qualité & d'aage) c'eſt ce qui ne ſe peut faire que par vn
tres-grand bon-heur, puiſque pour y reüſſir, il faut que le
Cerf que vous courez, ait vn pied extraordinaire aux autres, comme d'eſtre vn grand pied long, ou vn fort gros
pied rond, ou que ce ſoit vn ſi vieux Cerf dont le pied en
ſoit retreſſi, & extraordinairement petit, ou qu il ait vn
pied bot, ne donnant que du bout de la pince en terre, ou
vne grande connoiſſance que vous ayez bien remarquée,
pour ſçauoir à quel pied elle eſt, & ſi elle eſt de dehors en
dedans, ou de dedans en dehors, du pied de deuant ou de
derriere, encores cette derniere connoiſſance peut manquer, à cauſe qu'elle ſe peut rompre en courant, particulierement ſi c'eſt dans vn pays rude & pierreux, ou que ce ſoit
vn corſage extraordinairement grand, ou tres-petit, & le
pelage auſſi extraordinaire, qui peut eſtre fort noir ou mou-
cheté comme vn fan, & que la teſte en fuſt tres-haute, fort
ouuerte, & extraordinairement cheuillée, comme de porter vingt, vingt-deux, & vingt-quatre; ou que ce fuſt vne
de ces teſtes bizares dont i'ay parlé: en ce cas l'on peut requeſter vn Cerf dans ces grands pays; mais ſi c'eſt vn pied,
vn pelage, & vne teſte ordinaire, il eſt tres-mal-aiſé; ſi ce
n'eſtoit vn Cerf qui euſt tenu les abois deuant vos chiens
pluſieurs fois, que vous euſſiez laiſſé à vne ou deux heures
de nuit, qui n'auroit pas pû s'éloigner du lieu où vous l'au-

V iij

riez brifé, à caufe de fon extréme laffitude ; car s'il n'y a
quelques-vnes de ces chofes cy-deffus, vous ne pouuez
requefter vn Cerf dans vn pays de grand change par la
fcience, & rarement par bon-heur ; mais dans les pays où il
y a peu de Cerfs, comme i'ay dit, vous le pouuez ; apres
auoir chaffé ou parchaffé vn Cerf le plus tard que vous aurez pû, & que vous en aurez bien confideré la forme du
pied & les connoiffances, pour iuger fi c'eft voftre Cerf, auparauant que de le brifer ; c'eft vn auantage de le pouuoir
faire fur la terre, & quand on n'eft pas contraint de laiffer
vn Cerf battant l'eau, particulierement dans des ruiffeaux:
car fi c'eft dans vn étang, apres en auoir pris les deuans,
vous eftes affeuré qu'il y eft; & croyez qu'il en fortira peu
de temps apres que vous l'aurez quitté, pourueu qu'il n'entende plus de bruit pour n'aller pas loin de là demeurer,
s'il eft mal-mené : finon il retournera dans le pays d'où vous
l'aurez amené, s'il s'eft dépayfé; car dans les groffes riuieres,
il ne peut démeurer : vous n'auez donc que les ruiffeaux à
craindre; car où il y en a plufieurs, vn Cerf peut fortir de l'vn
& rentrer dans l'autre ; & s'il y a des demeures entre ces
ruiffeaux, il s'y pourra mettre fur le ventre; c'eft ce qui fe
rencontre rarement en France ; mais frequemment en Piémont, où ie n'ay pas laiffé d'en requefter plufieurs par les
ordres de deffuncte S. A. R. VICTOR AMEDE'E, & de
Monfeigneur le PRINCE THOMAS fon frere, qui y
contribuoient beaucoup de leurs foins, dont la bonne pratique & leur humeur genereufe ont toufiours fait reüffir ce
qu'ils ont entrepris, tellement que pour requefter vn Cerf,
dans ce pays où font tant de ruiffeaux qu'ils appellent Bial-
lieres; il y faut peiner du corps & de l'efprit, & ne fe laffer
de longer ou monter ces eaües des deux coftez, iufques à
ce que vous ayez connoiffance que voftre Cerf en foit
forty, & s'il rentre dans vn autre bras, ou dans vne de
ces Biaillieres, vous en ferez de mefme : & fi les voyes
de voftre Cerf alloient de trop hautes erres, & que vos
limiers ne les puffent emporter & fuiure, il faut, apres

auoir pris les deüants, trauerſer & fouler les enceintes
qui s'y rencontreront, pour en renouueller des voyes
du Cerf, & le relancer ; Mais ſi vous n'en auez aucune
connoiſſance, il faudra aller prendre les grands deuants à
l'œil & auec les limiers, par où voſtre Cerf eſt venu le iour
d'auparauant : où pour abreger, il y faut auoir enuoyé, dés
le matin, vn valet de limier & vn Veneur à cheual, qui ayent
eu connoiſſance de voſtre Cerf, pour luy aider à prendre
les deuants à l'œil, & que s'ils en ont connoiſſance, celuy qui eſt à cheual, vienne auertir ceux qui requeſtent
dans le pays où l'on a briſé le Cerf le iour precedent. I'ay
voulu donner ce peu d'inſtruction pour le Piedmont, afin
de s'en ſeruir auſſi bien qu'en France, ſi on en auoit beſoin.
Et pour ſçauoir le pays où l'on eſt, pour y requeſter vn Cerf
quand on l'a briſé, l'on doit demander au premier païſan
que l'on trouue, quel pays & quel bois ſont ceux où l'on eſt,
& quel village en eſt plus prés, afin de s'y faire mener pour
y faire la retraite. Et auſſi-toſt que vous y ſerez arriuez auec
vos chiens, voſtre premier ſoin ſera de les loger, & leur donner bonne & ample paille blanche, leur viſiter les jambes
& les pieds, pour connoiſtre s'ils y ont quelques épines, les
tirer, & s'ils ſont aggrauez, ou échauffez, afin de leur faire
vn reſtraintif dés le ſoir, & leur donner auſſi du laict venant du py de la Vache, s'il y en a dans le village, ſinon leur
faire du potage en façon de moüée auec ſein doux, & auſſi-
toſt que vous ſerez à voſtre logement, vous enuoyerez au
Roy, luy donner auis de ce que vous auez fait, & en meſme
temps au quartier de la Venerie, pour faire venir chiens,
limiers & cheuaux, toute la nuict, afin qu'ils puiſſent arriuer au poinct du iour, où vous eſtes logé, & mander qu'il
demeure vn relais de chiens à l'entrée du pays d'où vous
aurez emmené voſtre Cerf, & vn valet de limier, pour en
prendre les deuants : & s'il trouue le Cerf reuenu, qu'il enuoye auſſi-toſt vn homme à cheual, pour vous auertir, afin
que vous alliez le trouuer & y meniez vos chiens, pour ſuiure le Cerf & l'y reclamer. Ie dis toutes ces choſes, ſi c'eſt

vn Cerf depaysé ; ce qui arriue le plus souuent quand l'on
requeste des Cerfs, à cause qu'ils ne sont pas relayés : ainsi
ils ne sont pas chassez des chiés, ny poussez si viste, ce qui les
fait durer plus long-temps & iusques à la nuict ; Mais si c'est
dans les pays où vous auez donné vn Cerf aux chiens que
vous ayez brisé, vous vous deuez retirer au lieu où est logée
la Venerie, où tout le reste de l'equipage se retire aussi, &
là vous aduiserez ensemble des lieux & cantons où vous deuez aller prendre les grands deuants, qui doiuent estre pris
par vne partie de vos valets de limiers, & par les autres, dans
les plus proches chemins & routes du lieu où vous aurez
brisé vostre Cerf, & ordonner qu'il y en aura vn qui ira
prendre les voyes, qui sera accompagné d'vn Picqueur qui
ait eu connoissance du Cerf que vous auez couru, & que
les autres se separent & aillent auec les autres valets de limiers : C'est là l'ordre que l'on peut donner dans vn grand
pays : Et pour le Cerf qui s'est dépaysé, il faut aussi-tost
que les hommes, les limiers, les chiens courans, & les cheuaux seront arriuez au lieu où vous serez logez, donner
l'ordre que l'on les fasse repaistre, & apres qu'ils vous viennent trouuer sur le pays, & au lieu où vous aurez brisé le
soir vostre Cerf, & leur donner vn guide pour cela, afin
qu'ayans renouuellé des voyes de vostre Cerf, vous les puissiez auoir, pour suiure les chiens que vous voudrez donner,
lors que vous l'aurez relancé ; & pour les autres ils seront
separez & enuoyez en relais du costé que vous verrez que
le Cerf aura la teste tournée, & qu'ils ayent le soin de porter
à boire & à manger pour ceux qui requestent le Cerf : &
apres ces ordres, & que vous aurez déjeuné, vous enuoyerez vn de vos valets de limier auec vn des Picqueurs, connoissant vostre Cerf qui aura fait chasser les chiens le iour
auparauant, afin qu'il prenne les deuans derriere vos brisées, à quelque distance de là, & par le lieu où sera venu
vostre Cerf le iour precedent, & que deux autres aillent
deuant vos brisées vn plus prés, & l'autre plus loin, prendre de grands deuans, pour connoistre si vostre Cerf s'en
sera

sera allé tout d'vn temps dés le soir, & qu'il y ait vn Picqueur ou deux, si vous en auez, auec eux, la trompe au costé, puisqu'il faut que tous soient ainsi, lors que l'on requeste vn Cerf, & que ces Picqueurs ayent aussi eu connoissance du Cerf de la Meute, afin que si les valets de limiers qui sont auec eux, en rencontrent, ils puissent iuger ensemble si c'est vostre Cerf, & que ce l'estant, ils sonnent deux mots longs pour vous auertir & vous obliger d'aller à eux: & quant à vous, vous irez auec vn ou deux des limiers qui voudront des voyes qui iront de hautes erres aux brisées & rembuchement que vous aurez fait de vostre Cerf, le soir auparauant, pour prendre les voyes de vostre Cerf que vous suiurez iusques à ce que vous les ayez renouuellées, ou que quelques-vns de vos Picqueurs sonnent pour vous faire aller à eux. Ayant trouué passé vostre Cerf, & y estans arriuez, vous prendrez la voye auec vn de vos limiers, en cas qu'ils n'eussent pas renouuellé de voyes; car si cela estoit, & que vostre Cerf fust à couuert dans des forts, il faudroit le briser au premier chemin, & en prendre les deuans, sinon vous prendrez la voye, comme i'ay dit, auec vn de vos limiers, & les autres vous les enuoyerez à droit & à gauche prendre les grands deuans, afin d'abreger, apres pourtant en auoir reueu & iuge si c'est vostre Cerf, & si ce l'est, vous enuoyerez vn homme à cheual faire venir vos chiens & vos cheuaux au lieu que vous leur auez destiné le matin deuant que partir, & quand vous verrez que vostre limier aura renouuellé de voye (ce que vous iugerez quand il aura plus d'ardeur, & qu'il sera plus gay) alors si vostre Cerf entre dans vn fort, & de belle demeure, il l'y faut briser, le rembucher, & en prendre les deuans; & s'il demeure, vous vous éloignerez de deux ou trois cens pas du rembuchement pour sonner deux mots, pour faire venir vos hommes, chiens, & cheuaux; & en les attendant, vous considererez les connoissances du Cerf que vous aurez rembuché, pour plus asseurément iuger si c'est vostre Cerf, de peur d'auoir changé de voyes ce iour-là, en suiuant auec vos limiers,

X

comme il est possible, particulierement si vostre Cerf auoit
donné la nuit auec vn autre, où il auroit fait vne partie de sa
nuit, & le quittant, il seroit demeuré en sa place sur le ventre, & que l'autre Cerf eust percé pour aller demeurer à vne
enceinte ou deux au delà; en ce cas il faudroit, pour s'en asseurer, obseruer les allures ballançantes du Cerf qui aura
esté couru: car de l'autre, elles irōt droit fermes, & resoluës,
& quant aux fumées, vous les verrez, deffaites de couleur &
de forme au Cerf qui aura esté couru, & seront aussi rouges,
seiches, & bruslées, ioint que le Cerf qui est mal-mené, appuye plus du talon, de la iambe, & des os, ce qui luy fait pa-
roistre la iambe plus large, les os s'écartans dauantage, à
cause de sa lassitude qui luy fait manquer de force : Et apres
que vous aurez bien consideré ces connoissances, vos chiens
estans venus, & deux relais enuoyez, l'vn entre le lieu où
vous redonnerez le Cerf aux chiens, & le pays d'où vous l'a-
uez emmené le iour precedent ; & l'autre, dans le fonds du
pays où vous serez, & le Roy estant venu, ou qu'il vous ait
mandé qu'il ne viendra pas, & apres auoir donné le temps à
vos relais d'aller à leurs postes, vous frapperez à vos brisées
pour relancer vostre Cerf & le redonner aux chiens. C'est le
terme dont vous deuez vser quand vous requestez vn Cerf;
car il n'y a que lors que vous commencez à le courre qui se
peut dire lancer, & apres l'auoir redonné aux chiens, vous le
chasserez de la mesme maniere qu'au chapitre precedent: Et
quand il sera pris, vous en sonnerez la mort & la retraite de
mesme, apres auoir fait fouler vos chiens, & auoir ouuert la
nappe au col du Cerf pour en donner à ceux qui seront à la
mort, particulierement aux ieunes chiens, afin que toutes les
fois qu'vn Cerf qu'ils chasseront, se dépaysera (encore
qu'ils ne soient pas secourus des relais) ils le maintiennent.

CHAPITRE LX.

Des preparatifs pour faire la curée aux chiens.

LE Gentil-homme de la Venerie qui aura esté chercher vne charrette, & le valet de limier qui aura gardé le Cerf, le doiuent faire charger, & tous les deux le doiuent accompagner, puisque ce sont eux qui en doiuent
répondre, iusques à ce qu'il soit conduit au quartier de la
Venerie, & déchargé dans le chenil, en la garde des valets
de chiens ; & quant au lieu destiné pour y faire la curée, ce
doit estre vne belle & grande place herbuë, afin que la venaison ne se gaste pas dans la poudre ; & si tost que le Cerf
est entre leurs mains, ils doiuent prendre leurs couteaux
pour oster la nape du Cerf, & le preparer pour en faire la
curée à leurs chiens qui sont dans le chenil, où il doit auoir
deux valets de chiens aupres d'eux pour les empescher de
crier & se battre, à cause du vent qu'ils auront du Cerf. Les
valets de chiens le mettront sur le dos, soûtenu de son bois ;
& si c'est dans le temps de la Cerfuaison, il faut qu'ils ayent
fait prouision d'vn crochet de bois pour y mettre & accro-
cher les menus droits qui appartiennent au Roy, & commencer par la coupe des bouts de la teste qui en sont mols,
& iusques au dur : car le reste doit seruir à faire de l'eau, &
mettre ces bouts de teste dans vne seruiette blanche ; puis
ils leueront les dintiers, le bout du musle, & les aureilles
qu'ils mettront au crochet par vne fente qu'ils auront faite
à la peau : cela estant, ils commenceront à luy oster la nappe, la fendant sous la gorge, & iusques où ont esté les dintiers. Apres ils prendront le pied droit dont ils couperont la
peau alentour de la iambe, & la fendront iusques au noyau
de la poitrine, & les autres valets de chiens, ou pour le
moins deux, en peuuent faire de mesme à ceux de derriere,

cependant que deux tiennent les deux autres pieds, & pour
l'ouuerture de la peau des iambes de derriere, elle doit aller le long du dedans des cuiſſes iuſques aux dintiers, &
apres ils dépoüilleront les iambes, & en ſuite le corps. Ce
qu'eſtant fait, on luy doit laiſſer la nappe ſous le corps pour
leuer la langüe, & le reſte des menus droits, coupans les
quatre nœuds qui ſont au deffaut des épaules & des cuiſſes
qu'ils mettront pareillement au crochet.   L'on doit fendre
le Cerf tout le long du ventre, & en oſter la panſe, ſans le
rompre ny couper, afin de ne pas gaſter la venaiſon de ce
qui ſortiroit de ce ſac, que l'on doit donner aux petits ou
grands valets de chiens ordinaires, & en leur abſence, à ceux
qui ſont en quartier, pour l'aller vuider & lauer où eſt la
franc boyau, qui eſt encores des menus droicts, qui ſe doit
mettre au crochet, & pour le membre du Cerf, il doit eſtre
leué, dont les valets de chiens doiuent auoir ſoin de ſe lauer,
nettoyer & le mettre tremper vingt-quatre heures dans du
fort vinaigre, & apres l'en tirer, pour le faire ſecher au four,
ou au Soleil, ſelon la ſaiſon ; pour quand il ſera ſec, le remettre au maiſtre valet de chiens, qui le doit donner au
Lieutenant, ou au grand Veneur, s'il le veut, dont la vertu
eſt de guarir le flux de ſang. Comme l'os que l'on doit tirer
du cœur du Cerf, que l'on appelle vulgairement, Croix de
Cerf, qui doit eſtre ſeulement nettoyé de ſa chair & ſei-
ché. Il faut donner le cœur, vne partie du foye & de la ratte
aux valets de limiers, pour le droict de leurs limiers, qui leur
doiuent faire manger par petits morceaux, apres les auoir
mis deuant la teſte du Cerf, que l'on aura leué du Maſ-
ſacre, où ils les tiendront quelque temps, les vns deuant
les autres pour les animer.   Alors on leuera les épaules,
dont la droicte appartient à celuy qui a laiſſé courre le Cerf:
& l'autre aux Gentils-hommes de la Venerie. Les petits filets
doiuent eſtre encore au Roy, & le cimier au grand Veneur.
Les grands filets aux Lieutenãt & ſous-Lieutenant de la Venerie. Les foccilets & les nõbres, aux valets de limiers, & le
col aux valets de chiens. Et quant au bois du Cerf, il doit eſtre

porté au Roy. On doit auoir conſerué le ſang dans vn ſeau
ou chauderon, auſſi-toſt que l'on a ouuert le Cerf. Il faut
auſſi auoir fait prouiſion de deux ou trois ſceaux de laiĉt
venant du py de la vache, ou aumoius qu'il ne ſoit pas écré-
mé, ny aigre; ce qui feroit mal aux chiens. Les valets de
chiens ayant apporté le ſac & les boyaux, bien lauez & net-
toyez, ils les couperont par petits morceaux, auec le reſte de
la ratte & du foye, & force pain auſſi, par petits morceaux,
& méleront le tout dans le ſang & le laiĉt, qui ſera dans
vn grand banquet, ou deux (s'il ne ſuffit d'vn) broüillant le
tout auec les mains, & le laiſſeront vn peu de temps, pour
faire imbiber le pain : & apres, vous mettrez ſur la nape
du Cerf (qui eſt la peau) que vous aurez étenduë ſur le
drap de cu ée, qui doit eſtre de toille forte, aſſez grand &
carré : & peu de temps apres que vous aurez mis la moüée
ſur la nappe, vn des valets de chiens la doit oſter : & les autres doiuent prendre le drap de curée par les coings, pour
remuer & méler la moüée, iuſques à ce que le pain ſoit im-
bu du ſang & du laiĉt: & dans l'Hyuer que l'on ne trouue pas
du laiĉt facilement, l'on doit prendre huiĉt ou dix liures de
ſein-doux, ſelon la quantité de chiens que l'on a, pour faire la
moüée groſſe ou petite, lequel l'on fait fondre & méler auec
de l'eau & boüillir dans vne chaudiere, que l'on met tout
chaud dans vn grand bacquet, où eſt le pain en petits morceaux, & le dedans du Cerf, que l'on remuë auec des baſtons. Le Maiſtre-valet de chiens doit auoir fait couper force houſſines par ſes compagnons, qui ſoient de bois de bou-
leau, ou de coudre, & non de bois puant & de rouynette,
qui donne le flux de ſang. Cette preparation eſtant faite, il
doit aller dire au Lieutenant de la Venerie, ou à celuy qui
commandera dans le quartier, que la curée eſt preſte : &
apres, il doit reuenir donner le reſte de ſes ordres, comme
de faire mettre le coffre du Cerf dans vne belle place her-
büe, à cinquante pas de la moüée, & le forthu à meſme diſtance (ſi c'en eſt la ſaiſon) qui eſt le temps de la Cerfuai-
ſon. Ce forthu, ſont les petits boyaux du Cerf, que l'on

X iij

doit mettre au bout d'vne fourche de bois, dont on aura
émouſſé les bouts, de peur qu'elle ne picque les chiens, &
donner ordre aux valets de chiens de ſe tenir partie dans le
chenil, & l'autre dehors, aux aiſles, pour conduire & faire aller les chiens à la moüée, & que ceux qui ſeront dans le chenil, ſe tiennent à la porte, pour l'ouurir tout d'vn temps, & la
tenir ouuerte, afin que les chiens ne s'y heurtent pas de la
hanche en paſſant, où ils ſe pourroient étreuſſer, & que l'on
couple & tienne les chiens qui ſont trop gras, pour ne les
decoupler qu'apres que les autres auront eſté quelque
temps à la moüée.

CHAPITRE LXI.

Des ceremonies que l'on doit obſeruer en faiſant
la curée.

L E Lieutenant de la Venerie, ou celuy qui commandera en ſon abſence, ayant receu l'aduis du Maiſtre-
valet de chiens que la curée eſt preſte, il doit aller chez le
grand Veneur, ſa trompe au coſté, luy donner le meſme
aduis, & le grand Veneur auſſi en meſme eſtat, doit aller
en aduertir le Roy, ſuiuy du Lieutenant & des Officiers de
la Venerie, eſtant bien de faire les choſes auec le plus de
pompe que l'on peut, puis que c'eſt pour honorer le plus
grand Roy de la Chreſtienté, & que vous rendez auſſi ce
que vous deuez au grand Veneur, qui arriuant aupres du
Roy, luy doit demander s'il luy plaiſt de venir voir faire la
curée à ſes chiens: & y venant, le grand Veneur le doit ſuiure auec tous les Officiers de la Venerie : & ſa Majeſté arriuant proche du chenil, le grand Veneur, auec ſa ſuite,
doit s'auancer, pour ſçauoir du Maiſtre-valet de chiens ſi la
curée eſt en eſtat, par lequel il ſe fera donner deux houſſines, l'vne qu'il preſentera au Roy, & l'autre pour luy. Et

s'il y a des Princes & des Ducs, le Lieutenant de la Venerie
en doit prendre de la main du Maiftre-valet de chiens, pour
leur en donner : & apres ledit Maiftre-valet de chiens en
doit diftribuer aux Officiers de la Venerie , & à ceux qui
font à la fuite du Roy. Il s'obferue vn ordre de tout temps
que tous ceux qui affiftent à la curée , doiuent ofter leurs
gants, à moins que d'eftre confifquez aux valets de chiens.
Celuy qui a laiffé courre le Cerf , dont on fait la curée,
prend la tefte deuant luy , auec fes deux mains , l'appuyant
le bas à terre, & la tient droicte derriere la moüée , pour la
faire voir aux chiens, lors qu'ils viennent. Le Roy fe met
derriere celuy qui tient la tefte, & fonne pour chiens, fi bon
luy femble , le premier : apres le grand Veneur , le Lieutenant , les Officiers de la Venerie & affiftans ; au mefme
temps , les valets de chiens doiuent ouurir la porte du chenil des deux coftez : & les chiens eftans à la moüée, on leur
doit parler comme en les faifant chaffer , & flatter les ieunes
chiens auec la main , leur donnant par les flancs, en les nommant , & continuer ainfi à fonner & parler , iufques à ce
qu'ils ayent mangé la moüée ; alors l'on doit mettre les
chiens gras en liberté : le Roy , s'il luy plaift , le grand Veneur & Officiers , voyans la moüée prefque mangée , iront
au plus vifte où eft le coffre, y fonner encore pour chiens, &
toufiours du gros ton : & ceux qui font demeurez auec les
chiens à la moüée, diront aux chiens ; *Tirez, chiens, tirez,*
& y eftans , continuëront à parler de la mefme forte qu'à la
moüée, iufques à ce qu'ils ayent mangé toute la venaifon. Il
faut que les valets de chiens ayent le foin de leur ofter les os
qui ne feruent plus qu'à leur gafter les dents & à les faire en-
trebattre. Alors on doit aller (comme on a fait au coffre)
où eft le forthu , que doit tenir vn valet de chiens en le mon-
trant aux chiens quelque temps auparauant que de leur
donner , & crier *Tayoo* , & le Roy , le grand Veneur & tous
les Officiers , doiuent fonner du grefle , & forthuer les
chiens auffi de la bouche ; ce qui fe fait pour diuerfifier les
tons, les occafions, & les temps qui fe prefentent dans la

chaſſe, afin d'établir la vraye créance que doiuent auoir les chiens. En ſuite, le valet de chiens leur abandonne le fort-hu : & apres l'on doit ſonner la retraitte, en ſe retirant vers le chenil, pour obliger les chiens à y aller, où le Maiſtre-valet de chiens doit eſtre à la porte, pour les voir entrer & en ſçauoir le compte, afin que s'il ne s'y trouuoit pas, il enuoye auſſi-toſt des valets de chiens auec leur trompe, ſonner la retraite dans les lieux où aura paſſé la chaſſe, & en aille faire la relation au Lieutenant, & le Lieutenant au grand Veneur, afin qu'il en puiſſe rendre compte au Roy, lors qu'il luy demandera.

Fin de la premiere Partie.

**

LA
VENERIE
ROYALE·

**

A SON ALTESSE
ROYALE
DE SAVOYE.

ONSEIGNEVR,

Les signalez bien-faits que i'ay receu de vostre
Royale Maison, en dix-huict ans de mes seruices,
ne se pouuans effacer de mon esprit, non plus que
mes reconnoissances à vous continuer mes deuoirs, &
correspondre au vertueux diuertissement de Vostre
ALTESSE ROYALE. Le present subjet
en est vn moyen trop specieux, pour ne le vous pas
offrir, puisque ie ne vous presente rien que ie ne vouss
doiue. Receuez donc, MONSEIGNEVR, ce

second Traiclé de Chasse, qui contient la maniere de
l'exercer en Piedmont, que i'ay si long-temps & si
souuent prattiquée, par les ordres & en la presence de
Voslre Auguste Predecesseur ; Et ie m'asseure qu'en
voyant cette *VENERIE ROYALE*, elle vous
agreera autant que feu *S. A. R.* en aymoit le plaisir;
comme le digne Successeur de ses vertus, que vous imi-
terez auec gloire, en vous formant à ces genereux exercices, qui sont les veritables & les plus dignes emplois d'vne personne de Voslre Illustre Naissance, &
vn veritable essay des trauaux de la guerre. Au reste,
si vous en daignez prattiquer les enseignemens, vous
en augmenterez d'autant plus mon bon-heur, & les
obligations que i'ay de me dire à iuste titre,

MONSEIGNEVR,

De Voslre Altesse Royale,

Le tres-humble, tres-obeyssant
& tres-obligé seruiteur,
DE SALNOVE.

SECONDE PARTIE
DE LA
VENERIE
ROYALE.

CHAPITRE PREMIER.

Pour chasser le Cerf, en Piedmont.

Ncore que i'aye donné dans la premiere Partie de cét œuure les connoissances des Cerfs, & tout ce qui s'y peut faire pour en bien prattiquer la chasse en France ; Neantmoins me trouuant obligé & d'inclination que cét ouurage serue aussi en Sauoye & en Piedmont, i'en ay fait quelques Chapitres, afin d'en donner vne plus parfaite intelligence à son Altesse Royale de Sauoye, qui a beaucoup d'affection pour cette chasse, qui pourtant ne sera que pour luy faire cōnoistre la maniere d'agir, en faisant chasser les chiens, & les lieux où il faut chasser, selon les saisons: car pour les connoissances du pied, du corsage & de la teste, ie ne luy en sçaurois donner d'autres que celles que i'ay exprimées cy-deuant; puis qu'elles sont de mesme en ces pays qu'en France, & que les termes & la façon de sonner, y doiuent estre égallement obserués. Mais quant à la façon d'agir, en faisant chasser, elle est d'vne autre maniere, à cause de la difficulté des pays, ie veux dire des lieux où l'on chasse le plus ordinairement le Cerf en

France,

France ; où il y a aussi des Prouinces qui sont montagneu-
ses , dont ie ne pretends pas parler ; mais seulement des
pays plats & sans eauës, au moins qui puissent incommoder les chiens ny les hommes, & où l'on peut les accompagner par tout , & voir ce qu'ils font, pour les reprimer
auec facilité : ce qui ne se peut en Sauoye , à cause que
c'est vn pays de grandes & hautes montagnes, pleines de
rochers, où il se faut contenter de cottoyer & suiure les
chiens , par de bien petits chemins , & de leur parler de
temps en temps, & sonner à propos, pour les obliger de
chasser, comme lors qu'vn Cerf tourne, de tourner & requester, pour en trouuer le bout de la ruze : ce qu'il faut
faire auec iugement, & par la connoissance que l'on doit
auoir des chiens par la voix, lors qu'ils chassent, puis que
l'on ne les peut voir : & ainsi des autres choses que ie diray
plus amplement.

Le pays où l'on peut courre le Cerf en Piedmont, a plus
de conformité à celuy de France que la Sauoye, à cause
qu'il est plat , & que l'on y peut accompagner les chiens de
mesme ; mais il y a des torrens d'eauës qui y passent , qui les
rendent differents, où elles sont tres grosses & rapides, particulierement au Printemps , & vne partie de l'Esté : elles
viennent des montagnes qui bornent le pays, & sont cau-
sées par la neige qui s'y est conseruée tout l'Hyuer (à cause des grands froids qu'il y fait) & sont fonduës par le
Soleil, dans le temps que i'ay dit , qui enflent & grossissent
ces riuieres & torrens , lesquels vont serpentans dans le
plat pays du Piedmont , & se separent en beaucoup d'endroits ; Et de ces torrens sortent plusieurs ruisseaux , qu'ils
appellent biaillieres, que ceux du pays conduisent auec
grand soin & adresse , pour arroser leurs campagnes &
prairies : ce qui les rend tres-fertiles ; mais qui fait vn ob-
stacle aux plaisirs que son Altesse Royale auroit plus parfaits à courre le Cerf ; puis que ces torrens & biaillieres
passent, la pluspart, dans les pays où sont les Cerfs, & où il
doit chasser : neanmoins ces eauës ne le peuuent pas em-

Y

pefcher de les prendre, pourueu que l'on y apporte les remedes & precautions en fuite, comme ie les ay pratiquées dix-huiét années que i'ay eu l'honneur d'y feruir fon A. R. VICTOR AMEDE'E, fon pere, ayant fait
prendre à fes chiens deuant luy, vne quantité de Cerfs in-
nombrables, où eftoit auffi Monfeigneur le Prince Thomas, fon frere, qui depuis ce temps-là s'eft rendu tres-fça-
uant dans la chaffe, & dans toutes les precautions que ie
diray: ce qui m'oblige d'auoüer que s'il pouuoit toufiours
chaffer auec fon Alteffe Royale, fon Nepueu, & auffi
long-temps qu'il viura, ce que ie fais prefentement, feroit
inutile; mais comme il eft mortel, i'ay iugé qu'il eftoit à
propos que ie r'apellaffe ma memoire, pour annoncer à
fon Alteffe Royale les chofes plus effentielles que i'ay peu
connoiftre dans fes Eftats, en y chaffant, afin qu'elles puiffent feruir à fon diuertiffement, à fes fucceffeurs & à moy,
en luy témoignant que ie fuis toufiours dans les reffenti-
mens de l'honneur & des bien-faits que i'ay reçeu de cette
grande & admirable Princeffe, Madame Royale, fa Mere,
& de fon Augufte Maifon. Et pour y mieux reüffir, i'en feray quatre chapitres, où ie feray connoiftre les lieux où l'on
doit courre dans les faifons: ce qui eft le plus important,
puis que fans cette obferuance il eft tres difficile de forcer
les Cerfs auec les chiens-courans en Piedmont, où ils ont
vne differente nature & maniere d'agir à ceux de France,
lors qu'ils font chaffez, eftans prefque toufiours dans l'eau.
Mais en France, les Cerfs ne battent l'eau que dans le befoin de s'y raffraifchir, ou pour y ménager fi peu de force
qui leur refte; ie veux dire lors qu'ils s'y arreftent: car fi vn
Cerf, apres eftre donné aux chiens, quitte fon pays pour
aller en vn autre, s'il trouue vne riuiere, ou vn eftang, il
paffe l'vn & l'autre, fans s'y arrefter. Vous n'auez donc qu'à
en prendre les deuants par l'autre cofté, où vous ne manquerez de le trouuer forti; & fi par malice il va à l'eau pour
fe deffaire des chiens, ce fera dans quelque petit ruiffeau
qui fe pourra rencontrer dans vn pays de bois, fortant d'vne

source ou d'vn estang, où il y aura si peu d'eau (au moins
en quantité d'endroits) qu'elle n'empeschera pas les chiens
d'y chasser, y ayans des branches pendantes, ou des herbes
des deux costez, que le Cerf touchera, lors qu'il y passera
& y fera des portées, où les chiens auront du sentiment : car
il ne sçauroit la battre long-temps dans les estangs, ny dans
les riuieres que nous auons en France, à cause qu'il faut
qu'ils y nagent tousiours ; Mais le pays de Piedmont n'est
pas de mesme nature, ny les Cerfs de mesme humeur, puis
qu'ils vont à l'eau & la battent par inclination : ce qu'ils
font connoistre dés le matin, lors que l'on est aux bois, en
les suiuant auec le limier, pour les détourner : car si-tost
qu'ils ont le vent de vous & de vostre chien, ils se iettent
dans vn de ces torrens ou biaillieres, pour les longer : & si
vous vous opiniastrez à les suiure, ils sortiront de ceux-là,
pour rentrer en d'autres, & long-temps ainsi, sans vouloir
demeurer : Et quant à ceux que vous détournez & laissez
courre, peu de temps apres qu'ils sont donnez aux chiens,
ils vont s'y remettre, pour les longer, ou monter, & apres
l'auoir fait quelque-temps, ils entrent dans des Isles peu-
plées de bois & de grands forts, où bien souuent les Cerfs
font leurs demeures, pour y faire bondir le change : & s'ils
ne l'y ont rencontré, ils se rejettent de l'autre costé dans le
torrent, pour le battre encore ; Mais pour les obliger à quitter le torrent, il faut mettre des hommes à cheual à cinq
cens pas l'vn de l'autre, afin qu'ils se puissent voir & s'assister
à pousser le Cerf, & qu'en criant, ils aduertissent les Picqueurs, & n'en estans pas oüis, il faut qu'vn d'eux les aille
chercher, & les fasse venir auec les chiens : & en ce faisant,
vous obligerez le Cerf à quitter les torrens, pour aller dans
ces biaillieres, presque aussi grandes que les petites riuieres qui sont en France, où neantmoins les Cerfs ont pied
quasi par tout, & non pas les chiens, qui sont obligez d'y
nager : ce qui les lasse & refroidit, à cause que ces eaües sont
de neiges & de sources, & que si le Cerf sort de cette biailliere, ce sera pour rentrer dans vne autre : & comme cela

bien fouuent, il vous donne à deuiner, & vous fait perdre
beaucoup de temps, cependant il fe fort-longe, & n'eftant
pas preffé, il fe maintient dans fa force : ce qui le fera durer
tres-long-temps, quand bien vous le maintiendriez : Et pour
y obuier, il faut tous les ans, auparauant que de chaffer
dans ces pays, où font ces quantitez d'eauës & biaillieres,
que des Picqueurs, qui fçauront parfaitement le pays, menent des payfans, qui ayent des ferpes, ou coignées, pour
couper des arbres des deux coftez des biaillieres (s'il y en a)
finon de les y en faire apporter, pour les ietter aux trauers de
la biailliere, tant qu'il y en ait fuffifamment, pour empefcher
l'eau de les emporter, & les Cerfs d'y pouuoir paffer, &
que ces barricades foient à cinq cens pas l'vne de l'autre,
pour obliger vn Cerf, lors qu'il y fera, d'en fortir, afin que
les Picqueurs en ayent connoiffance, quand bien il y ren-
treroit, & qu'ils foient affeurez qu'il va deuant eux, & que
le Cerf s'en voyant fuiui & appuyé, il foit obligé de quitter
l'eau, pour aller rufer fur la terre, où vous démélerez plus
aifément fes rufes, & auec plus de plaifir. Il y a encore
d'autres chofes à faire, que ie diray en fuite, felon les occafions qui s'en prefenteront.

CHAPITRE LXIII.

Du pays où on peut courre le Cerf au Printemps,
en Piedmont.

CE qui eft le plus important pour forcer le Cerf en
Piedmont, c'eft de fçauoir faire élection du lieu où
on le doit attaquer dans les faifons, comme de confiderer
que dans le Printemps vous ne le deuez, ny ne le pouuez
dans le pays plat (qui eft le grand pays) ny auffi dans les
buiffons voifins, puis que la plufpart des Cerfs qui y font,
viennent du grand pays en cette faifon, & où ils s'en re-

tourneroient auſſi-toſt que vous les auriez donné aux
chiens; & ces buiſſons, ſont Stupigny, les Montagnes de
Riuole & de Riualte; les Iſles d'Harpignan, Giuoulet, les
Riſiers; & les buiſſons qui ſont entre Ligny & Vulpian, puis
que tous ces lieux n'ont autre refuite que le grand pays où
paſſent ces torrens & biaillieres, qui ſont en cette ſaiſon, ſi
pleins d'eau, qu'il eſt impoſſible de les paſſer; Mais vous
auez la Montagne de Piouſſaſque, qui en eſt éloignée de
quatre à cinq lieuës: ioinct que les Cerfs qui y ſont, n'en
viennent pas, venant vne partie des Montagnes qui ſont
aux pieds des Alpes, & l'autre eſt née dans cette Montagne, qui eſt belle & aſſez commode, ayant le village de
Traſne au pied, pour faire le logement de la Venerie, &
auſſi l'Aſſemblée: Les Relais y ſont iuſtes, & que l'on peut
donner auec facilité voir ſouuent les chiens, lors qu'ils
chaſſent, & les oüir touſiours. Vous les pouuez auſſi ſecourir de temps en temps, en coupant au deuant d'eux,
par des petits chemins, qui deſcendent dans des gorges,
qui y ſont, pour reuoir des voyes du Cerf, afin d'eſtre
aſſeuré de ce qu'ils chaſſent, & auſſi que les Picqueurs peuuent eſtre, les vns au pied de la Montagne, & les autres ſur
le haut, où il y a vn chemin où ſon Alteſſe Royale peut aller & galoper par tout, en les faiſant élaguër tous les ans,
d'où il peut ouyr touſiours les chiens chaſſer; vous y auez
vn torrent que l'on appelle le Sangon qui paſſe au pied de
cette Montagne, & l'allonge d'vn coſté, où il faut mettre
des gardes à cheual depuis le grand rocher de Traſne, iuſques au Pont de Iauannes, à deux cens pas l'vn de l'autre,
pour voir entrer le Cerf dans l'eau & le ſuiure, au moins
de l'œil, pour prendre garde s'il ira dans des Iſles qui y ſont;
car comme l'eau eſt fort haute & rapide en cette ſaiſon, il
ne la peut battre long temps. Il faut mettre auſſi vn Relais
& vn Picqueur ſur le bord de l'eau dans vn pré qui y eſt, &
ne donner ce Relais que lors que le Cerf en ſera ſorty; pourtant en cas que le Cerf n'euſt pas percé la riuiere, ſans s'y
arreſter pour quitter la Montagne; car en ce cas, il le fau-

Y iij

droit donner, mais reuenant à la Montagne, ce feroit pour
maintenir le Cerf, iufques à ce que les chiens de la Meute
les ayent ioints, puifqu'ils peuuent eſtre demeurez dans les
Iſles à battre l'eau & à requeſter. Vous mettrez voſtre vieille Meute aux quatre chemins, ou à Liueloux, qui font les
deux refuites les plus aſſeurées; neantmoins vous en ferez
diſtinction, comme aux quatre chemins, lors que l'on laiſ-
fera courre ſur le penchant de Trafne, ou du coſté du Pont
de Iauannes, & quand vous laiſſerez courre ſur le penchant
de Piouſſaſque & de Cumiane, l'on la doit mettre à Liueloux, & les autres Relais qui feront dans la Montagne, au
Campet & à l'Eſpraize : & lors que vous donnerez vos Relais, vous pouuez faire reprendre des chiens qui chaſſeront,
& les aller faire raffraiſchir à des fontaines & des petits ruiſ-
feaux qui font en beaucoup d'endroits dans la Montagne,
pour apres les ramener au lieu où ont eſté donnez les Relais,
pour les redonner quand le Cerf y repaſſera; car dans les
Montagnes il faut fouuent donner des chiens frais, à
cauſe qu'ils y peinent beaucoup plus que dans la plaine.
Vous mettrez auſſi deux autres Relais, l'vn à la Montagne
de Riuole, & l'autre à celle de Riualte, en cas que voſtre
Cerf y vouluſt aller, & donnerez l'ordre à ceux qui les mene-
ront, qu'apres y auoir demeuré deux heures, & que la chaſ-
fe n'y aille pas, ils s'en reuiennent dans la Montagne de
Piouſſaſque, par le chemin que les Cerfs ont accouſtumé d'aller à ces Montagnes, afin que ſi celuy de la Meute y alloit, ils le rencontraſſent en leur chemin, & vous re-
layaſſent; car l'on peut faillir à laiſſer courre aux premieres
briſées, ce qui vous obligeroit d'aller à d'autres, ioint que
l'on eſt ordinairement long-temps à lancer vn Cerf dans
cette Montagne, à cauſe que l'on ne le peut abreger, y
ayant peu de chemins; tellement que comme cela, ces deux
Relais ne peuuent manquer de vous fecourir, puis qu'ils
reuiendront aſſez-toſt dans la Montagne pour y donner
leurs chiens, eſtant la faiſon où les Cerfs ont plus de force;
& ſi vous ne trouuez aſſez de Cerfs dans cette Montagne

pour vous occuper, iufques à ce que les eauës foient écoulées dans les pays que i'ay nommez, il faut aller en queste
aux Montagnes de Pragelas, & du Col Marion, où vous
trouuerez des Cerfs qui viendront, apres eftre donnez aux
chiens en la Montagne de Piouffafque, n'ayant point d'autre refuite, fi ce n'eft quelques-vns qui pourront aller à des
buiffons qui font au de-là de Vigon, où il y a auffi ordinairement des Cerfs.

CHAPITRE LXIV.

Des Buiffons du Piedmont où l'on doit courre le
Cerf en Efté.

LE mois de Iuillet eftant venu (qui eft le temps de la
Cerfuaifon) & que les neiges feront fonduës aux
montagnes, & les grandes eauës écoulées dans la plaine,
les torrens & les biaillieres y feront guayables, ce qui fera
que l'on y pourra courre le Cerf, au moins à la plufpart des
buiffons, afin de laiffer le grand pays pour chaffer l'Hyuer,
pour les confiderations que i'ay defia dites : ioint que les
plus vieux Cerfs qui y font l'Hyuer, font allez aux buiffons
pour y pouffer leurs teftes, & y trouuer les viandis meilleurs
& en plus grande quantité, qui les auront chargez de venaifon : ce qui vous en facilitera la prife, & les empefchera
auffi de pouuoir venir iufques à ce grand pays qui eft pour
lors encore plein d'eau, particulierement ceux qui font
alentour de Vulpian, où ie fuis d'auis que l'on aille planter
le piquet, auec les chiens & l'equipage pour y loger. Au partir de la Montagne de Piouffaque, le pays en eft tres beau,
& les eauës y font en cette faifon fi baffes, qu'elles fe trouuent fauorables pour les chiens, pluftoft que nuifibles, puifqu'ils fe rafraifchiffent dans la grande chaleur de cette faifon, & qu'ils y peuuent auoir auffi par tout le fentiment d'vn

Cerf, & que fi vous y attaquez vn Cerf de dix cors, il fe
fera prendre dans le pays où vous mettrez vos Relais, horfmis vn qu'il faut mettre dans les Rifiers de Ligny, où le
Cerf pourroit venir fur fes fins, n'ayant point d'autre refuite, & fi c'eft vn ieune Cerf, il pourra quitter le pays, où
vous mettrez feulement la vieille Meute, & le plus fort
Relais, d'apres, au milieu des Riziers de Ligny, qui fera
tenu par vn Picqueur, pour relayer & fecourir les chiens
qui chafferont : car bien fouuent les Picqueurs ne les peuuent accompagner dans ce pays qui eft tres-marefcageux ;
ce qui les oblige à aller chercher quelques ponts qui y font,
& des paffages : mais quand on court vn Cerf de dix cors,
ils y peuuent fuiure les chiens : car vn Cerf de cét âge ne
paffe en aucuns lieux, que le Picqueur n'y puiffe paffer,
ioint qu'il ne s'opiniaftre pas à s'y faire battre & tourner ;
mais feulement ils le percent pour aller en Courtaffe, comme font auffi les ieunes Cerfs, où vous deuez mettre vn
bon Relais & vn Picqueur, & que ce foient vos chiens les
plus fages, puifque c'eft l'entrée du grand pays & du grand
change, ou au moins vn buiffon qui n'en eft feparé que
d'vn chemin, & que le Prince aille paffer par les anciens
chemins qui vont de Ligny à Turin ; & quand vous aurez
pris cinq ou fix Cerfs à ces buiffons, vous pourrez aller à
Cafenauue, qui eft vn pays fort éloigné du grand change
& des eauës, & apres aller aux buiffons de Riuolle & de
Riualte, c'eft où leurs Alteffes de Sauoye ont vne Maifon
de plaifir, qui porte le nom de Riuolle, dans laquelle, entre
autres beaux logemens, il y a vn Sallon confiderable pour
fa grandeur, & les belles peintures qui y font, au bout duquel eft vne grande & longue galerie où font les teftes les
plus confiderables des Cerfs que les Ducs de Sauoye ont
pris, y en ayant vne entre les autres, qui eft haute, large, &
extraordinairement cheuillée, portant vingt-quatre, dont
i'en laiffay courre le Cerf deuant S. A. R. VICTOR AME-
DE'E, & Monfeigneur le Prince Thomas fon frere. Ce
Cerf auoit beaucoup vieilly pour auoir vn pied extraordinairement

nairement petit, & qu'auſſi en vieilliſſant il luy eſtoit ré-
treſſy, ce qui auoit fait paſſer les Veneurs qui en auoient eu
connoiſſance pluſieurs fois, les voyes, ſans en conſiderer
les connoiſſances, les prenant pluſtoſt pour eſtre d'vne Biche que d'vn Cerf, ioint qu'il s'eſtoit rendu ſi fin & ſi malicieux, qu'il eſtoit tres-mal-aiſé (encores que l'on en euſt
rencontré aller de bon temps) d'en pouuoir venir à bout
pour le détourner, & encore pour le laiſſer courre, meſmes
qu'apres l'auoir lancé, il alloit auſſi-toſt faire partir vn autre Cerf pour ſe mettre en ſa repoſée, & le faire courre en
ſa place : ce qui m'a fait experimenter quelquesfois auparauant que de pouuoir le faire chaſſer aux chiens. Il fut pris
dans le grand païs, deuant ſon Alteſſe Royale, & Monſei-
gneur le Prince Thomas ; Son Alteſſe voulut qu'on l'ap-
portaſt à Thurin pour en faire la curée à ſes chiens, deuant
Madame Royale, & les Sereniſſimes Infantes ſes ſœurs,
apres que le pied droit en fut leué & donné à ſon Alteſſe
Royale, qui voulut que les connoiſſances en fuſſent conſi-
derées par ſes Veneurs, afin de leur faire connoiſtre que ce
n'eſt pas ſeulement aux grands pieds de Cerfs où il ſe faut
arreſter ; mais encores aux connoiſſances d'vn vieil Cerf,
& comme ie les ay dites au traité cy-deuant, & que pour
les connoiſtre, il ſe faut faire aſſez long-temps inſtruire par
les habiles dans le meſtier, & non comme ceux qui croyent
qu'apres auoir eſté dix ou douze fois au bois auec vn Maiſtre, ils en ſçauent autant & plus que luy, voulans aller auſſi-toſt apres ſeuls, où par hazard ils détournent vn Cerf, &
le laiſſent courre, & voyans qu'ils ont ſi bien reüſſi, ils
croyent qu'ils peuuent paſſer par tout pour tres-habiles,
quoy qu'ils ne le ſoient pas : car pour ſe dire connoiſſeur, il
faut auoir eſté long-temps au bois, & auec des perſonnes
qui ſoient experimentées au meſtier, & pratiquer encores
pluſieurs années en ſon particulier pour s'établir dans les
connoiſſances, & apprendre les ruzes des Cerfs : car ce qui
eſt ordinaire, reüſſit volontiers, comme à voir vn grand
pied de Cerf où ſont toute les connoiſſances, il eſt aiſé

Z

d'en iuger pour peu de pratique que l'on ait, comme auſſi
(quand le Cerf fait ſa nuit) de le détourner, & quand il ſe
rembuſche ſans faire aucune ruſe ny faux rembuſchemens,
& qu'il ſe va mettre à la repoſée dans le premier fort qu'il
trouue : Mais lors que les Veneurs peu inſtruits rencontrent
des pieds de Cerf, comme celuy dont ie viens de parler,
& qui faſſe les meſmes ruſes, ils le laiſſent & l'abandonnent, dans le doute qu'ils ont que ce ſoit vn Cerf, ioint
qu'ils ne peuuent ſçauoir où il demeure, n'en pouuans trouuer les dernieres voyes, tellement que telles gens ne font
iamais rapport, ſi ce n'eſt de ces grands pieds de Cerf, encore faut-il que le liure aux aſnes ſoit ouuert, qui ſont les
temps qui fait mol & beau reuoir. Ie reprens mon ſujet,
diſant que les buiſſons de la Montagne de Riualte ont trois
refuites qui ſont Stupigny, Piouſſaſque & les Montagnes
de Riuole ; mais Riuole eſt la plus aſſeurée où vous deüez
mettre voſtre vieille Meute, lors que vous y courrez, &
vn Relais dans les Iſles d'Arpignan, vn autre à l'entrée du
grand pays au canal, & vn autre dans la Montagne de Piouſ-
faſque, au grand rocher ; que ſi voſtre Cerf y va, vous enuoyerez querir voſtre vieille Meute, & le Relais des Iſles,
qui viendront aux quatre chemins pour vous ſecourir dans
Piouſſaſque, & quand vous laiſſerez courre à la Montagne
de Riuole, vous mettrez vn Relais à Pierregroſſe, qui eſt
le milieu de la Montagne, & la vieille Meute aux Iſles d'Arpignan, auec vn Picqueur ; il faut mettre auſſi des gardes à
cheual le long de la Doire, pour prendre garde où ira le
Cerf, & s'il fera bondir le change dans des Iſles qui y ſont
remplies de bois, où demeurent ſouuent des Cerfs : & au de-
là de la Doire il y a vne biailliere qui va à Arpignan, où vous
mettrez encore vn Relais de chiens. Il faut que le Picqueur
ſe tienne au deſſus de la biailliere, & en lieu qu'il puiſſe voir
dans les Iſles & la riuiere, pour connoiſtre ce qui en ſortira,
& s'il voit venir vn Cerf à luy, qu'il le remarque, pour iuger
ſi c'eſt le Cerf de la Meute par le rapport qui aura eſté fait à
l'Aſſemblée deuant luy, & s'il eſt haſlé & moüillé, & quand

il fera entré dans biailliere, il fe remettra fur l'eminence,
& fera auancer fes chiens du cofté d'Arpignan, fi le Cerf n'a
percé la biailliere auffi-toft qu'il y fera entré; car bien fouuent il l'allonge, & n'en fort qu'aupres d'Arpignan, pour fe
dérober dans les Ifles: celuy qui eft à ce Relais, doit auant
que de faire donner fes chiens, dire à vn de ceux qui tiennent des cheuaux, d'aller auertir les Picqueurs qui font en
defaut dans les Ifles, s'ils ne l'ont entendu fonner, afin qu'ils
viennent, cependant que luy fera donner fes chiens fur les
voyes du Cerf, pour le maintenir iufques à l'entrée du grand
pays qui eft au canal de ce cofté-là; où il y doit auoir vn Relais de chiens fages, & vn Picqueur qui le doit faire donner,
apres que les chiens de la Meute feront paffez, puifque dans
les pays où il y a du change, ils fe doiuent donner ainfi: car
au premier retour que fera voftre Cerf, les Picqueurs & les
chiens de la Meute pourront ioindre la chaffe. Vous auez
encore la Montagne de Giuoulet, où fe trouuent ordinairement dans cette faifon de vieux Cerfs, qui font venus du
grand pays pour y faire leurs teftes, & qui y retourneront
auffi-toft qu'on les aura donnez aux chiens; ce qu'il faut faire auec fix chiens feulement, & tenir la Meute dans le bas de
la Montagne, & à l'entrée de la plaine au deffus d'Arpignan,
pour la donner, lors que le Cerf paffera, fans attendre les
chiens qui le chafferont, & mettre la vieille Meute au canal,
& les autres Relais dans le grand pays, & pour l'empefcher
de defcendre dans les Ifles d'Arpignan, il faut qu'il y ait
deux ou trois hommes à cheual fur le penchant, entre les
Ifles & la Montagne qui fonnent & menent du bruit, pour
l'obliger d'aller où l'on tiendra les chiens de la Meute.

CHAPITRE LXV.

Des Buissons où l'on doit courre le Cerf durant l'Autom-
ne en Piedmont.

IE tiens qu'il y a plusieurs raisons qui vous doiuent obliger d'attendre la saison de l'Automne pour courre le
Cerf aux buissons de Stupigny, à cause que c'est vn pays
marescageux de soy, & qu'en ce temps les chaleurs de l'E-
sté precedent, l'auront desseiché, ou qu'au moins les Picqueurs y pourront passer & tenir les chiens, & qu'aussi la
recolte sera faite dans cette grande & fertile plaine, qui est
entre Thurin & Riuolle, où vous n'auriez pû passer auparauant, sans y faire vn grand degast, & que Dieu n'y eust esté
offensé : car c'est là qu'vn Cerf passe aussi-tost qu'il est donné aux chiens, pour aller aux bois de Colin, où l'eau de la
Doire sera assez basse pour y passer, comme les biaillieres
qui le trauersent, où pour lors vous pourrez tenir vos chiens,
ce que vous n'auriez pû faire si vous y auiez chassé au Printemps & dans l'Esté, à cause des grandes eauës ; & que le
Cerf estant sorty du bois de Colin, il va, sans y manquer,
au grand pays, où vous trouuerez aussi les eauës abaissées;
mais la derniere & plus forte raison est, que c'est le temps
que leurs Altesses Royales vont à vne de leurs maisons que
l'on appelle Mille-fleurs, & plustost de Mille-plaisirs, pour
luy faire iustice, puisque tous ceux que l'on peut souhaiter
dans vne maison de campagne, s'y rencontrent au sortir de
la porte, comme les promenoirs, les belles eauës & la
chasse, qui sont dans deux grands parcs, l'vn en la face
de la Maison, au bout duquel il y a vne grande plaine ex-
trémement vnie, & peuplée de Liévres, Faisants & Per-
drix, bornée d'vn costé d'vne petite riuiere, qu'on nomme le Sangon, où il y a force oyseaux de riuiere, que l'on

peut voler auec plaifir, à caufe que cette riuiere eft remplie
de fources, qui eft ce que les oyfeaux de riuiere ayment. Il
y a auffi vne futaye fur le bord, où il fe nourrit des Herons,
qui paffent inceffamment fur cette plaine, que l'on peut attaquer au paffage, auec des oyfeaux de proye. Et au bout
de cette plaine, du cofté de Thurin, ce font forçe belles
maifons, que l'on appelle Caffines, feparées les vnes des autres, de mil ou douze cens pas, qui font de petites plaines,
où il y a toufiours du couuert, à caufe des vignes qui y font
plantées par rangées, diftantes d'enuiron trente pas, & fou-
ftenuës par de petits arbres & quelques pieux, qui font des
couuerts agreables, où vous pouuez courir toufiours au
frais, & où font forçe petits ruiffeaux, qu'on y fait couler,
pour arrofer les heritages : c'eft où l'on peut chaffer & forcer
le Lievre auec les chiens-courans, tout l'Efté, & auec beaucoup de plaifir ; parce que le fentiment de la voye du Lievre
s'y conferue, & que les chiens s'y raffraifchiffent fouuent :
Ioinct que ceux qui font à la chaffe, ont vn double plaifir,
de la faire à la veuë des Dames de Thurin, qui paroiffent
aux feneftres de leurs Caffines, où elles vont dans cette belle & agreable faifon. Et derriere la maifon, & l'autre parc,
qui eft auffi planté par allées & abbaiffé de cinquante à foixante pieds du logement, dont l'affiette eft auffi platte
que de l'autre ; lequel abbaiffement fe fait tout à coup par
la nature, qui s'y eft heureufement rencontrée, comme ie
vous feray connoiftre, apres vous auoir dit qu'anparauant
d'entrer dans ce parc, l'on defcend à vn grand parterre
qui eft deuant, par vn efcallier double, reueftu de baluftres
de marbre blanc, dont eft auffi reueftu vn grand & large
canal, plein d'eau merueilleufement belle, d'où fortent à
l'enuy plufieurs fources coulantes dans des canaux, qui fer-
ment ce parterre & ce parc, dont quelques-vns qui le tra-
uerfent, font bordez de grands arbres, qui font des allées
& des couuerts à perte de veuë, où l'on fe promene auec
delices dans des barques qui y font tres-enjoliuées & tou-
jours au frais. Ce beau parc eft acheué de fermer par cette

Z iij

petite riuiere que i'ay dite ; Et de l'autre cofté il y a vn grand
pays auffi plat que celuy de deuant la maifon ; mais de differente nature, puis qu'il eft diuerfifié par de petites plaines & de grands buiffons, peuplés de beftes fauues &
beftes noires : & ce font ces beaux buiffons de Stupigny,
dont ie veux parler, d'où l'on peut fouuent oüir & voir
la chaffe dés l'appuy des feneftres de Millefleurs, où le
Cerf vient quelquesfois fe raffraifchir dans les canaux, &
mefme s'y faire prendre. C'eft auffi le lieu que les Ducs de
Sauoye ont de tout temps deftiné pour le diuertiffement de
la chaffe, aux Princeffes defquelles ils fe font alliez, où chacune a paru dans fa façon d'habits & maniere d'agir ; ce qui
a fait connoiftre que celles venuës de France, ont l'action
& l'agréement au deffus des autres, ayant paru à cheual
auec vne vigueur & vne adreffe admirable, fur toutes
Madame Royale, & Madame la Princeffe de Carignan,
qui ont bien voulu montrer par leur humeur genereufe, le
peu d'eftime qu'elles font des chaffes où vont les autres
Princeffes, pour faire choix de celles du Cerf, où elles ont
fait voir encore qu'elles furpaffoient leur fexe en force,
conduite & courage, & ne le cedoient pas mefmes au no-
ftre, en ces nobles qualitez, s'eftans trouuées à la mort de
quantité de Cerfs, que ie leur ay veu mefmes pouffer, lors
qu'ils eftoient aux abois, eftans fuiuies de douze ou quinze
de leurs Dames, aduantageufement veftuës & montées fur
des cheuaux de prix, dont les houffes & brillans harnois, ri-
chement étoffez, n'eftoient pas de moindre valeur ; ce qui
augmentoit de beaucoup le plaifir des Chaffeurs qui les
accompagnoient, & en rendoit la prife certaine : car cette
admirable troupe prenoit par tout où elle paroiffoit. I'aurois à parler à l'infiny de ces auguftes & aymables perfonnes, n'eftoit qu'en reprenant mon fu et, où elles ont vne
tres-loüable inclination, ie me fens obligé de fatisfaire aux
curiofitez de leurs Alteffes Royales. Ie diray donc, que toutes les fois que vous laifferez courre dans les buifons de
Stupigny, il faudra donner feulement fix chiens, pour obli-

ger le Cerf à fortir & debucher du pays, pourueu que ce
foit vn Cerf de dix cors, ou de dix cors ieunement, qui ne
manquera pas auffi-toft apres eftre donné aux chiens, de
venir à la plaine, où vous mettrez voftre Meute à l'entrée,
vis-à-vis de la maifon de Stupigny, fur vne éminence, qui
eft fort proche du Sangon; d'où vous pouuez voir tous les
buiffons & venir le Cerf à vous : & auffi-toft qu'il fera paffé, vous ferez donner les chiens de la Meute fur fes voyes,
fans attendre ceux qui le chaffent, que vous ferez reprendre par vn valet de chiens, lors qu'ils viendront. Vous deuez
auffi auoir tiré huict ou dix chiens de voftre Meute, des
moins viftes, & les enuoyer au chemin qui va de Thurin à
Riuolle, à caufe qu'il y a loin de Stupigny au bois de Colin, où doit eftre voftre vieille Meute à l'entrée, & vn relais
au débuché de l'autre cofté, tenu par vn Picqueur, pour
en cas que voftre Cerf y fift bondir le change; & qu'apres
l'auoir fait, il fe iettaft à l'eau, la battre & la longer dans la
Doire, qui y paffe, & dans quelques biaillieres, qui font difficiles à paffer pour les Picqueurs, à caufe qu'ils ont de
hauts bords, & peu d'abords; ce qui les peut empefcher
d'accompagner les chiens & connoiftre ce qu'ils font.   Il y
auroit à craindre que le Cerf ayant battu l'eau, ne fe déro-
baft des chiens pour aller au grand pays, qui eft la refuite
ordinaire des Cerfs : & fi cela arriuoit, il faudroit que ce
Picqueur donnaft fon relais auffi-toft qu'il feroit paffé,
pourueu qu'il n'entendift aucuns chiens qui chaffaffent les
voyes du Cerf, & qu'il euft conneu que c'eft le Cerf de la
Meute, où auffi-toft il enuoira auertir les Picqueurs de ce
qu'il a fait, afin qu'ils le fuiuent auec leurs chiens, cependant qu'il maintiendra le Cerf, & le menera à l'entrée du
grand pays, où doiuent eftre vos fix chiens, comme les plus
fages & les plus forts, apres voftre vieille Meute, que vous
ne deuez donner, qu'apres qu'il y aura des chiens paffez fur
les voyes, & qu'il foit hors d'vn torrent qui y eft, le condui-
fant de l'œil durant qu'il y fera : & que celuy qui menera les
chiens, l'allongera du cofté du grand pays, où vous deuez

terin le relais : car il ne faut iamais relayer , quand vn Cerf
est à l'eau , pourueu que vous ayez des chiens deuant vous,
si ce n'estoit qu'il rendist les abois , & que vos chiens ne le
pussent plus perdre de veuë ; vous deuez aussi auoir mis vn
relais dans le grand pays , particulierement si vous attaquez
vn ieune Cerf.

CHAPITRE LXVI.

Du pays où l'on peut courre l'Hyuer , en Piedmont.

I'AY fait connoistre par la description que i'ay faite au
chapitre precedent , comme la Maison de Millefleurs
est parfaitement accomplie , & commode pour y chasser , &
comme sont les lieux & buissons que i'ay nommez auparauant. Il ne me reste plus qu'à vous faire voir ce que c'est du
grand pays , que i'ay esté obligé de vous nommer plusieurs
fois, à cause que c'est la refuite de tous les buissons desquels
i'ay parlé , & l'origine des bestes fauues , Chevreüils & bestes noires, & encores de toutes sortes de gibiers, y en ayant
vne quantité assez grande pour fournir au plaisir & au
goust des Ducs de Sauoye. Ce pays est composé d'enuiron
quatre à cinq mil arpens de bois taillis , qui se coupent tous
les neuf ou dix ans ; qui sont separez en quantité d'endroits
par des Fermes , ou Cassines , qui ont leurs heritages alentour, semez & remplis de toutes sortes de grains ; tellement
que cette quantité de bois , qui se coupe tous les ans & en
plusieurs endroits , à cause que tous ces bois sont à des particuliers , c'est ce qui donne vne grande nourriture par tout
le pays aux bestes qui y sont : aussi s'y plaisent-elles si parfaitement , qu'elles multiplient beaucoup plus qu'en France , & le pays ne s'en peut deserter , pour le peu de soin
qu'on aye de les conseruer , y en ayant veu prendre de toutes ces sortes de bestes , en dix-huict années , vne quantité
incroyable:

incroyable : & apres tout ce temps il s'y en voyoit autant qu'auparauant. Mais encore, vne commodité admirable s'y rencontre fort à propos, c'est que le pays est au sortir des portes de Thurin, au moins n'en est-il éloigné que d'vne petite lieuë : Et cette ville est d'autant plus considerable, qu'elle est la demeure ordinaire de leurs Altesses Royalles : & qu'aussi tous ces buissons que i'ay nommez, n'en sont qu'à deux & trois lieuës, excepté la Montagne de Pioussasque, qui en est à quatre : Tellement qu'en quelque lieu que le Duc de Sauoye veüille aller attaquer vn Cerf, il le peut chasser & prendre, & venir, sans s'incommoder, coucher dans son Palais à Thurin. Ce païs est tres-commode pour y picquer & tenir les chiens, lors qu'vn Cerf se fait chasser sur la terre, à cause que le bois qui y est, plie & obeït aux cheuaux ; mais la quantité des eauës rapides qui y passent, par des riuieres & biaillieres, le rend difficile & penible aux hommes & aux chiens, lors que les Cerfs s'y font chasser, & les oblige, aussi bien que les Cerfs, de s'y habituer & accoustumer, pour y pouuoir resister du corps & de l'esprit, puis qu'il faut que l'vn & l'autre trauaille sans discontinuer, pour y maintenir & chasser vn Cerf de pres, & ne luy pas donner le temps de s'éloigner & se fortlonger deuant les chiens : car quand cela arriue, il est tres-mal-aisé de le pouuoir r'aprocher & relancer, à cause des ruses & changemens qu'il fait dans ces biaillieres, sortant de l'vne pour r'entrer dans l'autre : & pour y obuier, apres auoir fait faire les barricades que i'ay dites aux autres chapitres, lors que vous auez donné vn Cerf aux chiens, & qu'il vient à l'eauë, il faut exactement obseruer son entrée, afin de sçauoir, sans y manquer, s'il descend, ou s'il monte pour longer vne riuiere, ou vne biailliere des deux costez, & que les Picqueurs & les chiens soient my-partis, & faire le plus de diligence que vous pourrez, en conseruant seulement le temps qu'il faut à vos chiés pour se rabatre des voyes de vôtre Cerf, lors qu'il en sortira : car il leur faut permettre le moins que vous pourrez, d'entrer dans ces torrens & biaillieres d'eauës ra-

A a

pides & froides, venans de neiges fonduës & de sources,
qui leur refroidiroient les iambes & les lasseroient, à cause
qui leur seroient obligez d'y nager, & qu'ils y feroient aussi
moins de diligence : & obseruer aussi de ne les pas prendre si pres du bord, à cause qu'vn Cerf qui en sort, porte de
l'eau sur son poil, qui luy coule le long des iambes & des
pieds, & tombe dans ces voyes; ce qui les élaue & en oste
le sentiment aux chiens, & seulement iusques à ce qu'elle
soit toute tombée. Mais si sur le bord de ces torrens & biaillieres, il y a du bois & des forts, où vn Cerf peut faire des
portées, touchant aux branches par les endroits du corps &
de la teste, qui n'auront pas esté moüillez, où les chiens
pourront auoir du sentiment; en ce cas, il faut prendre des
deuants, plus pres de la biailliere, à cause qu'il seroit dangereux, si vous vous écartiez dans le fort auec vos chiens,
de faire bondir quelque autre Cerf qui y seroit à la reposée,
que vos chiens chasseroient, peut-estre long-temps auparauant que vous les peussiez rompre & oster de dessus les
voyes; ce qui donneroit le temps à vostre Cerf de se fort-
longer & de ruzer : ioinct qu'apres qu'ils auroient as-
senti de ces bonnes voyes, ils auroient peine à se rabatre &
parchasser celles de vostre Cerf, qui iroient de hautes erres, & quand vous arriuerez à ces retranchemens & barricades, il faut qu'vn Picqueur mette pied à terre, pour en
reuoir & connoistre s'il en sort, & aussi s'il rentre dans la
biailliere au de-là de la barricade, ou s'il la quitte tout à fait,
à cause du peu de sentiment que peuuent auoir les chiens,
lors qu'vn Cerf sort de l'eau, pour les raisons que i'ay dites; Et s'il y r'entre, il faut qu'vn Picqueur le suiue, si l'eau
n'est pas trop haute, sinon qu'il aille sur le bord, pour connoistre aux branches des arbres qui pendront sur le bord
de la biailliere, si elles sont moüillées : car si vostre Cerf
y a passé, il n'aura pas manqué d'y faire sauter de l'eau,
comme sur des pierres (s'il y en a qui excedent) que
vous verrez moüillées par endroits; ce qui est plus ordinaire dans les riuieres & torrens, à cause qu'il y en a beaucoup

plus & de tres-grosses : c'est ce qui se doit appeller éclabous-
sures, & les voyant, vous deuez crier, *il bat l'eau*, & sonner pour chiens, pour auec les Picqueurs, les obliger de venir à vous.   Vous continuerez ainsi, iusques à ce que vous le
trouuiez sorti, & alors qu'il enfoncera dans le païs, pour
chercher le change, & vous le donner, vous obseruerez
vos chiens, qui tiendront la teste, pour les connoistre de
nom, afin de sçauoir s'ils sont sages assez pour conseruer le
sentiment de vostre Cerf, s'il est accompagné, & le maintenir lors qu'il s'en separera ; afin que si vous n'y auiez vne
parfaite creance, vous ayez soin de leur crier tres-souuent,
Layla, Layla, Layla, chiens, pour les obliger à auoir de la crainte & n'aller pas si viste, afin que vos chiens sages qui seront apres eux, puissent deuant passer & que quand vostre
Cerf se separera des autres, ils en ayent pris le sentiment &
le maintiennent : car c'est vne chose asseurée que les chiens
qui commencent à estre sages, ou au moins qui sont obeïs-
sans, ont de la méfiance d'eux aussi-tost que vous vsez de ce
terme *Layla*, & que vous ne sonnez plus. Ce qui se doit faire
dans ces occasions, est seulement pour auertir ceux qui suiuent la chasse & les relais ; & cela fait que cette méfiance
les oblige à laisser passer les sages deuant eux, à cause qu'ils
leur ont veu garder le change d'autres fois : & si vostre
Cerf ruse & fait des retours dans le fort, retourner iuste
sur les voyes, afin d'obliger vos chiens de vous suiure, pour
trouuer le retour & le bout de la ruse, & ne pas faire bondir
le change : que si par mal-heur vos chiens l'auoient pris, il
les faudroit aussi-tost oster de dessus les voyes, en leur criant
haye, & briserez haut en ce lieu : & au premier chemin que
vous trouuerez, vous y ietterez des brisées, afin qu'apres
auoir pris les deuants, si vous ne trouuez vostre Cerf passé,
vous puissiez reuenir & connoistre le lieu où vos chiens ont
pris le change, pour y requester & y relancer vostre Cerf,
puis que vous ne l'auez pas trouué passé, apres auoir fait reprendre les ieunes chiens & ceux qui ne sont pas sages, pour
requester auec ceux qui sont sages ; mais il vous faut resou-

uenir de prendre touſiours ces grands deuants , auparauant
que de vous arreſter à requeſter dans le fort (pour les conſe-
quences que i'ay dites au Traicté pour Cerf) & ſi voſtre
Cerf reuient à l'eau, & s'il a encore de la force , vous en vſe-
rez comme i'ay dit ; mais s'il en manque , il faut que les Picqueurs le pouſſent , pour acheuer de l'outrer : car les chiens
peuuent eſtre rebutez de battre l'eau : ioinct que le Cerf peut
rendre les abois en des lieux où ils ne peuuent pas aller , à
cauſe de la rapidité des eaux , ou bien il y ménageroit le
reſte de ſa force iuſques à la nuict.

Fin de la premiere Partie.

LA
VENERIE
ROYALE·
DE LA CHASSE DV LIEVRE·
ET DV CHEVREVIL.

CHAPITRE PREMIER.

Contenant les termes deſquels on doit vſer en faiſant chaſſer les chiens pour le Lievre, & les remarques que l'on doit faire du terrain & du temps.

NCORE que la taille du Lievre & celle du Cerf, ſoient les plus eſloignées de proportion, des beſtes courables (deſquelles ie parleray cy-apres) neantmoins ce ſont celles où il ſe rencontre plus de conformité, dans le ſenti-ment qu'en ont les chiens : Ce qu'ils nous font connoi-ſtre, lors que nous commençons par les faire chaſſer le

Aa iij

Lievre quelque temps, pour leur imprimer vne plus parfaite obeyssance, & les laisser prendre force, afin qu'aussi-
tost apres que l'on leur donne vn Cerf, ils le chassent de
mesme ; C'est aussi ce qui a obligé ceux qui ont intro-
duit les termes, de les rendre semblables, au moins peu
differens, sans considerer l'inegalité du pied, ny les connoissances, puisqu'il n'y en a point au Lievre ; mais au
sentiment & à la maniere qu'ils se font chasser, puisque
ce sont les deux animaux qui font le plus de ruses & de retours, & qui se trouuent les plus semblables, selon pourtant la nature des pays differens où ils les font : car le Lievre les fait dans la plaine presque tousiours, ou dans quelques bocquetaux, & cela à cause qu'il y est né & nourry,
& le Cerf les fait dans de grands pays de bois, pour les mesmes raisons de la naissance & de la nourriture, & tous deux
la pluspart du temps dans les chemins, & tousiours sur leurs
voyes, ce que ne font pas ordinairement les autres bestes.
Ces raisons m'obligent à parler de la Chasse du Lievre, im-
mediatement apres celle du Cerf, afin de mieux & plus facilement faire connoistre ce que i'en diray, sans interruption des termes : ce que i'obserueray en suite des Chasses
dont ie parleray.

   La Chasse du Lievre est beaucoup plus facile à comprendre que celle du Cerf, puisque ce n'est à proprement parler, qu'vne pratique & routine à faire chasser seulement, &
que celle du Cerf est vne science où il faut estre bon Connoisseur pour estre bon Picqueur. Elle se peut aussi apprendre en bien moins de temps, pourueu que ce soit par des
personnes qui ayent esprit & iugement, à cause que c'est la
plus delicate pour le sentiment, & la plus suiette aux terrains & aux temps de toutes les Chasses : car lors qu'il fait
grand chaud, la poudre vole dans les terres, les herbes sont
bruslées, ou au moins, si seiches, que le Lievre y passant,
n'y laisse, ny dans l'vn ny dans l'autre, que peu de sentiment ; & s'il vient vne pluye dans ces chaleurs, elle fait fu-
mer la terre, ce qui la rend puante, & offusque le sentiment

du Liévre, & ne peut eftre bonne qu'apres trois ou quatre
heures de là ; s'il gele, le fentiment en eft auffi moindre,
à caufe de la terre qui eft dure, & empefche que le pied du
Liévre n'y peut entrer & s'y imprimer, & auffi que le froid
le concentre ; que s'il à dégelé, les Liévres paftent & emportent la terre auec leurs pieds qu'ils ont fort pleins de poil, &
comme cela, laiffent peu de fentiment à la terre. Il y a auffi
les vents de bife, galerne, & autan ; mais particulierement les deux premiers font fi aigres & effuyans, qu'ils emportent le fentiment des voyes.   Toutes ces chofes doiuent
eftre connuës & obferuées de celuy qui fait chaffer les
chiens pour Liévre, pour quand il s'en apperçoit, ne pas
aller ce iour-là à la chaffe, puifqu'il n'y peut donner aucun
plaifir à fes chiens ; mais pluftoft du refroidiffement à fon
Maiftre pour la chaffe, s'il n'en auoit pas encore la parfaite
connoiffance, & puifqu'il fe peut imaginer que ce fera le
mefme toutes les fois qu'il ira, & auffi que la chaffe eft feulement établie pour le plaifir.

  Les termes pour faire chaffer le Liévre, font que lors que
vous aurez découplé vos chiens & qu'ils auront pafsé leur
premiere ardeur, vous leur deuez crier, *à moy chiens, tié hault,*
& fonner vn ton du grefle, & trois ou quatre du gros ton
entrecoupé ; pour les obliger à reuenir à vous, & y eftans
reuenus, vous leur deuez dire, *Bellement mes bellots*, plufieurs fois, & nommer ceux en qui vous auez plus de creance, afin de les obliger à quefter, & pour cela vous leur direz
Holo, Holo, Holo loo, & lors que vous verrez qu'ils rencontreront des voyes de la nuiét d'vn Liévre, vous irez à eux,
& les nommant, vous leur direz *Velcy allé*, plufieurs fois,
pour les obliger à tenir la voye du Liévre, ce que vous reïtererez de temps en temps, & iufques à ce qu'ils l'ayent lancé. Il faut auffi que le iugement de celuy qui les fait chaffer,
leur ayde, en confiderant la faifon & le lieu où il eft, pour
connoiftre où peut demeurer vn Liévre, afin d'y aller auec
fes chiens : & pour les obliger à le fuiure, il leur doit crier,
à moy tié haut, & en nommer quelques-vns des plus fages

qui peuuent faire fuiure les autres, & s'ils ne le font, ceux
qui fuiuent la chaſſe, leur doiuent crier *tirez*, *chiens tirez*,
& faire claquer leur foüet : car on en doit eſtre muny à la
chaſſe du Liévre, ou d'vne grande houſſine, encore plus
commode, en ce qu'elle ne ſert pas ſeulement à chaſtier les
chiens, mais auſſi à battre ſur les hayes & les buiſſons pour
faire partir & repartir vn Liévre, lors qu'il y eſt au giſte &
relaiſſé ; & pour obliger mieux vos chiens à vous ſuiure,
vous deuez ſonner du gros ton par mots entrecoupez, comme *Ton hon*, *Ton hon*, *Ton hon*, & auſſi pour les faire tourner, queſter, & requeſter, celuy qui le verra au giſte, doit
crier *Ho loo ie le voy*, & lors que le Liévre eſt lancé, celuy
qui le verra, doit crier *Velle la*, & quand les chiens en auront
pris la voye, le Picqueur leur doit crier *s'en va chiens*, *s'en
va*, & ſonner pour chiens comme pour Cerf, quelques
mots du greſle, pourueu que l'on finiſſe du gros ton : car
l'on ne doit iamais finir du greſle, ſi on ne void la beſte que
l'on chaſſe, & lors que le Picqueur reuoit des voyes du Liévre
fuyant, il ſe peut ſeruir, s'il veut, du terme que l'on vſe pour le
Cerf, qui eſt *Vol ce l eſt*, pour faire difference de celuy qu'il
auroit dit en faiſant parchaſſer, lors que le Liévre faiſoit ſa
nuict, & alloit d'aſſeurance, qui eſt *Vel cy allé*.

CHAPITRE II.

De ce que la nature enſeigne aux Liévres.

LA reflexion que i'ay faite pluſieurs fois ſur la maniere
d'agir du Liévre, ſelon les ſaiſons & les temps, lors
qu'il ſe releue le ſoir du bois, ou du lieu où il s'eſt mis au giſte le iour pour s'y repoſer, & cacher, & comme il fait ſa
nuict, & de la façon qu'il ſe retire & rentre au matin, m'a
fait connoiſtre qu'il auoit vne plus parfaite connoiſſance
de la mutation des temps que les Aſtrologues qui en ont
écrit,

écrit, ce qui doit estre appris par ceux qui le veulent chasser
& forcer, puisque, comme i'ay dit au Chapitre precedent,
cette chasse est la plus dépendante des temps, de toutes;
& pour le sçauoir sans y manquer, il faut que celuy qui fait
chasser les chiens pour Lieure, aille le soir auparauant au
releué du Lieure, & le matin à la rentrée, d'où il connoi-
stra à point nommé, le temps qu'il fera ce iour-là, afin qu'il
en puisse estre asseuré, & du lieu où il pourra trouuer vn
Lieure; ie ne dy pas qu'il doiue estre exact à suiure & remarquer où vn Lieure se met au giste, mais seulement qu'il
remarque le matin s'il rentrera dans le bois d'où il l'aura veu
sortir le soir, ou s'il s'est mis dans quelque hallier, ce qui sera vn signe éuident qu'il ne pleuuera pas ce iour-là; car le
Lieure ne se met iamais dans le fort, lors qu'il doit pleuuoir,
à cause qu'il seroit moüillé dans son giste, & qu'il y auroit
de continuelles allarmes quand l'eau des branches & des
feüilles tomberoit dessus, & allentour de luy : il choisira
plustost sa demeure sur le penchant d'vn fossé qui sera à l'a-
bry de la pluye & du vent, & où l'eau pourra s'égouter sans
venir sur luy, ou aux lieux eminens dans la plaine, comme
sur quelque Meurier, ou tas de pierres; & lors qu'il doit
faire de grands vents & froids, il rentre au bois pour y estre
à couuert; mais quand il demeure au giste dans les guerets
ou bleds, c'est vn signe asseuré d'vn beau temps, ce que
vous connoissez le matin, les attendant à la rentrée sur le
bord du bois, & que vous n'y en voyez venir aucun; ces
remarques se doiuent faire selon les saisons, l'âge, & le
naturel des Lieures : car les Leuraux & les ieunes Lieures
n'ont pas encore toutes ces adresses & habitudes, eux qui
demeurent dãs les lieux où ils ont esté nez & nourris iusques
à ce qu'ils soient forts; c'est aussi à l'exception des Lieures
qui sont ladres, qui font leurs demeures dans des lieux humides & marescageux, comme dans quelques petites Isles,
& aux queuës des estangs sur des buttes de ioncs, ou dans
les bas des terres auprès des prez, y ayant ordinairement de
l'eau dans leur giste. Il y a aussi des temps que les Lieures

Bb

font en amour, & lors ils ont vn tel déreiglement en leur façon d'agir, que l'on n'y peut faire aucun iugement, à cauſe
qu'ils font touſiours ſur pied, courans les vns apres les autres
iour & nuiᵈt; mais ils n'ont pas leurs ſaiſons de chaleur ſi reglées que les autres beſtes : & ce qui nous le fait connoiſtre,
c'eſt que nous voyons des Levraux preſque en tout temps;
neantmoins ils ont les mois de Decembre & Ianuier pour
leur principale & plus aſſeurée chaleur, & que ie croy eſtre
reglée pour les vieux Lievres : car ceux qui peuuent eſtre en
chaleur dans les autres temps, font des Levraux qui naiſſent
dans les ſaiſons extraordinaires, & qui viennent en âge & en
chaleur dans vn temps déreglé, n'ayans bougé d'enſemble,
où ſe rencontrent d'ordinaire maſle & femelle. Les hazes
peuuent faire iuſques à trois Levraux, ce qui ſe peut connoiſtre lors que vous en prenez vn qui aura vne eſtoille au
front; il n'y a aucune connoiſſance par le pied entre le maſle
& la femelle; mais l'on en peut faire des conieᵈtures, lors
qu'on en deffait la nuiᵈt auec des chiens courans, puiſque le
maſle fait beaucoup plus de pays que la femelle qui ne fait
que tourner allentour du lieu où elle veut ſe mettre au giſte,
& qu'auſſi lors que vous les chaſſez, la femelle tourne plus
que le maſle & tient moins de pays, & ne s'eſloigne pas auſſi
tant des chiens, & en les voyant, l'on y peut remarquer que
le maſle a ordinairement la teſte plus courte & plus carrée,
le corſage plus petit, & le poil plus rouge, ce ſont les ſignes
qui peuuent faire conieᵈturer que c'eſt vn maſle.

CHAPITRE III.

Des proprietez du Liévre.

LES proprietez du Liévre se rencontrent beaucoup plus aux gousts qu'à la santé, neantmoins la ceruelle en est bonne pour attendrir les gensiues aux petits enfans, & leur faire plus promptement percer les dents, en leur en frottant, & le pied de deuant du Liévre est propre pour ceux qui sont sujets à la colique: si c'est le pied droit, il le faut porter au costé droit, & le pied gauche au costé gauche, c'est ce que i'ay veu experimenter à vn Gentil-homme de condition, & cela sans tirer à consequence, ny blesser nostre Religion Catholique, Apostolique, & Romaine. Le poil est aussi propre à étancher le sang; mais pour le goust, on le peut mettre en plusieurs apprests, desquels il n'est bas besoin de parler, mais seulemét de deux qui semblent étre les plus commodes aux chasseurs, à cause de la facilité & promptitude à les apprester: Le premier, c'est de se seruir du foye & du sang pour le mesler auec des œufs, & en faire vne omelette, & le second s'en est vn que i'ay inuenté; apres auoir tué vn Liévre vn iour de Caresmeprenant, qui éstoit si vieil & si dur, qu'il nous fut impossible de luy séparer les aureilles auec les mains, quoy que nous l'eussions repris à plusieurs fois; ie m'auisay pour éprouuer si on le pourroit attendrir de le faire vuider seulement, & aussitost apres l'embrocher sans l'écorcher, faisant rougir deux pesles à feu: & pour ménager le lard, i'en coupay deux tranches, comme pour faire des lardons, & les attachay auec du fil à deux lattés, passant le fil entre la coüenne & le gras, afin qu'il ne se bruslast pas; & quand mon Lievre eust le poil assez sec, i'y mis le feu auec vn tison flamboyant: le poil estant brûlé, ie pris vne des pesles rouges & appuyay mon lard contre icelle, le faisant degouter sur le Lievre, & continuay auec ces pesles, qui rougissoient l'vne apres l'autre, iusques à ce que ie

B b ij

vy que la peau ſe ſeparoit du corps , & que ie l'a pû oſter fa-
cillement auec des pincettes (ce qui ſe peut faire auſſi auec
la main) & apres eſtre détachée & oſtée, ie l'arrouſay encore vne fois auec le lard , & apres auec du fort vinaigre : & le
voyant cuit, l'on y fit vne ſaulſe, qui ſe peut faire douce, ou à
la poivrade, ſelon le gouſt : ce vieil Lievre & dur qu'il eſtoit,
auparauant d'eſtre cuit, ſe trouua plus tendre qu'vn levraut
gardé de trois iours, d'où il ſortoit du ius en le coupant, comme d'vn gigot de mouton , qui ſont les deux choſes contraires qui rendent les Liévres roſtis mauuais : ioinct la dureté, &
qu'ils ſont alors fort ſecs. Et apres y eſtre tout à fait experimenté , le deffunct Roy Louys XIII. me commanda vn iour
des Roys , à Verſaille, de luy en faire appreſter vn qui venoit
d'eſtre pris, & propre pour en faire l'experience , eſtant tres-
vieil & tres-dur. Il eut auſſi la curioſité de vouloir le venir
voir roſtir à la bouche (ainſi s'appelle la cuiſine des Roys de
France) ſa Majeſté le trouua ſi tendre & ſi excellent, & ceux
qui auoient l'honneur de manger auec elle, qu'il n'y demeura
que les os. I'ay voulu mettre cét appreſt, pour ſeruir aux
Chaſſeurs, lors qu'ils auront pris vn Lievre à la campagne,
& qu'ils iront pour repaiſtre dans vn mauuais cabaret, où
ils ne trouueront rien : & par cét aduis , ils pourront faire
promptement leur diſner, & retourner incontinent à la chaſſe.

CHAPITRE IV.

Des saisons où il faut chasser le Lievre.

CE n'est pas assez de vous auoir fait connoistre les vents & les temps qui sont contraires à la chasse du Lieure, il faut que ie vous donne encore la connoissance de la terre & des saisons propres, & celles qui y sont contraires, comme sont les gelées, à cause que cette chasse se fait presque toûjours dans la plaine, où les chiens se pourroient dessoler & en seroient long-temps boiteux ; ce n'est pas que l'on ne puisse chasser dans l'Hyuer, pouruen que l'on fasse choix des lieux propres pour cela, comme dans des plaines, où il y a des brádes, & dans des fonds de sable, où le Soleil aura paru vn peu de temps, pour amortir la plus grosse gelée, comme en d'autres pays, où il a dégelé, & en suite dãs le Printemps, iusques à ce que les grains soient grands à les pouuoir gaster, & qu'en ce temps les hazes ont leurs levraux tres-petits. Toutes ces considerations vous doiuent retarder de chasser le Lieure, iusques à ce que la recolte soit faite, au moins à ceux qui habitent les plaines, & d'attendre iusques au mois de Septembre propre à dresser les ieunes chiés. La terre en est fraische, le Lieure y fait des portées dans les chaumes & regains ; ce qui augmente le sentiment aux chiens. Il y a de grands Levraux que vous pouuez prẽdre & forcer en vne heure, quelquefois moins : c'est ce qu'il faut à vos ieunes chiés. I'ay dit au Traicté pour Cerf, comme il falloit accoustumer les ieunes chiens dans le chenil, & les apprendre à aller au couple : vous en deuez vser ainsi des chiens pour Lieure, sinon que vous les pouuez faire chasser deux mois plus ieunes, à cause qu'ils ne sont pas obligez à faire de grãdes traittes, comme les chiens pour le Cerf, parce qu'on les peut reprendre, quand on

B.b. iij

veut, puis que cette chaſſe ſe doit faire dans la plaine, n'e-
ſtant pas encores en cecy dans le ſentiment du ſieur du
Foüillou, qui veut que l'on commence à faire chaſſer les ieunes chiens pour Lievre, dans les bois & pays couuerts, & meſme que l'on les y découple; ce que ie n'approuue pas, parce
que cette methode ne peut produire que de mauuais effets,
à cauſe qu'ils s'y peut trouuer vn Renard, vne foüine, vn chat
& d'autres beſtes, ſelon les pays, & que ces ieunes chiens
peuuent chaſſer long-temps auparauant que vous puiſſiez
voir ce qui eſt deuant eux : ioinct qu'il eſt difficile aux Picqueurs de les ſuiure dans des pays fourrez où ſe font chaſſer ces animaux, qui ne font que tourner, où il vous ſeroit
mal-aiſé de les oſter de deſſus les voyes de ces beſtes & les
y chaſtier : & auſſi que ſi vous donnez des ieunes chiens
dans des pays couuerts, où le ſentiment eſt bien plus grand
du Lievre, que dans la plaine, ce que i'ay dit, leur fait prendre vne mauuaiſe impreſſion d'abord, & fera que toutes
les fois qu'vn Lievre viendra à la plaine, ils en mépriſeront
les voyes, à cauſe du fort ſentiment qu'ils auront eu dans
ces pays couuerts; & c'eſt cela qui leur fait mépriſer les
voyes, ou au moins, les chaſſer mollement : ce qui donne le
temps à vn Lievre de ſe fortlonger & ruyer deuant eux, &
fait que les voyes s'amoindriſſent touſiours dans les ſentiment des chiens, & qu'en peu de temps de-là ils ne les veulent plus chaſſer, allans pluſtoſt chercher d'autres voyes
dans les pays couuerts : ioinct qu'apres les auoir accouſtumé à aller chercher & queſter vn Lievre dans les bois, &
qu'en ſuite vous les voulez mener queſter à la plaine, pour
lancer vn Lievre, ils ne le feront que tres-negligemment,
& ne penſeront qu'à trouuer du couuert : Et quand bien ils
y auront lancé vn Lievre, s'il ne va bien-toſt dans ces pays
couuerts, ils ne l'y maintiendront pas, ſi ce n'eſt par vn
temps fort propre à chaſſer Vous eſtes auſſi dans ces pays
couuerts, priué de la moitié du plaiſir que vos pouuez
auoir à chaſſer le Lievre, d'entendre ſeulement vos chiens,
& de ne les pas voir ; Mais dans la plaine, vous auez le plai-

sirentier, y voyant tout ce que font vos chiens, estant en
voStre pouuoir de les chaStier, & ainsi les rendre à commandement en bien moins de temps, puis que vous leur pouuez
donner d'abord, sans y manquer, la connoiSSance de ce que
vous voulez qu'ils chaSSent, en ennoyant deux heures deuant, reconnoiStre par vn homme ou deux, à cheual, dans le
pays où vous desirez chaSSer, pour voir vn Lievre au-giSte, Si
vous ne vous voulez donner la peine & la patience de le faire queSter auec des chiens dreSSez ; vous leur donnerez ce Lievre remarqué, dans vn pays où il y en ait
peu : car s'il y en auoit beaucoup, ils en feroient partir Souuent & en prendroient le change; & les voyant, cela les obligeroit à faire des efforts, & leur donneroit vne mauuaise habitude de leuer le nez auSSi-toSt qu'ils rencontreroient de
bonnes voyes, ou qu'ils entendroient vn chien crier. Ie ne
voudrois pas auSSi que l'on attendiSt à faire partir le Lievre
que l'on auroit veu au giSte, à la veuë des chiens; mais que ce
fuSt vn peu auparauant, & qu'apres on les menaSt Sur les
voyes, & que vous euSSiez choiSi auSSi vne belle iournée
exempte de ces vents, que la terre Soit bonne, comme s'il
auoit pleu le Soir auparauant, & non d'vne heure ou deux,
pour les raiSons que i'ay dites cy-deuant.

CHAPITRE V.

De la qualité des chiens que les Gentils-hommes doiuent
auoir pour forcer le Lievre, & comme l'on
les doit tenir.

LA chaSSe du Lieure eSt celle qui conuient le mieux aux
Gentils-hommes, à cause qu'elle eSt de moindre dépen-
Se pour les hommes & pour les cheuaux, & où il n'eSt pas
besoin que les chiens Soient grands pour y reüSSir : ce qui
fait qu'il leur faut moins de pain, & auSSi qu'ils peuuent

faire cette chasse dans leurs petites terres, en leur particulier; & quand ils voudront chasser à plus grand bruit, ils se
pourront assembler & ioindre leurs petites Meutes ensemble : ce qui les entretient dans la societé & bonne intelligence, & leur oste la ialousie qui regne ordinairement parmy les Chasseurs, ne pouuants souffrir que leurs voisins
chassent sur leurs terres; Mais comme cela, tout est en commun : ce qui est doit estre, & ne faire pas comme quelques-
vns qui croyent que leurs voisins qui ont sur eux fait lancer
vn Lieure par leurs chiens, ne le peuuent suiure sur leurs
terres; mais qu'aussi-tost qu'ils y entrent, ils doiuent rompre leurs chiens; c'est où ils se trompent; veu que ce respect
n'est deu qu'aux Roys, encore ce ne doit estre que dans
quelques vnes de leurs terres, qu'ils reseruent pour leur
plaisir particulier : car pour leurs autres terres, ils ont eu de
tout temps la bonté de les donner aux plaisirs des Gentils-
hommes; ce qui doit estre permis aux Gentils-hommes &
aussi aux terres d'Eglise, l'ayant veu iuger & decider ainsi
au deffunct Roy L O V I S L E I V S T E, estant à Sainct Germain en Laye qui voulut auoir la bonté de prendre connoissance d'vn pareil different meu entre deux Gentils-
hommes qui estoient de ses domestiques, où toutes les particularitez cy dessus furent déduites.   Cette societé, que
les Gentils-hommes doiuent auoir inuiolable, fait aussi
qu'ils ne s'emportent pas dans la presomption de vouloir tenir des Meutes au de-là de leur reuenu, afin de chasser auec
plus grand bruit que leurs voisins, en quoy plusieurs ont in-
commodé leurs familles: les vns par ostentation, & les autres
par vn tres-grand attachement à la chasse, n'ayans point
d'autre pensée, où Dieu peut estre offensé, puis que nous
deuons auoir les temps & les heures reglées, pour vacquer
au spirituel & au temporel, & apres il veut bien que nous
ayons celles de nostre diuertissement. Vous obseruerez que
les chiens pour Lieure, ne doiuent estre ny grands, ny petits, pour plus generalement estre bons: car, comme i'ay
desia dit, les grands chiens y reüssissent peu, à cause qu'ils
                                                        sont

font haut de terre & qu'ils en ont moins de fentiment du Lieure:ioinct qu'ils n'ayment pas à tant tourner,pour employer mieux leur vitefse & la faire paroiftre ; les petits chiens font aufsi plus vigoureux , & fe tiennent en meilleur corps & font de plus grande fatigue pour chafser. Ils doiuent eftre taillez dans leur proportion , comme les chiens pour Cerfs: & pour le poil,fi ce n'eft pour les Princes & grãds Seigneurs: ie tiens qu'il eft mieux de ne s y pas attacher;mais feulement n'en prendre pas de ces poils élauez,dont i'ay parlé au Traicté pour Cerf.Vous les deuez loger à proportion de vos conditions & de la quantité de chiens que vous aurez dans des chenils , afin de les tenir enfermez , fi vous en voulez auoir tout le plaifir:car fi vous les laifsez vagabons, ils vont le matin chafser à la rosée : ce qui leur gafte le nez & fait qu'ils ne veulent plus chafser dans la chaleur , ny pour voftre plaifir, ayant defia pris le leur dans leur particulier , ou s'ils vous obeyfsent, ce fera auec negligence , peu de vitefse & de force , eftans fi pleins de quelque befte morte , qu'ils ne pourroient plus aller. Il faut auoir le foin de les panfer , au moins deux ou trois fois la femaine, particulierement le lendemain de la chafse , pour leur abbatre la poudre & la fueur qu'ils y pourront auoir pris, & leur vifiter les iambes & les pieds.

CHAPITRE VI.

Où l'on doit trouuer les Lieures dans
les faifons.

IE commenceray par l'Automne , à vous faire voir où fe trouuent les Lieures & Leuraux , puis que c'eft la faifon la plus propre pour drefser les ieunes chiés;vous deuez donc aller chercher , lors qu'il fait fec , les Lieures dans les chaumes de bled & d'auoine , particulierement où il y aura des

chardons : & quand il aura pleu, les quester dans les terres
nouuellement labourées; les Lievres ne se plaisans pas dans
ces chaumes, lors qu'ils font moüillez, & les Leuraux dans
les hayes & buissons, comme dans les clos de petites maisõs,
à l'écart: & durant l'Hyuer, dans quelques petits bois & gros
halliers, où il y aura quelques tas de pierres, & aussi sur le
haut d'vn fossé, & quand il fera vne belle iournée, dans les
bleds verds, où vous pouuez auoir connoissance qu'ils sont
au giste, par vne vapeur de leur haleine, qui paroist comme
vne petite fumée; c'est la pratique, qui vous peut donner cette connoissance. Ils se mettent aussi volontiers dans quelque
maison ruinée, où il se trouuera des épines & des ronces,
pour estre en ce lieu à l'abry du vent: & au Printemps, dans
les terres nouuellement labourées: & quand il fait chaud, au
pied de quelque petit buisson, ou genests, proche d'vn gagnage, pour se mettre à couuert des mouches.

CHAPITRE VII.

*Des ruzes & addresses des Lieures, quand ils sont
chassez.*

LEs Lieures, quoy que les plus petits de tous les animaux desquels ie parle dans mon Traité de Chasse,
ne sont pas les moins rusez, particulierement les vieux &
ceux qui ont esté courus auec les chiens-courans, que l'on
peut connoistre quand ils se font voir dans le giste, d'où ils
ne veulent partir qu'en leur donnant de la houssine : & aussi
quand ils se mettent au milieu d'vne plaine, & au lieu le
plus eminent; & que lors qu'ils en sont partis, pour commencer à courre, ils se font petits, & estans entrez dans vn chemin, le longeant, ils secoüent le iarret de temps en temps;
par ces signes, vous vous pouuez asseurer qu'ils sont de

grande viteſſe & haleine, & que c'eſt vn maſle: car les femelles (comme i'ay deſia dit) ne s'écartent pas ſi loin de leurs
demeures, joint qu'elles ſont ordinairement dans les buiſſons, ou ſur le bord de quelque foſſé ; ſi ce n'eſt par vn iour
extraordinairement beau. Ce Lieure donc pourra longer
vn chemin demy-lieuë ou plus, & iuſques à ce qu'il ait trouué vn carrefour, où il y ait pluſieurs chemins pour faire ſes
ruſes, en les longeanr & reuenant ſur luy, courant preſque
de ſa force, afin de maintenir l'auantage qu'il a d'eſtre fort-
longé & éloigné des chiens, & les oyant venir, s'il y a quelque grande piece de terre labourée, que nous appellons
guerets, il y entrera, faiſant encore le petit, de peur d'eſtre
apperceu : & s'il fait chaud, & que la terre ſoit fort ſeiche, il
la trauerſera, ayant l'adreſſe & la ruſe de voir qu'il fait voler la poudre par tout où il paſſe, qui recouure ſes voyes, &
oſte vne partie du ſentiment aux chiens qui le chaſſent, &
s'il a pleu quelque petite lauaſſe, il l'allongera dans les rayes
où l'eau aura vn peu couru, & où il ſera gâcheux, afin qu'il
emporte de cette terre détrempée auec ſes pieds, qu'il a
tres-garnis de poil: & comme cela, il oſte encore le ſentimét
aux chiens, qui trouueront auſſi ſes voyes aller de hautes
erres, à cauſe du temps qu'il leur aura fallu à démeſler ces
retours & ruſes, & ſe voyant fortlongé des chiens, & qu'il a
le temps de chercher le change, il le va trouuer, & comme
il eſt l'ancien, il fait partir le ieune Lieure de ſon giſte en le
battant, s'il n'en veut ſortir, & ſe met en ſa place. Ce Lieure nouueau qui entend ſonner le cors, & venir les chiens,
s'en va ; les chiens arriuent où le Lieure de la Meute eſt relaiſſé, qui ne bougera, ſi vn chien ne le fait partir du nez
ou de la dent : & cela n'eſtanr pas, vos chiens trouueut les
voyes du Lieure frais, qui vont du meſme temps, puis qu'il
eſt party quand celuy de la Meute eſt demeuré, & ainſi il
vous donne le change, & ſi cette ruſe ne luy reüſſit, eſtant
relancé & échapé des chiens (car i'en ay veu faire ſi fort
les fins, qu'ils ſe laiſſoient enueloper, & prendre au milieu de huit ou dix chiens) mais s'il en échappe, vous

C c ij

les verrez faire des diligences tres-grandes pour regagner
son auantage, & s'éloigner encore des chiens, pour chercher
quelque autre occasion de ruser, puis que celles-là ne luy
ont pas reüssi. Comme s'il voit vn troupeau de vaches, ou
de bestial blanc, qui en paissant soit épars, il aura l'adresse
d'y aller doucement en se faisant petit, pour ne les pas es-
pouuanter & rassembler, afin qu'il y puisse faire deux ou
trois ruses auparauant que de se flastrer au milieu d'eux, ou
il attendra les chiens, qui estans venus, peuuent courre
apres le bestial, & par leurs fuites auront passé sur les voyes
du Lieure, & les auronnt effacées, ce qui en ostera le sentiment: & s'il est relancé, il s'en ira encore de sa force droit
à quelque hameau, pour y ruser allentour des maisons,
dans les chemins battus du bestial: & apres s'il y a quelques
maisons ruinées de long-temps, il montera huit à dix pieds
sur vne muraille, pour s'y relaisser: & s'en voyant relancé, il
s'en ira dans quelque petit bois, faisant feinte de le passer,
& reuiendra sur ses voyes, demeurer à dix pas d'ou il est entré sur le haut d'vn fossé, ou sur quelque tocque de bois, &
allant dans vne plaine, sur ses fins, il se mettra dans quelque
trou qu'aura fait vn chien dans la terre, pour y chercher vn
mulot, ou sous quelque rocher, ou le long des hayes, sur
quelque fossé, apres auoir fait vn élan & vn saut extraordinaire, afin que les chiens n'en ayent pas le sentiment iusques-là. Ce n'est pas qu'vn Lieure fasse toutes ces ruses que
i'ay dites cy-dessus, toutes les fois qu'il est chassé; mais elles peuuent arriuer en plusieurs chasses: & si c'est vn Lieure
ladre, vous le pouuez connoistre aussi-tost qu'il sera sorti
de son giste, que vous trouuerez dans les lieux marescageux, & bien souuent pleins d'eau. Ce Lieure fera ses ruses contraires au premier dont i'ay parlé: car celuy-cy se
fera chasser dans des lieux humides, & battra l'eau aussi
quelquesfois, quand il la rencontrera commode à sa taille,
en gardant les lieux marescageux, qui est le centre de sa demeure. I'ay voulu vous faire connoistre toutes ces ruses,
comme ie les ay pratiquées, auparauant que de vous mon-

trer comme il les faut exercer en chaſſant, afin que vous en
ayez vne plus parfaite connoiſſance.

CHAPITRE VIII.

Comme l'on doit faire chaſſer les chiens pour forcer le Lieure.

I'Ay fait connoiſtre dans les Chapitres precedens les ruſes des Lieures, & des tēps qu'il les falloit attaquer pour
les forcer ſelon les ſaiſons, puiſque ces precautions font le
fondement de cette chaſſe, comme de ſçauoir connoiſtre les
lieux qui ſont les plus auantageux aux ſentimens des chiens,
& qu'il falloit que ce fuſt en des pays découuerts pour y pouuoir voir touſiours les chiens chaſſer, tourner & requeſter,
afin que le plaiſir en ſoit entier, pouruen que ce ne ſoit pas
dans des plaines où il y ait beaucoup de Lieures, comme ſont
celles que les Princes & Seigneurs conſeruent, où vous auriez bien moins de plaiſir, puiſque vous verriez ſouuent partir le change, & le prendre à vos chiens qui ne le peuuent pas
garder, comme d'vn Cerf. Ce n'eſt pas qu'il n'y en ait quelques-vns des vieux, qui apres auoir chaſſé vne demy-heure
vn Lieure, ne donnent quelques connoiſſances aux Picqueurs, lors que le change eſt party, & va deuant eux en les
voyant chaſſer plus froidement, & auſſi qu'en ces pays où les
chiens voyent ſouuent les Lieures, ils en contractent de mauuaiſes habitudes telles que ie les ay deſia dites; Vous vous
reſſouuiendrez auſſi de ne les pas faire chaſſer, quand il y aura de la roſée ſur la terre, ſi ce n'eſt quelquefois dans les extrémes chaleurs, en ce cas il faut faire de neceſſité vertu,
comme d'obſeruer les vents; neantmoins s'il ne fait que le
vent autan, vous ne laiſſerez de chaſſer, pouruen que vous
obſeruiez de n'attaquer pas, pour ce iour-là, le Lieure dans

vne grande plaine, où il peut plus efsuyer les voyes que dans
les lieux couuerts, & auffi vous peut moins incommoder à
ouyr les chiens, & vous entendre les vns les autres. Et apres
vous eftre refsouuenu de ces chofes que i'ay voulu vous dire,
encore vne fois toutes enfemble, afin de vous en rafraichir
la memoire dans l'occafion necefsaire, il faudra preparer vos
chiens auec foin, afin qu'ils en paroifsét plus beaux & agreables à voftre Maiftre, & à ceux qu'il aura conuiez de les voir
chafser, & en aller receuoir le commandement de luy le iour
auparauant, pour en aduertir ceux qui feront fous voftre
charge, afin qu'ils fe leuent du matin pour aller bouchonner
& peigner les chiens, leur vifiter les iambes & les pieds, pour
voir s'ils n'y ont point d'épines ou de dentées, & s'il y en a
quelques-vns qui ayent les pieds échauffez ou defsolez, il
les faut laifser ce iour-là au chenil, & iufques à ce qu'ils
foient guaris: & s'il y en a de maigres, qui peuuent eftre quelques ieunes chiens qui auront trop d'ardeur à la chafse,
en prenant au delà de leurs forces, ceux-là ne fe doiuét faire
chafser que de deux chafses; l'vne, afin de leur donner le téps
de reprendre leurs forces; car autrement vous les mettriez
fi bas, qu'ils deuiendroiét étiques. Vous pouuez voir mieux
toutes ces chofes lors que vous les menerez à l'ébat, & prendrez le compte de ceux qui pourront chafser pour le dire au
Commandant à l'équipage, ou à voftre Maiftre, & leur donnerez peu à mâger pour le repas, particulieremét aux chiens
gras & aux chiens Anglois. Ayans fait ces diligences, vous
deuez déieuner & faire déieuner voftre monde, & auffi-toft
apres cômander aux valets de chiens qu'ils aillent coupler,
où le Cômandant doit aller auffi, afin qu'il ordonne de ceux
qu'il faut laifser au chenil, & apres leur auoir donné l'ordre
du lieu où ils doiuent aller à la chafse, il doit monter à cheual, & aller trouuer fon Maiftre, pour luy dire que fes chiens
vont au rendez-vous, & la quantité qu'il en aura ce iour-là,
pour chafser, & luy direz les caufes pourquoy les autres font
demeurez, & voyant fon Maiftre à cheual, & qu'il ait reçeu le fecond ordre pour aller au lieu où il veut chafser, il

doit s'en aller au galop ioindre ses chiens pour les y mener,
& y estant, il doit prendre son mouchoir par vn coin, leuant
la main aussi haut qu'il pourra, pour voir d'où vient le vent,
afin d'y découpler & y mener ses chiens quester, pour leur
donner plus de sentiment & de facilité a démêler la nuict
d'vn Lieure, lors qu'ils en auront rencontré, en parchasser
& tenir la voye iusques à ce qu'ils l'ayent lancé; son Maistre
estant arriué, il luy doit donner vne houssine, pareillement
à ceux qui seront auec luy, pour battre les hayes & les buissons, afin d'en faire partir le Lievre & repartir, lors qu'il y
sera relaissé, & aussi pour chastier les chiens quand ils seront
en faute, & les faire r'allier au corps de la Meute, & apres
il doit demander à son Maistre s'il luy plaist qu'il fasse découpler, & s'il dit ouy, il doit mettre pied à terre, & passer
les resnes de la bride de son cheual dans le surfais, ou les
sangles, pour l'empescher qu'il ne s'en aille, afin d'ayder à
tenir les chiens & les découpler. Il doit commencer par les
plus sages, & s'il y a des ieunes chiens qui n'ayent pas encore chassé, les faire prendre & tenir par vn valet de chiens
à qui il ordonnera de ne les donner que iusques à ce que les
autres ayent lancé vn Lievre, & qu'ils l'ayent chassé vn
quart d'heure, à cause qu'il les pourroit faire emporter en
questans, courans, & crians apres les cheuaux & les oyseaux,
ce qui les peut lasser si l'on est long-temps sans trouuer vn
Lievre, & afin que cela leur dône aussi vne meilleure impression quand vous les donnez d'abord dans les voyes d'vn
Lievre, & vne vraye connoissance de ce que vous voulez
qu'ils fassent.   Cela ne doit estre que pour les deux ou trois
premieres fois que vous les faites chasser: car apres il les faut
donner d'abord auec les chiens dressez pour les accoustumer à quester & parchasser des voyes de la nuict d'vn Lievre. Les chiens estans donnez, & le Picqueur à cheual, il
doit demeurer ferme pour laisser passer cette premiere
équipée que font ordinairement les chiens François au partir du couple (car les chiens Anglois en ont peu) & apres les
appeller en leur disant, *à moy chiens tié hault*, & ne reuenans

pas, il faut qu'il ſonne par mots entrecoupez, & le premier
ton du greſle, pour les obliger à reuenir pluſtoſt. Eſtans reuenus, il doit les mener queſter au lieu deſtiné, & dans le
vent, en leur diſant, *bellement mes bellots*, par pluſieurs fois,
& pour les obliger à queſter, il leur faut dire *Holoo*, *Holoo*,
Hololoo, & ſonner de temps en temps par mots entrecoupez
du gros ton, leur criant auſſi *au lict*, *au lict chiens*, & s'il en
voit quelqu'vn à qui il doit auoir creåce, ſe rabatre des voyes
de la nuit d'vn Lievre, & en crier, il doit aller à luy & luy dire *Vel cy allé*, pluſieurs fois, le nommant, & ſonner afin de
faire venir les autres, pour luy ayder à déméler & parchaſſer
ces voyes, & ſi elles alloient de trop hautes erres, & que
vous viſſiez qu'elles ne fiſſent que tourner, c'eſt ſigne que
ce Lieure s'ira mettre au giſte loin de là, & que c'eſt le lieu
où il aura fait ſa nuict & ſon viandis. Alors le Picqueur doit
appeller ſes chiens, & aller prendre de grands deuans dans
le vent, & conſiderer la ſaiſon dans laquelle il eſt, & le temps
qu'il fait ce iour-là, comme ſi la terre eſt humide, ce Lieure
ira demeurer dans vn lieu ſec, ſur vne petite eminence où
il y aura quelque murier ou tas de pierre, ou ſur le haut
d'vn foſſé releué, ou s'il n'y en a dans ce lieu, ce ſera dans
la terre la plus éleuée, pourueu qu'il ne faſſe pas grand vent;
& s'il fait fort ſec, il ſera dans les bouts & culées des terres
où le chaume eſt grand, proche les prez, & dans les endroits
où il y aura force chardons; ſi c'eſt dans vn pays dont les
terres ſoient en friche, ce ſera ſous quelques geneſts & petits
buiſſons, pour ſe parer du grand chaud & des mouches.
Cependant que le Chaſſeur le queſtera auec ſes chiens, ceux
qui ſont à cheual, doiuent eſtre ſeparez les vns des autres de
cinquante à ſoixante pas, regardant à terre pour eſſayer de
voir le Lievre au giſte : ce qu'arriuant, ils doiuent crier d'a-
bord *Holoo ie le voy*, & marcher touſiours, afin de ne pas
faire partir le Lieure, & apres faire ſigne du chapeau au
Picqueur, s'il en peut eſtre veu, ſinon ietter ſon mouchoir
à terre en lieu où il le puiſſe retrouuer, aller faire venir le
Picqueur & les chiens, & venir deuant pour faire partir
le Lieure,

le Lievre, afin que les chiens ne le voyent pas pour les rai
fons que i'ay dites, & parce que cela les oblige à faire des
efforts, & les empefche de fi bien prendre la voye, au moins
fi-toft, à caufe qu'ils n'ont pas le fentiment libre, lors qu'ils
font hors d'haleine. Le Lievre eftant party du gifte, il faut
que ceux qui font à la chaffe le confiderent, pour remarquer
s'il eft grand ou petit, ce qui fe peut iuger dans fa proportion par ceux qui font experimentez en cette chaffe, comme
s'il eft rouge, ou gris, blanc, ou gris brun, afin que lors que
le change partira, ils le puiffent reconnoiftre, & le dire aux
Picqueurs, qui ne doiuent pas preffer les chiens à cette
chaffe, particulierement du commencement, ne les deuant
approcher d'vn bon quart d'heure, que de cent pas, & aprés
de cinquante, & tous ceux qui font à la chaffe, les doiuent
fuiure, fans s'écarter à droit ny à gauche dans la plaine,
où ils pourroient rompre les voyes du Lievre qui tourne
tres-fouuent, ce qui empefcheroit les chiens d'en pouuoir
reprendre le bout du retour, & les feroit tomber en defaut :
ils ne doiuent pas auffi fonner qu'à la queuë des chiens, &
apres le Picqueur, quand bien ils verroient le Lievre, pourueu que les chiens chaffent, puis qu'ils feroient venir ceux
qui ne feroient pas dans la voye, & leur apprendroient à
couper, joint qu'il faut toufiours maintenir les chiens enfemble pour chaffer à plus grand bruit, & en rendre le plaifir plus parfait ; car s'il y en auoit quelqu'vn qui emportaft la
voye du Lievre, cent pas, ou plus, deuant les autres, il le
faudroit arrefter, en luy difant *derriere*, & non *haye* ; car ce
mot de *haye*, ne fe doit dire qu'aux chiens qui font en faute,
comme quand ils chaffent le change ; mais fi les chiens
eftoient en defaut, que les Sçauans dans la chaffe viffent le
Lieure de la Meute, le iugeant tel par les remarques que
i'ay dites, & que la terre eftant humide, il fuft moüillé &
crotté, & par la chaleur, qu'ils le viffent échauffé & dehaflé,
en ce cas ils doiuent fonner pour faire venir les Picqueurs &
les chiens, afin de releuer le defaut ; & fi le Lievre enfile
& longe vn chemin, & qu'il ait defia quelque auantage de-

D d

uant vos chiens, estant fort-longé; en ce cas ne les pressez
pas, afin de donner le temps à ceux qui sont les moins auancez, d'en trouuer le retour, comme il arriue le plus souuent,
specialement quand c'est vn chemin qui confine à des terres nouuellement labourées que nous appellons guerets, où
le Lievre se plaist à les trauerser, particulierement s'il a esté
chassé d'autres fois, ayant l'adresse de connoistre que c'est
où les chiens ont le moins de sentiment. Et lors que vous
verrez vos derniers chiens prendre la voye du retour dans
le gueret, ne voyant point partir de Lievre, & que vos premiers chiens soient demeurez, vous sonnerez pour chiens,
& leur parlerez pour les obliger d'en maintenir la voye : car
c'est vn signe éuident que c'est vostre Lievre qui a tourné &
ruzé pour aller dans ce gueret où le chassent vos derniers
chiens. Vous remarquerez aussi à quelle main il aura fait ce
premier retour, pour y tourner toutes les fois, puisque de
trente, il en fera au moins vingt-cinq à cette main. Il faut
encore moins presser vos chiens dans ces guerets, où ils ont
le moins de sentiment, & par consequent plus de peine à
tenir la voye, & que si vous les pressiez, vous les obligeriez
à l'outrepasser, ou les faire aller à droit ou à gauche, & lancer vn autre Lievre : car c'est en ces lieux que les Lievres gi-
stent plus volontiers ; & si vostre Lievre est fort-longé, &
que ces terres soient seiches, le Lievre ayant fait voler la
poudre en courant, qui peut recouurir vne grande partie
des voyes, & en oster aussi du sentiment ; ou s'il a pleu, faisant gâcheux, le Lievre qui a le pied plein de poil, empor-
tera cette terre détrempée auec ses pieds, ce que nous appellons paster, ce qui diminuë aussi beaucoup le sentiment.
Cela estant, il faut appeller vos chiens, & aller auec eux
prendre de grands deuans, & iusques à des terres plus fermes & vieilles labourées, où il y ait des herbes & du frais,
où le Lièvre peut faire des portées en quelques endroits
(car ce qui touche aux iambes & au corps se doit appeller
portées) ce qui augmente le sentiment aux chiens ; ou bien
vous irez par rencontre en quelque terre en friche, où il y a

plus d'herbe & plus de sentiment, où il se conserue aussi plus
long-temps ; vous menerez vos chiens en ces lieux prendre les deuans, les faisant requester doucement , en vous
seruant des termes & des tons pour sonner , que i'ay dit , afin
que lors que vostre Lieure passera , ils s'en rabattent & le
chassent ; & si apres en auoir rencontré les voyes , vous ren-
triez dans ces terres nouuellement labourées , sans les auoir
renouuellées, il faudroit reprendre encore vos grāds deuans,
pour chercher d'autres terres fermes & herbuës, & les ayans
pris , si vous ne trouuez vostre Lieure passé , il faudra les reprendre plus courts iusques à trois fois , les racourcissant à
chaque fois , en y allant tres-doucement, pour donner assez
de temps à vos chiens de s'en pouuoir rabatre , & leur ayder aussi de l'œil ; & si vous ne le trouuez passé, c'est vn signe
éuident qu'il s'est flastré & relaissé ; alors il faudra aller auec
vos chiens où vous auez quitté les dernieres voyes, les y réchauffer (en leur parlant & sonnant, comme i'ay dit) pour
les obliger à tenir la voye, au moins que ce soit de temps en
temps , & ceux qui sont à cheual , prendront garde à terre
pour découurir & voir le Lieure relaissé , & que les Picqueurs mettent pied à terre pour regarder en se baissant aux
lieux les plus fauorables , & essayer d'en voir des voyes, &
si l'on voit partir vn Lieure , n'aller pas apres , qu'auparauant on n'ait veu le lieu d'où il est party , pour iuger si c'est
vn giste , ou vne flastrure ; car si c'est vn giste , il sera enfon-
cé & fort battu , ce qu'ils font auec leurs pieds auparauant
que de s'y mettre , comme le lieu qu'ils choisissent pour y
demeurer le iour , & y estre plus cachez ; & si c'est vne flastrure , il n'y paroistra que peu , puisqu'ils s'y mettent seulement sur le ventre, n'ayant pas le temps de la façonner , ils
s'y razent seulement le plus qu'ils peuuent ; & si c'est vne
forme , c'est vn signe évident que c'est vn Lievre frais : Il y
peut auoir aussi quelque doute , quand bien ce ne seroit
qu'vne flastrure , & que vous n'eussiez pas iugé au Lievre
qui en sera party , les remarques que i'ay dites , pour voir
que c'est celuy de la Meute , puisque ce peut estre vn Lievre

qu'vn berger, ou vn mâtin peut auoir fait partir, il y aura
peut-eſtre vne heure; il eſt vray que cela ſe peut, ce que
vous pouuez connoiſtre à la flaſtrure qui en ſera plus bat-
tuë que celle d'vn Lieure qui eſt couru, & l'ayant relancé,
il ne manquera d'aller chercher d'autres lieux & de differente nature (puiſque ces guerets ne luy ont pas reüſſi)
& d'allonger le iarret, s'il en a encore la force, pour faire
diligence & ſe fort-longer encore deuant les chiens, afin
d'auoir le temps de ruſer d'vne autre maniere, particulierement ſi c'eſt vn maſle, à cauſe qu'il ſçaura plus de pays
qu'vne femelle; il ira chercher vn carrefour, où ſe trouueront force chemins, dans leſquels il ira & viendra de toute
ſa force, pour auoir le temps d'aller & venir dans tous : &
apres il ſe relaiſſera ſur le haut d'vn foſſé, ayant fait vn
ſaut, ou vn élan de toute ſa force, pour s'eſloigner de ces
dernieres voyes, afin que les chiens n'aillent pas iuſques à
luy en le chaſſant; Et lors que vous arriuerez à ce carrefour,
& que vous verrez vos chiens chaſſer dans tous ces chemins, il faut les appeller, en leur ſonnant & parlant, comme
cy-deuant, pour les faire venir à vous, requeſter & les mener prendre les deuants autour de ſes chemins, & au de-la
du lieu où le Lieure aura fait ſes retours, pour y trouuer ſes
dernieres voyes; en cas qu'il s'en aille, & ne le trouuant
paſſé, apres auoir pris vos deuants entiers au de-là de toutes ces voyes, pour eſtre aſſeuré qu'il demeure, il faut que
les Picqueurs rameinent leurs chiens requeſter allentour de
ce carrefour, dans les hayes & buiſſons, s'il y en a, & les ré-
chauffent en leur parlant, pour les obliger à y entrer,& battent auec leurs gaules, comme tous ceux qui ſont à la chaſſe
& ſur le haut des foſſez, qui ſont entre les terres labourables
& ces chemins, où il ſe peut relaiſſer : Et l'ayant relancé, il
faut encore, pour eſtre plus aſſeuré, que c'eſt le Lieure de
la Meute, aller voir au lieu d'où il eſt party, pour iuger ſi c'eſt
vne forme ou vne flâtrure : & dans le temps qu'ils voyent le
Lieure, iuger s'il eſt fait comme celuy qu'ils ont chaſſé
iuſques-là, & s'il va donner dans vn troupeau de beſtial

blanc ou à corne. Auparauant que vos chiens y foient me-
lez, il faut les rompre & aller prendre de grands deuants
auec eux, afin de trouuer les voyes de voftre Lievre feules,
& fans eftre effacées de ce beftial, fi d'auanture il perce, finon vous reuiendrez requefter de l'œil & auec vos chiens,
dans voftre enceinte, où le beftial aura efté. Il faudra auffi
obferuer fi voftre Lievre n'auroit point efté iufques au beftial & qu'il s'en fuft retourné; & pour cela, il faut prendre
vos deuants plus grands par le lieu d'où vous eftes venu; &
l'ayant relancé, s'il va dans ces enclos, où il pourroit auoir
eu connoiffance de quelques Levraux, dont il vous auroit
donné le change, vous le connoiftrez, voyant chaffer vos
chiens, qui ne feront que tourner. Cela eftant, vous
romprez vos chiens & prendrez auec eux les grands deuants de ces iardinages, pour fçauoir fi apres que voftre
Lievre vous aura donné le change, il s'en eft allé, & ne le
trouuant paffé, vous viendrez requefter auec vos chiens au
lieu d'où eft party le change; & s'il a quelque mazure, ou
quelque maifon ruinée, où il foit venu quelques ronces ou
épines, vous irez battre & quefter, fans y rien obmettre: car
il y peut eftre allé iufques au haut pour s'y flaftrer : & fi
apres s'eftre relancé, il fe va mettre dans quelque trou de
Blereau ou de Renard, ou dans vn trou, fous quelque rocher : ce que vous pourrez iuger par vos chiens, qui le
chafferont iufques-là, & auffi à la voye du Lievre, qui eft
longue & étroitte (celles du Renard & du Blereau, eftans
rondes & beaucoup plus larges) vous l'en pourrez tirer
auec vn églantier, qui eft vne forme d'épine, qui a ces
pointes vn peu larges, longues, & crochuës, que vous mettrez dans le trou à rebours; & lors que vous fentirez que le
bout touchera le Lievre, vous appuyerez & tournerez l'e-
glantier, qui s'attachera au poil, & comme cela, vous le
tirerez ; Mais fi c'eft vn Lievre ladre que vous chaffiez, il
ne manquera d'aller chercher les lieux marefcageux, comme les queuës d'eftangs, où il fe pourra relaiffer fur des buttes de ioncs qui y font, & lors que vous y arriuerez, & que

vos chiens ne chasseront plus, il faut les appeller pour retourner, afin de connoiſtre s'il n'auroit point eſté iuſques-
là, & ſeroit reuenu tout court ſur luy; & ayant veu que cela
n'eſt pas & qu'il entre dans l'eſtang, pour y demeurer, ou en
percer la queuë, il en faut prendre les deuants; & ne le trouuant ſorti, vous viendrez où vous l'auez trouué entré, pour
y aller auec les cheuaux & obliger les chiens d'y requeſter,
ſi le fonds en eſt aſſez bon pour cela, ſinon il y faut faire entrer des valets de chiens à pied, pour faire le meſme & relancer voſtre Liéure : il pourra auſſi apres battre & longer
l'eau dans quelques petits ruiſſeaux, dont il faudra obſeruer l'entrée, pour eſtre aſſeuré s'il la monte ou deſcend,
pour aller auec les chiens & les Picqueurs, des deux coſtez,
& le trouuer ſorti : ce qui ne tardera pas long-temps, ne
s'opiniatrant pas à battre l'eau, comme vn Cerf.   Il peut
auſſi aller paſſer vn bras de riuiére à nage, pour entrer dans
vne Iſle, où il aura eſté d'autres fois, pour y manger de l'o-
zeille, de quoy ces Lieures ſont fort friands, & qu'ils s'en
ſont fort bien trouuez, à cauſe de la chaleur extraordinaire
qu'ils ont; ils s'y peuuent auſſi relaiſſer ſur quelque teſte de
ſaule, qui ne ſera éleué que de trois ou quatre pieds, où
vous pouuez entrer auec vos chiens, pour le requeſter, relancer & le prendre.   Toutes ces choſes n'arriuent pas autant de fois que l'on court le Lieure; mais cela peut arriuer
en pluſieurs fois que vous le courez. Le Lieure eſtant
pris, il faut que le Picqueur ſoit diligent de l'oſter aux
chiens, & de remonter auſſi toſt à cheual, pour en eſtre le
Maiſtre; & y eſtant, leur montrer en criant, *Velleloo*, pluſieurs fois : & apres il doit ſonner, & ceux qui ſont à la chaſſe auſſi, du greſle, pour obliger les chiens qui traiſnent, de
venir; & s'il y a des ieunes chiens, leur montrer le Lieure,
particulierement apres que l'on aura fait retirer les autres : Cela eſtant fait, vous en ſonnerez la mort par trois
mots longs, comme pour Cerf, & la retraitte en ſuite, &
emporterez voſtre Lieure iuſques à ce que vous ayez trouué
vn pré, ou vne belle place, pour en faire curée à vos chiens,

prenant le pain qui eſt coupé par petits morceaux (ainſi
qu'il doit eſtre dans les gibecieres des Picqueurs) & s'ils
n'en ont, qu'ils en aillent prendre à la premiere maiſon, pour
le broüiller & méler dans le ſang du Lievre, apres luy auoir
oſté la peau; ce qu'il ne faut pas manquer : car elle feroit
rendre gorge aux chiens , puis vous l'ouurirez & mélerez
ces petits morceaux de pain auec le ſang & les dedans, qu'il
faut auſſi mettre en pieces , & vne partie des épaules & des
cuiſſes : & l'autre vous les garderez pour les ieunes chiens
en leur particulier.   Apres la curée faite, & pour le corps,
vous leur donnerez , apres leur auoir fait manger la moüée
en forme de forthu , en ſonnant le greſle , & du gros ton à
la moüée, que vous étendrez apres eſtre faite, comme i'ay
dit, aſſez large, afin que les chiens en ayent tous. Pour ces
formalitez , elles s'y peuuent obſeruer de meſme que pour
Cerf, puis que ce ſont les meſmes termes.   Et apres, vous
recouplerez vos chiens & les compterez, afin de voir s'il en
manque, pour enuoyer vn ou deux de vos valets de chiens
ſonner la retraitte par les lieux où vous aurez chaſſé ; & puis
vous prendrez vos ieunes chiens, pour leur donner ce que
vous aurez gardé du Lievre & de la moüée , & leur faiſant
manger , vous leur frapperez de la main par les coſtez, en les
nommant, & leur diſant les termes qu'il faut pour les faire
chaſſer.   Cela ſe doit faire, ſans y manquer, à cauſe qu'ils
n'ont pas encores la connoiſſance de ce que l'on veut d'eux,
afin de leur donner & les obliger à aller à la curée doreſnauant auec les autres, & auſſi d'y chaſſer.

LA CHASSE DV CHEVREVIL.

CHAPITRE PREMIER.

Des qualitez qui se rencontrent au Chevreüil.

IL semble que ceux qui ont écrit cy-deuant de la Chasse, n'auoient pas encore l'entiere connoissance du plaisir que l'on peut auoir à forcer le Chevreüil auec les chiens-courás, ny l'addresse de le faire, puis qu'ils en ont dit si peu de choses: & neantmoins c'est la plus considerable apres celle du Cerf, & elle s'y peut parangonner en plusieurs choses ; le pied , le corps & la teste, ayans beaucoup de ressemblance dans leurs proportions. Ils font aussi leurs viandis de mesmes nourritures & dans les mesmes pays , où il faut agir de mesme façon, lors que l'on va en queste pour les détourner, & mesme quãd on les donne aux chiens: & lors qu'ils y sont donnez, ils tiennent les mesmes pay s & font les mesmes ruses que les Cerfs, sinon qu'ils ne s'éloignent pas tant, & ne se depaysent pas si ordinairement que les Cerfs: ce qui n'en est pas moins agreable, puis que les relais en sont plus iustes , & que la retraitte en est plus facile : elle est aussi moins penible & de beaucoup moins de peine, n'estant pas obligé de tenir tant d'hommes, de cheuaux & de chiens , ny de si habiles gens dans le mestier, puis que l'on n'est pas tenu dans ce rapport , de discerner le masle d'auec la femelle : ce qui neantmoins est mieux, quand on le peut faire, à cause qu'il y a plus de plaisir à voir vn Chevreüil auec son bois deuant les chiens , qu'vne Chevrette qui n'en a point , & que l'on en peut mieux garder le change, aussi bien que la race. Il se fait aussi mieux chasser, & ne tourne pas tant que la Chevrette : ce qui se peut connoistre quand on rencontre d'vn vieil Chevreüil , qui a ordi-

nairement

nairement plus de pied que la Chevrette.Il y a auſſi de la diſ-
ference à leur façon d'agir, lors qu'ils font leurs nuicts (ce
que ie feray voir cy-apres) vous y auez auſſi grande facilité
à rencontrer des chiens pour mettre à la main & chaſſer le
Chevreüil: car c'eſt l'animal qui a le plus de ſentiment & qui
donne le plus d'ardeur aux chiens, lors qu'ils le chaſſent : ce
qui fait qu'ils n'en gardent pas ſi hardiment, ny ſi commune-
ment le change que d'vn Cerf.Il y a auſſi plus de difficulté à
le donner aux chiens ſeuls, à cauſe que le maſle & la femelle
ſont ordinairement enſemble.

CHAPITRE II.

Comme il faut que les chiens ſoient taillez pour chaſſer
le Chevreüil.

LEs chiens pour chaſſer & forcer le Chevreüil, doiuent
eſtre d'entre-deux tailles & bien rablez, ayans dans
leurs proportions les qualitez que i'ay dites au chapitre des
chiens pour Cerf, & qu'ils ſoient de race de vrais chiens-
courans, puis qu'il faut à cette chaſſe des chiens d'vne parfaite obeyſſance, à tourner & requeſter tres-ſouuent dans
les forts, où les Chevreüils font plus ordinairement leurs
ruſes & retours que les autres beſtes, & que ſi les chiens
n'y tournoient iuſte ſur les voyes,ils feroient bondir ſouuent
le change, qui leur eſt plus difficile à garder que des autres
grandes beſtes. Il ne faut donc pas de ces clabots à grandes
aureilles, qui rebattent les voyes pluſieurs fois, puis qu'ils
trouueroient à cette chaſſe,de quoy exercer leur réuerie, à
cauſe que les Chevreüils tournent pluſieurs fois dans vn
pays. Il n'y faut pas auſſi de ces chiens corneaux, qui ſont
hauts d'aureilles & à demy mâtins, qui ne tournent pas volontiers:& encore quand cela leur arriue, ce n'eſt pas dans la
voye;mais pluſtoſt en prenant vn grand tour : ce qui eſt tres-

E e

dangereux à faire bondir le change ; & encore qu'ils ne fe
fiffent pas, ils peuuent rencôtrer les voyes du Chevreüil, que
vous courrez , & l'emporter fans crier: car tels chiens crient
ordinairement peu, & ne font iamais fages n'eftans proprés
qu'à mettre dans vn vautret, pour chaffer la Sanglier: Et pour
le choix du poil des chiens , defquels on fe peut feruir à chaffer le Chevreüil, cela dépend de l'umeur de ceux qui les voudront , pourueu que ce ne'font pas de ces poils élauez , dont
i'ay parlé au Traicté pour Cerf.

CHAPITRE III.

*Des lieux où les Chevreüils font leurs viandis,
felon les faifons.*

LORs que le Printemps eft venu , & que le bois qui a
efté coupé l'Hyuer auparauant, a pouffé quelque reject , & que les feigles & bleds commencent à venir , & autres menus grains , les Chevreüils y vont faire leurs nuicts
& leurs viandis; chofiffant en cette faifon , auffi bien que
les Cerfs, les acuts des pays , & les buiffons, pour y aller &
les y auoir plus à commandement. Ce que pourtant ils ne
font pas fi-toft , & tant qu'ils auront de ces bois nouueaux
dans les pays où ils font , & iufques à ce qu'ils en foient raf-
fafiez , ou au moins, qu'ils en ayent paffé leur premier appetit, qui leur eft fi grand , & en mangent de telle forte ,
que leur eftomach en eftant fi plein , n'en fait la digeftion
qu'auec beaucop de peine: ce qui eft caufe qu'il s'éleue
force vapeurs à leur cerueau, qui ne peuuent eftre que fortes, à caufe de la force qui fe rencontre en ce bois nouueau,
pouffé de telle forte , qu'ils en font comme troublez , pour
trois femaines, ou vn mois, fe laiffans voir & approcher durant ce temps , auec facilité ; & lors que l'Efté eft venu , ils

vont aux gagnages, pour y viander & faire leurs nuicts, qui
font les bleds, auoines, pois, féves & vesses, les plus proches des acuts de pays & buissons où ils demeurent, & y seront encore à l'Automne, si on ne les en chasse, faisans leurs
nuicts & leur viandis dans les taillis, & aux regains des prez
& des auoines, dequoy ils sont encore fort friands. Et l'Hyuer estant venu, ils quittent tous ces lieux & se retirent dans
les fonds des forests & plus grands pays, où ils font leurs
nuicts & leurs viandis aux ronciers & aux fontaines, où il y a
des herbes tousiours vertes, & aux brandes & taillis les plus
ieunes : Ce sont là les lieux où les Veneurs doiuent aller en
queste auec leurs limiers, pour les rencontrer & les détourner.

CHAPITRE IV.

En quel temps les Chevreüils entrent au Rut.

LE Chevreüil en ce rencontre, a beaucoup d'auantage sur le Cerf, puis qu'il fait son Rut dans vne es-
pece de mariage, & reciproque amour auec sa femelle, en
sorte qu'ils ne s'abandonnent qu'à la mort, mais le Cerf le
fait comme dans vn concubinage perpetuel. C'est ce qui fait
que lors que la mort de l'vn ou de l'autre arriue, ils ont
beaucoup de peine à se r'associer, à cause qu'il faut qu'il arriue vn mal-heur égal à d'autres, ou bien qu'vne Cheurette
ait fait trois fans d'vne ventrée (comme il arriue quelquefois) où il y aura deux masles & vne femelle, ou deux femelles & vn masle, & qu'apres auoir esté chassez du pere &
de la mere : l'vn des deux masles, ou l'vne des femelles, se
trouue fortable pour s'accoupler auec celuy ou celle qui est
deparié : & cela n'estant pas, le suruiuant demeurera comme dans vne perpetuelle viduité, & quant à ces trois iumeaux, ils feront leur Rut ensemble, & y demeureront
E e ij

auſſi iuſques à ce que le temps ſoit venu, que la Chevretté
ſera preſte à faire ſes fans : car en ce temps, il faut que l'vn
des deux maſles quitte, & que l'autre aille chercher compagnie, & ainſi quand il y a deux femelles. Leur Rut commence
dans le mois d'Octobre, & ne dure que douze ou quinze
iours, à cauſe qu'ils en ont la iouyſſance toutes les fois qu'ils
la veulent, n'eſtans contrariez d'aucun Chevreüil, comme
ſont les Cerfs de leurs compagnons. Ils ne ſe font pas voir
auſſi comme les Cerfs, ny ne meinent pas tant de bruit, lors
qu'ils crient & rayent, le faiſant d'vn ton gros & court, &
ſans éclat : Ceux qui rayent le plus gros & le plus court, ce
ſont les plus vieux Chevreüils. Ils vont ſe raffraiſchir aux
mares & aux ruiſſeaux, aſſez ſouuent dans le temps de leur
Rut. Ils grattent auſſi quelquefois du pied en terre; mais peu
en comparaiſon des Cerfs. Ils font auſſi des hardois ſelon la
proportion de leurs teſtes & de leurs forces, la gorge leur
enfle où le poil leur noircit, & meſme ſous le ventre; mais non
pas ſi fort qu'aux Cerfs.

CHAPITRE V.

En quel temps les Chevreüils mettent bas leurs teſtes &
les bruniſſent.

LE Chevreüil n'eſt pas reiglé, ny ſi aſſeuré de la ſaiſon
qu'il doit mettre bas, que le Cerf: car nous voyons
des Chevreuils en toutes les ſaiſons, qui ont la teſte veluë;
Neantmoins la pluſpart mettent bas à la fin du mois d'O-
ctobre, ou au commencement de Nouembre, ſaiſon aſſez
deſaduantageuſe pour pouſſer leurs teſtes, puis que c'eſt
l'entrée de l'Hyuer, & le temps qu'ils ſortent du Rut; auſſi
la pouſſent-ils ſi lentement, qu'encore qu'ils en ayent peu,
elle n'eſt pas en ſa perfection, dans quelques années plû-
toſt que celles des Cerfs; Mais l'ordinaire, c'eſt en Avril,

& apres ils bruniſſent leurs teſtes ; ce qu'ils font de la meſme
maniere que les Cerfs , comme de toucher au bois , ſinon
qu'ils ne ſe frottent qu'à de petitts brins de bois fort plyans,
qui ſont à hauteur de leurs teſtes & ſelon leurs forces ; auſſi
n'y peut-on auoir aucune connoiſſance , que pour diſcerner
le maſle d'auec la femelle , à cauſe qu'ils ne touchent iamais
leurs teſtes à aucun bois qui reſiſte & ſe tienne droict ; ce qui
fait voir la hauteur du corſage & de la teſte. L'on n'en leue
pas auſſi le Fréoüer , comme l'on fait d'vn Cerf. Ils mettent
bas auſſi par vne meſme cauſe, ayans vne demangeaiſon cauſée par des vers aux meſmes endroits , qui les oblige de meſme à toucher au bois , pour ébranler & faire tomber pluſtoſt
leurs teſtes. L'on en trouue peu de muës, à cauſe qu'elles ſont
petites & qu'ils arriuent à mettre bas dans les lieux où il va
peu de monde.

CHAPITRE VI.

En quel temps les Chevrettes mettent bas , & font
leurs fans.

L'Amour deſcend auſſi bien en l'animal qu'en l'homme,
ce que nous fait voir la Chevrette , puiſqu'elle a veſcu
iuſques-là auec le Chevreüil, ſans l'abandonner d'vn pas, s'il
ne l'a voulu ; Mais lors que ſes fans ſont preſts à ſortir de ſon
ventre, elle s'en ſepare par l'amour qu'elle a plus grand pour
eux que pour luy , par vn inſtinct de nature qui enſeigne à la
Chevrette , que ſi elle en donnoit ſi toſt la connoiſſance au
Chevreüil , il ne pourroit ſouffrir qu'elle leur fiſt careſſe deuant luy , puiſque l'amour qu'il a pour elle, eſt ſi grand , qu'il
luy eſt impoſſible de ſouffrir qu'aucun animal l'approche, &
cela ſeulement , iuſques à ce qu'elle luy ait fait connoiſtre
qu'ils ſont de luy ; ce qu'elle ne fait qu'apres que ſes premieres ardeurs ſont paſſées de les careſſer , & qu'ils ſont aſſez

E e iij

forts pour marcher ; car si elle en vsoit autrement, il les tuëroit; c'est ce que veut dire le sieur du Foüillou, quand il écrit
que les Cheyrettes se vont cacher lors qu'elles veulent faire leurs fans, à cause que le Cheyreüil les mangeroit : ce qui
ne peut estre, attendu qu'il ne mange d'aucune chair ny
charnage, puisqu'il est vn des plus propres, & des plus delicats de tous les animaux dans son manger ; ce qui se voit en
ceux que l'on nourrit : La Cheurette ayant vsé de ces precautions, elle va choisir vn lieu commode pour y faire ses
fans, hors du danger des hommes, des loups, & des renards;
& pour ne donner pas ce déplaisir tout à coup à son masle,
elle s'en dérobe cinq ou six iours auparauant, seulement
deux ou trois heures le iour, afin de l'accoustumer peu à peu
au seiour qu'elle fera sans le voir, luy faisant ainsi esperer
qu'elle le viendra retrouuer apres sa deliurance, afin qu'il ne
s'éloigne pas de ce pays-là, & qu'elle l'y puisse resoudre : ce
qui se fait dans le mois de May, & quand elle a fait ses fans,
elle les garde cinq ou six iours, qu'il leur faut pour auoir la
force de marcher & s'esquiuer du Cheureüil, lors qu'elle les
luy monstre ; alors elle le va chercher & le meine où ils sont,
les luy monstrant auec indifference, & toutefois l'obseruant,
pour, si d'auäture la ialousie & la colere le prenoit, qu'elle se
peust mettre au deuät d'eux, auparauät qu'il les pust osséser,
& apres les luy auoir fait connoistre & aymer, ils les gardent
ensemble, iusques à ce que les fans les puissent suiure, &
qu'ils soient grands; mais rentranr au rut, ils s'en dérobent,
& si leurs fans les viennent retrouuer, ils les chassent en les
battant, tant que leurs petits font vne societé particuliere, &
demeurent ensemble. La Cheurette en peut auoir iusques à
trois, en des années.

CHAPITRE VII.

Des connoiſſances que l'on doit auoir des ieunes Chevreüils
d'auec les vieux par la teſte.

LEs connoiſſances que l'on peut auoir aux teſtes des Chevreüils, ſont pareilles à celles des Cerfs, comme les termes & les noms pour en iuger les connoiſſances; ce qui ſe doit
commencer par les Meules, pour connoiſtre ſi elles ſont pres
du teſt, & ſi elles ſont larges, la pierrure groſſe, les gouttieres
creuſes, les perlures groſſes & détachées. Il faut auſſi côſide-
rer la groſſeur du marain, & la quantité des andoüillers qui y
ſeront attachez, afin de iuger que s'il y en a beaucoup, le marain n'en peut pas eſtre ſi gros, & regarder à l'empaumure ſi
elle eſt large & renuerſée, puiſque toutes ces connoiſſances
doiuét eſtre à la teſte d'vn vieil Chevreüil, & s'y peuuét connoiſtre auſſi bien qu'à celle d'vn Cetf, aprés auoir côſideré la
qualité & proportion des animaux, & que la hauteur, largeur,
& groſſeur de la teſte d'vn Chevreüil dépend (auſſi bien que
du Cerf) des bons & mauuais païs où ils ſont nourris, ioint
que les ieunes Chevreüils ont auſſi les meſmes connoiſſances
que les ieunes Cerfs, ayans les meules hautes & éloignées du
teſt de deux doigts, & que les vieux Chevreüils ne les ont que
d'vn petit doigt, les pierrures petites & peu détachées, les
perlures de meſme, peu de goutieres, & ſans aucune empaumure, ayans ſeulemét vn ou deux andoüillers par amôt. Les
Chevreüils qui ſont nourris dãs ces bons païs, peuuent porter iuſques à douze, bien ou mal ſemé : ce terme ſe doit dire
aux Chevreüils comme aux Cerfs.

CHAPITRE VIII.

Des connoiſſances que l'on peut tirer par le pied , pour
diſcerner le Chevreüil d'auec la Chevrette.

IE ſçay que ceux qui vont aux bois pour le Chevreüil ,
ne ſont pas obligez de faire le diſcernement du maſle
d'auec la femelle par le pied , & auſſi que lon n'a pas deu
les obliger à en faire le rapport , qui auroit eſté tres-ſouuent
frauduleux , à cauſe du peu de connoiſſance qu'il y a dans
la generalité des pieds des Chevreüils & des Chevrettes ,
où l'on peut neantmoins particulariſer , en y prenant de la
peine , & s'y attachant l'eſprit par vne loüable ambition de
ſe tirer du commun , & pour en rendre le plaiſir plus parfait,
& en conſeruer la race , l'on en peut auſſi mieux garder le
change , lors qu'on en reuoit , & auſſi quand on le voit. Il
s'en fait auſſi mieux chaſſer : Et pour y reüſſir , il faut obſeruer, lors qu'on va aux bois , de certains pieds de Chevreüils
(qui ſont connoiſſables d'auec ceux de Chevrettes , pour
auoir plus de pied) & remarquer leur maniere d'agir , quand
ils ſe débuchent du fort , font leurs nuicts , & qu'ils s'y rem-
buchent , & bien conſiderer les connoiſſances qui ſont aux
pieds de pluſieurs Chevreüils que vous trouuerez ſemblables dans leurs proportions , à celle des Cerfs. Ce qui me
fait dire que ceux qui ſont connoiſſeurs pour Cerf , ont vn
grand auantage ſur les Chaſſeurs des autres beſtes , qui ne
ſont pas connoiſſeurs pour Cerf ; mais ceux qui le connoiſſent , ſe peuuent rendre plus habiles dans toutes les autres
chaſſes , lors qu'ils s'y veulent appliquer , & en moins de
temps , que celuy qui aura eſté enſeigné par vn homme qui
n'aura eſté au bois que pour Chevreüil ; car il ne ſçaura que
diſcerner le pied des Chevreüils d'auec les autres beſtes , &
comme cela le Maiſtre & l'Eſcolier n'auront iamais autre
curioſité

curiofité ny ambition que de fçauoir détourner des Chevreüils & les lancer, fans iamais pouuoir connoiftre le mafle
d'auec la femelle : ce qu'ils font felon leur fens, n'ayans aucunes connoiffances, fans lefquelles on ne peut faire aucun
difcernement des pieds. Ie commenceray à dire que les
mafles ont ordinairement plus de pied deuant que les femelles, que le tour des pinces en eft plus rond, & le pied plus
plein que celuy des Chevrettes, qui les ont ordinairement
creux, & les coftez moins gros que les mafles, qui ont auffi le
talon & la iambe plus larges, & les os plus gros & tournez
en dedans ; mais les femelles les ont en dehors, & moins
vfez que les Chevreüils, qui ont leur quatriéme, cinquiéme,
& fixiéme refte, & au deffus ; car les Chevreüils qui font au
deffous de cét âge, donnent peu de connoiffance, fi ce n'eft
aux allures : car le Chevreüil fe iuge comme le Cerf, mettant toufiours les pieds dans vne mefme diftance. Il y en a
auffi qui vont l'emble naturellement, comme quelques Cerfs
qui font de grands & longs corfages, de grande haleine
& force ; mais à ces connoiffances il y faut regarder de prés,
& les bien obferuer ; ce qui fe peut quand il fait bon reuoir, joint que vous auez toufiours vn pied de Chevrette,
aupres de celuy de Chevreüil pour les confronter, puifqu'ils
vont ordinairement enfemble ; auffi y a-t-il difficulté de
donner vn Chevreüil feul aux chiens ; mais lors qu'ils fe feparent, vous vous pouuez feruir de ces connoiffances pour
difcerner le mafle d'auec la femelle, & y rallier vos chiens.
Vous les pouuez auffi difcerner par la maniere qu'ils font
leurs nuits ; ce qui vous feruira à en remarquer le pied &
le connoiftre, pour quand vous les courrez & les feparerez,
vous obferuiez que lors qu'ils releuent, le mafle fort le premier, & s'auance auffi le premier dans le gaignage, afin de
reconnoiftre s'il y a quelque danger pour en exempter la
Chevrette ; & y eftans tous deux, le mafle eft toufiours plus
auancé dans la plaine ; & quand ils fe retirent au fort pour y
faire leur demeure, il marche le dernier. L'on fe peut feruir
de ces connoiffances & remarques pour en preiuger ; mais

Ff

non pas pour en faire vn rapport asseuré, qui pourroit estre
incertain dans des saisons de l'année, à cause des grandes
seicheresses qu'il fait dans l'Esté, où il seroit mal-aisé d'en
pouuoir iuger. Ie ne doute pas que ce que i'ay dit cy-dessus ne soit censuré des faineans, qui diront qu'il n'est pas
necessaire de vouloir rafiner & examiner si c'est vn masle ou
vne femelle, puisque l'vne & l'autre se peuuent courre, pour
n'estre pas obligez en l'apprenant de peiner de l'esprit & du
corps. Ce n'est pas aussi pour eux que i'écris, mais pour
ceux qui aiment le mestier & l'honneur.

CHAPITRE IX.

Des termes dont on se doit seruir, lors que l'on va aux
bois pour Cheureüil, & qu'on le chasse.

LEs termes & la façon de sonner pour faire chasser &
requester les chiens, lors qu'on court le Chevreuil,
sont de mesme que ceux que ie vous ay dit au Traicté pour
le Cerf, & aussi pour parler aux limiers, quand on les meine
aux bois pour le détourner; Il faut agir de mesme façon
lors que l'on dresse vn ieune chien pour en faire vn limier,
afin de l'obliger à se rabatre d'vn Chevreuil, à en vouloir, &
le suiure iuste dans la voye, comme de luy faire perdre le
caquet par les suites, & aussi de luy permettre de crier quãd
on laisse courre vn Chevreuil; mais pour le détourner, la
methode en est differente à celle du Cerf, qu'il ne faut iamais lancer (si l'on peut) le matin; mais pour le Chevreuil,
il le faut lancer toutes les fois que vous le pourrez, à cause
que les Chevreuils se retirent de bonne heure des gaignages, ou des taillis coupez de l'année, pour aller à ceux qui
auront vn an de reiet, où ils acheuent de faire leurs nuits,
faisans beaucoup de tours, ce qui doit obliger le Veneur,
apres en auoir rencontré, de les suiure auec son limier, ius-

ques à ce qu'il les ait lancé , & fait partir d'où ils seront au
ressuy ; afin d'oster la difficulté que l'on auroit à démesler
toutes ces voyes, qui iroient serpentans dans les tailles d'vn
an ou deux, où ils vont acheuer leurs nuits , & où l'on seroit
long-temps à les démesler , puisque l'on doit estre asseuré
qu'après les auoir lancez , ils iront se rembucher au premier
fort , où ils demeureront ; mais comme cela vostre limier
l'ira lancer plus facilement, lors que vous le voudrez donner
aux chiens , à cause que les voyes iront droit & de meilleur
temps , & que si vous les voulez faire aller querir & lancer
auec vos chiens courans , les découplans aux brisées sur les
voyes, vous le pourrez aussi ; ce qui est bien à propos , puisque cela les accoustume à vouloir des voyes qui iront de
deux ou trois heures , afin que quand il arrinera qu'ils seront tombez en defaut d'vn Chevreuil, qui leur peut auoir
donné le change ; & à quelque temps de-là ils en rencontrent les voyes , ils les reprennent , & les parchassent ; ce
qu'ils auroient peine à faire , si l'on ne les y auoit accoustumé. L'on doit aussi détourner le Chevreuil dans la mesme methode que le Cerf, & en faire le rapport dans les mesmes termes, sinon qu'on n'est pas obligé de discerner le masle d'auec la femelle ; & neantmoins si vous l'auez pû, y
ayant veu les connoissances que ie vous ay dites , vous
pourrez dire : *j'y mécroy vn masle.*

CHAPITRE X.

Du choix que l'on doit faire des Païs pour attaquer vn
Chevreüil, & le courre à force, selon les saisons.

IL n'est pas moins important de sçauoir bien attaquer
vn Chevreuil qu'vn Cerf, puisqu il est aussi suiet à en
donner le change , & encore plus difficile aux chiens à le
garder , vous en ayant dit les raisons. Il faut donc selon les

saifons, attaquer les Chevreüils aux lieux les plus éloignez
du change, comme en Efté, aux buiffons, où ils vont pour
y trouuer les viandis meilleurs, & en plus grande quantité,
le mafle pour y acheuer fa tefte, & la femelle pour y choifir
vn lieu propre à y faire fes fans, & qu'il y ait des viadis pour
là faire bonne nourriture. C'eft donc en cette faifon qu'il les
faut attaquer aux buiffons, & fe bien eftudier à ne courre
que les mafles, afin d'en rendre le plaifir plus agreable, & en
maintenir la race, puifque c'eft le temps que les Chevrettes
font preftes à faire leurs fans, ou à en eftre deliurées. Ils
font auffi plus aifez à voir, & feparez dans ces buiffons, d'où
ils fortent auffi-toft apres eftre dõnez aux chiens, à la plaine,
pour aller aux grands païs où eft l'origine de leur naiffance;
& quand mefme le mafle ne fortiroit pas fi-toft, il eft plus
facile en cette faifon de le donner feul aux chiens, à caufe
qu'il fe rembuche feul, & qu'auffi-toft qu'on l'aura lancé,
il fortira de l'enceinte, pour empefcher que l'on n'ait connoiffance de la Chevrette qu'il fçait eftre pleine & pefante,
ou qu'elle a des fans; cela fait que vos chiens paffent leur
premiere ardeur auparauant qu'ils foient entrez dans le
grand païs où eft le change, & qu'ils ne s'écartent pas à
droit ny à gauche, demeurans dans la voye du Chevreüil
qui leur a efté donné, & qu'apres l'auoir maintenu ainfi feul,
ils en auront pris le fentiment pour le conferuer, lors que
le Chevreüil de la Meute fera bondir le change pour le garder, ou au moins en donner connoiffance aux Picqueurs,
s'ils ne le gardent abfolument. Et en Hiuer, qu'ils font retirez dans les fonds des forefts, il les faut attaquer aux bouts
& acuts de païs, comme les plus éloignez du change, afin
de les pouuoir voir auparauant qu'ils y foient, & donner ce
peu d'auantage à vos chiens, pour leur en donner le fentiment, laiffant paffer leur premiere ardeur; & pour la refuite, elle eft prefque toufiours affeurée, pourueu que ce
ne foit pas vn Chevreüil paffager, qui ayant perdu fa femelle, cherchera à s'accoupler, pouuant eftre venu de
fept ou huit lieuës de-là, de buiffons en buiffons, où il

s'en pourroit retourner, apres que vous l'auriez donné aux
chiens. Ceux-là sont ordinairement de grands coureurs
ayans esté mis en haleine par des Mâtins & chiens de Bergers, en passant dans la campagne : comme aussi par quelques chiens de Gentils-hommes, allans quester vn Lievre.
Tellement que leur refuite ne se peut connoistre que par
l'adresse & diligence de celuy qui l'aura détourné : & le
connoissant venir seul de campagne, il en doit prendre le
contre-pied, & le suiure quelque temps, pour connoistre le
païs & les buissons d'où il vient, pour le dire à l'Assemblée,
afin que l'on y enuoye deux relais, & que l'on en mette seulement vn dans le pays, en cas qu'il y demeurast, pour secourir les chiens de la Meute, iusques à ce que l'on ait fait
venir ceux de la refuite. Il faut aussi que le Maistre-valet
de chiens ait preparé des bastons de chasse, selon la saison,
de mesme que pour le Cerf, & que l'on y obserue toutes les
mesmes formalitez, comme ie les ay veu pratiquer au Capitaine de la Venerie du Roy, pour le Chevreuil, particulierement à Monsieur le Cheualier de la Fontaine, qui est
tres-capable de sa charge, & qui a esté aimé & consideré
du deffunct Roy, non seulement pour cette chasse, mais
aussi pour celle du Cerf.

CHAPITRE XI.

Comme l'on doit chasser & forcer le Chevreüil auec
les chiens-courans.

IE vous ay fait connoistre cy-deuant les formalitez qui se
doiuent obseruer au partir de l'Assemblée de la chasse
pour Chevreuil, & comme il falloit separer les relais, & aller au laissé courre; lesquelles aussi-bien que les termes &
manieres de sonner, ne different en rien de celles dn Cerf.
Partant il me reste à vous en faire voir l'effet ; & pour cela

vous dire qu'eſtant au rembuchement du Chevreuil que
vous deuez courre, celuy qui en a fait le rapport, doit auoir
ſon limier à la main, le trait dénoüé, & demander à ſon Capitaine s'il luy plaiſt qu'il frappe aux briſées, & qu'il donne
le Chevreuil, auec ſon limier, aux chiens de la Meute, ou
s'il veut qu'on les découple ſur les voyes pour le lancer. Ce
que le Capitaine doit demander au Roy, ou doit luy auoir
demandé, afin de ne faire aucun retardement à ſon plaiſir,
Ie vous ay deſia dit l'effet que cela faiſoit aux chiens, de
leur faire lancer le Chevreuil. Et icy ie dis encore que le
plaiſir en eſt plus agreable, pour le grand bruit de quantité
de chiens, que d'vn ſeul limier : outre qu'ils le vont lancer
auec plus de diligence, dont l'vn & l'autre accroiſt le contentement. Vous pouuez donc commencer à découpler les
chiens auſquels vous auez plus de creance, afin qu'ils prennent la teſte, & ſoient maiſtres de la voye, pour la tenir
iuſte, & tourner auſſi-toſt que le Chevreuil tournera (ce
qu'il fait ordinairement, apres eſtre party de la repoſée) &
apres qu'ils ſeront découplez, il leur faut crier, *Bellement,
mes Belots, bellement*, & nommer les chiens en qui vous aurez confiance, en leur diſant, *Vel-cy-allé*, *Vel-cy-allé*, pour
les obliger à donner dans la voye, & la tenir iuſte, regardant à terre de temps en temps, pour leur ayder de l'œil ; &
lors que vous en reuerrez, vous crierez, *Vel-cy-va-auant*, &
ainſi iuſques à ce qu'il ſoit lancé. Apres quoy, (quand
vous en reuerrez des fuites) vous crierez, *Volce l'eſt*. Vous
ſonnerez auſſi du gros ton, par mots entre-coupez, comme
pour faire chaſſer & requeſter, & cela, iuſques à ce qu'il
ſoit lancé : Et ſi voſtre Chevreuil tourne auparatant (ce
que vous iugerez lors que vous verrez vos chiens qui demeureront) alors il faut tourner par où ils ſont venus, afin
de les obliger de vous ſuiure, & de ne pas s'écarter, où ils
pourroient changer de voyes ; mais ſeulement trouuer le
bout de la ruſe de voſtre Chevreuil, afin de le lancer ſeul, &
que vous ſoyez aſſeuré que c'eſt luy ; & pour cela il faut
crier à vos chiens, *L'ayla, chiens*, quand vous les entendrez,

redoubler de voye, de peur que ce ne fust vne autre beſte
qu'ils euſſent lancé : ce qui les tiendra en crainte, & leur
fera connoiſtre que vous voulez qu'ils ne chaſſent que du
Chevreuil. Et apres ces termes reïterez, les voyant appuyer
& chaſſer la voye, vous deuez croire qu'ils chaſſent vn
Chevreuil ou des Chevreuils : & pour en eſtre plus certain,
& auſſi pour faire le diſcernement du maſle & de la femelle,
par les connoiſſances que i'ay dites, il faut qu'au premier
des chemins qu'il paſſera, le Picqueur, qui eſt à la queuë des
chiens, deſcende & mette vn genouil en terre, pour en
mieux reuſſir, & iuger ſi c'eſt le maſle, & s'il eſt ſeul deuant
les chiens : & y trouuant les connoiſſances neceſſaires, il
doit crier, *Volce-l'eſt*, & ſonner pour chiens, quand bien la
Chevrette y ſeroit iointe ; & auſſi-toſt qu'il verra les autres
Picqueurs qui ſuiuent la chaſſe à droit & à gauche, leur
dire qu'il y a deux Chevreuils deuant les chiens, afin que le
premier qui verra le maſle ſeul, il ſonne & crie *Tayoo*, afin
que les autres rompent les chiens, & les oſtent de deſſus les
voyes de la Chevrette, pour les amener ſur celles du Chevreuil, pour ne faire qu'vn corps, & chaſſer à plus grand
bruit : Et ſi d'auanture il n'en eſtoit entendu, il doit briſer
ſur les voyes, & apres les aller querir, & leur dire le corſage,
le pelage du Chevreuil, & la hauteur de ſa teſte, & s'il le iuge vieil ou ieune, afin que quand il fera bondir le change,
ceux qui ſont à la chaſſe, le puiſſent connoiſtre, & diſcerner
d'auec les autres : & lors qu'il ſera ſeul, les Picqueurs doiuent parler, & ſonner dauantage à leurs chiens, pour animer & donner de la creance à ceux qui ne l'ont pas encore
parfaitement. Pour cela, il faut qu'ils obſeruent de ne pas
confondre les termes, ny la maniere de ſonner, & d'en faire
la diſtinction ſelon les temps & les occaſions, afin de rendre leurs chiens à commandement. Ce que l'on doit faire,
particulierement à la chaſſe du Chevreuil, qui fait le plus
de retours & le plus de ruſes ſur ſes fins, de tous ceux qui ont
le pied fourchu ; auſſi faut-il que les Picqueurs tiennent
exactement les chiens, pour leur ayder à tourner, requeſter

& les tenir en crainte, quand le Chevreuil donnera dans les
lieux où ils croiront qu'il y ait du change, où il faut fonner
peu, & y chaffer fagement, ayant toufiours l'œil fur les
chiens fages, afin de pouuoir iuger par leur maniere d'agir,
quand le Chevreuil de la Meute eft accompagné, & lors
qu'il eft feparé, de les en voir prendre la voye, & la chaffer.
Ce qui fe fait quand vous voyez mollir vos chiens fages;
car c'eft vn figne éuident que voftre Chevreuil eft accompagné ; & auffi-toft qu'il eft feparé, & que les chiens en ont
trouué la voye, vous les voyez renouueller de iambes, &
redoubler leurs voyes ; alors vous pouuez fonner pour
chiens, comme auparauant, & vous reffouuenir quand il fe
r'accompagnera, d'vfer de la mefme precaution, & de parler à vos chiens auec les mefmes termes, pour les faire
chaffer fagement, & les tenir en crainte ; puifque c'eft par
eux, & par la prudence que vous aurez à les faire chaffer,
que vous deuez maintenir voftre Chevreuil dans le change,
à caufe du peu de connoiffance que vous y pouuez auoir
par le pied, & que vos chiens ont peine à en difcerner le fentiment, pource qu'il eft prefque toufiours dans vne égalité,
quoy qu'ils ayeut couru, par leur naturel qui eft chaud ; ce
qui fait qu'ils n'en peuuent pas fi bien gffrder le change,
comme des Cerfs, dont le fentiment s'augmente en courant ; parce que de leur temperament ils font plus froids
que les Chevreuils, & auffi qu'ils s'échauffent dauantage en
courant, à caufe de leur plus grande pefanteur. Ce font là
les raifons pour lefquelles il fe voit peu de chiens qui gardent le change du Chevreuil, auec la mefme hardieffe que
pour Cerf ; mais feulement ils donnent la connoiffance aux
Picqueurs, lors que le change du Chevreil bondit deuant
eux, & s'accompagner auec le Chevreuil de la Meute ;
tellement que ce doit eftre de la prudence & iugement de
ceux qui font chaffer les chiens, de les maintenir dans cette
fageffe, s'ils veulent connoiftre du change, puis que les
chiens ne le peuuent garder d'eux-mefmes ; & s'il arriuoit
qu'ils l'euffent pris ; il faut rompre vos chiens, & les tirer

hors

hors du fort, apres y auoir brisé haut & bas, & au chemin
par lequel vous fortirez, pour reconnoiſtre le lieu, afin d'y
reuenir requeſter voſtre Chevreüil, quand vous aurez pris
vos grands deuants, ne l'ayant point trouué paſsé; encores que les Chevreuils demeurent plus volontiers que les
Cerfs; neantmoins il en faut touſiours prendre les deuants,
afin d'en eſtre aſſuré. C'eſt pourquoy i'ay dit qu'il falloit
que les Picqueurs, qui font chaſſer pour Chevreuil, teinſ-
fent plus exactement leurs chiens, que pour les autres grandes beſtes, pour connoiſtre ce qu'ils font & leur ayder à
tourner & requeſter, à cauſe qu'ils doiuent ſçauoir où ſont
les dernieres voyes du Chevreuil que les chiens ont chaſsé,
lors que le change a bondi, où ils doiuent briſer : ce qu'ils
feront auſſi aux chemins qu'ils paſſent apres leurs chiens,
lors que le Chevreuil eſt mal-mené & de differente maniere, en y faiſant des briſées, les vnes fort hautes, les autres vn peu plus baſſes : & pour celles qu'ils ietteront en terre, qu'il y en ait de plus groſſes les vnes que les autres, pour
les diſcerner & en faire connoiſtre les dernieres iettées : &
comme cela, ils ſçauront les dernieres voyes de leur Chevreuil, pour y mener leurs chiens requeſter, toutes les fois
qu'ils tomberont en deffaut : car le Chevreuil tourne beaucoup plus que le Cerf & en bien moins de pays, ce qui fait
doubler ſes voyes : Ioint que pour requeſter dans le change & faire parchaſſer ces dernieres voyes, il faut que ce ſoit
auec les chiens les plus ſages, & faire reprendre ceux qui ne
le font pas, pour les faire ſuiure & les redonner, lors que
vos chiens ſages, auront rapproché & relancé voſtre Chevreuil : ce qui fait deux bons effets, l'vn que vous en chaſſez auec plus grand bruit, & l'autre que cela fait les ieunes
chiens ſages, en ne leur permettant pas de chaſſer d'autres
beſtes, que celles que l'on leur aura donné de Meute : Et
lors que le Chevreuil eſt fort mal-mené, il faut rendre prefque les meſmes aſſiduitez, que ſi vous chaſſiez vn Lievre, à
tourner & requeſter dans les hayes & dans les forts, & où il
y a auſſi de vieilles maiſons, & meſme regarder ſur des ra-

G g

meaux que les bucherons auront laiſsé , ayans bien la malice de s'y ietter,en faiſant vn élan, pour oſter le ſentiment aux
chiens. Il peut auſſi aller trauerſer vn eſtang ou vne riuiere,
battre l'eauë , & la longer dans des ruiſſeaux , où il faut obſeruer les meſmes reigles que pour Cerf,prenans de grands
deuants aux eſtangs pour le trouuer ſorty , & de meſme
dans les riuieres & dans les ruiſſeaux , obſeruer ſon entrée
auec ſoin , pour voir où il a la teſte tournée, afin d'y deſcendre ou monter des deux coſtez , auec les chiens , iuſques à
ce qu'ils l'ayent trouué ſorty : & l'ayant pris vous en ſonnerez la mort, comme pour Cerf, & la retraitte, & en ferez la
curée auec les meſmes choſes , ſoins & ceremonies.

Fin de la ſeconde Partie.

TROISIESME PARTIE
DE LA
VENERIE
ROYALE
DE LA CHASSE DV LOVP,
DV SANGLIER, DV RENARD,
& des receptes pour les Chiens.

CHAPITRE PREMIER.

Du naturel des Loups.

LEs autres chasses dont i'ay parlé, n'ont pour ob-
jet que le plaisir ; mais outre qu'il se rencontre en
celuy-cy , l'homme a besoin de cette chasse,
pour détruire son ennemy ; Aussi est-elle établie
de temps immemorial pour cette necessité , par nos premiers Roys , & maintenuë par leurs Successeurs , speciale-

ment par ce grand Roy, LOVIS LE IVSTE, qui n'a eu
autre attention en toute sa vie, que de faire la guerre aux
Ennemis de son Estat, quoy que ce fussent les moindres de
ses exploits : Neantmoins on a connu depuis sa mort, le
bien que cette chasse apportoit dans toute la France. Notamment dans la Prouince de Gastinois, où les Loups
ont tué plus de trois cens personnes, de toute sorte d'âge
& de sexe. Il se donne quelques-fois des batailles où il n'y en
meurt pas dauantage : ioinct que cette mort est beaucoup
plus déplorable au sentiment humain. I'ay veu arriuer les
mesmes choses en Piedmont, ensuite de la guerre ; ce qui
fait que ces animaux trouuent des corps morts, & les mangent auec tant de goust, qu'ils ne veulent plus se repaistre
d'autre chose que de l'homme, qu'ils n'apprehendent plus.
Au contraire, ils le vont espier pour le surprendre, afin de
l'estonner dauantage, le terrassant, auparauant qu'il se soit
apperceu qu'ils l'ayent attaqué : & comme cela, ils s'en rendent les maistres aisément. C'est ce qu'ils prattiquent à toutes les bestes, quand ils les prennent par differentes ruses :
Car si c'est vn chien, de peur d'en estre mordus, ils le prennent par la gorge, & aussi pour l'empescher de crier, à qui
vous n'entendez faire qu'vn cry, & encore tres-bas & fort
enroüé. Et si vn Loup prend vn Mouton, ce sera par dessus
le col, afin de le charger plus aisément sur son dos, & pour
l'empescher de crier & se deffendre, en luy ostant le vent,
apprehendant aussi que s'il le traisnoit, il n'épouquentast les
autres, afin que quand il l'aura tué & mis dans vn bois, il en
aille reprendre vn autre. Et s'il attaque à vn Cheual, ce sera
par le deuant, où il y aura moins de danger, & à vne Vache,
par le derriere, la prenant par son pis, comme à ce qu'elle a de plus sensible, pour la faire aussi-tost tomber. S'il
attaque vn grand Pourceau, il le prendra par l'oreille &
en compagnie d'vn autre, cependant que son compagnon
luy percera la gorge : car ils sont ordinairement en compagnie, pour estre plus hardis & plus forts. Ils sont
aussi tres-friands des asnes & poulins : ioinct qu'ils y

trouuent peu de refiftance. Les Louueteaux commencent par la prife des poules , poulets-d'Inde & des oyes,
dont ils font fort friands : & en fuite , prennent des petits
chiens , quand ils les ont attirez vn peu loing des maifons,
fe feruans de l'addreffe qui eft née en eux, de fe rouller, iufques à ce qu'ils foient à portée pour les prendre, deuant qu'ils
puiffent fe fauuer dans les maifons. Toutes ces raifons cy-
deffus font affez pertinentes , pour me permettre de dire
que les Roys font obligez d'entretenir cét équipage ; puis
que nous fommes fous leur protection : ioinct que leurs
plaifirs font beaucoup diminuez par ces animaux rauif-
feurs , qui prennent les beftes fauues , Cheureuils & beftes
noires ; comme tous les gibiers , fe rendans pour les chaffer
à force , auffi adroits que des chiens-courans. Quand ils
ne les peuuent furprendre, fçauoir les beftes fauues & Che-
vreils à la reposée, & les beftes noires à la bauge : ie veux
dire les beftes de compagnie : car pour les grands Sangliers , ils font trop fins pour s'y attaquer : Pour y mieux
reüffir , ils s'affocient trois Loups enfemble , afin de fe relayer & fe raffraîchir les vns apres les autres, dont il y en
aura vn qui prendra la voye & pouffera la befte, & les deux
autres iront à droict & à gauche, gaignans & prenans les
deuants, pour quand ils verront la befte paffer , effayer de la
ioindre, ou pour le moins l'outrer, en luy diminuant fa force,
afin de la prendre en moins de temps. Celuy qui a fait ce
rencontre , en prend la voye & la chaffe : & celuy qui vient
fur les voyes , ayans connoiffance qu'elles font fuiuies par
vn de fes compagnons , il la quitte & coupe , prenant des
deuants & haleine, & fait ce que fon compagnon vient de
faire à la premiere rencontre de la befte, & toufiours ainfi
iufques à ce qu'ils l'ayent prife ; ce que i'ay conneu plufieurs
fois , eftant au bois, pour exercer de ieunes limiers, & entre autres d'vne Biche, que ie trouuay envasée fur la glace
d'vn des eftangs de Porches-Fonteines , pres de Verfaille,
apres l'auoir fuiuie affez long-temps , & auoir reueu en plufieurs endroits de trois Loups qui la fuiuoient, que ie trou-

G g   iij

uay cantonnez allentour de l'eſtang , eſperant qu'elle en
ſortiroit ; Mais pour cette fois ils chaſſerent en vain pour
eux , puis que la beſte fut pour nous. Les Loups qui ſont
accouſtumez à cette chaſſe , ſont de plus grande viſteſſe &
force, que les Loups qui ne ſont nourris que de beſtes mortes & de tripailles , qu'ils vont chercher ſur le bord des riuieres. Tels Loups ſont taillez & faits comme de grands &
gros Mâtins ; mais ceux deſquels i'ay parlé auparauant, qui
ſont nez & nourris dans les foreſts & grands pays des beſtes
fauues, Chevreuils & beſtes noires , ſont faits comme de
grands & beaux Levriers, bien arpez & eſtricquez, en ayant
veu qui s'en alloiẽt ſans tour, ny atteinte deuant les Levriers
de l'équipage du Roy , qui eſtoient parfaitement viſtes.
Le Loup eſt le plus fin & le plus méfiãt de tous les animaux,
& qui a le nez meilleur ; car ſi vous ne le prenez à bon vent,
il eſt impoſſible de l'approcher auec l'arquebuze, ny le prendre auec les lévriers, & ſi vous luy faites vne traînée d'vne
partie d'vne beſte morte pour luy en donner la connoiſſance, & l'obliger à venir au lieu où vous l'aurez miſe pour le
tirer, il ne ſera pas beſoin que vous vous y mettiez le premier iour : car il n'y viendra pas, quelque faim qu'il aye ,
auant que de connoiſtre que les mâtins y ayent eſté, comme
à vne choſe abandonnée , ce qui ſe fait dans les grandes gelées & neiges, que les Loups ſont affamez, ne trouuant rien
à la campagne, à cauſe que la terre eſt couuerte, & que l'on
tient le beſtial à l'étable ; ils n'iront donc pas ce premier
iour , ny quelquesfois le ſecond ; mais bien au troiſiéme , encore ce ne ſera que par échappée : Et ſi vous n'auez
picqué voſtre curée auec des pieux & des crochets, ils l'emporteront par morceaux, n'y allant qu'en courant de toute
leur force pour en prendre vne goulée ou vn quartier ; car
ils ont vne force incroyable deuant ; mais derriere vne atteinte d'vn lévrier leur fait donner du cul à terre, & apres
auoir pris leur morceau, ils le vont manger à deux ou trois
cens pas de-là , ce qu'ils font auec grande diligence ; car
c'eſt le plus goulu, & le plus carnaſſier de tous les animaux,

auſſi eſt-il le plus ſujet à la rage , & à faire de grands maux,
lors qu'il en eſt atteint,à cauſe de ſa grande force & viſteſſe.
ce qui fait que rien ne ſe peut ſauuer deuant luy , & ce qu'il
prend, il le déchire de telle ſorte qu'il y a peu d'eſpoir de
guariſon , ioint que la morſure en eſt de ſoy venimeuſe.
Nous auōs remarqué en pluſieurs Loups,apres les auoir pris
& ouuerts, qu'il s'engendrent vn ſerpent dans leur corps,le
long de leurs reins,qui en groſſiſſant & ſe trouuant cōtraint,
remuë inceſſamment : ce qui leur donne de l'inquietude ,
& les fait tenir ſur pied , ſans prendre aucun repos, & en ſuite il en naiſt vne douleur qui les fait deuenir maigres , vne
partie du poil leur tombant, & enfin les fait mourir etiques
ou enragez. L'on en trouue aſſez ſouuent de morts, ce qui
doit faire croire qu'ils ne viuent pas ordinairement bien
vieux. Le ſieur du Foüillou dit qu'ils ne viuent que douze
ans , neantmoins c'eſt ce qui ne ſe peut ſçauoir preciſément;
car depuis que les Loups ont paſſé ſix ans , on n'y connoiſt
plus rien ; Ils ſçauent les remedes qui leur ſont propres, lors
qu'ils ſe ſentent dégouſtez,& ſe purgent comme les chiens ,
auec de l'herbe ou du bled en vert; Ils mangent auſſi d'vne
certaine terre qu'on appelle Glaiſe , qui leur ſert de medica-
ment quelquesfois ; & quelquesfois d'aliment : Ils ont auſſi
cette adreſſe , que lors qu'ils ſe voyent chaſſez dans le bois
par des chiens courans , pour les faire ſortir à la plaine , s'ils
ſont pleins de carnage, ils ſe font rendre-gorge , en s'y mettant la patte pour s'exciter à vomir, afin d'en eſtre plus legers , & d'en mieux courir, en cas qu'ils y ſoient obligez ;
neantmoins dans toutes ces mauuaiſes qualitez , il s'y trouue quelque vertu , puiſque les groſſes dents en ſont bonnes
à polir , & auſſi pour frotter les genſiues aux enfans pour les
attendrir & faire ſortir leur dents auec plus de facilité : &
le grand boyau ſert auſſi , apres eſtre dégreſſé & bien nettoyé, tant qu'il n'y demeure que la ſimple peau, pour la
rendre déliée & ſeichée comme vn ruban de ſoye , eſtant
vn remede infaillible à ceux qui ont la colique , en ſe le met-

tant alentour du corps , fur la chemife. Il faut aux hommes celuy de la Louue , & aux femmes celuy du Loup.

CHAPITRE II.

Des lieux où l'on doit aller en quefte auec le limier,
pour trouuer & détourner les Loups.

LEs Loups ont leurs mangeures felon les temps , & auffi leur façon d'agir en faifant leurs nuicts, auffi bien que les autres beftes defquels i'ay parlé dans ce traité ; mais elles font differentes , parce que toutes les autres ne viuent que de ce que pouffe la terre , & les Loups viuent de chair ; & neantmoins ils ont beaucoup de rapport dans la nourriture, felon les faifons,auffi bien que les viandis & mã-geures aux autres beftes , dont elles font friandes au Prin-temps , à caufe de leur nouueauté & tendreur ; qui en Efté font plus nourriffantes par leur maturité,& dont ils ont aufsi en plus grande abondance;& en Hyver , ils font moins bon-nes & en plus petite quantité,comme i'ay fait voir ; Il en eft aufsi de mefme pour les Loups , puis qu'au Printemps le be-ftial commence à entrer en chair ; il va aufsi dés le matin aux champs : ce qui leur donne plus de temps pour l'épier & en faire leur proye ; & l'Efté,ils en ont encores plus d'occafion, puifque les campagnes font des forefts pour eux, à caufe que les grains y font grands où ils peuuent eftre à couuert tout le iour pour y épier & prendre encore plus facilement le beftial, qui eft en ce temps-là en pleine greffe & bonté : & dans l'Hyver , il eft refferré dans l'étable , leurs gardes ne les faifans fortir que pour le promener & le faire boire,ioint que les iours font courts , & les campagnes découuertes : ce qui les empefche d'y ofer paroiftre , fi ce n'eft par quelques grands broüillarts , ou que l'extréme faim les y contraigne,

& aufsi

& auffi que tout ce qu'ils y peuuent trouuer , n'eft qu'vne
vieille vache morte de faim , ou vne brebis de pourriture,
ou du claueau , & encore n'en ont-ils que le refte des mâtins qui y vont le iour. Il eft donc vray que dans cette faifon
leur nourriture eft beaucoup moindre en qualité & quantité , auffi bien qu'aux beftes fauues : ce qui les oblige auffi à
faire beaucoup plus de pays que dans les autres faifons, pour
trouuer à fe repaiftre , ioint qu'ils fe font retirez dans les
fonds de forefts, ou grands pays , àyans quitté les buiffons,
peu de temps apres que la campagne a efté découuerte , à
caufe qu'ils y font trop tourmentez des payfans & de leurs
mâtins ; Il faut donc aller en quefte aux queuës de ces forefts où ils fe retirent , apres auoir battu la campagne pour
en eftre plus pres , afin d'y retourner auec plus de commodité , & auffi qu'ils y peuuent pluftoft efperer quelque proye
par vne belle iournée , qui oblige le Laboureur de mettre
fon beftial aux champs , dans le bord des bois , à l'abry du
vent , pour y trouuer quelques herbes qui s'y conferuent.
Ils peuuent auffi demeurer quelquefois dans vn buiffon
au milieu de la campagne, par vn iour qui fera fort obfcur,
comme quand il neige , & qu'il fait vn grand broüillard , &
mefme demeurer fur pied dans la campagne, n'ayant pas
encore trouué dequoy fe repaiftre ; mais apres fi vous les
trouuiez entrez & demeurez dans vn buiffon , il faut eftre
diligent à les venir courre ; car ils n'y demeurent que iufques à ce qu'ils iugent l'heure que l'on mettra le beftial aux
champs ; & pour les obliger à demeurer , il fera bon d'y
mettre quelques hommes alentour , pour quand ils paroi-
ftront dans la plaine , les huer & crier ; ce qui les obligera
à rentrer , & donnera le temps à vos chiens-courans & à
vos levriers de venir : & quand bien vous les auriez détour-
nés dans ces bouts & acuts de pays , vous les y pouuez faire
voir & courre à vos levriers, pourueu qu'il y ait vne taille de
l'année qui fepare l'enceinte , où ils feront détournez du cofté du grand pays , où vous mettrez des deffenfes , qui doiuent eftre des hommes diftans les vns des autres de dix ou

H h

douze pas de mefme hauteur, où vous pouuez tendre auffi
des panneaux, & que le vent foit propre dans la plaine pour
y faire la courre, & y mettre vos levriers; c'eft en cette faifon que le Loup & la Louue qui en ont de ieunes, s'en défont,
en les battant & les mordant pour les obliger à les quitter:
alors ces ieunes Loups fe tiennent encore enfemble fept ou
huit mois, & iufques à ce qu'ils fé fentent le courage & la force d'aller chercher leur proye, & apres ils fe mettent deux
enfemble, & pour leurs mangeures, ils vont la nuict dans les
villages pour y chercher quelque refte de befte morte (n'é-
ftans pas encore fi fins ny fi meffians que les vieux Loups) &
pour y prendre quelques petits chiens qui font fi peu fins
que de fortir pour courre apres eux;& s'ils n'ôt eu leur proye
la nuict, ils vont faire leurs demeures dans quelques garan-
nes ou petits bois, le plus proche du village, pour en fortir &
fe couler le iour le long d'vne haye, afin d'y prendre vne
poule, ou vne oye qui fé fera écartée du village; c'eft auffi en
cette faifon qu'ils heurlent, & font leur mufique, puis qu'ils
mettent leur patte dans leur gueule quand ils crient, pour en
faire le tremblement: ce qui fait paroiftre quatre Loups, comme s'il y en auoit douze. Les ieunes Loups font fouuent cette mufique, peu apres qu'ils font chaffez des vieux Loups,
afin de les obliger à leur répondre, & les pouuoir aller trouuer; ce que pourtant ils ne font pas, à caufe que c'eft le temps
qu'ils entrent en chaleur, & que le vieil Loup ne veut pas
auoir de compagnon, ce qui arriue au commencement de
Ianuier.

CHAPITRE III.

Des lieux où l'on doit aller en queste pour le Loup,
dans le Printemps.

IL faut que ie prenne cette saison dés le mois de Ianuier, afin de faire voir le Rut des Loups, & pour oster l'erreur de quelques Autheurs qui en ont écrit. Ie diray donc que dans le mois de Ianuier les vieux Loups commencent à se chercher pour se ioindre, & dans ce temps il est facile d'en rencontrer & en auoir connoissance ; mais tres-mal aisé d'en venir à bout pour les détourner, puisqu'ils sont quasi tousiours sur pied ; c'est aussi celuy qui tombe dans les dernieres voyes, qui est le plus heureux, puisqu'en cette saison l'on en détourne plusieurs ensemble, en ayant veu demeurer & donner aux chiens dans vn buisson proche d'Angu, iusques à quatorze, desquels il en sortit huit à la courre, tout d'vn temps, & de la seconde fois les six autres ; ce qui apporta vne telle confusion aux levriers qui couroient chacun le leur, qu'ils n'en purent prendre qu'vn à chaque fois ; Les Caualiers qui estoient à la courre pour secourir les lévriers, auoient peine à les discerner d'auec les Loups ; aussi sont-ils tous des chiens ; les vns appriuoisez par les hommes, & les autres sauuages, à cause qu'ils se nourrissent dans les bois ; mais tout le reste de leur nature est semblable à nos chiens domestiques, bien qu'il y ait vne inimitié entr'eux irreconciliable : ce qui se voit apres auoir nourry vn ieune Loup dix ou douze mois en compagnie d'vn ieune chien, auec lequel il se iouëra bien souuent, & toutefois le tenant vn iour à l'écart, il le tuëra & le mangera ; neantmoins ils ont les mesmes complexions & les mesmes infirmitez. On pourra dire que les Loups ne viuent que de chair qu'ils prennent : Aussi diray-ie que les chiens en feroient de mes-

me , s'ils ne craignoient le chaftiment : les matins ne fe iet-
tent- ils pas fur les beftiaux ? & ne les mangent-ils pas quand
ils font morts ? & s'ils ne le font pas, c'eft à caufe qu'ils font
nourris auec eux , & que dans leur ieuneffe on leur en empefche par le chaftiment ; ce que feroient auffi les grands
lévriers,s'ils n'eftoiét enfermez,veu que toutes les fois qu'ils
s'échappent , & qu'ils rencontrent des beftiaux, ils y courent , les eftranglent s'ils peuuent , & les mangent ; & mefmes les chiens-courans , fi toft qu'ils font en liberté , courent aux troupeaux de moutons, les prennent & les mangent , s'ils en ont le temps.   Quant à la chair humaine, s'eft-
il pas veu des chiens gratter la terre, déterrer des corps, &
les manger? Les petits chiens ne prennent-ils pas des poules , des oyes , & autres volatiles ? & ne les mangent-ils pas
auffi bien que les ieunes Loups ? Et pour les maladies , les
ont-ils pas de mefme ? Le Loup eft fujet à deuenir etique
auffi bien que le chien, & à auoir la galle , le roux-vieux, du
farcin , des dartres , des fils, la cæquefcendre , & flux de
fang; ce qui fe voit par leurs l'aifféez , & tout le refte auffi,
quand on les a pris, fans en excepter la ruge le plus fafcheux
de tous les maux ; & fi la dent d'vn Loup eft venimeufe,celle
d'vn chien l'eft auffi , ce qui eft caufé à l'vn & à l'autre par
leur haleine.   Et le feul auantage qu'a le chien fur le Loup ,
eft le naturel & l'amitié qu'il a pour fon bien-faic eur ; mais
le Loup n'en a iamais, car quelque bien que vous luy faffiez,
il ne vous paye que d'ingratitude ; c'eft en qouy ie voy que
le fieur du Foüillou fe méprend dans fes écrits , difant que
l'on ne peut nourir de Loups ; il deuoit pluftoft dire qu'il
n'en falloit pas nourrir , puifque la nourriture n'en vaut rien.
Il dit auffi vne particularité du Rut & chaleur des Loups
que i'ay obferué tres-long-temps , & fait remarquer par
ceux qui ont efté aux bois pour Loup , fous ma charge , afin
d'en poùuoir connoiftre la verité , où ie n'en ay veu aucune
apparence : ce qui me fait croire qu'il l'a empruntée de
quelques naturaliftes qui fe font auffi trompez , difans que
la Louue apres s'eftre fait fuiure plufieurs iours & nuiéts

par plufieurs Loups , & qu'elle les a laffez iufques à ce
qu'ils ayent efté contraints de fe coucher & de dormir ,
alors elle éueille celuy qu'elle trouue le plus à fa fantaifie , & s'en fait couurir , & que les autres eftans éueil-
lez , le trouuans couplé & tenu auec elle (comme font
les chiens) ils le tuent : Si cela eftoit , il faudroit que ce
fecret euft efté releué par les Loups du temps d'Efope : car
c'eft ce qui ne fe peut fçauoir qu'en le voyant, Or de le
voir , il eft impoffible , puifque ces chofes arriuent dans
le milieu des bois : car des Loups ne s'endormiront
pas dans vne plaine , eftans les plus méfians de tous les
animaux , & qui ont le fommeil le plus tendre & le nez le
plus fin , pour ne fe pas laiffer approcher des hommes. Ce
que nous voyons , quand nous allons lancer vn vieil Loup
qui eft détourné , puis qu'au premier aboy que fait le limier ,
il fort de fon licteau , n'attendant pas de plus pres que de
deux ou trois cens pas. Outre qu'il faudroit que les Loups fe
mangeaffent les vns les autres , & qu'ils en auallaffent les os
& le poil , puis que l'on n'a iamias eu connoiffance d'aucune des ces chofes , en les fuiuant le matin auec le limier , ny
auffi le haut du iour , en les laiffant courre. Ie vous ay fait
voir la reffemblance & fait connoiftre la comparaifon qu'il
y a entre le Loup & le chien. Il eft encore à croire que les
Louues fe font couurir de mefme que les chiennes vaga-
bondes : elles attirent les chiens apres elles , & s'en font fuiure quelque temps , n'eftans pas encore dans leur pleine
chaleur , pour fouffrir qu'ils les couurent. C'eft dans cette
fuite que les chiens fe battent fouuent , & qu'il y en a vn qui
fe trouue plus fort & plus hardy que les autres , & les fait
demeurer à l'écart , qui eft celuy , quand la chienne eft toute
à fait chaude , qui la couure. Il en eft de mefme des Loups ,
puis que nous voyons , en les fuiuant dans cette faifon , qu'ils
font force vire-voultes , & que mefme il y en a qui ont efté
portez par terre : ce qui nous doit faire iuger & croire , que
celuy qui fe trouue le plus fort , c'eft luy qui couure la Louue :
& auffi fe voit-il toufiours vn grand Loup auec elle ,

H h iij

quand elle a des Louueteaux gros & rabelez, ayans la teſte
fort groſſe, qui ſont les plus forts & les plus mal-aiſez à abbatre par les Levriers: de ſorte que ce Loup, apres l'auoir te-
nuë, ne la quitte plus, au moins iuſques au premier Rut : & ſi
encore il ſe trouue le plus fort, il continuë de demeurer auec
elle, & les autres la quittent à peu de temps de-là, ſe mettans
deux ou trois enſemble, pour en eſtre plus forts & hardis à la
proye. Comme auſſi auec quelques Louues, qui n'entrent
pas en chaleur dans cette annéé: car elles ne portent pas tous
les ans; alors ils vont & viennent des foreſts aux buiſſons, les
mois de Fevrier & Mars, & en Avril, ils quittent tout à fait
les grands pays, au moins ceux qui ne ſe nourriſſent pas de
beſtes fauues. Et les Louues, quoy qu'elles ſoient pleines des
Louueteaux, elles les y font & les y nourriſſent. Le gouſt de
la chair de ces beſtes leur eſt trop agreable pour le quitter,
outre que ces Loups lors qu'ils ne peuuent plus prendre les
grandes beſtes, qui ſont remiſes dans leur force, ils prennent
les fans & les marcaſſins, à quoy ils ſont encore plus friands,
& les autres qui ſont allez aux buiſſons, comme la Louue &
ſon maſle, ils choiſiront vn beau buiſſon, où il y aura de grãds
forts fourrez d'épines & quelques trous (comme où l'on a
tiré des meules de pierre) qui ſera au milieu de trois ou quatre villages, & ſur le bord de quelque riuiere, ou vn ruiſſeau,
afin d'y auoir leurs mangeures plus à commandement, pour
s'y mieux nourrir auec leurs Louueteaux. Cette chaſſe ſuſ-
pend ſon exercice à la my-May, ce que l'on appelle la Muë
dans la Venerie pour le Loup du Roy, à cauſe des bleds qui
commencent à eſtre grands, où les Levriers ne pourroient
voir les Loups, & qu'auſſi ils ſont touſiours ſur pied, & qu'on
auroit peine à en faire vn rapport aſſeuré, ioint qu'ils demeurent la pluſpart du temps dans les bleds.

CHAPITRE IV.

Des lieux où l'on doit aller en queste du Loup, en Iuin, Iuillet & Aoust.

CEs trois mois, l'equipage pour Loup doit demeurer en repos, au moins les levriers, à cause que les grains sont grands dans la campagne, où sont ordinairement les Loups, ce qui les rend tres-difficiles à détourner : ioint qu'on ne peut faire de courre pour les faire voir aux levriers, c'est aussi le temps que les Louueteaux sont tres-petits, desquels vous n'auriez pas plaisir en les prenant. Il faut plustost les laisser fortifier, afin de les faire chasser aux ieunes chiens pour les dresser; vous y pouuez aussi dresser ceux dont vous voulez faire des limiers, auec beaucoup plus de facilité, & en moins de temps qu'aux autres saisons, à cause qu'apres auoir eu connoissance d'vne portée de ieunes Loups dans vn buisson, ils n'en bougent plus, s'ils n'en sont chassez; où les vieux sont aussi, qui vont & viennent deux fois le iour, dans la campagne, le matin & le soir, pour se nourrir & leurs petits: ce qu'ils font reglément & hardiment, à cause qu'ils sont affamez dans cette saison, se sentans encore de l'Hyuer, ioinct que la Louue nourrit ses petits de laict, ce qui l'amaigrit & la rend plus affamée, outre le grand amour qu'ils ont pour leurs petits; ce qui leur fait prendre & leur apporter incessamment la proye, & arriuant aupres d'eux, ils se font rendre gorge, pour leur faire manger, en se mettant la patte dans la gueule, & lors qu'ils sont vn peu plus forts, ils leur apportent des pieces entieres de chair morte: & en suite de la viue, comme vne oye, vne poule, vn agneau, vn petit cochon, ou vn petit chien, pour les apprendre à les tuer, aussi bien le Loup que la Louue. Encore que le sieur du Foüillou dise que le Leup est gras dans ce temps, à cause

qu'il ne donne rien de ce qu'il prend à ſes Louueteaux, & que
c'eſt la Louue ſeule qui les nourrit, & qu'à cette conſidera-
tion, elle eſt tres-maigre dans ce temps. Elle ne peut eſtre autrement, puis qu'elle peut auoir nourry cinq, ſix & iuſques à
ſept Louueteaux: mais dans l'ordinaire c'eſt cinq, ioint que
dans ce temps, elle ne ſe pouruoit pas, à cauſe de l'amour
qu'elle a pour eux, par le ſoin qu'elle prend de les allaicter, &
n'eſtoit que le Loup luy apporte à manger, au moins pour les
premiers iours qu'elle a fait ſes petits, elle pâtiroit, & par
conſequent ſes Louueteanx, à cauſe qu'elle n'auroit pas du
laict, ne ſe pouuant reſoudre à les quitter, iuſques à ce qu'ils
voyent clair (ainſi que font les chiennes de leurs petits)
pendant les premiers iours. Et quand ils commencent à marcher, alors ils les gardent l'vn apres l'autre, & le Loup a autant d'amour pour eux que la mere; mais comme il n'a pas
tant contribué à leur nourriture iuſques-là, & qu'il a mangé
vne grande partie des bonnes chairs qu'il a priſes, comme
moutons, agneaux, poulains & volailles, cela l'a rendu gras
pluſtoſt que de ces beſtes maigres, mortes de maladie qu'il
mangeoit l'Hyuer, qui luy faiſoient ſouuent plus de mal que
de bien, & encore la pluſpart du temps n'en auoit-il que la
moitié ſon ſaoul, ayant auſſi dans cette ſaiſon toutes les occaſions fauorables pour y ſurprendre le beſtial qui eſt dés le
matin à la campagne, & depuis 3. heures apres midy iuſqu'à
la nuit. Et lors que les Louueteaux commencent à eſtre forts,
& qu'il leur faut plus de carnage, le Loup & la Louue vont
enſemble à la chaſſe, pour s'ayder l'vn & l'autre, afin d'y
prendre dauantage: c'eſt dans ce temps qu'ils font plus d'abbatis de beſtiaux, c'eſt là la chaſſe de ceux qui font leurs petits dans les buiſſons: car ceux qui les font dans les fonds de
foreſts, c'eſt aux fans de Biches, Chevreüils & Marcaſſins, &
auſſi aux meres, s'ils les peuuent ſurprendre, à qui ils s'attaquent.

CHA-

CHAPITRE V.

Des lieux où l'on doit aller en queste & courre le Loup,
en Octobre, Nouembre & Decembre.

L'Ordre doit estre donné aux Officiers de la Venerie du
Roy pour le LOUP, lors que l'on les enuoye à la Muë, de
venir auec leurs limiers & levriers, ioindre les chiens au rendez-vous, qui leur aura esté designé par le grand LOUUETIER,
ou Lieutenant de la Venerie, au premier iour du mois de Septembre, pour releuer la Muë, & faire deux ou trois chasses,
afin de mettre les chiens-courans & les limiers en haleine &
en curée, auparauant que d'aller trouuer le Roy, qui ne doit
manquer en cette saison de chasser le LOUP ; puis que c'est la
plus belle & plus fauorable de toute l'année ; l'air y est temperé & la terre bonne pour les chiens : les ieunes LOUPS sont
assez forts pour durer vne heure & plus : & si l'on veut courre ceux de l'année auparauant (- qui peuuent auoir en ce
temps-là, seize mois) on le pourra, & auec beaucoup de
plaisir. LES vieux LOUPS sont aussi dans leur plus grande force & vîtesse, pour se bien deffendre des levriers; puis qu'ils
ont fait bône chere tout l'Esté; ils ne sõt pas aussi si affamez,
ce qui fait qu'ils ne font pas tant de pays, & qu'ils en sõt plus
aisez à détourner, & n'en changét pas si volontiers, particulieremét ceux qui ont des ieunes Loups: Car vous vous pouuez asseurer que quand vous en aurez eu connoissance dans
vn buisson, vous ne manquerez de les y trouuer, quand vous
les voudrez courre, pourueu que ce ne soit pas d'vn trop
long-temps; Mais si vous les chassez, & que vous ne les pre-
niez pas, ils changeront aussi-tost apres de pays, le Loup &
la Louue contraignant les Louueteaux d'en sortir, la Louue
allant deuant, pour les guider, & le Loup apres , qui les

chasse, en les mordant, pour les faire suiure : ce que nous connoissons lors que nous en rencontrons & suiuons auec le limier. Ils les meinent ordinairement à vn buisson qui leur est conneu, pour y auoir de grands forts : ou s'il n'y a aucun buisson à leur fantaisie, pour les y mettre en seureté, ils les meineront dans quelque marais, ou dans la queuë d'vn grand estang, où il y aura force buttes de ioncs, où vous ne laisserez, apres les y auoir détournez, de les courre ; mais auec plus de peine, pour les hommes & les chiens. Ce sont là les lieux où vous deuez aller en queste pour Loup, côme aux autres saisons cy-deuant nommées, & que l'experience m'a fait connoistre.

CHAPITRE VI.

Des la taille qu'il faut que les Leuriers ayent pour
prendre le Loup.

IL faut que les leuriers, pour ioindre & attaquer le Loup soient vistes & vaillans, & pour y plus asseurément rencontrer, il est besoin qu'ils soient tirez de race experimentée : car autrement il s'en rencontre peu qui le veüillent attaquer : Pour les auoir ainsi, il faut faire couurir vne grande leurette pour Lieure, par vn leurier compagnon grand & bien déchargé, & qui ait toutes les qualitez requises dans sa taille, afin que les leuriers qui en viendront, soient grands longs & déchargez, horsmis deux lesses, qui doiuent estre plus renforcées, que l'on doit mettre au fond de courre, pour coeffer & arrester le Loup, lors que ceux des flancs leur ont donné tour & atteinte. Les meilleurs que i'aye veus dans la Venerie du Roy pour le Loup, estoient venus de Bretagne & donnez par Monseigneur le Duc de Montbazon, qui auoit eu le soin d'en proportionner la taille, en faisant courir vne leurette, si elle estoit vn peu époisse &

grande, par vn levrier fort déchargé, & si la levrette estoit
déchargée, par vn levrier vn peu plus épais.   C'est ce qui se
doit faire, si vous voulez estre parfaitement bien en levriers:
Et après estre nourris, faire le choix seulement de ceux qui
sont déchargez, comme i'ay dit : & des autres, vous vous en
seruirez à prendre le Sanglier, à quoy ils seront propres; puis
qu'il n'est pas necessaire qu'ils ayent tant de vitesse, mais
plustost de la force & valeur. Il faut que ceux que l'on choisira pour le Loup, ayent les qualitez en suite, dans leur taille, sçauoir la teste vn peu plus longue que large, l'œil gros &
plein de feu & bien coëffé, & que le col en soit lõg; c'est signe
de vitesse, comme estre déchargé d'épaules, de reins hauts
& larges, auoir les hanches larges & bien gigotées, le jaret droit, la jambe seiche & nerveuse, & le pied petit, les
ongles gros, & qu'il n'y ait aucuns argots; pour le poil, cela dépend de la fantaisie, en ayant veu de bons de touts
poils, mais particulierement de gris tisonnez, noirs, rouges, vifs, & à gros poils. Ils n'en sont pas si beaux, mais
ils sont plus durs à la fatigue : quand il pleut, ou qu'il tombe de la neige, l'on ne les void pas trembler comme les autres, & sont aussi plus ordinairement vaillans. Ce sont là les
tailles & les poils que i'ay veu le mieux reüssir : car pour les
gros levriers doguistes, ils n'y sont nullement propres, à
cause qu'ils ont ordinairement peu de vitesse, & sont moins
vaillans pour le Loup, que les tailles que i'ay dites cy deuant. Ils ne sont pas aussi de grande fatigue, & sont plus difficiles à gouuerner, se mangeans les vns les autres, si l'on
n'en a grand soin: & si vous les laissez aller hors lesse, ou que
les tenans ils s'échappent, le premier bestial qu'ils rencontrent, ils l'attaquent & le tuent. Tels levriers ne sont bons
que pour le Sanglier, & à combatre contre le Taureau &
les Ours, pour ceux qui aiment ce diuertissement; & si vous
voulez maintenir la race de ces bons levriers, il faut faire
choix de deux ou trois levrettes bien taillées, que vous laisserez ouuertes, les voyant larges de coffre, & qu'elles ayent
toutes les qualitez dans leurs tailles que i'ay dites, & lors

qu'elles feront dans leur chaleur pour fouffrir le chiens, vous les ferez tenir par de vos plus beaux & meilleurs levriers, qui ne paffent point quatre ans, qui foient les plus viftes & vaillans, point querelleurs, n'y pillards, & confidererez les tailles du levrier & de la levrette, comme i'ay dit, afin que les levriers qui en viendront, foient comme vous les deuez fouhaiter, pour feruir d'ettrique, de flancs & de tefte, felon le befoin que vous en aurez. Apres qu'ils auront fait leurs levrons, il faut en auoir vn foin particulier, en nourriffant fortemēt la mere : & fi vous en voulez faire nourrir plufieurs d'vne portée, vous vous pouruoirez quelques iours auparauant d'vne Mâtine, pour les allaicter, au foulagement de leur mere (comme i'ay dit au Chapitre des chien-courans pour Cerf) & les nourrirez trois mois chez vous, auparauant que de les donner aux Laboureurs, qui feront en pays où il ne vient que des fromens propres à nourrir des ieunes chiens, comme ie l'ay dit, en les recompenfant : car ils ne les peuuent bien nourrir de laict, potage & pain qu'il ne leur en coufte beaucoup. Et ainfi eftans nourris chez ces Laboureurs, ils s'accouftument auec les Mâtins & le beftial, auec qui ils font tous les iours : & comme cela, ils ne font moins pillards. Et à vn an vous les retirerez, qui eft le temps que le cœur leur vient & l'enuie de chaffer, qui leur fait chercher l'occafion dans la campagne, où ils pourroient trouuer vn Lievre, qui leur feroit faire des efforts, en le courant long-temps, à caufe qu'ils ne prennent pas auec la mefme facilité que fait vn petit levrier, où ils fe pourroient effiler : ioinct que c'eft l'aage de les mettre à la leffe, pour les y accouftumer, & à la nourriture que l'on leur veut donner; & qu'ils fe rendroient vicieux en attaquant les beftiaux & les Mâtins, defquels ils fe pourroient faire tuer ou eftropier. Il faut auffi que vous teniez les levrettes, que vous aurez choifies pour en tirer race, en quelque maifon particuliere, afin qu'ils n'ayent aucune communication auec les levriers, à caufe qu'elle leur cauferoit force querelles, particulierement dans l'equipage & Venerie du Roy pour Loup.　C'eft

ce que i'ay toufiours obferué, & celles que vous voudrez
couper, il les faut faire couurir : & les voyant noüées &
pleines de trois femaines, ou vn mois, vous les ferez couper, ou cener par vn homme habile & bien experimenté en
cét art.

CHAPITRE VII.

Comme l'on doit tenir & nourrir les Levriers dãs la Ve-
nerie du Roy, pour la chaffe du Loup, la quantité que
l'on en doit auoir, & la qualité des Levriers.

DANS l'equipage & la Venerie du Roy pour le Loup,
il y doit auoir huiçt leffes de levriers, taillez, comme
i'ay dit au Chapitre cy-deuant ; mais de differente force &
hauteur, pour tenir chacun leur pofte, qui font deux leffes
d'eftrique, pour pouffer & faire enfoncer le Loup dans la
courre, & le faire aller à quatre leffes de flanc, & en fuitte
aux fonds de courre à deux autres leffes de tefte: les levriers
des eftriques doiuent eftre les plus petits & les plus legers,
& comme de grands levriers pour Lievre : ceux des flancs
vn peu plus forts & aduantageux, & ceux des teftes encores plus forts, qui font ceux qui doiuent arrefter & retenir
le Loup.   Chaque leffe doit eftre de trois levriers, conduite
& gouuernée par vn homme qui porte la qualité de valet
de levrier, qui eft (comme fes compagnons) Officier du
Roy, iouïffant des droiçts & exemptions qui leur ont efté
de tout temps donnez, comme aux autres Officiers de ladite Venerie, Comménfaux de la Maifon du Roy.   Ces
huiçt valets de levriers feruent le Roy dedans cét equipage,
Mais il n'y en a que quatre qui foient dans la dependance
& nomination du grand Louuetier : car fes quatre autres
font fous la nomination des premiers Gentils-hommes
de la Chambre du Roy, & font feulement fous l'obeïffan-

ce du grand Louuetier & du Lieutenant de ladite Venerie,
durant le temps qu'ils font dans l'équipage : ces valets de
lévriers doiuent auoir foin de leurs levriers, parce qu'ils font
obligez d'en répondre ; je veux dire des accidens qui leur
feroient arriuez par leur faute, comme s'ils leur donnoient
de mauuais pain, ou qu'ils ne leur en donnaffent pas affez
(ce qui les feroit maigrir peu à peu, & diminuer de force)
ou de les auoir mené à des carnages de vieilles beftes mortes de maladie (ce qui leur pourroit caufer le flux de fang,
les faire mourir, ou au moins les dégoufter) pour aprés n'e-
ftre pas en la force & viteffe qu'ils doiuent auoir pour feruir, & ne les pas bouchonner & peigner pour les tenir nets,
& qu'à faute de ce, il leur viendroit la galle, & quand ils
font dégouftez, s'ils ont manqué de leur donner du potage
en Hiuer, & du lait en Efté venant du py de la vache, & s'ils
ont efté bleffez du Loup ou de leurs compagnons en fe battant, qu'ils ne les ayent pas étuuez & panfez auec le foin
& la capacité qui y eft requife (qu'ils doiuent auoir) & ne
l'ayent pas dit au Commandant pour les luy faire voir, &
qu'ils n'ayent pas eu le foin de leur donner de l'eau, & la
changer en Hiuer tous les iours, & en Efté deux fois chaque
iour, ou de les auoir mal-établez, en les mettant dans vn
lieu où il y aura eu des cochons ou des poules : ce qui leur
peut donner vne galle, que nous appellons le roux-vieux,
ou le farcin, & de n'auoir pas pris garde fi la porte du lieu
où ils les auront logez, n'eftoit pas bonne ny bien fermante,
tant qu'ils fuffent fortis & perdus, & fi en les promenant
ils les laiffoient aller hors leffes fans les tenir, & qu'ils allaffent attaquer vn bœuf, vne vache, ou vn taureau, qui les
pourroit tuer, ou vn mâtin qui les pût eftropier, ou qu'il
vint à paffer vn chien enragé dont ils auroient efté mordus,
& deuenus enragez, fans en auoir donné aduis par leur né-
gligence affectée ; car s'ils manquent à toutes ces chofes, ils
meritent punition, comme de ne les pas tenir en bon corps,
puifque les levriers y doiuent eftre, fi vous voulez qu'ils
ayent viteffe & force pour refifter au trauail qu'ils ont à

souffrir dans cét équipage, quand le Roy y prend plaisir, à
cause qu'il faut déloger & marcher souuent : car quand
vous auez fait deux chasses en vn lieu, s'il y reste des Loups,
& si ce sont vieux Loups, ils s'en vont; Il faut donc bien nourrir les léuriers en leur donnant du pain de bon orge, & bien
fait qui soit cuit de deux ou trois iours ; c'est ce que i'auois
étably dans ladite Venerie, leur ayant fait donner vn cheual pour porter leur pain; car auparauant ils mangeoient le
pain tel qu'ils le trouuoient dans les vilages où ils logeoient,
& de toutes sortes de grains, & quelquesfois au sortir du
four, ce qui les faisoit couler selon ces changemens de
pain; aussi estoient-ils maigres dans ce temps, sans force
ny vitesse, & depuis cét ordre ils furent toufiours en bon
corps, vistesse, & en force.

CHAPITRE VIII.

Comme il faut que les chiens-courans soient pour chasser
le Loup.

IL faut que les chiens-courans pour chasser le Loup,
soient d'vne nature extraordinairement hardie, puisqu'à tous les autres, bien loin de le chasser ; aussi-tost qu'ils
en ont le vent, le poil leur dresse, se mettans la queuë entre les iambes, & derriere, les cheuaux des Picqueurs, en-
coré qu'ils soient sur les voyes d'vne beste qui est dans
leur sentiment, & qui leur plaise : ce que font aussi les limiers qui ne sont pas dressez pour le Loup, reuenans derriere celuy qui les meine, ou du moins se serrent-ils contre
luy, ne voulans pas aller de quelque temps aprs deuant,
pour la crainte qu'ils ont de cét animal; c'est pourquoy
quand l'on est bien en race de chiens pour Loup, il la faut
conseruer auec grand soin. Ce n'est pas qu'il ne s'en puisse
rencontrer quelques-vns qui le chassent, quãd vous les don-

nez auec d'autres au lancé d'vn Loup, encore qu'ils ne ſoient
pas de race; mais ce ne ſera que iuſques à ce qu'ils ayent rencontré vne autre beſte dont le ſentiment leur ſoit plus
agreable: ce que i'ay experimenté pluſieurs fois, & ce qui me
fait dire que les chiens qui ne ſont pas deſcendus de la race,
chaſſent ſeulement par obeyſſance, & non pas par inclination. Il eſt donc tres-important de la conſeruer, & d'en ſçauoir bien choiſir la taille, comme ie l'ay décrite aux autres
Traictés, & d'obſeruer la nature des chiens & des lyces, afin
que ce ſoiét ceux qui auront le nez le plus fin, puiſque le ſéti-
ment du Loup eſt le plus delicat, & qui ſe perd le pluſtoſt, à
cauſe de la quantité de poil qu'il a ſous les pieds, qui empeſche que la ſolle & la peau ne portent en terre, au moins ſi
fortement que des autres grandes beſtes : ce qui en diminuë
beaucoup le ſentiment aux chiens, & qui fait qu'ils ſont naturellement enclins à le chaſſer hardiment, commé beaux
chaſſeurs & requeſteurs; & qu'ils ne ſoient pas iournaliers : il
faut auſſi qu'ils ayent l'œil plein de feu, ce qui ſignifie hardieſſe, bien deliberez; mais pour pillarts, ce n'eſt pas vn defaut pour Loup, car ils le ſont preſque tous par le grand courage qu'ils ont ; enfin ils doiuent eſtre grands & bien taillez,
& auoir toutes les qualitez que i'ay dites au Traicté cy-deuant. Il faut auſſi que les lyces ſoient ainſi taillées, ayans les
meſmes qualitez leſquelles vous ferez couurir auſſi de meſme, & quand elles auront fait leurs chiens, vous en aurez le
meſme ſoin, & en ferez les meſmes nourritures chez vous,
comme apres chez les laboureurs. Vous les en deuez retirer
à dix mois, comme les autres pour les meſmes raiſons; mais il
ne les faut pas faire chaſſer, qu'ils n'ayent quatorze ou quinze mois, qui eſt l'âge que le cœur & la force ſont venus aux
chiens; car ſi vous les faiſiez chaſſer auparauant, il y auroit à
craindre que vous ne les rebutaſſiez, & qu'ils ne vouluſſent
plus chaſſer le Loup.

CHA-

CHAPITRE IX.

Comme il faut tenir & nourrir les Chiens-courans pour le Loup.

LEs chiens-courans pour chasser le Loup se doiuent tenir dans vn chenil, comme ie l'ay décrit au Traicté pour le Cerf, les garder & obseruer iour & nuict , y ayant vn valet de chiens couché aupres d'eux , à cause que ce sont chiens pleins de feu & de courage ; ce qui les rend querelleurs , & fait qu'ils se battroient souuent, si on n'y estoit pour les reprimer & chastier de la houssine , en les nommant, & leur criant *haye* : car manque d'auoir ce soin , l'on en troueueroit souuent d'estranglez , ou au moins d'estropiez ; Il faut aussi auoir vn soin particulier de leur donner de l'eauë , & leur changer souuent, apres auoir nettoyé les vases dans lesquels vous la mettrez : car comme ces chiens sont pleins de feu , ayans le sang tres-chaud , ils ont besoin d'estre raffraischis souuent , autrement ils deuiendroient enragez , à quoy ils sont enclins plus que les autres par leur chaleur extraordinaire ; il les faut aussi bouchonner, peigner , & gresser quand ils en ont besoin ; & quand vous les verrez maigrir , leur donner du potage fait auec sein de cochon & du creton que l'on prend chez les bouchers, outre leur nourriture ordinaire qui doit estre de pain d'orge , plus particulierement pour ces chiens : ce qui les raffraischit & les maintient en bon corps ; & si l'on iuge que cette maigreur vient d'vne grande & longue course qui les peut auoir échauffés, il leur faut donner du laict venant du py de la vache , quelque temps , & iusques à ce qu'ils soient en bon corps,& non dès breuuages auec l'huile , qui les échauffe & les rend si malades , que quelquesfois ils en meurent.

K k

CHAPITRE X.

De la saison qu'il faut choisir pour dresser les ieunes chiens
pour le Loup.

LEs mois de Iuin, Iuillet, & Aouft, le Roy ne voit pas chafser son equipage pour le Loup, par les raisons que i'ay
dites cy-deuant : il faut donc l'employer à dresser les ieunes
chiens que vous aurez nourris, afin de renouueller les vieux
qui seront dans voftre Meute, & la fortifier, si elle eft foible.
La saison vous en eft auantageufe, puis qu'apres auoir eu
connoissance des ieunes Loups, & du lieu où ils font,
vous les y trouuez quand vous voulez, auffi bien que
les vieux ; outre que la campagne eft couuerte : ce qui fait
que le sentiment en eft meilleur pour les chiens, puifque les
Loups touchent par tout de la iambe & du corps, & y font
des portées ; ce qui en augmente le sentiment aux chiens,
& fait qu'ils chaffent auec plus de chaleur, & en tiennent
plus facilement la voye : Il faut du commencement, auec
ces ieunes chiens, attaquer des ieunes Loups, pluftoft que
des vieux, quoy que le sentiment n'en foit pas si grand, mais
auffi ils ne s'éloignent pas d'eux, & ne bougent de dedans
le fort, où le sentiment des voyes eft encore plus fort ; il y
fait auffi plus frais pour les chiens dans cette faifon, qui eft
ordinairement tres-chaude. Et quand vous voudrez eftre
affeuré où il y aura des ieunes Loups, il faut s'enquerir des
bergers & laboureurs où ils voyent aller & venir fouuent
des vieux Loups dans vn buiffon, afin d'y enuoyer vn valet
de limier, où il ne manquera de trouuer les ieunes Loups
qui feruiront pour dreffer vos ieunes chiens, & ieunes limiers. Il y doit aller auec vn chien dreffé pour en auoir connoiffance, qu'il aura apres auoir trouué entrez, & rembuchez les vieux Loups, allant auec son chien dans le buiffon

par les chemins & faux-fuyans, & s'il n'en rencontre là, il
confiderera l'enceinte où font les plus grands forts, & d'où
il aura trouué fortis & entrez les vieux Loups, & peut-eftre
reffortis; car ils ne demeurent pas volontiers auec leurs
ieunes Loups, s'ils ne font tres-petits. Il percera cette enceinte iufques à ce qu'il trouue les abbatis qu'auront fait
les ieunes Loups, qui font des herbes abbatuës comme des
petits fentiers, où ils fe promenent, & vont au deuant des
vieux, qui leur apportent à manger; car quand ils font fort
petits, ils ne fortent pas de l'enceinte, & auffi-toft qu'il en
aura eu connoiffance, il fe peut retirer, & s'affeurer qu'ils
font dans cette enceinte, quand bien ce n'auroit pas efté
de la nuit, pourueu qu'il ait eu connoiffance des vieux de
la nuit, neantmoins il en peut prendre les deuans pour
en eftre plus affeuré, & ne les ayant trouué paffez, reuenir
au quartier de la Venerie, en faire fon rapport au Lieutenant ou Commandant, pour y aller, apres auoir déieuné,
auec les ieunes chiens, & quatre ou fix des vieux, pour les
émouuoir à chaffer, & s'attacher à la voye, lors qu'ils auront lancé les ieunes Loups, que l'on trouue ordinairement
dans vne enceinte feparée des vieux, qui ne ꝟeulent pas demeurer auec eux, pour n'en pas donner connoiffance à ceux
qui la pourroient auoir d'eux plus facilement, ioint qu'ils
pourront eftre allez chercher dequoy les repaiftre.

Vous deuez donc aller découpler vos vieux chiens dans
l'enceinte où font les ieunes Loups, & faire tenir vos ieunes
chiens dans le chemin le plus proche de l'enceinte, par des
valets de chiens, & vn Picqueur qui fera à la tefte, pour les
conduire & mener auffi-toft que les ieunes Loups feront
lancez, à celuy qui fera chaffer les vieux chiens, l'ayant entendu fonner pour chiens : Ce qu'eftant, il doit entrer, &
faire entrer ces valets de chiens dix ou douze par dans le
fort, auec les ieunes chiens, auant que de les découpler, &
il faut qu'il y ait auffi vn vieil chien pour les guider, & leur
montrer à fuiure le Picqueur, qui doit fonner, & les mener
le plus vifte qu'il pourra, pour ioindre les chiens qui chaf-

sent, & les rallier auec eux en les réchauffant, pour les obliger de prendre la voye, & la chasser; & ce qui m'a fait dire
qu'il falloit découpler les ieunes chiens dans le fort, pluſtoſt
que dans le chemin, c'eſt qu'en les découplant dans le chemin, ils le pourroiét longer ou entrer dans l'enceinte de l'autre coſté, où ne feroient pas les ieunes Loups, & où ils pourroient rençôtrer & lâcer quelqu'autre beſte, & la chaſſer: ce
qui leur donneroit vne mauuaiſe impreſſion, & les retarde-
roit peut-eſtre aſſez long-temps, à ne vouloir pas chaſſer le
Loup, dont le ſentiment leur plaiſt moins que des autres
beſtes. Le Piçqueur ayant ioint les vieux chiens qui chaſſent, & celuy qui les fait chaſſer, il doit parler à eux en ces
termes, Veleſcyallé, & les nommer par leurs noms, & leur
crier, *Harlou, mes bellots, harlou*, & ſonner pour chiens : mais
mediocrement pour ce commencement, afin de ne les pas
eſtonner, & les obliger à prendre la voye auec les autres, &
la chaſſer, ou au moins les ſuiure: car en ces commençemens
ils ne chaſſent pas volontiers. Il faut que l'vn des Picqueurs
ait le ſoin de les appeller de temps en temps, pour les remettre ſur les voyes, & l'autre de les faire ſuiure, en leur diſant,
Tirez, chiens, tirez, & ayant ioint celuy qui fait chaſſer, il
leur doit crier encore, *Harlou, mes bellots, Harlou, Rali chiens,
Rali*: Et comme il verra qu'ils chaſſeront, ou ſuiuront les autres, crier, *S'en va, chiens, s'en va*; & s'ils vont dans les chemins aux valets de chiens, il faut qu'ils les reprennent en les
flattant pour les prémieres fois : car il eſt plus dangereux de
les rebuter pour Loup, que des autres beſtes, & les redonner apres les autres, qui chaſſeront lors que le Loup paſſera vn chemin, ſinon qu'ils entrent dans le fort, la chaſſe
eſtant prés d'eux : car il ne les faut pas donner de loing, à
cauſe qu'ils pourroient reuenir à eux : Et ſi les ieunes Loups
commencent à eſtre vn peu forts, il faut auoir mené vn relais de quatre ou ſix chiens dreſſez, pour ſecourir les chiens
que vous auez donné de Meute : car pour prendre vn ieune
Loup, il les faut tous mettre à bout, à cauſe qu'ils ſe relayét
les vns les autres, ne faiſant pas beaucoup de païs : ce qui

fait qu'ils se rencontrent plus souuent, & qu'ils en durent
dauantage : Et voyans vos chiens mal-menez, vous donnerez voltre relais ; ce qui rechauffera vos ieunes chiens ; lors
qu'ils verront ceux-là chasser auec plus d'ardeur, vous continuerez à leur parler & à les r'allier auec les chiens chaf-
fants, & aussi les valets de chiens, & iusques à ce que vous
ayez forcé & pris vn ieune Loup : ce qui doit suffire pour vne
fois, afin de les ménager pour faire plusieurs chasses, & seruir à mettre vos ieunes chiens à la voye : ioinct qu'il ne les
faut pas lasser de ces premieres chasses. Le Loup estant
pris, vous le ferez fouler à vos vieux chiens, pour obliger
les ieunes à s'y méler par quelques atteintes: car en ces com-
mencemens, ils ne les foulent pas volontiers ; & apres qu'ils
l'auront foulé quelque temps, & que vous les aurez flatte z
& touché de la main aux flancs en le foulant, & leur parlant,
comme quand vous les auez fait chasser, le Picqueur doit
prendre le ieune Loup & monter à cheual, pour le montrer
encore aux chiens, sonnant le gresle (comme il a deu faire dans le temps qu'ils le fouloient) & leur crier, *Voyla le*
mort, à moy, chiens, tiehault : Et il faut que l'autre Picqueur les
fasse suiure, leur disant, *Tirez, chiens, tirez, acoute à luy*, &
quand vous serez au premier chemin, le faire fouler encore
aux ieunes chiens seulement : & si vous auez quelque morceau de Loup cuit, leur en donner : cela fait, vous les couplerez & reprendrez le Loup, à cheual, deuant les chiens,
sonnant pour lors la mort par trois mots longs, & en suite la
retraitte ; Et quand vous serez arriuez au quartier & logement des chiens, vous ferez cuire le Loup, si vous n'en auez
vn de cuit, pour leur en faire la curée, de la façon que ie le
diray dans vn chapitre particulier : & y mettrez deux vieux
chiens auec les ieunes, pour leur montrer le chemin d'aller
à la mouée & au forthu, & encore auront-ils assez de peine
à y aller pour cette premiere fois, & à manger du Loup, qui
est d'vn goust naturellement desagreable aux chiens : ce
qui fera qu'ils s'écarteront cà & là : Il les faudra appeller
pour les obliger à y aller, sinon les prendre auec des cou-

ples & les y amener, en les carreſſant, leur en faire manger
dans la main, & les mener au forthu, qui eſt le coffre, où
vous les decouplerez, cependant que l'vn des Picqueurs
ſonnera le greſle & criera, *Velle-loa.*

CHAPITRE XI.

Des termes que l'on doit tenir pour parler aux chiens,
quand l'on les fait chaſſer le Loup.

IE me ſuis trouué obligé, pour ne donner point de l'interruption au Lecteur, de mettre en ſuite du Traicté pour
Cerf, celuy du Lievre & du Chevreüil, à cauſe que les termes en ſont ſemblables, comme en beaucoup de choſes, les
manieres de faire chaſſer & de ſonner; Mais les termes pour
Loup ſont differents, & ont de la conſonance auec le Sanglier & le Renard, dont ie traitteray cy-apres : car ſans cette regularité, à laquelle ie me ſuis voulu attacher, & que
i'ay creu eſtre neceſſaire, pour eſtre plus intelligible au Lecteur, i'aurois mis le Traicté de la Chaſſe pour ſe Loup directement apres celuy du Cerf, puiſque dans cét equipage
& Venerie, il y a vn grand Louuetier : outre c'eſt vn corps
ſeparé des autres, n'eſtans pas meſmes payez par les Threſoriers des Chaſſes, Toiles & Fauconnerie, comme les autres ; mais par les Threſoriers de l'Eſpargne, & que dans les
autres Equipages (excepté la grande Venerie pour Cerf)
il n'y a que Capitaines & Lieutenans. Ie commenceray à
parler des termes dont on doit vſer, & des connoiſſances
du Loup. Quand on en reuoit, on doit dire, *Voicy la trace*
ou piſte du Loup, & les os qui ſortent de ſon pied, ſe doiuent
appeller ongles : & la fiente, les laiſſées, & lors qu'il marche au pas & d'aſſeurance, alleures, & quand il court, fuittes du Loup ; les alleures ſe connoiſſent allant d'aſſeurance,
quand le pied du Loup eſt ſerré ; & les fuites, quand il lou-

ue. Ce qui se fait par l'effort qu'il fait en courant, & lors qu'il a gratté, cela s'appelle galies ou déchausseures; où il s'est déchaussé, selon le rencontre qui se fait dans la façon de parler, quand le Veneur fait son rapport, & le lieu où il se couche le iour, se nomme litteau: car quand on le court & que lors il se repose & se met sur le ventre, ce lieu s'appelle flattreuse; & quand le Veneur est aux bois & que son chien a rencoutré la voye d'vn Loup, apres en auoir reueu, il doit dire à son limier, *Vel-cy-allé*, si le Loup va d'asseurance, le suiuant, comme quand il le laisse courre; mais l'ayant lancé, voyant qu'il fuit, il doit dire alors, *Velescy-allé*, *Velescy-allé*, qui est le terme significatif qu'il va fuyant. Il doit dire aussi à son chien qui suit pour lancer le Loup, *Apres, l'amy, apres harout, harout, haly, hou, hou, harlou, harlou*; & apres estre donné aux chiens, le Picqueur leur doit crier, *S'en va, s'en va, chiens, mes belots, harlou, harlou, outre vault chiens, outre vault*, & sonner pour chiens, & pour requester à veuë la mort & la retraitte, comme pour les autres chasses cy deuant: mais quand on le voit il faut crier, *Velleloo*.

CHAPITRE XII.

Comme le Veneur & valet de limier, doiuent dresser les ieunes limiers pour le Loup.

L E valet de limier pour Loup, doit plus exactement prendre garde à faire choix d'vn chien bien fait, que les autres, & qu'il ait non seulement les qualitez que i'ay dites au Traicté pour Cerf; mais encore quelque augmentation, comme d'estre plus trauersé, qu'il ait la teste plus carrée, l'œil gros, flamboyant, & naturellement ardent & furieux, l'ayant veu plusieurs fois se piller auec les autres, & s'il se rencontre à gros poil, il en sera mieux, & de poil vif, comme s'il est rouge, que ce soit vn rouge de feu, ou brun,

& s'il eſt gris, que ce gris ſoit d'vn gris brun & non élaué, ou tout noir, & qu'il ſoit plus court que long; la taille s'en peut cônoiſtre en le voyant, côme tous ces ſignes & qualitez que i'ay dites. Mais pour ſçauoir s'il ſera bon, il en faudra faire l'épreuue; & pour cela, il ſera bien ne le mettre dans le chenil, pour eſtre encore plus aſſeuré de ſon ardeur & courage, où il ſe domeſtiquera auec les autres, & apprendra à aller au couple: il s'en rendra auſſi plus fier & hardy, le faiſant chaſſer trois ou quatre chaſſes en compagnie: ce qui luy fera prendre d'abord la connoiſſance du Loup, & en ira plus volontiers deuant celuy qui le menera, comme de s'en rabatre, pourueu qu'il aille de bon temps, ou que vous l'ayez fait lancer par vn chien dreſſé, afin de luy donner de bonnes voyes, comme celles qu'il a deſia chaſſées, & le continuer dans cette bonne volonté & premiere chaleur: car aux limiers pour Loup, vous ne leur en ſçauriez trop donner, pour les conſiderations que i'ay dites: & commençant à les mener, il faut continuer auec grand ſoin, pour bien reüſſir à la chaſſe du Loup, puiſque c'eſt le principal ſuiet: car ſi les leuriers n'en ſont bons, il eſt tres-mal-aiſé que les chiens-courans le puiſſent eſtre: Que ſi vn chien eſt froid & melancholique, apres en auoir tiré des preuues, comme de l'auoir mis pluſieurs fois ſur les voyes d'vn Loup, venant d'eſtre lancé, & qu'il n'en veüille que par maniere d'acquit; ce que vous verrez en le tenant ſur le traiçt: & s'il ne ſent, & qu'il ne morde pas la branche que vous luy preſentez, où a touché le Loup, vous le deuez remettre au chenil, où il pourra mieux reüſſir pour courre auec les autres chiens, qui luy donneront de l'émotion; vous en prendrez vn autre, en obſeruant qu'il ſoit de la vraye race pour Loup: car autrement il ſeroit mal-aiſé qu'il peuſt reüſſir: ce qui eſt plus important à cette chaſſe qu'aux autres, pour ces raiſons que l'on peut aller lancer les autres beſtes à la Trolle, à cauſe que pour peu d'habitude que vous ayez dans vn païs, vous ſçauez où doit demeurer vn Cerf, vn Chevreüil, & vne beſte noire: ce que vous ne pouuez ſçauoir des vieux Loups

qui

qui n'ont point de Louueteaux , fans lefquels ils n'ont
point de demeure affeurée. Tellement que vous pourriez , peut-eftre , quefter trois iours , fans rien trouuer, où vous lafferez voftre equipage : & encore que vous
l'euffiez lancé par hazard à la Troolle , vos levriers n'e
ftans pas placez, vous ne leur pourriez faire voir le Loup
qui a accouftumé auffi-toft qu'il eft lancé , de s'en aller,
fans tourner dans vn buiffon , trois & quatre lieuës de là ,
& fans s'arrefter : & par confequent vous ne le pourriez
pas prendre ; tellement que le fondement du plaifir de cet-
re chaffe depend des bons limiers : Et pour les dreffer auec
moins de peine & plus promptement , il faut que ce foit
dans les mois de Iuin , Iuillet , Aouft & Septembre , qui eft
le temps des Louueteaux , que vous trouuerez à poinct-
nommé : Apres auoir eu connoiffance du lieu où ils font,
où vous pourrez aller tous les deux ou trois iours auec voftre ieune chien , les luy faire fuiure & lancer , fans qu'ils
s'en aillent du pays où ils feront : & lors que voftre chien en
voudra bien , vous pouuez attendre les vieux Loups , qui reuiennent de la campagne , pour apporter à manger à leurs
Louueteaux, les faire fuiure , ou attendre quelque temps ;
ce qui fe doit faire felon l'ardeur de voftre chien à fuiure : &
comme il eft auancé en fcience , vous en auez tout le loifir ,
comme de luy faire fuiure le contrepied , puis qu'en cette
faifon l'on ne court pas. Si voftre ieune chien n'a point
encore chaffé , n'ayant pas eu connoiffance de Loups , il
faudra pour les premieres fois , prier vn de vos compagnons
d'aller auec fon chien dreffé auec vous , pour lancer les ieunes Loups & ne donner connoiffance à voftre ieune chien ,
& iufques à ce qu'il en veüille parfaitement , brifant deuant
luy & prenant des deuants : & apres les auoir trouuez demeurez , les aller lancer auec voftre ieune chien : & lors qu'il
en voudra bien , vous le ferez fuiure les vieux Loups , qui
viendront de la plaine , dont les voyes iront de plus hautes
erres , & drefferont mieux que d'vn ieune Loup : & comme cela , vous l'accouftumerez à vouloir des voyes qui ail-

L l

lent de la nuict, à perdre le cacquet & à se taire à force de
suite:car il ne faut point battre les limiers, crainte de les rebutter : Et sur tout obseruez, quand vous dressez vn limier
pour Loup,de ne le mettre que sur des voyes de Loup, iufques à ce qu'il en veüille parfaitemét: car autrement il cour-
roit risque de se refroidir & de n'en vouloir plus ; & les premieres fois que vous irez aux bois, vous porterez des petits
morceaux de Loup rosty, afin de luy en donner de temps en
temps, sur les voyes, & de faire en sorte de l'auoir tout à fait
dressé dans les mois que i'ay dit:car la saison de l'Hyuer y est
toute contraire,pour plusieurs raisons.Premierement,que la
terre est la pluspart du temps gelée, ou couuerte de neiges,
& dans ce temps l'on ne doit pas mener des ieunes limiers
aux bois (pour les raisons que i'ay dites au Traicté pour
Cerf) Secondement, les nuicts y sont longues.Et troisiéme-
ment, les mangeures pour les Loups, sont mal-aisées à trouuer;ce qui les oblige à faire vn grand pays,& vous seroit difficile de rencontrer vn Loup qui allast de bon temps, au
moins qu'vn ieune chien en peust emporter les voyes : &
comme cela vous irez plusieurs fois aux bois, sans pouuoir
donner aucune connoissance de Loup,ny plaisir à vostre ieune chien,& quand par bon-heur vous luy en auriez donné
vn iour,vous serez long-temps apres sans en trouuer l'occasion : & ainsi vous estes tousiours à recommencer, & en hazard de donner connoissance plusieurs fois d'autres bestes à
vostre ieune limier:& partant ie tiens qu'il est tres-difficile de
dresser vn limier pour Loup, si ce n'est en Iuin,Iuillet,Aoust
& Septembre.

CHAPITRE XIII.

Des connoiſſances par leſquelles l'on peut connoiſtre le Loup d'auec la Louue & le grand chien, & auſſi les vieux Loups d'auec les ieunes.

IE vous ay dit que les Loups ſont d'vne nature des chiens ſauuages, & qu'ils auoient pour l'ordinaire de grandes reſſemblances dans leurs manieres d'agir, auec les domeſtiques. Ils en ſont de meſme dans les parties du corps, ſinon qu'ils les ont plus fortes; Ce qu'ils font voir quand les leuriers, qui ſont plus hauts qu'eux, ne les peuuent arreſter, s'ils ne ſont pluſieurs. La raiſon eſt, qu'ils ont les membres plus nerueux & mieux ioincts; ce qui nous fait diſcerner le Loup d'auec le chien par le pied, pour grand qu'il ſoit. C'eſt ce que ie vous feray connoiſtre, apres vous auoir dit les lieux où l'on en peut plus aſſeurément iuger, ſelon les ſaiſons. Dans l Hyuer l'on en peut reuoir preſque par tout, pourueu qu'il n'ait pas gelé extraordinairement : car ſi ce n'eſt qu'vne gelée blanche, les Loups font des foulées auſſi bien que les autres beſtes, lors qu'ils paſſent ſur de l'herbe, où vous en pouuez iuger, pourueu qu'elle obeyſſe au pied, tant qu'il s'y imprime; & que ce ſoit auſſi auparauant que le Soleil ait paru ſur les voyes : car il fait fondre la gelée & oſte la forme du pied, ou pour le moins la diminuë ſi fort, que l'on n'y peut auoir aucune connoiſſance. L'on en peut auſſi reuoir ſur la neige, pourueu qu'elle ſoit nouuelle tombée & qu'il ne degele pas, le pied s'y peut imprimer & donner connoiſſance; mais lors qu'elle eſt fort gelée & que le Loup y paſſe, elle eſt gromeleuſe & retombe ainſi dans les voyes qui les couure & en oſte la forme : Et que s'il degele, pour en pouuoir iuger ſur la neige, il faut qu'vn Loup ne faſſe que d'aller : car les voyes ſont élargies peu de temps

apres qu'il eſt paſſé. Et lors qu'il n'a pas gelé & que la terre
eſt découuerte, c'eſt dans les chemins, où elle eſt ferme &
non gailleuſe, comme aux autres lieux, où l'on en peut iuger:
car dans la terre molle, auſſi-toſt qu'vn Loup y eſt paſſé, les
voyes s'effacent, ou au moins ſe retreſſiſſent de beaucoup. Et
dans l'Eſté, c'eſt auſſi dans les chemins, le matin, que la roſée
a battu la poudre & luy a donné aſſez d'humidité pour la
rendre plus maſſiue & plus ferme, où la forme du pied s'imprime toute entiere, & vous donne occaſion d'en pouuoir iuger: comme auſſi dans les terres nouuelles labourées, où la
roſée fait le meſme effect; & cela ſeulement iuſques à ce que
le Soleil ait ſeché cette humidité: car apres la poudre vole
par tout & eſt trop ſeiche pour ſouffrir vne parfaite impreſſion du pied, & donner lieu d'en faire vn iugement aſſeuré,
mais s'il auoit pleu, vous en pourriez iuger tout le iour. Ce
ſont les lieux où vous pouuez voir les connoiſſances que ie
vous vay enſeigner, non ſeulement du Loup, differentes du
chien; mais auſſi du Loup d'auec la Louue, & du vieil Loup
d'auec le ieune. Ie commenceray par la plus eſſentielle, &
celle dont les valets de limiers pour Loup, ſont obligez de
ſçauoir le diſcernement, puis qu'ils en doiuent faire le rapport, qui eſt du Loup d'auec le chien, & non pas de la Louue
d'auec le Loup. Premierement, il faut remarquer qu'au
vieil Loup, quand il va d'aſſeurance, vous voyez touſiours
le pied tres-ſerré, dont la forme ou l'empreinte (qui eſt le
bout des doigts) en eſt mieux iointe & mieux faite que celuy du chien qui va le pied épatté & ouuert, & a le talon
moins gros & large que le Loup, & les deux grands
doigts plus gros que le Loup, dont les ongles ſont auſſi
plus gros que du chien, & entrent plus auant dans la
terre que ceux du chien qui ne font que l'effleurer, à cauſe des doigts qu'il a beaucoup plus gros & plus pleins
& qu'il n'a pas auſſi les liaiſons ſi fortes: ce qui fait qu'il
ne peut pas appuyer ſi fortement du bout du pied que fait
le Loup; ioint que le talon du Loup en eſt plus gros, &
comme i'ay dit plus large, qui forme deſſous trois petites

foſſettes, ce qui ne ſe voit pas au chien ; il l'a auſſi plus déta-
ché & éloigné du reſte du pied, outre qu'il a plus de poil
ſous le pied que le chien, & que les allures en ſont plus longues, mieux reglées, & aſſeurées, encore que le chien ſoit
grand ; mais il ne s'étend point allant au pas comme fait vn
Loup.   Bien que ie vous aye dit que l'on n'eſtoit pas obligé
de diſcerner la Louue pour en faire le rapport d'auec le
Loup ; neantmoins il eſt touſiours mieux de le ſçauoir, puis
qu'il s'en peut connoiſtre en la pluſpart, en conſiderant que
la Louue eſt mieux chauſſée (ainſi que nous appellons) c'eſt
à dire qu'elle a le pied plus étroit & plus long, & les ongles
moins gros que le Loup. Et pour le reſte des connoiſſances,
elles y ſont de meſme dans leur proportion de pieds. Et pour
connoiſtre des ieunes Loups d'vn & deux ans (car paſſé cét
âge, ils ſe doiuent nommer vieux Loups, mais non pas
grands vieux Loups) il faut regarder & conſiderer que les
liaiſons des pieds des ieunes, ne ſont pas encores ſi fortes
que celles des vieux Loups ; ce qui fait que les ieunes vont
le pied plus ouuert ; ils ont auſſi les ongles plus petits & pointus que les vieux, & n'ont pas les allures ſi reglées ny ſi longues.   Pour les reſte des connoiſſances, elles y ſont de meſme. Vous les pouuez auſſi connoiſtre dans la façon de faire
leurs nuicts, à cauſe que les vieux Loups font beaucoup
plus de païs que les ieunes ; ioint que dans les grandes plaines, les vieux Loups vont faire leurs nuicts, & les ieunes la
font allentour des villages, & le long des ruiſſeaux : Ils n'ont
auſſi iamais leurs fientes (que nous appellons laiſſées) ſi dures que les vieux Loups, & de cette connoiſſance entre le
vieil Loup & la vieille Louue, c'eſt qu'ordinairement la
Louue les iette au milieu d'vn chemin, & molles : Et celles
du vieil Loup ſont dures, les iette quaſi touſiours ſur vne
pierre, vne, butte, ou vn petit buiſſon, & quand il gratte
(que nous appellons ſe déchauſſer) il le fait auec plus de
violence que la Louue, ny que les ieunes Loups, creuſant
dauantage en terre, & les iette auſſi plus loin.

Ll iij

CHAPITRE XIV.

Comme le valet de limier doit aller aux bois pour le Loup,
le détourner, & en faire le rapport.

IL faut que le valet de limier pour Loup, soit d'vn bon
temperament, afin qu'il ait bon pied & bon œil pour en
reuoir dans les saisons seiches, & en pouuoir iuger, à cause
qu'à cette chasse il faut aller souuent aux bois, quand le Roy
y prend plaisir, ioint que les Loups font beaucoup plus de
pay s, en faisant leurs nuicts, que les autres bestes, n'ayant
pas leurs mangeures asseurées & établies comme elles, qui
les ont au sortir du fort; mais les Loups vont au hazard toute la nuit pour y rencontrer quelque beste morte, particulierement dans l'Hyuer; tellement que cinq ou six hommes
iront aux bois en de differens lieux, qui neantmoins auront
tous connoissance d'vn mesme Loup, & quelquefois pas
vn ne le détournera, à cause qu'apres auoir percé cinq ou
six buissons où il n'aura pas esté repeu, il ira demeurer
dans vn fonds de forest: ou s'il fait broüillard, ou qu'il tombe de la neige, il demeurera dans la campagne derriere vne
haye ou vn buisson, pour y épier quelques bestiaux. Il n'est
pas besoin que celuy qui va aux bois pour Loup, dans vn
buisson, en fasse les dedans comme pour les autres bestes,
car le Loup sort à la campagne pour aller chercher ses mangeures; mais quand c'est dans vn grand pays où il y a des
bestes fauues & autres, dont les Loups se peuuent repaistre;
il faut faire les dedans, & particulierement dans la saison
qu'il y a des ieunes Loups, pour en auoir connoissance, à
cause qu'ils ne sortent pas, s'ils ne sont desia grands; & pour
connoistre qu'il y en a dans le bois où vous allez, c'est quand
vous trouuez deux vieux Loups en sortir & entrer plusieurs
fois, & de tous temps, c'est vn signe éuident qu'ils y ont

leurs ieunes Loups. Quant à la maniere de mener le limier
aux bois, le mettre deuant, & le faire quester; c'est la mefme que pour le Cerf, & le Chevreüil: & aussi quand il se rabat, où vous luy deuez dire, *Vel-cy-allé*, tant que le Loup
ira d'asseurance, & pour échauffer vostre chien, & l'obliger à suiure, vous luy direz *hou, l'amy, hou apres*, & quand
vous le rembuchez, vous le flatterez, en brisant haut &
bas : Et si vous en voulez prendre le contrepied, vous luy
direz de mesme, *tien à moy, Velçy revàry*, si ce n'est que
vous eussiez rencontré vn Loup dans la plaine, où vous
l'eussiez suiuy pour en reuoir, & le iuger par les connoissances que i'ay dites au Chapitre precedent, & apres auoir
fait les grands deuants de vostre queste, & n'auoir de rien
rencontré, vous deuez considerer le pays pour voir de quel
costé pourroit venir vn Loup qui pourroit estre demeuré
encore dans la campagne, pour n'auoir pas trouué dequoy
se repaistre, afin de vous y mettre & y attendre vne heure,
en écoutant si vous entendrez crier des laboureurs ou bergers pour aller à eux, en cas que le Loup ne vienne à vous,
& estant tombé sur les voyes auec vostre chien, les suiure
iusques à ce que vous l'ayez trouué entré dans vostre que
ste, s'il y va; sinon ne laisser de le suiure iusques à ce que
vous l'ayez mis à couuert dans vn fort où vous le briserez,
encores qu'il entre par vn chemin (ce que font ordinairement les Loups.) qui ne font point de retours sur eux, comme les autres bestes, si ce n'est rarement. Vous irez prendre
le grands deuants du buisson, afin de ne le pas presser : car
il pourroit estre demeuré à vingt pas dans le bois pour écouter, sans estre entré dans le fort : & quand vous auez pris
les deuants du buisson, vous deuez reuenir où vous l'auez
brisé, pour en suiure la voye le long du chemin, le rembucher dans le fort, & apres l'auoir fait, vous reprendrez vos
deuants, que vous commencerez par où vous les auez acheué, pour changer le vent à vostre limier, & luy faciliter le
sentiment : & si vous le trouuez forty (ear si c'est vn Loup
qui soit affamé, il ne demeurera pas s'il n'y est contraint par

la peur) vous le deuez ſuiure iuſques à ce que vous le trou-
uïez briſé : Et encores que cela ſoit , il ſera bien pour l'affection que vous deuez auoir au plaiſir de voſtre Maiſtre , de
houpper voſtre compangnon , afin que s'il a beſoin de vous
& de voſtre chien pour en venir à bout & le détourner , vous
le ſecouriez , puiſque ce Loup qui aura eſté deſia holé par
ces bergers , & peut-eſtre couru par leurs chiens , & qui aura auſſi eu le vent de vous & de voſtre chien , aura peine à
ſe reſoudre de demeurer , joint la faim qu'il peut auoir , ou
s'il le fait , ce ſera apres auoir fait beaucoup de tours, en longeant les chemins les vns apres les autres : ce qui peut em-
baraſſer vne homme ſeul , & le tenir beaucoup de temps , &
cependant les voyes vieilliſſent , & le limier ne les peut plus
emporter ; mais quand l'on eſt deux , cependant que l'vn
démeſle des voyes pour en trouuer le dernier rembuchement , l'autre doit prendre les grands deuants pour reconnoiſtre s'il ne ſort point du buiſſon , afin que par là ils ſoient
éclaircis de tous les faux rembuchemens : car les Loups en
font aucunes fois trois ou quatre , & aſſez ſouuent au premier carrefour qu'ils trouuent ils ſe déchauſſent , qui eſt
vn ſigne éuident qu'ils ne veulent pas demeurer , au moins
ſi toſt : mais celuy qui prend les grands deuants, abrege &
aſſeure ſon compagnon ſi le Loup demeure , ou s'il s'en va :
car s'il ne l'a pas trouué ſorty , encore que vous ne l'euſſiez
pas pû rembucher ; vous ne laiſſerez d'en faire le rapport ,
pourueu que ce ſoit dans vn buiſſon qui n'ait que quatre ou
cinq cens arpens : puiſqu'en découplant les chiens courans
à la trolle, ils le peuuent aller querir & lancer, à cauſe qu'vn
vieil Loup ſort du litteau auſſi-toſt qu'il entend du bruit :
& l'ayant ainſi détourné enſemble , celuy à qui ſera la queſte , fera le rapport à l'Aſſemblée, au Lieutenant de la Venerie , luy diſant : *Nous mécroyons vn tel & moy* (en nommant
ſon compagnon) *détourner vn Loup ou deux , vieux ou ieunes :*
ou , *le Loup & la Louue en vn tel lieu :* Et apres le Lieutenant
le menera au grand Louuetier , pour en faire le rapport
au Roy. I'ay dit dans le chapitre où ie parle du naturel des
Loups

Loups, qu'ils font fort fujets à la rage, & ce qui en eft la caufe: Et icy ie vous monftreray comme le valet de limier peut
connoiftre fi vn Loup eft enragé, lors qu'il en a rencontré le
matin, & qu'il le fuit, ou au moins en auoir de grandes conje-
ctures, c'eft quand il rencontre vn Loup qui trauerfe les
champs, & qu'il en voit aller la pifte balançant : ce qui vient
de la foibleffe que le mal luy donne, ne s'apperceuant pas
mefmes qu'il ait rien pris pour fe repaiftre, encore qu'il foit
allé & venu alentour des villages, qu'il y foit paffé, & qu'a-
pres tous fes tours, il entre dans vne talope de bois, comme
vne groffe haye, ou dans vn petit bocqueteau (qui peut eftre
le temps que fon accez eft paffé) où il demeurera iufques à
ce qu'il luy reprenne, ou qu'il fe mette dans des rofeaux à la
queuë d'vn eftang qui foit efloigné des bois. Tous ces fignes
font d'vn Loup malade de la rage, ce qui oblige le valet de
limier à en faire le rapport dans ce doute, afin que l'on y aille en eftat de le tuer, & non de le chaffer auec les chiens-courans, ny le faire prendre aux lévriers, car ce feroit perdre
voftre équipage.

CHAPITRE XV.

Comme il faut choifir là Courre pour y prendre
les Loups.

IL eft auffi important à vn grand Louuetier de fçauoir
bien choifir la courre, & y placer les lévriers pour prédre
le Loup, qu'il eft à vn General d'armée de fçauoir prendre
vn pofte auantageux pour mettre fon armée en bataille & y
battre fon ennemy : C'eftoit ce grand Roy LOVYS LE
IVSTE qui fçauoit tous les deux parfaictement : Il a fait
connoiftre l'vn à toute la Chreftienté, & l'autre à ceux qui
ont eu l'honneur de le voir chaffer ; c'eft auffi de luy que ie
l'ay appris, & qu'il falloit auparauant que de mettre la
                                                    Mm

Courre, aller la recõnoiftre, quãd on ne la fçauoit pas, Auffi-toft apres que le Veneur a fait fon rapport, & que le Roy
eft refolu d'aller à fes brifées, il faut s'enquerir des Gentils-
hommes du païs qui voyent aller & venir les Loups d'vn
buiffon à vn autre, ou des Laboureurs, afin d'en fçauoir la refuite, & fi vous ne voyez pas qu'ils en parlent pertinemment,
il faut demander où font les grands pays de bois qui font les
plus proches du lieu où eft détourné voftre Loup, afin de faire voftre Courre dans cette refuite, fi le vent y eft bon : Et
apres en eftre inftruit, vous deuez aller vifiter le buiffon pour
iuger le lieu le plus propre pour faire la Courre, & y placer
les lévriers, apres auoir connu d'où vient le vent : car pour
eftre bon & propre, il faut qu'il vienne du cofté du buiffon, &
non du cofté de la Courre, à caufe que le Loup, qui eft vn
animal fin & défiant, & qui a le nez excellent, auroit le vent
de vos lévriers, & ne fortiroit pas de ce cofté-là. Il faut apres
confiderer l'affiette du lieu où vous voulez faire la Courre,
afin qu'il ne foit pas boffu; mais qu'il foit en pays plat, & non
de colline, & qu'il n'y ait aucun buiffon dedans; puifque c'eft
ce qui fait ordinairement faillir le Loup par des détours qu'il
fait alentour de ces buiffons, où les lévriers le perdent de
veuë, au moins pour quelque temps : ce qui le fait efloigner
d'eux, & qu'apres ils ne le peuuent plus joindre. Il ne faut
pas auffi mettre la Courre la tefte en bas, à raifon de l'auantage qu'ont les Loups fur les lévriers, lors qu'ils courent en
defcendant, à caufe que toute la force du Loup eft fur le deuant, ce qui le fait plus fortement fouftenir en courant à la
vallée que les lévriers : joint qu'ils ne peuuét prendre le Loup
fans courre rifque de tomber & faire la cullebute. Et fi vous
eftes contraint de faire voftre Courre où feront ces collines
& ces buiffons, à caufe que s'en eft la refuite, & que le vent y
eft bon, laiffez cette tefte auallante dans voftre enceinte, la
faifant deffendre de mefme que le buiffon où fera voftre
Loup, & placez vos premiers lévriers au commencement du
pied montant, & le refte en fuitte. Et encore qu'il fe rencontraft vn pays plat pour faire la Courre, & qu'il y euft des buif-

sons dedans, s'il n'y en auoit que peu, & qu'ils fussent fort
petits, il les faudroit faire couper, & s'en seruir à faire des
huttes pour cacher les léuriers; mais s'il y en auoit beaucoup,
faites vostre Courre au delà des buissons, où vous mettrez
des deffenses, iusques au bout où seront vos léuriers d'etri-
ques; & si vous n'en auez suffisâment, vous mettrez seulement
des Caualiers à gauche & à droict de ces buissons, pour y
deffendre & pousser le Loup dans la Courre, tirant quelque
coup de pistolet en l'air, afin de l'obliger à percer plus viste,
& qu'il n'ait pas le temps de reconnoistre la Courre. Ce qu'e-
stant bien reconnu & pensé dâs toutes ces circôstances, vous
enuoyerez vos deffenses par vn Picqueur de l'equipage qui
aura esté auec vous recônoistre le buissô la Courre, afin qu'il
soit instruit des lieux où il les faut mettre; & si c'estoit dâs vne
queuë de forest ou grand pays, qu'il n'y eust pas vne taille de
l'année qui separast l'enceinte où est détourné le Loup, d'auec
le grand pays, mais seulement vn chemin, il faudroit y tendre
des panneaux, & y mettre des Caualiers derriere pour les
deffendre.

CHAPITRE XVI.

*Comme l'on doit placer les deffenses autour de l'enceinte où
est le Loup & les Leuriers à la courre.*

LORS que l'on veut aller courre vn Loup, qui est détourné dans vn buisson, où dans vne queuë de grand
pays, il faut enuoyer placer les deffenses & tendre des panneaux, s'il en est besoin, & presque en mesme temps, aller
placer les leuriers à la courre. I'ay marqué dans le Chapitre
cy-deuant les lieux où il falloit tendre les pâneaux, mais non
pas comme il les faut, ny comme il les falloit tendre. Les

panneaux pour Loup , doiuent estre de cinq pieds de haut ,
quand ils sont tendus , & que le fil dont ils seront faits , soit
vne fois aussi gros que de ceux pour Renard , & que les
mailles en soient aussi plus grandes : & quand vous les ten-
drez , vous leur donnerez beaucoup de morsil : Ie veux dire
qu'il faut retirer du panneau , en le tendant assez pour estre
lasche , afin que le Loup s'y maille & s'y embroüille : car s'il
estoit trop tendu , en donnant contre , il s'en retireroit &
pourroit apres y reuenir & sauter par dessus : car le Loup
saute facilement cinq & six pieds de haut : Et que la corde qui commande le panneau , soit assez grosse pour ne
pas rompre , lors que le Loup y donnera : ie veux dire pour
prendre ; mais pour deffendre , il n'importe pas. Et afin de
les faire durer dauantage , il faut les teindre auec du tan.
Pour les autres deffenses , à pied & à cheual , il faut qu'elles
soient alentour du bois où est détourné le Loup , du costé
que vous ne voulez pas qu'il aille , pour l'obliger à aller aux
leuriers. Il faut que les gens de pied soient à six pas l'vn de
l'autre , la teste tournée aux bois , auec chacun vn baston à
la main (car il y a quelquesfois des Loups qui les veulent
forcer) & qu'ils soient éloignez du bois de dix ou douze
pas , pour n'en estre pas surpris , lors qu'ils en sortiront , &
auoir le temps de crier , faire du bruit & montrer leurs bastons , pour les empescher de passer & les faire retourner
dans le bois : & pour cela , que chacun demeure à sa place ,
car s'ils couroient apres le Loup , il reuiendroit par derriere
eux & s'échapperoit. Les Caualiers doiuent estre vn peu
plus éloignez du bois à cause de l'auantage qu'ils ont , &
que les deux qui sont voisins , où le Loup sortira & les voudra forcer , se secourent : car il ne faut pas que les autres
branlent , de crainte d'vn pareil accident. Quant aux gens
de pied , vous les mettrez à quinze pas l'vn de l'autre , la
teste tournée au bois : & si vous auez plus de monde , vous
les mettrez plus pres les vns des autres. Les Caualiers tireront des coups de pistolets de temps en temps , pour diuertir le dessein que pourroit auoir le Loup de venir passer à

eux, pour l'obliger d'aller à la courre. Dans le temps que
l'on place vos deffenses il faut placer voftre courre, à caufe
qu'vn Loup en peut auoir le vent & s'en aller : les valets
de levriers y eftans arriuez, ils doiuent auoir des cerpes :
ou que leurs épées taillent affez bien pour couper des branches, qui feruiront à faire les huttes, afin de s'y mettre à
couuert auec leurs levriers : c'eft ce que l'on appelle loges,
horfmis les deux qui tiennent les levriers d'eftricques, qui
n'en ont pas befoin, puis qu'ils doiuent eftre dans vn foffé
où s'il n'y en a, fe mettre à couuert au bord du bois, de
peur d'eftre apperceus du Loup, qui ne manque iamais de
fortir la moitié du corps hors du bois & s'arrefter, pour
confiderer dans la plaine s'il n'y voit rien qui luy donne de
la crainte, deuant que d'y entrer & enfoncer dans la courre. Il faut auffi que ces valets de levriers ayent chacun vn
bafton à la main, de groffeur & longueur raifonnable,
pour s'en feruir quand le Loup eft arrefté & porté à terre
par les levriers, & le luy mettre dans la gueule, afin qu'il ne
les eftropie pas & pour les faire démordre. Mais fi l'on vous
a fait rapport d'vn de ces grands Loups, qui font ces coureurs & preneurs des beftes fauues, & qui font extraordinairement viftes, il faut tirer deux levriers de vos eftricques,
les plus forts & les plus vaillans, pour en faire vne leffe, &
les placer au milieu de vos deux premiers flancs : car il n'y
a rien qui embroüille & embaraffe vn Loup comme cette
leffe, qui le pince & l'oblige à tourner, au moins à demy ;
ce qui luy fait perdre du temps, & en donne, aux leffes des
flancs, pour le ioindre : & de cette forte, vous ne pouuez
faillir vn Loup pour vifte qu'il foit. La courre doit eftre
nette, comme ie l'ay dit, fans aucun buiffon, que perfon-
ne n'y paffe, quand les levriers y feront placez, & qu'il foit
plus large auprès du bois que dans le fonds, en plaçant les levriers fur deux lignes & dans leurs diftances, comme ie le
diray. Les eftricques (qui font les deux leffes qui doiuent
pouffer le Loup & le faire aller dans le fonds de la courre aux
autres leffes) doiuent eftre aux deux ailes de l'entrée de la

M m iij

courre, fur le bord du bois & cachées (comme i'ay dit)
proche des dernieres deffenfes, & à chacune vn Caualier,
qui fera auffi caché dans le bois, pour pouffer apres les levriers, quand ils feront cachez, afin d'obliger le Loup à tenir
le milieu de la courre: & les deux premieres leffes des flancs,
doiuent eftre mifes à cent pas des eftricques fur les deux lignes & de diftance égale. Et pour cette leffe que i'ay dit,
que l'on tiroit des eftricques, il la faut mettre au milieu de
ces deux flancs: & les deux autres flancs fur les mefmes lignes & en mefme diftance, à foixante pas des premiers
flancs: & les deux leffes de tefte au bout des deux lignes &
au fonds de la courre, à diftans auffi égales, à cinquante
pas des dernieres flancs. Et cela toutesfois en cas que vous
ayez affez de place, finon les mettre à proportion, pour les
diftances feulement: car il faut que la courre foit toufiours
difpofée comme ie l'ay dit. Il faut auffi qu'il ayt des Caualiers cachez au fonds de la courre, qui ayent de la pratique
pour animer & fecourir les levriers. Vous ordonnerez aux
valets des levriers, de lafcher à propos, qui eft que ceux qui
tiendront les eftricques, ne lafchent pas que le Loup ne
foit auancé dans la courre quarante pas, fortant apres de
leur hutte auec leurs levriers, la leffe à la main, dénoüée
pour leur faire voir le Loup, auparauant que de les lafcher.
Ce que doiuent faire tous les autres, fur peine de punition:
car autrement c'eft manquer, puis que s'ils lafchoient auparauant, ils pourroient auffi-toft aller d'vn autre cofté
qu'au Loup, & que les premiers flancs, ny la tefte qui fera
au milieu, ne lafche pas que le Loup ne les ait paffé, & auancé dans la courre de huict ou dix pas, pour ne le pas faire
retourner dans le bois, & que les feconds flancs lafchent
quand ils verront le Loup vis-à-vis d'eux, & qu'auffi-toft
que les valets de levriers qui tiendront les teftes, verront les
feconds flancs lafchez, ils s'auancent auec leurs levriers
& aillent au deuant du Loup, pour lafcher en tefte, & auparauant qu'il foit à ceux. C'eft ce qui fait qu'on les appelle
levriers de tefte, qui doiuent eftre les plus grands & les plus

forts pour faire arrester le Loup. Ces ordres estans donnez
par le Roy, s'il en a voulu prendre la peine, sinon par le grand
Louuetier, ou le Lieutenant, l'on doit aller donner les
chiens pour lancer le Loup, si vous ne le voulez faire lancer
par le limier ; Mais si vous voulez qu'il le soit plus promptement, afin de ne pas donner de l'impatience au Roy, vous decouplerez vos chiens de Meute au rembuchement que l'on
aura fait du Loup, pourueu qu'il ne soit pas du costé de la
courre: car autrement il faudroit les aller découpler à la Tro-
ole du costé où l'on a mis les deffenses; & si c'est dans vn pays
où il y ait force autres bestes ; il ne faudra donner que les
chiens qui veulent du Loup seulement, pour le lancer, faisant tenir les autres, que vous ferez donner, apres qu'il le sera: Et si c'est dans vn buisson de deux ou trois cens arpens, il
ne faut donner que six ou huict chiens, afin qu'ils ne pressent
pas le Loup, crainte de l'obliger à forcer les deffenses ; &
estant venu à la courre, & lasché dans l'ordre que i'ay dit,
couru & arresté des levriers, il faut attendre le Roy, pour luy
demander s'il le veut tuer, sinon que ce soit quelqu'vn qui en
ait la pratique, prenant son espée des deux mains, afin qu'il y
en ait vne pour conduire la lame, & luy donner le coup au
deffaut de l'épaule, bien posément, pour n'en pas frapper les
levriers, à cause qu'ils branlent tousiours. Le Loup estant
mort, les valets de levriers doiuét faire demordre les levriers
auec les bastons, & que ce soit auec addresse, pour ne leur
pas rompre les grosses dents : & s'il y a vn autre Loup dans
l'enceinte, il faut qu'ils se remettent promptement à leurs
places, pour lascher de mesme & le prendre ; Quand il viendra, les Picqueurt doiuent aussi r'appeller les chiens-courans
& les remener dans le bois quester le Loup, le chasser & le
faire aller à la courre.

CHAPITRE XVII.

Comme l'on peut prendre les Loups à force , auec les chiens courans , & quels Loups il faut atta-quer pour y reüſſir.

IL ſemble qu'au plaiſir de la chaſſe, comme en toute au-tre choſe , le changement n'en eſt pas deſagreable , puis que ce qui ne ſe rencontre pas au gré de l'vn , le peut eſtre à l'autre.   C'eſt ce qui ſe trouue à la chaſſe du Loup , puis qu'apres en auoir veu courre & prendre auec les leuriers, vous en pouuez auſſi courre & forcer auec les chiens cou-rans. Il y a encore pluſieurs autres addreſſes pour les pren-dre , dont ie me tairay ; mon deſſein n'eſtant que de parler des chaſſes nobles & d'eſprit , & où il faut auoir de la ſcien-ce & vne longue prattique , pour y bien reüſſir. Il faut auſſi eſtre nay auec eſprit , & que l'inclination y ſoit comme la complexion forte : car il y faut beaucoup peiner. Et celuy qui va au bois le matin , pour les détourner , ira quelquefois dans certaines ſaiſons , trois & quatre iours de ſuite , aupa-rauant que de rencontrer vn Loup qui aille d'aſſez bon temps pour le faire ſuiure à ſon chien , ou s'il en rencontre qui aille d'aſſez bon temps , il ira ſi loin qu'il n'en pourra venir à bout pour le détourner : Et quand vous l'auez dé-tourné & donné aux chiens , il faut auſſi que le Picqueur qui les fera chaſſer , ſoit dans vne agitation , ſans aucun re-laſche d'eſprit & de corps ; de l'eſprit , pour faire que les chiens en maintiennent la voye ; à cauſe de la delicateſſe de cette chaſſe , par le peu de ſentiment qui eſt au Loup , & du corps , pour le trauail continuel qu'il eſt beſoin qu'vn Picqueur faſſe , à cauſe que ſi-toſt que le Loup eſt donné aux chiens , il eſt touſiours ſur pied deuant les chiens : car lors que les Loups tournent , c'eſt ſeulement à droiɛt & à

gauche,

gauche, & non fur les voyes, comme les autres beftes : cependant ils ont la mefme habitude, puis qu'au premier retour & à la main qu'ils le feront , ce fera prefque toufiours
de ce cofté-là : ce qu'il faut obferuer ; tellement que fi les
chiens s'attachent bien à la voye, ils y font toufiours chaffans , & comme cela, vous n'eftes iamais en deffaut , ce qui
en rend la chaffe plus belle & plus aymable ; c'eft auffi
où l'on a plus de chaleur : Et pour reüffir à les forcer , il faut
en fçauoir faire le choix, comme de n'attaquer pas vn vieil
Loup, dont la force & l'haleine eft indomptable, puis qu'a-
pres les auoir couru cinq ou fix heures , s'ils trouuent de
l'eau, ils font auffi frais qu'auparauant, particulierement
ces grands Loups qui font de la taille des limiers , defquels
i'ay parlé, qui ne viuent la plufpart du temps que de beftes
fauues & autres, qu'ils prennent à la courfe, ou à force. C'eft
ce qui les maintient en haleine , ioinct que ces vieux Loups
fçauent plufieurs pays où ils ont efté fe pouruoir & chercher les Louues en chaleur ; ce qui rend leur refuite incertaine. Il fe peut rencontrer quelque gros Loup de taille de
maftin, qui ne vit que de beftes mortes, qu'il va chercher
proche des villes, des bourgs & le long des riuieres ; de ceux-
là, il s'en peut forcer : car ils ont ordinairement peu d'haleine , puis qu'auffi-toft qu'ils font repeus , le premier bois
qu'ils trouuent, ils s'y mettent au litteau, d'où ils ne bougent
iufques à ce qu'il leur faille retourner à la proye : Mais pour
eftre plus ordinairement affeuré de la prife, ce font les ieunes Loups qu'il faut attaquer , depuis l'aage de fix mois iufques à dix-huict ou vingt, qui ne font pas encores en pleine
force, ny en haleine, n'ayans fait aucune courfe , s'eftants
contentez de demeurer & viure dans leur pays natal. Ils
n'ont pas auffi encores efté en chaleur pour aller chercher
les Louues en d'autres pays , ce qui en rend la refuitte af-
furée, pour y mettre vos relais & en eftre fecourus ; & comme cela, vous les pouuez prendre en trois , quatre & cinq
heures, felon l'aage dans lequel vous les attaquerez. L'Affemblée fe doit faire au lieu le plus commode pour les que-

N n

stes, & dans la mefme forme & maniere que pour Cerf, finon
que les baftons doiuent eftre pelez toute l'année, horfmis la
poignée, & les relais feparez dans les mefmes confiderations,
la quantité defquels vous en mettrez, felon les âges & forces
des Loups que vous attaquez.

CHAPITRE XVIII.

*Comme l'on doit chaſſer & forcer le Loup auec les
chiens-courans.*

IE conuie ceux qui auront naturellement peu d'inclination pour la chaſſe, & à qui elle peut eftre neceſſaire,
pour fe tirer d'vne humeur melancholique, qui leur pourroit caufer de longues & ennuyeufes incommoditez, de
commencer par voir chaſſer le Loup; puifque c'eft celle qui
eft la plus chaude & la plus animante, par l'auerfion qu'on
a naturellement contre cét animal, & qui fe fait chaſſer de
plus pres que les autres beftes : ce qui anime les chiens & les
oblige à redoubler leurs voyes & mener plus de bruit, lequel continuë ordinairement iufques à la prife, puis que
c'eft la chaſſe où il arriue le moins de deffauts, pourueu que
la Meute en foit bonne & que les Picqueurs qui la feruent,
foient habiles dans le meftier. Vous les pouuez donner auec
le limier, finon auec les chiens-courans, que vous décou-
plerez au rembuchement, fur les voyes ; Neantmoins vous
ne deuez pas pretendre d'eux qu'ils le puiſſent lancer tenans toufiours la voye, comme il fe fait des autres beftes;
puis que le fentiment de Loup ne s'y conferue pas fi long-
temps. Il faut donc auffi-toft que vous aurez decouplé vos
chiens, percer & fouler l'enceinte, le plus habilement que
vous pourrez, à caufe que le Loup a le fommeil fort tendre;
ce qui fait qu'au premier bruit il fort auffi-toft du litteau : &
comme cela, il fe pourroit efloigner & fort-longer, aupara-

uant que vous euffiez tombé fur les voyes auec vos chiens,
fi vous ne faifiez diligence, autrement ils auroient peine à le
r'approcher, au moins pour les vieux Loups : car quant aux
ieunes, qui font au deffous d'vn an, il les faut quefter auec
plus de moderation, pour donner le temps à vos chiens de
les pouuoir lancer : & fi vous ne les trouuez dans le milieu
de voftre enceinte, apres auoir foulé les plus grands forts
& les plus fourrez, où ils demeurent ordinairement, il faut
aller quefter aux riues & fur le penchant d'vn foffé, qui
ferme le bois, où ils ont defia la malice de fe mettre, pour
voir fi dans la plaine il y a quelques menus beftiaux, qu'ils
puiffent prendre : Et auffi-toft que quelques-vns de vos
chiens fe recrieront, il faut aller à eux, pour fçauoir quels
chiens ce font, fi vous ne les auez conneus par la voix, afin
que fi ce font des chiens de creance, vous fonniez pour
chiens, pour obliger les autres à venir à vous; ce qui ne vous
doit pas empefcher de regarder à terre, au premier chemin
que paffera le Loup. Car comme i'ay dit que cette chaffe
eftoit fubiecte au temps, vos chiens le peuuent eftre auffi, & en ayans receu, & tous les chiens s'eftants r'alliez,
vous deuez leur laiffer bien empaumer la voye auparauant
que de fonner & leur parler beaucoup, ne les preffant pas,
afin que quand le Loup tournera, ils ne s'emportent pas au
de-là de la voye; mais pluftoft qu'ils y trouuent auec luy, à
ce qui n'ait aucun temps pour le fort-longer deuant eux ;
Mais quand vous les verrez parfaittement dans la voye,
vous deuez fonner fouuent & du grefle, & leur parler auffi
fouuènt, en leur criant, *Harlou*, *mes belloos*, *harlou* ; *S'en va*
chiens, *s'en va* : car il leur faut à cette chaffe donner de l'e-
motion, le change n'eftant pas à craindre de ces auimaux
comme des autres beftes, à caufe qu'ils ne tiennét (la plufpart
du temps) que les chemins, les lieux clairs & les plaines, fi ce
ne font les ieunes Loups, & les vieux Loups, quand ils font
fur leurs fins. S'ils fe rencontrent dans des pays fourrez, l'õ a
peine à les en tirer ; ce qui les fait durer dauantage, & fait
qu'ils vous contraignent quelquesfois d'aller chercher vne

harquebuzé pour les y tuer : & s'il vous arriuoit qne dans le
temps que voſtre Loup auroit encore beaucoup de force ,
vous tombaſſiez en deffaut par vos chiens, qui ſe ſeroient
emportez au de-là de la voye , ou vne nuée qui les auroit
élancé, il faut ſans perdre aucun temps , que le Picqueur
appelle ſes chiens & qu'il aille prendre de grands deuants ,
de la refuitte ordinaire des Loyus, comme d'vn grand pays
de bois, le plus proche, où il ſera, & s'il ne le trouue paſſé
par ces premiers deuants , il en faut prendre d'autres plus
courts, en conſiderant les lieux plus fauorables aux ſentimens des chiens : comme où y il pourra auoir des portées
de la iambe ou du corps, ou au moins plus de fraiſcheur. Il
aura auſſi l'œil à terre, à tout les chemins qui entretreront
dans les bois : Et apres auoir pris ces deuants, ſi ſes chiens
ne le trouuent paſſé , il doit reuenir au lieu de ſon deffaut, où il doit auoir briſé, pour en reconnoiſtre les dernieres voyes; & y requeſter auec ſes chiens , leur parlant
ſouuent, pour les obliger à ſe rabatre de la voye du Loup,
& la parchaſſer , iuſques à ce qu'ils l'ayent relancé : &
s'ils ne la peuuent tenir, il les faut mener requeſter ſur le
bord des foſſez , ou dans quelques vieilles mazures, s'il y
en a dans les bois, & dans les plus grands forts : ou ſi c'eſt
dans des plaines, où il y ait vn eſtang à demy ſec & force
rozeaux , & cela ſeulement dans l'enceinte d'où vous aurez
pris vos deuants; car ſi vos chiens ne luy mettent le nez deſſus il ne partira pas ; & l'ayant relancé, s'il va dans vn ruiſſeau pour ſe longer & y battre l'eau, vous obſeruerez ſon
entrée; comme toutes les autres choſes (ainſi que ie les ay
dittes pour Cerf & pour Chevreüil) mais cela n'arriue pas
ſi ſouuent pour Loup , & s'il donne dans le change , vous
parlerez auſſi de meſme à vos chiens pour les tenir en crainte , & obſeruerez ceux en qui vous auez plus de creance. Et
encore qu'ils n'en puiſſent pas garder le change comme de
Cerf; neantmoins il s'y trouue touſiours quelques chiens
qui vous font connoiſtre le change en le chaſſant plus froidement, joint que les Loups au deſſus d'vn an eſtas ſur leurs

fins, ne le vont pas chercher comme le Cerf & le Chevreüil,
mais seulement ils vont deuant les chiens, sans autre dessein
que de s'en éloigner, & dans les lieux où ils se rencontrent,
sans en auoir d'affectez ; puisque i'en ay veu bien souuent
se faire prendre dans des villages, & mesmes dans des maisons.   Le Loup estant pris, vous en sonnerez la mort, & si
vous le voulez conseruer en vie, vous le baillonnerez auec
vn morceau de bois & vne corde, pour le faire chasser à vos
ieunes chiens, choisissant vn lieu propre, comme vn petit
buisson, où il n'y aura point d'autres bestes, afin qu'ils soient
obligez de le chasser; & pour l'empescher de s'éloigner des
chiens, il luy faut couper vn nerf au jaret, & le leur abandonner, mettant auec eux deux ou trois vieux chiens pour les
maintenir dans la voye, & l'ayant pris, vous le leur ferez fouler, en les caressant, & vsant des termes comme pour chasser.

CHAPITRE XIX

*Comme l'on doit faire manger le Loup aux Chiens-cou-
rans, & leur en donner curée.*

LA chair de Loup est la plus difficile à digerer ; car si
vn chien la mange, sans estre cuitte, il ne manque pas
d'auoir le flux de sang. Elle est capable aussi de le faire mourir, elle n'est pas encore bonne cuitte & boüillie auec de
l'eau, mais rostie dans le four, elle se digere, & ne leur fait
aucun mal.   C'est de la sorte qu'il la faut preparer pour leur
en donner curée, & pour cela, la couper par quartiers, leuant les épaules & les gigots, & laissant le coffre entier, faire
chaufer vn four comme pour cuire du gros pain, & le mettre dedans; & quand il est bien cuit, l'on doit couper les
gigots & les épaules par petits morceaux, pour les mettre
dans la moüée que l'on doit faire auec du laict & de la graiss-

se, selon les saisons (comme ie l'ay dit au Traicté pour Cerf)
& le coffre, vous le mettrez à vingt-cinq ou trente pas de là,
afin de le leur faire manger apres la moüée, en les fort-huant
de la voix & du cor sonnant le gresle : & afin que vous donniez plus promptement curée à vos chiens, quand ils auront
pris vn Loup, il faut en auoir vn cuit d'auance, reseruant celuy que vous auez pris, que vous ferez cuire pour la premiere chasse. L'on doit tenir la teste du Loup deuant la moüée,
quand les chiens viennent la manger, & apres l'on en leue la
peau que l'on emplit de foin pour la mettre aux portes : l'on
leue aussi les quatre grosses dents pour seruir aux enfans, &
le boyau de Loup que l'on apprestera, comme i'ay dit, l'on y
doit obseruer les mesmes formalitez & ceremonies qu'à la
curée pour Cerf, & auoir les mesmes soins des chiens.

LA CHASSE DV SANGLIER.

CHAPITRE PREMIER.

Des qualitez du Sanglier.

LE Sanglier est le plus vaillant & le plus dangereux de
tous les animaux que nous chassions en France, particulierement pour les chiens, donnant la mort à plusieurs, &
faisant à d'autres de grandes blessures : c'est ce qui me fait
vous promettre vn moyen pour en garantir au moins les lévriers. Ils pourroient aussi mal-traitter les hommes, s'ils ne
l'attaquoient à cheual : Ie pretens parler du Sanglier qui est
en son tieran ou en son quartan: car pour les layes, & les bestes de compagnie, elles ne peuuent pas blesser, mais elles
font d'autres maux par leurs mangeures & gourmandises

qu'elles ont plus que les autres bestes, puis qu'elles peuuent en vne nuict ruyner vne famille qui n'aura qu'vn arpent de bled prest à en faire la dépoüille, tellement que cét animal ne peut estre bon qu'apres sa mort, encore y a-il des saisons qu'il ne l'est pas, particulierement lors que les Sangliers sont au Rut, & iusques à ce qu'ils ayent mangé des grains & du glan; Il y a donc (outre le plaisir que l'on a de les chasser) du merite à les prendre : ce que l'on peut faire de quatre façons, comme ie vous feray voir cy-apres; Ie veux dire des chasses que les Princes & Gentils-hommes peuuent exercer auec beaucoup de contentement , & en donner aussi aux Dames, où ils peuuent aller en carrosse , & se mettre au fonds de la courre, pour les voir prendre auec les lévriers , & quand on les mettra dans les toiles (car pour les deux autres façons de chasser, qui est le vautret & à force , ce sont chasses trop penibles pour elles) cette chasse est considerable & belle de soy; mais encore , à cause qu'elle se peut changer & diuersifier : Aussi a-elle esté de tout temps consideré par nos Roys, qui ont tousiours eu grand & bel equipage pour ces quatre manieres de les chasser.

CHAPITRE II.

De la taille qu'il faut que soient les Chiens-courans pour chasser Noir.

LEs chiens-courans pour chasser les bestes noires , y comprenant toutes celles qui sont de ce genre , comme ie l'ay dit au Chapitre cy-deuant , doiuent estre grands, trauersez , & plus épais pour cette chasse que pour les autres; puis qu'ils sont pour suiure des bestes qui se font chasser dans les plus grands forts & les plus épineux , ayans la peau & le poil à l'épreuue; ce qui fait que les chiens à gros poil y sont plus propres; & pour la taille , il les faut comme

au Traicté des Chasses cy-deuant, pour ne pas faire des re-
dittes; & quant au poil, cela dépend de la fantaisie de celuy qui les veut. Ie tiens qu'à cette chasse, il est bien de ne
s'y pas attacher, ny d'auoir beaucoup d'affection pour les
chiens, afin de se tirer du déplaisir des les voir tuer assez souuent; l'on y peut neantmoins trouuer quelque consolation,
en ce que tous les chiens veulent du Noir; ce qui les rend
plus faciles à recouurer; vous les deuez tenir dans le chenil
comme les autres chiens, leur donner la mesme nourriture,
comme les panser, appriuoiser à aller au couple, & de les faire
chasser; mais il ne faut pas du commencement les donner sur
les voyes d'vn grand Sanglier qui les tuëroit, n'ayans pas
encore l'adresse de s'en esquiuer.

CHAPITRE III.

Comme il faut que les lévriers soient faits pour pren-
dre le Sanglier.

LEs lévriers pour prendre le Sanglier doiuent estre
grands, bien trauersez, la teste large, l'œil gros plein
de feu, les épaules & le poictrail large, les reins hauts &
larges; & le reste des qualitez comme celles que i'ay dittes
au Chapitre des levriers pour Loup. Pour le poil il s'en rencontre de bons de toutes les sortes; mais particulierement
les gris-noir, rouges de feu, tizonnez, tous noirs, & à gros
poil; les valets de lévriers les doiuent tenir enfermez deux à
deux comme quand ils doiuent aller en lesse. Et pour les
ieunes lévriers, il faut pendant quelques iours les pourmener seuls pour leur apprendre à aller en lesse, & s'en faire
connoistre & craindre, car de tels chiens il en faut estre le
Maistre, & auoir soin de les bien loger, & d'y aller de temps
en temps, & ne s'en éloigner pas pour quelques iours iusques à ce qu'ils ayent pris amitié l'vn pour l'autre; & lors
que,

que vous les entendrez gronder, il faut aller à eux auec vn
foüet ou vne houffine à vne main, & vn bafton à l'autre; l'vn
pour les chaftier, & l'autre pour faire démordre celuy qui
aura le deffus; car il eftrangleroit fon compagnon : ou auoir
vn feau d'eau tout preft, pour leur ietter deffus, n'y ayant
rien qui les fepare pluftoft, & quand ils auront couru enfemble, & qu'ils feront tout à fait dans l'obeyffance, vous ne
laifferez pourtant de les tenir toufiours enfermez; car ces
levriers le doiuent toufiours eftre. Il faut les pourmener enfemble deux fois le iour, les tenans en leffe : car ils pourroient fe caufer du mal s'ils eftoient en liberté, & en faire
beaucoup, en fe iettant fur les beftiaux qui fe rencontreroient dans leur chemin, y en ayant peu qui fe puiffent deffendre de deux grands & furieux levriers, comme font ceux-
là; ioint qu'ils peuuent courre apres des mâtins, & s'en faire eftropier; outre bien d'autres accidens que i'ay dit au
Chapitre des lévriers pour Loup. Ce qui feruira auffi pour
leurs foins & traictemens, qui doit eftre de mefme : ce qu'il
y a de plus en ceux-cy, c'eft qu'ils font fuiets à eftre bleffez
par de grandes découfures que leur font les Sangliers auec
leurs deffenfes, dont les valets de levriers les doiuent fçauoir panfer: & pour cela, qu'ils n'aillent point à la Chaffe
fans vne groffe éguille & du fil propres pour les recoudre,
& des lardons pour feruir à leurs playes, & en empefcher la
mouche.

CHAPITRE IV.

*Comme l'on peut connoiftre les mafles qui ont la
qualité de Sangliers.*

CE que nous appellons Sangliers, ce font les mafles qui
commencent à prendre ce tiltre, lors qu'ils ont quitté
les compagnies que nous appellons Beftes-noires, qui ne fe

ſeparent Iamais , ſinon les Layes preſtes à faire leurs Marcaſſins , & depuis qu'elles en ſont deſiurées , iuſques à ce qu'ils
ſoient aſſez forts pour ſe meſler auec les autres; mais les Sangliers ne s'y rejoignent que quand ils ſont en Rut, & auſſi-toſt
qu'ils ont Ruté, ils les quittent. L'âge dans lequel ils prennent ce nom de Sanglier , ne doit commencer qu'à trois ans,
quoy qu'à deux ans & demy ils ayent quitté les autres beſtes: ce qu'ils ne ſont pas tout à coup, s'en eſloignans quelquefois,& iuſques à ce que le courage leur ſoit venu , qu'ils
ſe ſentent aſſez forts pour eſtre ſeuls:Durant ces ſix mois l'on
les doit appeller Ragots: à trois ans,l'on les doit qualifier de
Sanglier en ſon tieran, & à quatre ans, Sanglier en ſon quartan. Alors il eſt en ſa haute qualité & pleine force:& apres ce
temps on le peut dire auſſi grand vieil Sanglier : & comme ie
vous ay fait voir premierement les connoiſſances de la teſte
dés Cerfs, auant que celle du pied , ie veux faire le meſme à
la hure des Sangliers qui ont quatre groſſes dents , deux à
chaque coſté , les deux d'en bas ſe nomment deffenſes , &
ceux d'en haut, gres. Ce qui a eſté bien penſé par celuy qui
en a eſté le parrain , puiſque celles d'en bas ſont proprement
leurs deffenſes , & bien ſouuent tres-offenſiues : celles d'en-
haut ſont auſſi nommées fort à propos gres , à cauſe qu'elles
touchent & frottent contre les deffenſes , qui ſemblent les
aiguiſer, ſans s'appuyer l'vne contre l'autre, ce que l'on void
faire à vn Sanglier lors qu'il eſt en furie, & qu'il tient deuant
des chiens , puis qu'il fait comme s'il mâchoit , faiſant mener du bruit à ſes quatre dents ; ce que i'ay veu & ouy pluſieurs fois.Quant à la difference des ieunes & des vieux Sangliers,c'eſt qu'au ragot les deffenſes n'excedent les gres que
d'vn petit doigt,& du Sanglier en ſon tieran de deux doigts,
& lors qu'il eſt en ſon quartan,de trois doigts. De ces trois
âges les deux derniers peuuent faire plus de mal, à cauſe que
leurs deffenſes ſont plus longues & fort trenchantes , &
qu'ils ſont auſſi plus vaillants pour auoir plus de force & de
cœur : Ce qui n'eſt pas encore au premier, & quand ils viennent plus dans l'âge , ils ne peuuent plus faire de mal , à

cauſe que leurs deffenſes ſe tournent en trompe, la pointe
s'approchant de l'œil, de laquelle ils ne peuuent plus offenſer: il n'y a donc que le choc à craindre de ceux-là, car ils ont
touſiours deſſein de mal-faire: ce ſont ceux que l'on appelle
Sangliers mirez: les deffenſes n'en ſont pas auſſi ſi trenchantes, ny ſi blanches, à cauſe de leur vieilleſſe & des pierres &
racines qu'ils ont rencontré toutes les fois qu'ils ont foüillé,
vermillé, & fait leurs boutis, ce qui leur émouſſe & leur vſe
les deffenſes: l'on les peut nommer auſſi grands vieux Sangliers.

CHAPITRE V.

Comme l'on peut connoiſtre & diſcerner les San-
gliers dont ie vous viens de parler,
par le pied.

IE vous viens de faire voir ce que c'eſt qu'vn Ragot, vn
Sanglier en ſon tieran, vn autre en ſon quartan, & vn
grand vieil Sanglier par les deffenſes. Cette connoiſſance
eſt ſatisfaiſante pour la curioſité, ne pouuant ſeruir qu'à
cela, puis qu'elle ne paroiſt parfaictement qu'apres la beſte
priſe: il eſt vray que l'on les peut voir & iuger en chaſſant,
pourueu que ce ſoient gens du meſtier; mais s'il eſt lancé
& deuant les chiens, n'eſtant pas vne beſte que vous vouliez prendre à force comme les Cerfs, au moins ne le deuez-
vous pas, ſi vous ne vous voulez deffaire de vos chiens, &
n'ayant pas ce deſſein, cette connoiſſance ne vous eſt pas
neceſſaire, puiſque vous n'en deuez pas garder le change
comme d'vn Cerf. C'eſt donc celle du pied ou de la trace
qui ſe peut dire neceſſaire pour le détourner & en faire le
rapport: Et voicy la difference qu'il y a entre la trace du
Sanglier & de la Laye qui ſe ſepare des autres beſtes, quand
elle eſt fort pleine & va ſeule (comme fait le Sanglier dont

ie viens de parler) pour choisir de belles & fortes demeures,
afin d'y faire ses marcassins : Il y a aussi la saison qu'elles sont
au Rut auec les Sangliers : ce que le Veneur est obligé de
sçauoir, pour en faire le discernement & rapport asseuré, à
cause du danger qu'il y a pour les chiens, & pour cela il faut
remarquer que les Lays, en la saison qu'elles sont fort pleines, pesent beaucoup : mais cette pesanteur les fait aller
les quatre pieds ouuerts, dont les pinces sont aussi moins
grosses que d'vn Sanglier qui va la trace serrée; les gardes
en sont aussi plus larges du Sanglier, & la sole aussi plus large, les costez plus gros & vsez, & le talon plus large,les alleures en sont aussi plus longues & plus asseurées, mettant
les pieds plus reglément dans vne mesme distance. Il fait
aussi beaucoup plus de païs en faisant sa nuict, que la Laye,
à moins de rencontrer son mangis proche de sa demeure:
ce n'est pas que la Laye ne soit en aussi bon appetit que luy,
ayant ses Marcassins à nourrir; mais elle aura bien l'adresse
d'auoir choisi vn buisson où il aura ses mangeures, tres-
peu loin de là, & de l'eau dans le buisson (pour s'y mettre
au soüillé) comme tout ce qui luy est necessaire,pour sa seureté, & pour n'estre pas obligée à l'aller chercher loin, se
meffiant de ses forces, à cause de sa pesanteur. Et dans la
saison du Rut, quelques-vnes peuuent auoir les alleures
aussi longues qu'vn Sanglier, ayant les membres plus libres
que quand elles sont fort pleines, & se peuuent aussi mieux
iuger, à cause du déreglement des Sangliers en la saison du
Rut : mais la forme de la trace du Sanglier est plus ronde & mieux faite, comme les autres connoissances que i'ay
desia dittes. Il y a vne autre difference entre le Sanglier en
son tieran,& le Sanglier en son quartan : Le Sanglier en son
tieran, a la sole moins pleine que celuy qui est en son quartan, & a les costez de la trace plus trenchans,les pinces en
sont aussi moins grosses & plus trenchantes. Le Sanglier en
son quartan a les gardes plus larges & plus vsées, la iambe
en est aussi plus large, & les gardes plus pres du talon : les
alleures en sont plus longues,& son pied de derriere demeu-

re plus essoigné de celuy de deuant, au lieu que le Sanglier en son tieran rompt vne partie de sa trace, & va les pieds plus ouuerts : & les vieux Sangliers mirez ont encore les gardes plus larges que ceux-là, plus grosses & plus vsées, el- les sont aussi plus pres du talon & plus bas joinctées, & vont les quatre pieds plus serrez : Il y a aussi connoissance à leur souïlle, où l'on y peut voir la grandeur & grosseur par la lar- geur & longueur du souïlle, & en estant sorty, entrant dans le fort, s'il en crotte & moüille les branches, on en con- noist la hauteur par ses portées, qui se peuuent appeller ain- si, comme des laissées, si elles sont longues & larges, & quand l'on les a lancé, en considerer la bauge si elle est creu- se, longue & large; tous ces signes sont de grands & vieux Sangliers.

CHAPITRE VI.

Comme il faut connoistre la beste noire d'auec les pourceaux priuez.

IL est encore necessaire de vous faire voir les connois- sances que l'on peut auoir entre les bestes de compagnie & les pourceaux priuez, puis que ceux-cy vont aussi dans les bois y chercher le gland, & y demeurent quelquefois cinq & six iours, & dans les grands fonds de forests, quel- quefois deux & trois mois, pour y engraisser : & qu'apres estre bien saouls de ce gland, qui les échauffe, ils vont se mettre au souïlle, à la premiere mare ou eau qu'ils trou- uent ; & en estans sortis, ils se vont mettre à la bauge dans vn fort, pour y estre plus en repos. Les bestes noires font le mesme. Il faut donc pour les discerner, que ce soit par les connoissances que l'on doit tirer des pieds des vns & des autres, & considerer que les pourceaux priuez vont tous- jours les quatre pieds ouuerts, & les pinces pointuës & sans

rondeur. Mais les beftes noires vont les pieds plus ferrez,
particulieremét ceux de derriere : ils ont les pinces plus rondes & mieux faites, & le pied plus creux que ceux des porcs
priuez , qui l'ont ordinairement plein & n'appuyent pas du
bout de la pince , comme les faunages, qui ont le talon, la
iambe & les gardes plus larges , & qui s'écartent beaucoup
plus que ceux d'vn pourceau, qui a les gardes petites & pic-
quantes , droict en terre : Il ne fe iuge pas par les alleures,
comme les beftes noires, les faifans plus courtes & plus dé-
reglées , le vermillis en eft auffi plus petit que les beftes noires, & qui ne fe fuit pas , trauerfant les feillons qu'il rencontre : ce que ne fait pas la befte noire , qui fuit fon vermillis
tres-long, fans difcontinuer ; mais le pourceau le fait en vn
endroit, & puis en vn autre.

CHAPITRE VII.

Des lieux où les Sangliers vont chercher leurs man-
geures, felon les faifons.

POur fuiure l'ordre que i'ay entrepris, ie commenceray
par l'Hyuer, afin de faire voir où les Sangliers vont faire leurs nuicts & chercher leurs mangeures, pour en donner
l'aduis à ceux qui doiuent aller aux bois, les détourner. Ie
commenceray donc par la plus difficile faifon, au moins pour
les Sangliers qui entrent au Rut dans le mois de Decembre,
quelques années à la moitié, & d'autres au commencement;
ce qui leur dure enuiron trois femaines, & manquans de
trouuer des layes, ils vont quelquefois chercher des truyes,
& s'en eft veu plufieurs fois les fuiure iufques dans leurs efta-
bles, & les autres, qui les ont tenuës dans les bois. C'eft en ce
temps-là qu'il faut aller apres les beftes de compagnie, pour
les deftourner & les courre : car elles font bonnes à manger
& les Sangliers ne valent rien, la chair en eftant rouge, mai-

gre, & de mauuaife odeur; ce qui fe fait en trois femaines: car
auparauant que d'eftre au Rut; ils font gras & en porchaifon,
au moins eft-elle peu diminuée. En ce temps ils font dans les
fonds de forefts, faifans leurs nuicts & leurs mangeures, fous
les fuftayes, où il y a du gland, de la foüite & quelques fruicts
fauuages, qui font cachez la plufpart fous les feüilles, qu'ils
treuuent en vermillant, & quelques racines d'herbes: & aux
fontaines, du creffon & autres herbes; c'eft lors qu'ils font
plus de pays, faifans leurs nuicts, ne trouuant que peu de
mangeure en vn endroit; fi bien qu'ils marchent toute la nuit
pour fe raffafier, à caufe que cét animal gourmand ne fe contente pas de peu.

CHAPITRE VIII.

*Des lieux où le Veneur doit aller en quefte & cher-
cher les Sangliers, au Printemps
& l'Efté.*

IL eft à propos que ie ioigne dans ce Chapitre le Printemps & l'Efté, puis que ce font les deux faifons où les
Sangliers, les Layes & les beftes de campagne, font en mefme pays, où elles demeurent tout ce temps, fi on ne les oblige d'en fortir, ou qu'elles manquent de nourriture: & s'ils
le font, ce fera pour aller à vn autre pays de mefme nature,
particulierement les Sangliers & les Layes, qui vont chercher les buiffons les premiers, pour y trouuer leurs mangeures à propos: le Sanglier, pour s'y refaire de la maigreur
de l'Hyuer & du Rut: & la Laye, pour y choifir vn beau
buiffon, où il y aura de grands forts, pour y faire fes Mar-
caffins, d'où elle ne bougera, fi on l'y laiffe en repos: & pour
le Sanglier, il ira & viendra à trois ou quatre buiffons, de
temps en temps, pour reconnoiftre, en faifant chemin, les
mangeures qui luy plairont le plus, qui font les bleds, &

bien que verds, il ne laiſſe pas de les paſturer, foüiller & vermiller, y mangeant des racines de chiendant, de piſſanlis, de
baſſinets, de naueaux ſauuages & de ſenez : & auſſi-toſt que
les pois, feves & lentilles s'auancent, les Sangliers, Layes &
beſtes de compagnie, y vont tres-volontiers ; mais les Layes
pleines ſortent peu à la campagne, ne voulant pas donner
connoiſſance d'elles, ſe contentans de vermiller dans les
clairiers & chemins de leurs buiſſōs & ſous les fuſtayes, s'il y
en a, pour deterrer quelques glands qui ſeront tombez de
l'Hyuer auparauant, & quelques racines que le Printemps
aura pouſſé. Il eſt iuſte de leur laiſſer faire leurs Marcaſſins, &
de chaſſer pluſtoſt les beſtes de compagnie, pour apres attaquer les Sangliers : Et lors qu'ils auront mangé des grains en
leur maturité, les raiſins venans à eſtre meurs, quand ils y
peuuent aborder, ils en mangent tant qu'ils s'enyvrent, en
ayant trouué à la bauge dans des vignes, & s'ils en ſortent,
c'eſt pour aller peu loing de là demeurer dans quelque hallier. Les Layes & les beſtes de compagnie y vont auſſi, &
non pas ſi hardiment ; mais le Sanglier vaillant, quand il ſe
ſent en bon corps, il va où la fantaiſie le prend, ſans rien
craindre.

CHAPITRE IX.

*Des lieux où l'on doit aller en queſte l'Automne, pour
y trouuer le Sanglier.*

LEs Sangliers, Layes & beſtes de compagnie, voyant
la recolte faite, & apres auoir encore glané vn peu de
temps, ils ſe retirent dans les fonds de foreſts, où ils font
leurs mangeures de pommes, poires ſauuages, d'herbes &
de racines à leur gouſt ; & lors que le gland commence à
tomber, ils en mangent & s'en donnent tant, qu'ils acheuent d'emplir leur peau ; ce qu'ils ont deſia bien commencé
par

par les grains qu'ils ont mangé. Il les faut donc aller quester & chercher en ces lieux, & où il y a des mares & ruisseaux, autremét ils n'y pourroient pas subsister: car le grain
les ayant desia échauffez, le gland acheue de leur mettre le
feu dans le corps; tellement qu'il faut qu'ils boiuent & se
mettent au soüille deux ou trois fois le iour, pour s'y r'as-
fraischir. Ils ne font pas grand pays en cette saison, ayans
toutes leurs mangeures sur le lieu; ce qui fait qu'ils sont
tous bons, & qu'il n'en faut faire aucun choix pour les détourner & courre auec plaisir & moins de peine, & qu'il y
a grand goust à les manger, quand l'on les a pris.

CHAPITRE X.

Des termes desquels l'on se doit seruir pour faire chasser le
Sanglier, & aller aux bois.

LES termes pour faire chasser Loup & Sanglier, ont
bien du rapport; mais dans les façons d'aller aux bois,
ils sont differents en beaucoup de choses; ce qui m'oblige
à les faire suiure, selon les occasions, & les dire toutes, afin
que le Lecteur les puisse mieux entendre, & n'ait aucune
interruption. Ie diray pour cela, que le pied du Sanglier se
doit nommer la trace: & les os dont ie vous ay parlé au
Traicté pour Cerf, qui sortent du derriere de la iambe, se
doiuent appeller gardes, & ce reste du pied comme pour
Cerf, la sole, les costez & les pinces, le talon & la iambe: &
quád il se rencontre vne des pinces plus lógue que l'autre,
cela se doit nommer pigache, qui est ce que l'on dit au
Cerf, connoissance; & quand ils foüillent, l'on doit dire,
boutis; & lors qu'ils ne font que pousser du bout du boutoy, la superficie de la terre, faisát comme vne petite raye,
suiuant les traces des Mulots, pour trouuer leur magazin,
qu'ils ont fait de gland ou de noisettes, cela s'appelle ver-

miller; où ils se couchent dans la bourbe, se doit nommer
le soüille ; où ils se couchent & demeurent le iour, se doit
nommer la bauge; & la fiente, les laissées. Ce sont là les termes qui doiuent seruir aux Veneurs qui vont aux bois pour
détourner les bestes noires; & aussi quand ils en font le rapport, lors qu'on les interroge ; Et le Piqueur qui fait chasser
les chiens, lors que le Sanglier leur est donné, il doit sonner
pour chiens comme à veuës, lors qu'il le voit; & pour faire
requester, la mort, & la retraitte, de mesme qu'aux chasses
precedentes : Et pour parler aux chiens lors qu'ils sont
dans les voyes & qu'ils la chassent, quand le Piqueur reuoit
de la beste qui fuit, il doit vser de ces termes, *Velescy-allé
fuyant*, plusieurs fois: & apres, *s'en va, chiens, s'en va, hou hou,
chiens, hou, hou*; & quand il voit le Sanglier, crier, *Voyle-là* : &
lors qu'il tourne, crier, *Hour vary*, à ses chiens, pour les
obliger à tourner.

CHAPITRE XI.

*Comment le Veneur & valet de limier doit faire choix d'vn
chien, pour luy seruir de limier ; & comme il
luy doit parler pour Noir.*

LE valet de limier doit faire choix d'vn ieune chien,
pour luy seruir de limier, d'entre deux tailles, assez
court & trauersé, & à gros poil, s'il se peut, à cause qu'il
faut qu'il soit souuent dans les forts épineux; ce qui les rend
plus hardis, & fait qu'ils ne se rebuttent pas: car il n'y a que
cela à craindre pour les limiers que l'ō veut mettre au noir,
puis que tous les chiens le chassent d'inclination, à cause
qu'il a le sentiment plus fort que les autres bestes. Ie vous
ay dit pour la taille & le poil, comme il les falloit, aux Traitez des chasses cy-deuant. Il faut obseruer dans ces qualitez celles qui font connoistre la hardiesse d'vn chien, afin

de le choiſir tel, pour ne ſe pas rebutter des bourades des
Sangliers, lors qu'il les lancera & fera partir de la bauge:&
pour la maniere de le mener, afin de l'obliger à aller deuant
ſe rabattre & ſuiure les voyes , en prendre les deuants &
ſuiure le contrepied:& pour le donner aux chiens , ce ſont
auſſi les meſmes methodes , comme pour Cerf , Chevreüil
& Loup.Les termes, ie vous les ay dits, ſinon que quand le
Sanglier va d'aſſeurance, il faut dire , *Vel-cy-allé* : & quand
voſtre chien ſuit, luy dire , *Hou, hou* ; & quand il eſt lancé,
crier, *Veleſcy-allé.*

CHAPITRE XII.

Comment le Valet de limier doit aller aux bois , pour détour-
ner la beſte noire.

LE valet de limier doit eſtre plus matinal , pour aller
aux bois pour beſtes noires,que pour autres beſtes , à
cauſe qu'elles ſe retirent au fort de meilleure heure , ſi ce
n'eſt en deux ſaiſons ; ſçauoir au temps du Rut , & lors que
les bleds ſont en maturité, où ils ſont à couuert en faiſant
leurs mâgeures,ioint qu'ils ont peine à les quitter:cela leur
arriue auſſi quelquefois quand les raiſins commencent
d'être meurs.Et horſmis ces deux ſaiſons,ils võt faire leurs
nuiƈts dans les lieux que i'ay dit , y faiſant beaucoup de
pays: ce qui fait que ſi vous n'vſez de precaution, en vous
enquerant des lieux où ſont leurs demeures ordinaires,qui
ſont les plus grands forts, pour en aller prendre les grands
deuants auec voſtre limier , vous courrez riſque bien ſouuent, encore que vous ayez rencontré des voyes de la
nuiƈt, ſi vous voulez vous opiniaſtrer à les ſuiure & en deffaire la nuiƈt, de perdre beaucoup de temps , à cauſe qu'ils
font force tours & beaucoup de pays dans les longues
nuiƈts,où vous conſommeriez le temps qu'il faudroit à les

détourner & venir en faire voftre rapport, vous laſſer &
voſtre limier, en laiſſant vieillir les dernieres voyes, qu'il
ne pourra plus emporter, quand bien vous en auriez connoiſſance: Vous deuez donc aller droit où ſont les demeures, en prendre les grands deuants, & quand voſtre chien
ſe rabattra de beſte noire, ietter vne briſée à l'entrée du
fort & en prendre le contrepied, pour en reuoir ſuffiſamment & en iuger par les connoiſſances que i'en ay dites, &
de la beſte que vous aurez deſſein de détourner, ſelon l'ordre que vous en aurez: Et ayant trouué par les connoiſſances du pied, de la iambe & des gardes, que ce ſont beſtes
conformes au deſſein que vous auez, vous reuiendrez où
vous auez ietté cette briſée, pour en rompre trois ou quatre autres & le rembucher, & ferez ſuiure les voyes à vôtre
limier deux longueurs de traict, pour obuier au faux rembuchement, particulierement ſi c'eſt vn Sanglier apres qui
vous eſtes, qui eſt vn animal tres-fin & méfiant: & apres
eſtre aſſeuré qu'il entre, vous vous retirerez au chemin &
en prendrez les deuants, comme des autres beſtes; &
quand vous trouuerez des beſtes noires ſorties de voſtre
enceinte, apres en auoir reueu, ſi vous eſtes en quelque
doubte, il en faut prendre le contrepied, pour en le ſuiuát,
percer voſtre enceinte, & voir ſi ce ſont les meſmes beſtes
que vous auez rembuché, par les meſmes manieres & precautions que i'ay dites au Traicté pour Cerf: Et lors que
vous les aurez détournées, vous deuez venir à l'Aſſemblée
en faire le rapport à voſtre Capitaine, qui vous doit mener
au Roy, où vous reïtererez ce que vous luy auez dit, diſant, *Ie me croy détourner vn Sanglier en ſon Tieran, ou en ſon*
Quartan, où ce qu'il ſera, *qui a vne grande & groſſe trace*: &
vous direz s'il a quelque cõnoiſſance (qui s'appelle vne Pi-
gaſſe) on doit dire auſſi s'il a peu ou beaucoup de pied, ou
s'il a la teſte ronde, ou auſſi longue que ronde: & tout cela, en cas que le Roy le vouluſt courre à force, afin que
s'il donnoit le change aux chiens, l'on le peuſt diſcer-

ner d'auec d'autres; Mais si l'on le veut courre auec des
levriers, ou auec le Vautraict, cela n'est pas necessaire.

CHAPITRE XIII.

Comment l on doit chasser & prendre les grands Sangliers.

LEs Sangliers qui sont en leur tieran & leur quartan, ne
se doiuét pas chasser à force auec chiens-courãs; mais
seulement il en faut decoupler six ou huict des plus vieux,
qui sont les plus adroits à s'esquiuer de leurs coups: encore
seroit-il bien de leur mettre vn collier, où il y ait des gre-
lots, pour obliger le Sanglier à fuir, & ne pas tenir & tourner à eux : cela fait aussi qu'il sort du bois & vuide plustost,
pour aller à la courre. Ces grands Sangliers se peuuent aussi courre & forcer auec le Vautraict ; ce que ie feray voir
dans vn Chapitre en suite, celuy-cy n'estant que pour donner l'instruction de les prendre auec les levriers d'attache,
que l'on doit iaquer, pour les conseruer & empescher d'e-
stre blessez & mesme d'en estre tuez. Car la perte seroit
grande d'vn bon levrier, qui vous auroit beaucoup cousté
à nourrir, dix-huict ou vingt mois, qui est le temps que l'on
doit commencer à les faire courre; ce qui peut arriuer à la
premiere chasse, pour ne sçauoir coëffer vn Sanglier à propos, afin d'en esquiuer les coups: Et vous le pouuez empescher auec vne assez petite despence , en faisant faire des
iaques , qui peuuent durer douze ou quinze ans , pourueu
qu'on les fasse estendre & seicher, apres les auoir ostées de
dessus les levriers. Vous ne vous en deuez seruir que pour
prendre les Sangliers: car pour les bestes de compagnie, les
levriers n'en ont que faire , puis qu'elles en diminueroient
la vistesse, en ayant besoin pour ces bestes qui sont tres-vi-
stes, pour sept ou huict cens pas. Ces iaques doiuent estre

faites de toile de chanvre; vous les pouuez faire auffi de
deux façons: l'vne d'y mettre cinq ou fix toilles picquées
enfemble & fort dru, auec du fil, finon deux toiles feulement, & au milieu du crin ou du cotton; mais le crin feiche
plus aifement, puis les ioindre & attacher fur le chien, par
deffus le dos, pour couurir le ventre entierement; en forte
que le poiⅽtral en foit couuert, le col & la gorge, dont le
bout fera attaché au collier, qui doit eftre large & de deux
ou trois doubles de cuir: car ils font fuiets à auoir la gorge
coupée. Ces Sangliers que i'ay nommez cy-deffus, fe doiuent prendre par ces levriers, qui feront mis à la courre,
quand ils fe rencontrent détournez dans vn buiffon, ou à
quelques bouts de forefts, les pouuant faire venir à la plaine, en gardant le grand pays, comme s'il y a vne taille de
l'année, pour y mettre des deffenfes & les empefcher d'y
aller; vous le pouuez faire auffi fous des fuftayes, pourueu
que les arbres n'y foient pas plantez drus, & qu'il n'y ait
aucun buiffon. Ce font là les lieux où vous pouuez faire
vos acourres. Les deffenfes fe doiuent mettre comme pour
Loup, ou vn peu plus pres l'vn de l'autre, & voftre courre
auffi de mefme, y placer vos levriers de mefme & felon leur
taille, finon qu'il la faut faire plus courte & plus eftroite, à
caufe que les Sangliers ont beaucoup moins de viftefse
que les Loups; & auffi que vos levriers fe mettroient hors
d'haleine, s'il falloit qu'ils vinfsent de fi loing les ioindre:
ce qui les empefcheroit de les fi bien prendre & tenir. Il
faut auffi obferuer le vent, car cét animal n'eft pas moins
méfiant que les Loups; & fi vne fois il a entré à la courre, &
qu'il ait entré dans le fort, il ne faut plus efperer qu'il y reuienne: & cela eftant, il faudra mettre voftre courre en vn
autre lieu, où vous replacerez vos levriers de la mefme
maniere, & donnerez l'ordre à vos valets de levriers de fe
bien hutter & cacher, & ne donner les eftriques, que le
Sanglier ne foit entré dans la courre, au moins à trente pas.
Les flancs fe doiuent donner quand il eft vis-à-vis d'eux:

car le Sanglier retourne peu quand il eſt ſi aduancé, ſe con-
fiant à ſa force & valeur. Les valets qui tiennent les leuriers
de feſte, ſe doiuent auancer la leſſe à la main, pour les laſ-
cher, pour coëffer le Sanglier & ſecourir ceux des flancs.
L'on doit auoir eſtably des Caualiers, qui ſoient cachez
derriere les eſtricques, pour ſecourir les leuriers, & que ce
ſoient perſonnes qui ayent de la prattique, & des épées
bien pointuës & fermes, pour picquer & faire mourir
promptement le Sanglier, luy donnant le coup à quatre
doigts au deſſous de l'épaule. Il faut auſſi ſçauoir prendre
le poil & appuyer la lame ſur la main gauche, pour la conduire & tenir plus ferme, afin de ne pas bleſſer les leuriers,
apres auoir mis pied à terre, puis qu'il n'y a aucun peril,
lors que les leuriers ont coëffé le Sanglier: car ils ne demor-
dent iamais, s'ils ne ſont bleſſez ou tuez, pourueu qu'ils
ſoient nombre ſuffiſant à le tenir. Voſtre courre eſtant or-
donnée & lors que vous auez dit aux gens de cheual de n'y
laiſſer paſſer perſonne, vous irez frapper à vos briſées
auec vn limier, ſinon vous decouplerez vos chiens-courans
aux briſées, pour l'aller querir & lancer, ſonner & parler,
pour les faire queſter ; & quand il ſera lancé, leur crierez,
Hou, hou, hou, S'en va, chiens, s'en va, & ſonner fort ſouuent,
afin de donner chaleur à vos chiens & preſſer le Sanglier,
pour l'obliger à aller à la courre, ſans ſe reconnoiſtre : & y
eſtant entré, luy donner les leuriers dans l'ordre que i'ay
dit, le prendre & l'emporter, & faire curée des dedans &
des épaules à vos chiens, & le reſte, gardez-le pour vous.

CHAPITRE XIV.

Comme l'on doit chaſſer le Sanglier auec
le vautraict.

L'On peut prendre encore les Sangliers dont ie viens
de parler, comme toutes les beſtes noires auec le vautraict, dont la chaſſe n'eſt pas moins plaiſante que celle que
ie viens de nommer, & encore plus facile à exercer, puis
qu'il n'eſt pas neceſſaire de nourrir des chiens-courans, ny
d'aller aux bois pour les détourner, mais ſeulement de faire
recherche dans les Fermes chez les Laboureurs des jeu-
nes, grands, & beaux mâtins, & qu'ils ayent dans leur taille vne partie des qualitez que i'ay dites pour les chiens-
courans, qu'ils ſoient bien deliberez, & y mettre (ſi vous
les auez) demy-douzaine de chiens baſtards, engendrez
de chiens-courans & mâtines, leſquels crieront mieux ſur
la voye, & la tiendront auſſi plus iuſte que les mâtins; ce
ſeront auſſi eux qui les remettront dans la voye, lors qu'ils
l'auront perduë. Cette chaſſe ſe doit commencer au mois
de Septembre, lors que toutes les beſtes noires ſont en bon
corps, ioint que la recolte eſt faite; elle ſe peut continuer
iuſques à la fin du mois de Mars, particulierement des bê-
ſtes de compagnie: car pour les Sangliers & les Layes, depuis le temps qu'ils ont donné au Rut, ils ſont maigres,
joint que de chaſſer plus auant dans la ſaiſon, ce ſeroit en
deſtruire la race, à cauſe que les Layes ſont pleines : Et
pour auoir des mâtins dans le temps que i'ay dit, il faut aller en Iuillet & Aouſt viſiter les Fermes pour y trouuer &
faire election de ceux qui vous ſeront propres, comme ie
les ay repreſentez cy-deſſus, & dont l'âge en ſoit depuis
vn an iuſques à deux, & la quantité que vous deſirez en
auoir, qui doit eſtre pour les grands de quarante-cinq ou

cinquante

cinquante, à cause qu'il s'en fait vne grande diminution, pour eftre fouuent bleffez & tuèz alors qu'ils rencontrent de grands Sangliers ; Et apres auoir fait cette remarque, il faut les faire emmener par les payfans à qui ils font, vn mois deuant que vous vous en vouliez feruir pour chaffer, & les enfermer dans vn grand lieu où il y ait dequoy les mettre à couuert, & en auoir les mefmes foins que des chiens-courans, leur donnant les mefmes nourritures, & y établir deux Picqueurs & deux valets de chiens pour les foigner, appriuoifer, & s'en faire connoiftre : comme de les apprendre à aller au couple, s'il fe peut, & leur donner des couples, comme aux épaigneuls, pour les empefcher qu'ils ne les coupent ; parler & fonner quelquefois où ils font, comme quand vous les ferez chaffer, afin de leur donner de l'émotion : car tels chiens en ont befoin pour les obliger à chaffer, lors que vous le voudrez : Et pour les mettre plus parfaitement enfemble, il faut leur faire courre & tuer vn afne d'vn an ou dix-huit mois, & apres leur en faire curée. Vous deuez apres vous enquerir des pays où vous voulez aller chaffer, & mefme y aller reconnoiftre les plus grands forts, & les demeures les plus ordinaires des beftes noires felon les faifons, comme ie les ay dites, afin d'y aller auec vos mâtins, & mener fept ou huit chiens-couráns pour quefter & lancer les beftes noires, qui feront conduits par l'vn des Piqueurs, & que l'autre, & les deux autres valets de chiens qui ont efté toufiours aupres des mâtins, dont ils feront connus, demeurent auec eux & les tiennent dans les routes, iufques à ce que les chiens-courans ayent lancé des beftes noires, & que le Piqueur qui le fait chaffer en ait receu pour en eftre plus affeuré, & qu'il ait fonné pour les chiens : Alors on doit découpler les mâtins, & le Piqueur qui eft auec eux, doit pouffer fon cheual, & crier, *à moy tié à haut*, & les valets de chiens leur doiuent dire *tirez chiens, tirez*, en faifant claquer leur foüet : Alors le Piqueur doit joindre le pluftoft qu'il pourra celuy qui fait chaffer les chiens-courans, afin de mettre les mâtins fur les voyes, leur criant *hou*, *hou*,

Q q

hou, *hou*, & sonner pour chiens pour les animer à chasser la
voye, ou au moins la tenir de temps en temps, & rider, qui
est ce que font tels chiens, & auoir le soin que toutes les fois
qu'ils s'écarteront, vn des Piqueurs les aille faire reüe-
nir aux chiens-courans qui tiennent la voye, qui sont ac-
compagnées par l'autre Piqueur qui doit sonner & crier
à moytié à haut, & parler aussi pour chiens, pour les obliger
à venir à luy & dans la voye: & s'ils vont aux valets de chiens
dans les chemins, il faut qu'ils fassent claquer leur foüet, &
leur disent *tirez chiens*, *tirez*, & quand la beste noire aura
tenu deux ou trois fois deuant eux, s'ils ne l'ont coeffée, il
la faut tuer d'vn coup de fuzil, qui doit estre porté pour cela, afin de ne les pas faire chasser trop long-temps pour cette
premiere chasse, & leur asseurer la curée, & comme cela
trois ou quatre fois; car lors qu'ils seront bien à la voye, &
qu'ils chasseront vn Sanglier, pour grand qu'il soit, ils le
coefferont, pourueu qu'ils y arriuent ensemble dix ou douze:
Et pour les bestes de compagnie, tout aussi-tost qu'ils les
tiendront deuant eux, & mesmes qu'elles ne partiront pas
assez-tost de la bauge, ils les coefferont & arresteront; Il
faut que les Picqueurs soient munis de bonnes épées & de
mousquetons pour tuer les grands Sangliers, lors qu'ils les
verront tenir deuant les mâtins; car autrement ils en estro-
pieroient, & en tüeroient beaucoup, & apres leur auoir tiré
du mousqueton, y aller auec l'épée; car on ne sçauroit trop
tost secourir les chiens; ce que i'ay experimenté long-temps
en Piémont, où Son A. R. de Sauoye Victor Ame-
de'e, auoir vn beau & grand vautrait, & dequoy le bien
exercer; car il se trouue-là vne tres-grande quantité de bestes noires. Il faut que les Picqueurs à cette chasse portent
des aiguilles & du fil, & du lard pour coudre & mettre dans
les playes des chiens qui seront blessez; & faire suiure vne
petite charrette attelée d'vn cheual pour les emporter auec
les bestes noires que l'on prendra; Cette chasse est chaude
& animante, en y mettant, comme i'ay dit, cinq ou six corneaux qui crieront & obligeront les mâtins à crier de teps en

temps sur les voyes. Vous ne sçauriez ainsi perdre la chasse,
& quand bien ils ne crieroient pas bien souuent, cette quantité de grands mastins qui s'écartent çà & là dans le fort,
cottoyant la voye , fait qu'ils tiennent demy-arpent de bois
en largeur , & qu'ils menent beaucoup de bruit : Cette
chasse se peut faire à moins de frais, quand l'on veut, ayant
moins de mastins , & par consequent moins de monde ; & la
saison estant venuë de ne plus chasser, pour les raisons que
i'ay dites, il faut garder vos mastins , ou les faire conseruer
par les mesmes Laboureurs que vous recompenserez , afin
que le temps de chasser estant venu, ils vous seruent à en
dresser d'autres.

CHAPITRE XV.

Comment l'on doit mettre les bestes noires
dans les toiles.

CETTE façon de chasser & de prendre les bestes noires , de laquelle ie vay parler , n'appartient qu'aux
grands Princes , à cause du grand attirail qu'il faut pour
conduire les toiles & les Officiers pour les tendre & garder ; le diuertissement en est tres-agreable de soy , & qui se
peut augmenter en y menant les Dames , y ayant apparence
qu'elle a esté inuentée plustost pour elles que pour les hommes, au moins celles qui ont inclination de chasser. Ce qui
est à proprement parler , faire courre par des chiens apres
vne beste pour la forcer, la laissant dans sa liberté , en tenir
la voye, & luy voir faire ses ruses d'elle-mesme ; & non comme celles cy que l'on met dans les toiles , qui sont forcées
plustost par l'emprisonnement que l'on leur donne , que par
la science & sagesse des chiens; mais pour les hommes , il ne
faut pas qu'ils en manquent , non plus que d'experience,
pour les y mettre asseurément : & pour y reüssir , il faut que

ceux qui vont aux bois pour détouner les beſtes noires à
mettre dans les toiles, aillent deux enſemble, & qu'arriuans à leurs queſtes, ils ſe ſeparent pour en prendre les grãds
deuants, & que s'eſtant rencontrés & dit l'vn à l'autre qu'ils
n'ont eu aucune cõnoiſſance de beſtes noires de la nuict, ils
ſe ſeparét derechef pour aller faire le dedãs de leurs queſtes,
& que le premier qui rencontrera de beſte noire, houpe à
ſon compagnon pour l'obliger à venir à luy. L'ayant joint,
il luy doit remonſtrer des beſtes qu'il aura rembuchées, deſ-
qu'elles ils doiuent prendre les deuants enſemble, pourtant
ſeparez, prenant l'vn à droit & l'autre à gauche, pour ſe rencontrer dans le meſme chemin où ils auront fait leur rembuchement; & s'eſtans rencontrez, n'ayans rien trouué ſorty
de leur enceinte, ils doiuent s'outrepaſſer en ſe croiſſant,
& reprendre encore leurs deuants, pour changer le vent
à leurs limiers, comme i'ay dit autrefois, & n'ayans rien
trouué ſorty de leur enceinte celuy qui a le meilleur chien,
doit demeurer, afin que ſi ces beſtes ſortoient de leur
enceinte pour auoir eu le vent d'eux, ou effroy d'autre choſe, il les briſaſt, & en priſt les deuants, comme auſſi à tous
les changemens de chemins où il paſſera, afin que ſon compagnon venant, il le puiſſe ſuiure, & le trouuer, en cas qu'il
fut trop loin pour l'entendre houpper, & que l'autre aille à
l'Aſſemblée où ſera le Capitaine des toiles pour luy en faire
le rapport; lequel Capitaine doit auoir donné l'ordre dés
le ſoir au Commiſſaire des toiles, & aux Archers de ſe tenir
preſts pour marcher auec l'attirail, auſſi-toſt qu'ils en auront
le commandement, auec le Lieutenant, ſous-Lieutenant,
Picqueurs, & valets de limiers, lors qu'ils ſeront reuenus
du bois. Et ayant ſceu la quantité de beſtes qu'ils mécroyét
détourner & quelles beſtes ce ſont comme d'vn an & deux
ans, & s'il y a vne Laye & des Marcaſſins, il en doit faire le
veritable recit, & comme s'il auoit vn maſle que nous appellons Ragot: car les Sangliers en leur tieran & en leur
quartan, ne ſe meſlent pas auec les beſtes de compagnie,
ſi ce n'eſt à la ſaiſon du Rut, mais pour lors ils ſont tres-

mal-aifez à mettre dans les toiles, à caufe qu'ils font prefque toufiours fur pied. Le rapport eftant fait au Capitaine,
ou Lieutenant, en fon abfence, il doit commander au Commiffaire & aux Archers, de faire marcher les toiles, qui
doiuent eftre portées fur vn chariot, que tous les fufdits fui-
uront, & le valet de limier, qui a fait le rapport. Le Lieutenant, ou fous-Lieutenant, doit aller auec eux, pour voir &
iuger le lieu où il faudra tirer les toiles, & faire hafter &
mefurer le circuit de l'enceinte, ou le faire luy-mefme,
pour en eftre plus affeuré, afin de fçauoir s'il y aura affez de
toille pour l'enclorre & auffi le parc; & l'ayant fait, il doit
demander au Commiffaire combien il y a de pans de toiles;
ce qu'il doit fçauoir, & s'il ne s'en trouue pas affez pour
enclore l'enceinte, il faut qu'il faffe reprendre les deuants
par le valet de limier, pour découurir quelque faux fuyant,
qui paffe par vn coing de fon enceinte, venant à fortir au
chemin par où il prend fes deuants, & l'ayant trouué, y faire
aller doucement le valet de limier, auec fon chien deuant
luy, pour connoiftre fi les beftes qu'il a rembuchées, le paf-
feront. Et ne les y trouuans paffées, il doit faire tirer les toiles par là, & commencer à bon vent, afin que les beftes n'en
ayent pas le vent, & faire continuer à prendre les deuants
pas les valets de limiers, cependant que l'on les tirera, & iufqu'à ce qu'elles foient leuées; car le bruit que l'on fait, pourroit donner de l'effroy aux beftes noires & les obliger à s'en
aller. Il arriue affez fouuent que ces Ragots les quittent, &
qu'auffi quelquefois vne partie des beftes fortent de l'enceinte; puis qu'il fe peut que deux compagnies feront entrées dans vne mefme enceinte, dont l'vne demeurera, &
l'autre fortira; c'eft à quoy les Veneurs qui les auront détournées, doiuent regarder, pour fçauoir combien il y en
eft entré & forty, fe donnant la patience de fuiure affez
long-temps leurs voyes auec leurs limiers, pour les pouuoir
bien compter: Et apres en eftre affeuré, il faut tirer & leuer
les toiles & les pieux plantez des deux coftez, de douze
pieds en douze pieds, & crochetées par en bas. Le Capitai-

Qq iij

ne où le Lieutenant, en son absence, doit aller faire le rapport au Roy, & luy demander s'il veut les voir prendre ce
iour-là. I'ay tousiours veu que le deffunct Roy enuoyoit
sçauoir de la Reine, si elle y vouloit aller (ce que i'ay veu
faire aussi par son A. R. de Sauoye, à Madame Royale,
qui ne manquoit pas d'y aller & d'y mener toutes ses Dames) & si le Roy dit qu'il veut aller ce iour-là les prendre,
celuy qui a receu cét ordre, doit laisser de ses Officiers aupres du Roy, pour le conduire où sont les toiles, & luy s'en
aller au galop, pour faire tout preparer, & choisir le lieu
plus propre à faire le parc, où l'on doit faire venir les bestes, & les prendre deuant le Roy, obseruans qu'il soit à
bon vent : car autrement l'on auroit beaucoup de peine à les
y faire venir. Ce lieu doit estre en vne des riues de l'enceinte, & où il y aura le moins de bois, pour l'auoir plustost
couppé & éplané : car il faut que la place en soit nette, &
faire faire vn échaffaut au bois & en teste de la courre, pour
y mettre les Dames, le faisant couurir de feüillages, si c'est
en Esté ; & en Hyuer, de toiles : Que l'on ait le soin de faire
apporter des tapis, pour mettre sur l'appuy, & des chaires,
pour le Roy & la Reyne, des sieges pour les Dames ; & vne
bonne collation, que le Maistre-d'Hostel du Roy commandera de porter, apres auoir eu le plaisir de la chasse,
pour satisfaire à l'appetit des Dames. Voylà côme ie l'ay veu
prattiquer en Piedmôt. Et apres ces ordres, il faut faire tirer
& leuer les toiles du parc & retranchemét, où il doit y auoir
vne toille qui separe l'enceinte & le parc, que l'on puisse
abbaisser quand on veut que les bestes y entrent : Et au pied
de ces toiles, trois ou quatre Archers serout couchez &
cachez, pour les leuer & tendre aussi-tost qu'il y aura quelque beste entrée dans le parc, & iusques à ce qu'on l'ait prise
ou tuée. L'an les peut faire encores d'vne autre façon, en
leuant le bord de la toile ; & aussi-tost que les bestes y sont
entrées, la rabaisser. Les Archers des toiles, doiuent couper des bastons, vn peu moins gros que le bras, longs de
quatre pieds, qu'ils doiuent donner aux Seigneurs & Gen-

tils hommes, que le Roy fait entrer dans le parc à pied, au
cas qu'il n'y ait point de Sanglier dans les toiles: car s'il y
en a, il n'y en faut que cinq ou six à cheual, l'épée à la main,
& y mettre des levriers, si l'on veut; sinon les laisser tuer à ces
Caualiers, à qui il en coustera quelques cheuaux.   Tout
estant preparé, & apres auoir veu à l'entour de l'enceinte
si ces toiles sont bien tenduës en bas, & crochetées de petits crochets de bois, fichez en terre le crochet, prenant le
maistre d'en bas de la toile, éloignez de six pieds en six
pieds, pour empescher que les bestes noires n'y passent, en
leuant la toile auec leur boutoy : Et pour cela, commandez
aux Archers de faire bonne garde derriere la toille, où ils se
mettront de distances égales, selon qu'ils seront de monde,
& d'y frapper auec des bastons de temps en temps, particulierement quand ils entendront les bestes s'allonger, pour
essayer à la leuer, lors qu'elles seront lancées & chassées.
Les toiles estans toutes leuées & crochetées, le Capitaine
doit faire entrer vn valet de limier, auec son limier, dans les
toilles, pour aller lancer les bestes, afin d'estre plus asseuré
qu'elles y sont.   Ce qu'ayant fait, il doit aussi-tost se retirer,
sans leur donner plus d'effroy.   C'est ce que l'on doit toûjours prattiquer, afin de ne pas faire venir le Roy à faute.
Alors le Capitaine doit retourner au Roy, luy asseurer qu'il
y a des bestes noires dans les toilles, luy en disant le nombre : Et comme quelquesfois le temps & les affaires du Roy
ne luy premettent pas d'y aller ce iour-là : en ce cas, il faut
que toute la nuict il fasse faire bonne garde, par les Commissaires & les Archers, qui pourront faire du feu au dehors
des toiles, s'ils en ont besoin, & les battre souuent: car les
bestes feront ce qu'elles pourront pour en sortir : & s'il y
auoit vn Sanglier, il seroit dangereux qu'il ne fist le passage
aux autres bestes, auec ses deffences, en fendant la toile ;
Mais quand il y a vn grand Sanglier, si l'on a des toilles assez, on les doit tendre doubles. Le Roy & la Reyne estans
venus, s'il n'y a point de Sangliers; mais seulement des bestes de compagnie, le Roy se peut mettre dans le parc, &

faire mettre la Reyne & les Dames sur l'échaffaut. Le Roy
y doit estre à cheual, pour y estre plus seurement. Ie ne dis
pas pour le dãger des bestes noires; mais plustost de quelque
coup de baston dans la mélée, par l'ardeur qu'ont ceux qui
courent les bestes, pour les assommer, y en ayant veu plusieurs en receuoir. Le Roy a accoustumé de faire entrer les
Seigneurs & Gentils-hommes à pied, dans le parc auec
luy : Pour cela, le Capitaine doit auoir donné le baston au
Roy & aux Princes, s'il y en a; le Lieutenant, aux Seigneurs :
& les Commissaires, aux Gentils-hommes. Et apres, le Capitaine doit demander au Roy, s'il luy plaist de placer les
Princes & Gentils-hommes dans la courre, & s'il n'en veut
prendre la peine, c'est à luy de les placer, apres en auoir iugé la quantité, les separer par cantons, & les cacher dans le
parc, pour quand les bestes y entreront & qu'elles passeront à leurs postes, les frapper. Le coup mortel est sur le
nez, que nous appellons le boutoy. Ainsi le tout preparé
dans le parc & les Dames placées, l'on doit abbaisser ou
hausser la toile, qui separe le parc & l'enceinte, pour faire
entrer les Piqueurs & les chiens dans l'enceinte, qui doiuent aller lancer les bestes, pour les faire venir à la courre : &
aussi-tost qu'vne de ces bestes sera entrée dans la courre, il
faut qu'il y ait des Archers cachez pour la leuer ou abbaisser, afin que la beste ne puisse retourner dans l'enceinte ; &
aussi-tost qu'elle sera prise, la leuer ou l'abbaisser, pour en
laisser entrer vn autre dans la courre : & tousiours ainsi tant
qu'il y aura de bestes dans l'enceinte, & toutes les fois qu'elles y viendront, les Seigneurs & Gentils-hommes les doiuent frapper, quand elles passeront à leurs postes. Il y en a
tousiours à qui ils font faire quelques cullebuttes, venans à
eux les cercquer & leur passer entre les iambes ; ce qui fait
rire les Dames, au moins celles qui n'y ont pas d'interest :
car ce sexe est sensible à ce qui le touche. Toutes les bestes
estants ainsi prises, l'on doit faire faire collation à la Reyne
& aux Dames, & apres se retirer, sonner la retraitte & emporter les bestes. Quant à celles que le Capitaine des toiles
                                                      iugera

iugera les meilleures pour le Roy & la Reyne , il les doit enuoyer à la bouche du Roy & à la cuisine de la Reyne, & des
autres en euuoyer aux Seigneurs qui auront esté de la chasse;
faire faire bonne curée aux chiens qui auront chassé, & commander aux valets de chiens de leur visiter le corps, les iambes & les pieds, pour leur tirer les épines; ce qui ne se fera pas
sans besoin.

CHAPITRE XVI.

Comment l'on doit prendre les bestes noires à force.

IE vous ay fait voir comme l'on deuoit prendre les Sangliers auec les levriers & auec le vautraict , comme dans
les toiles; Il ne reste plus qu'à vous faire connoistre comme
on les doit chasser pour les prendre à force , & quelles bestes il faut attaquer pour cela. Ie ne trouue pas qu'il soit à
propos que ce soit vn Sanglier en son tieran, ny en son quartan; mais si d'auanture vous auez fantaisie d'attaquer des
Sangliers, que ce soit des ces grands vieux mirez (desquels
i'ay parlé) pour la seureté de vos chiens , s'ils sont bons , &
que vous vous en vouliez seruir à plusieurs chasses , comme
doiuent faire les Gentils-hommes , ausquels ie pretends
parler, & non aux Princes, qui peuuent tout hazarder pour
leur plaisir ; comme recouurer des chiens facilement , ou
bien d'attaquer les bestes depuis vn an iusques à deux, pour
les masles : car pour les femelles on le peut tousiours , horsmis celles qui se trouuent pleines , ou qui ont des petits Marcassins, si vous en voulez conseruer la race: ioinct qu'il y a
de la supercherie d'attaquer ces bestes , qui sont en ces
temps tres-pesantes & qui dureroient peu deuant les chiens.
Vous les pouuez discerner par les connoissances que i'ay
dites cy-deuant ; vous ferez l'Assemblée comme pour les
autres bestes , & separerez les questes aussi de mesme.   Le

R r

rapport s'en doit faire au Capitaine des tolles , qui doit
donner des bastons , comme aux autres chasses ; mais toûjours pelez , hormis la poignée , en donnant vn au Roy &
aux Princes; & le Lieutenant , aux Seigneurs de la suite du
Roy, qui auront esté preparez par le premier valet des chiés,
& donné par luy au Capitaine. L'on doit separer les relais
ainsi qu'aux chasses precedentes , sçauoir la vieille Meute & quatre relais: car ce sont bestes qui durent long-temps,
& rebuttent bien souuent les chiens , à cause des pays qu'elles tiennent ordinairement , qui sont fourrez d'épines. Il est
important de sçauoir leur refuite : car n'estans pas relayées
dans la grande force qu'elles ont , vos chiens se pourroient
rendre sur les fins , où ils s'opiniastrent ordinairement à tenir les grands forts & s'y faire battre ; & pour y remedier ,
vous ferez vn relais volant de six chiens , menez par deux
hommes , qui aillent bien à pied & sçachent le pays , pour secourir vos chiens de Meute , en cas que la beste se dépayse,
où vous mettrez de vos meilleurs cheuaux. Et apres auoir
disposé toutes ces choses , vous irez auec vostre Meute, vos
Picqueurs & valets de limiers , laisser courre vostre Sanglier , ou beste de compagnie , y obseruant les formes que
i'ay dites aux autres Traictez. Celuy qui en fait le rapport,
doit frapper aux brisées , apres en auoir receu l'ordre de son
Capitaine , suiure & lancer la beste noire , & luy parler dans
les termes que i'ay dit : & apres estre lancée & suiuie deux
ou trois longueurs de traict , & en auoir reueu suffisamment,
si elle a quelquel connoissance , le dire aux Picqueurs , pour
la conseruer dans le change , lors qu'il bondira deuant les
chiens : Il doit alors faire donner les chiens , en sonnant
pour chiens , comme aux autres chasses ; ce que doiuent
faire aussi les Picqueurs , leur criant . *S'en va, chiens, s'en va :*
Hou , hou : & ainsi de temps en temps , tant que les bestes
dresseront deuant vos chiens : vous mettrez aussi l'œil à terre pour voir s'il y en a plusieus deuant eux : & lors qu'elles
se separeront, vous r'allierez les chiens à la plus grāde beste,
s'il se peut , ayant plus de plaisir & de lieu à la remarquer

quand on la voit: ioinct que les chiens chasseront mieux vne
beste de deux ans, que d'vn an, à cause qu'elle pese plus: ce
qui fait que le sentiment en est plus fort. Le Chasseur doit
estre plus hardy à picquer, sonner & parler aux chiens, lors
que la beste est separée: car auparauāt il doit auoir tousiours
l'œil à terre, ou sur ses chiens, pour en voir & connoistre la
separation (ces bestes font peu de retours sur elles, si ce n'est
sur leurs fins, tournans seulement à droit & à gauche) estant
separée & ayant fait vne raudonnée dans ce lieu, pour y retrouuer sa compagnie: car ne la trouuant pas, elles tireront
de longues, longeans les chemins, perçans dans les fustayes
& golys, & bien souuent se depayseront; tellement que dans
tout ce temps, les Picqueurs n'ont pas grand trauail d'esprit,
à cause que les chiens tiennent & chassent facilemét la voye
qui va droit; mais ils peinent beaucoup de corps, qu'ils doiuent auoir fort & robuste, & estre verts & hardis Picqueurs,
n'apprehendans pas les cheutes, à cause qu'ils passent souuent dans des lieux où ces bestes ont fait de grands & creux
boutis, ny les épines, qui sont dans de grands forts, où se
font chasser ces bestes sur leurs fins, pour y chercher le change & ménager leurs forces, particulierement lors qu'elles se
sentent proche de la nuict, où elles tiennent deuant les chiés
de temps en temps. Et ne seroit pas mal à propos de faire
porter par quelqu'vn vn mousqueton pour les tuer, quand
ils sont à bout de leurs forces: car si vous allez à eux auec
l'épée, ils partent deuant les chiens & se vont faire abboyer
à dix pas de-là, & tousiours ainsi: ce qui me fait dire que la
reputation des Chasseurs, qui se picquent de vouloir forcer
vne beste sans supercherie, n'est aucunement blessée, puis
que la beste est renduë deuant les chiens.   Ils peuuent aussi
bien que les autres bestes, passer vn estang & vne riuiere,
qui se rencontrera dans leurs refuites; où vous obseruerez les
mesmes choses que i'ay dites pour les autres bestes, afin de
les en trouuer sorties: & quand vous vous apperceurez que
la beste aura fait partir le change (qui sont d'autres bestes
noires) ce que vous pourrez voir & iuger par vos chiens sa-

Rr ij

ges , qui n'iront pas ſi viſte ; alors vous deuez les tenir en
crainte & ſonner auſſi peu , à cette chaſſe , qu'à pas vne autre dans cette occaſion, à cauſe que les chiens ont peine à en
garder le change , pour les meſmes raiſons que i'ay dites au
Traicté pour Chevreüil , puis que ce ſont les deux ſortes de
beſtes qui ont le ſentiment plus fort;Neantmoins quand vne
Meute eſt bien à la voye & de longue main, il y a des chiens
qui le font connoiſtre au Picqueur , par les raiſons que i'ay
dit cy-deuant : tellement que dans ce temps que la beſte eſt
accompagnée,il leur faut crier ſouuent , *Layla ; layla ,* & ſonner peu : & cela iuſques à ce qu'elle ſoit ſeparée : & à cette
ſeparation,obſeruer vos chiens ſages, afin de connoiſtre par
leur maniere de chaſſer , ſi c'eſt la beſte que vous leur auez
donné de Meute:& cela eſtant,vous deuez ſonner, & y faire
r'allier vos chiens:Et ſi par mal-heur tous vos chiens auoient
pris le change,apres en eſtre aſſeuré,il faudroit rompre & les
oſter de deſſus les voyes des beſtes qu'ils chaſſeroient,briſer
haut dans le fort & au premier chemin que vous trouuerez
en ſortant , puis aller prendre vos deuants du coſté de la refuite;& ne la trouuans paſſée,reuenir requeſter au lieu où elle aura fait bondir le change,& de la meſme maniere que des
autres grandes beſtes , deſquels i'ay parlé au Traicté cy-deuant: Et l'ayant relancée & priſe , vous la ferez forcer à vos
chiens , & leur en ferez curée,dans les meſmes formes & ceremonies que pour Cerf & Chevreüil. C'eſt ainſi que ie l'ay
pratiqué.

LA CHASSE DV RENARD.

CHAPITRE PREMIER.

De l'augmentation de la chasse du Renard, & sa plus haute per-
fection, ainsi que le feu Roy LOVYS LE IVSTE
l'a exercée.

POur suiure exactement le dessein que i'ay de vous donner l'entiere connoissance de toutes les chasses que i'ay
veu exercer à ce grand Roy Louys le Iuste, ie n'y dois pas
obmettre celle du Renard; puis que c'est luy qui l'a mise dans
son haut lustre, ayant forcé cette beste rusée, auec les chiés-
courans, & non auec les bassets, dont on se seruoit auparauant, iusques à le faire détourner par des limiers dans les
mesmes formes & manieres, le laisser courre & donner aux
chiens, comme les autres bestes, dont i'ay parlé, ayant con-
certé, pour rendre cette chasse plus belle & plus aymable,
les equipages qu'il falloit, comme vn chariot commode pour
y mener les chiens dans les saisons fascheuses que la terre est
rude, & aussi pour les faire suiure dans les grands & conti-
nuels voyages, pareils à ceux que cét Auguste Monarque a
faits, en faisant la guerre, où il ne laissoit de chasser le Renard, en ayant fait vne ellection particuliere, pour s'en diuertir par tout où se trouuent des Renards, ayant encore
ordonné vn chariot pour les panneaux & le reste de l'equipage, pour les tendre & pour fouiller & deterrer les Renards.
Ce bon Prince a tousiours voulu mesler ses plaisirs dans l'vtilité publique, qui se trouue en la destruction de cét animal,
qui n'a aucune bonne qualité que le poulmon, lequel estant
preparé, seché au four, mis en poudre & en tablette, est pro-

R r iij

pre pour les perfonnes, dõt le poulmon eft attaqué, & la peau
fert pour des fourrures, & tout le refte de cette befte ne peut
faire que du mal.

Il faut pour chaffer auRenard, que les chiens-courãs ayent
les qualitez dans la proportion de leurs tailles que ceux que
i'ay nommez dans les traictez cy-deuant, & qu'ils foient plû-
toft petits que grands chiens, qui ne fe plaifent pas à le chaffer, à caufe que cét animal ne fait que tourner, & tient ordinairement les bois qui font fourrez d'épines & de ronces, où
les grands chiens ne percent pas fi aisément que les petits;
joint qu'ils ont l'ambition de chaffer les grandes beftes, comme celles qui tirent pays, & qui vont dans des lieux où ils
peuuent s'eftendre, & faire voir leur force & viteffe; Il faut
auffi auoir deux leffes de levriers faits & taillez comme les
plus grands pour lievre, & qu'ils foient reconnus hardis pour
mordre & prendre le Renard qui fe deffend felon fa force,
autant que pas vn des animaux, car il ne démord pas aisément; ces levriers font propres pour quand on a détourné
des Renards dans vn moyen buiffon, y faire vne à courre où
l'on les doit mettre pour prendre deux Renards (s'il y en a
trois) afin de chaffer celuy qui refte auec les chiens-courãs,
& en auoir plus de plaifir; car cét animal auffi-toft qu'il fe
void chaffé des chiens, il cherche & fait partir fes compagnons, & luy fe relaiffe; & ainfi les autres; tellement que
quand il y en a plufieurs, il les faut tous forcer & mettre à
bout, auparauant que d'en prendre vn. L'on peut chaffer le
Renard toute l'année, & fans apprehender que la race en
faille, car il n'y a point d'animaux qui multiplient comme celuy-là. Les chiens-courans fe doiuent loger, nourrir, & gouuerner de mefme que ceux pour le Loup, & les limiers fe doiuent dreffer de la mefme maniére pour aller en quefte, & les
détourner.

CHAPITRE II.

Comment il faut aller aux bois, & détourner les Re-
nards auec le limier.

LEs Renards font leurs nuicts & leurs mangeures alentour des villages, y cherchans les tripailles dans les
ruës, où de quelque befte morte : Ils vont auffi le long des
ruiffeaux pour y trouuer & prendre des grenouilles, & dans
les garennes des lapins, & dénicher des raboüilliers qui font
les petits lapereaux, & dans les champs & bleds ils y queftét
& chaffent les perdreaux, quand c'en eft la faifon, & mefme
les levrauts, jappans fur les voyes comme les chiens, mais
beaucoup plus bas d'vne voix enroüée ; auffi eft-ce vne forte de chiens : cette maniere de crier leur arriue plus ordinairement par les grandes & fortes gelées. L'on doit s'enquerir des buiffons dans le pays où l'on a deffein de chaffer
le Renard, & s'y faire mener pour les vifiter & fçauoir s'ils
font de grandeur propre pour cette chaffe, comme de trente, quarante, & cinquante arpens : l'on le peut faire auffi
dans des queuës de pays qui font longues & eftroites, & tra-
uerfées de chemin pour y pouuoir tendre les panneaux, &
mettre les levriers à la plaine où ils fortent, apres auoir reconnu le panneau pour rentrer dans le bois au delà d'où il
eft tendu. Il faut vifiter les dedans de ces buiffons, pour
connoiftre s'il y a beaucoup de terriers, afin quand on
y aura deftourné des Renards, de les boucher auparauant
que de chaffer : car autrement ils iroient fe terrer. Et afin
que ceux qui vont aux bois, ne perdent point de temps pour
en rencontrer les dernieres voyes, il faut qu'ils prennent
feulement les deuants des plus grands forts où ils les trouueront entrez, & lors que leurs chiens s'en rabbatront, ils
doiuent regarder à terre pour connoiftre & iuger du pied

d'vn Renard d'auec celuy d'vn Blereau ou d'vn Lieure qui
a le pied plus long & étroit : le Blereau l'a plus large & éleué, & moins de poil: Et là les briser haut & bas en les rembu-
chant , & apres en prendre les deuants , comme des autres
beftes. Ainfi ils les détourneront, & apres l'vn d'eux en viendra faire le rapport au Capitaine, difant: *Ie m'écroy auoir détour-*
né vn ou deux Renards , & dira la quantité qu'il y en aura : Le
Capitaine doit en faire le rapport au Roy, & apres luy demä-
der s'il luy plaift de les courre: s'il dit qu'ouy, il faut en mefme
temps qu'il faffe partir le chariot auec les panneaux , & que
celuy qui a fait le rapport , le conduife, & que le Capitaine y
aille auffi pour faire tirer & tendre les panneaux qui doiuent
eftre dans les chemins qui feparent les queuës de pays, & cö-
fiderer où l'on pourra faire la courre, & y mettre les leuriers:
cela eftant , il doit enuoyer auertir le Roy que toutes chofes
föt preftes & dire auffi que l'on faffe venir les chiens-courans
& les leuriers , & durant ce temps, qu'il faffe boucher les terriers s'il y en a dans l'enceinte.

CHAPITRE III.

Comment on doit forcer les Renards auec les
Chiens-courans.

SI le Renard que l'on a détourné eft dans vn beau buiffon où il n'y ait aucun terrier , il faut laiffer le champ
libre, ie veux dire mettre les panneaux & les deffenfes feulement au deuant des lieux où il y aura des terriers. Ces chofes eftant preueuës, vous ferez deux ou trois relais, ce qui
fe doit iuger par la quantité de Renards que vous aurez détourné , pour les raifons que i'ay dites cy-deuant , & apres
auoir placé vos leffes dans la retuite la plus affeurée & commode pour faire la courre ; alors vous découperez vos
chiens de Meute au rembuchement & fur les voyes du Renard. Il ne faut pas que vous efperiez qu'ils le puiffent aller

querir

querir & lancer tenans la voye, à cause que le sentiment ne s'y conserue pas si long-temps. Il faut donc si tost que vous serez dans l'enceinte, parler à vos chiens, comme pour Loup, & sonner pour les obliger à quester, & regarder où sera le plus grand fort, ou le plus gros hallier pour y entrer, ou au moins y faire entrer vos chiens, puisque ce sont là les lieux où ils demeurent le plus ordinairement, particuliere-ment dans les grands froids; car quand il fait Soleil, ils s'y mettent quelquesfois. Le Renard estant lancé, vous deuez parler à vos chiens, & sonner comme pour Loup, & de la mesme maniere à les faire chasser, à cause que le Renard, quoy qu'il fasse beaucoup de tours, ne retourne iamais sur ses voyes, mais seulement à droit & à gauche. Il faut obseruer aussi à quelle main il tourne la premiere fois pour y aller & faire aller vos chiens toutes les fois qu'il tournera, & comme cét animal, aussi bien que le Loup, est tousiours sur pied, s'il ne se terre, ou s'il n'est fort mal-mené: il faut toutes les fois que vos chiens seront hors de la voye, pren-dre des deuants & les faire secourir par vos relais, à cause qu'ils se lassent à percer dans ces forts épineux, & s'en pour-roient rebuter : & si vostre Renard se terre (ce que vos chiens vous feront connoistre, lors qu'ils demeureront tout à coup, ayans chassé iusques-là auec furie) il faut que le Piqueur ayant fait tourner les chiens, sans qu'ils ayent re-pris la voye, reuenant au mesme lieu, fasse recherche du terrier, & l'ayant trouué, & connu que le Renard y est en-tré pour y trouuer des chiens sur le bord, & aussi qu'il en peut reuoir par le pied : ces terriers estans ordinairement faits dans des terres sablonneuses, il doit sonner d'vn ton particulier, qui a esté étably par le mesme Roy Lovys le Ivste, pour donner aduis que le Renard est terré, & aux hommes qui sont pour le foüiller & déterrer, de ve-nir auec leurs hoyaux, béches, cerpes & péles. Ce ton doit estre trois ou quatre tons du gresle fort courts, & vn ton du gros sur la fin, & les reiterer, comme du gresle *ton hon*, *ton hon*, *ton hon*, & du gros, *ton hon*. Le Roy estant venu, & les

S f

pionniers auec leurs baſſets, ils en doiuent mettre vn dans
le trou où eſt entré le Renard, où le Piqueur aura briſé
haut & bas pour le plus aſſeurément remarquer, & faite retirer les chiens, afin de ne mener aucun bruit pour entendre l'abboy du Baſſet que l'on aura mis dans le trou, & ſçauoir le lieu où il eſt ; & pour le mieux entendre & remarquer, il faut mettre ſur le ventre vne aureille contre terre,
& l'ayans reconnu, les Pionniers y feront vne tranchée, iuſques à ce qu'ils ayent trouué le trou : Il faut auſſi deuant
qu'ils l'ayent reconnu, ſçauoir s'il y a d'autres gueules au
terrier pour les boucher ; & ayans foüillé iuſques au trou, ils
ſçauront par le baſſet qui y abboira, en luy parlant de temps
en temps pour l'animer contre le Renard, où ſera le fonds
de ſon aquu (qui eſt vne longueur du trou que ces beſtes
ruſées conſeruent tant qu'elles peuuent) & s'il eſt encore
loin, il faudra faire vne autre tranchée iuſte ſur luy pour
cette fois, où vous le prendrez ; ce qui ne ſe peut faire dans
tous les lieux & terrains : car s il y auoit des rochers, il n'y
faut pas penſer. Le Renard eſtant pris, vous le ferez fouler
aux chiens, en leur criant *Voylela*, *Voylela*, & ſonner le
greſle, & apres en ſonner la mort & la retraitte, comme des
autres chaſſes. La curée s'en fait comme pour Loup, car
il le faut faire cuire (apres eſtre écorché dans le four tout
entier, & en auoir tiré les entrailles & le poulmon. Les
Gentils-hommes ſe peuuent diuertir à cette chaſſe ſans tout
ce grand attirail, & auec moins de chiens, à cauſe qu'ils
ſçauent leurs pays pour les y troüuer à point nommé, ce qui
peut diuerſifier leur plaiſir, puis qu'apres auoir chaſſé deux
ou trois fois le Lievre, ils peuuent aller chaſſer vn Renard,
joint que le temps & la ſaiſon peuuent eſtre propres à l'vn
qui ne le ſeront pas à l'autre.

TRAICTE' DES RECEPTES.

CHAPITRE PREMIER.

Des maladies des chiens, & de la Rage.

IE ne croirois pas auoir assez fait de vous auoir seule-ment donné les connoissances pour parfaitement pra-tiquer la chasse, & comme il faut gouuerner & traicter les chiens; si ie ne vous enseignois des remedes pour les guerir, lors qu'ils seront malades, afin d'en maintenir la race, & vous conseruer le plaisir de la Chasse, puisque faute de ce, l'on perd la pluspart du temps les meilleurs chiens d'vne Meute, qui guident & font chasser les autres. Ie veux com-mencer par la Rage, la plus dangereuse maladie qui puisse arriuer aux chiens, & où il y a le moins de remede, quand ils en sont frappez: car auparauant on les en peut exempter par les remedes & precautions que i'enseigneray à la fin de ce Chapitre, apres vous auoir fait voir combien il y a de sortes de Rages, & quels sont leurs effets aux chiens & aux loups, qui sont les deux animaux les plus sujets à cette maladie, à cause de leur temperament qui est chaud & sec, & que les grandes courses que font les chiens, leur augmente cet-te chaleur qui en fait vne estrangere, laquelle leur cause la fiévre, aussi bien qu'aux Loups, pour auoir mangé trop de carnage qui les échauffe & leur cause le mesme effet qu'aux chiens. Ils y sont aussi plus sujets dans les grands froids qui leur concentrent cette chaleur, & leur échauffent encore le sang qui en suitte se corrompt; & l'estant, il leur fait mon-ter vne vapeur au cerueau qu'il attaque par sa malignité, comme on voit quand vne humeur melancolique saisit les esprits, faire differens effets en ceux qui en sont trauaillez,

S ſ ij

felon le fujet qu'elles rencontrent. Ainſi la rage eſt plus dangereuſe aux vns qu'aux autres chiens, felõ leur âge, & l'exercice qu'ils font, felon les temps & faiſons de l'année , leur
nourriture & traiƈtement. Elle eſt auſſi plus cruelle à vn chié
de dix-huit mois , iuſques à trois ans, qu'à vn ieune & vieil
chien. La raiſon eſt , qu'à l'vn la chaleur n'eſt pas encore en
fon entier, & pour l'autre, il n'en a plus guères ; mais pour vn
chien qui court & chaſſe ordinairement , il y a plus de chaleur qu'à vn qui ne chaſſe pas. Les iours caniculaires font
auſſi tres-dangereux à ce mal, & y font plus de maux, à cauſe qu'ils y font plus furieux : le chien mal-nourry y eſt plus
ſujet que celuy qui l'eſt bien , parce que ne mangeant qu'à
demy fon faoul , il s'échauffe le fang.

Il ſe trouue de ſix fortes de rages ; la premiere eſt la plus
mauuaiſe que nous appellons rage enragée ; les chiens qui en
font frappez, crient & hurlent à voix caſſée & enroüée, pour
la grande ſeichereſſe qu'ils ont dans le goſier ; ceux-là font
les plus à craindre , à cauſe qu'ils vont tout autant qu'ils ont
de force , & mordent generalement tout ce qu'ils rencontrent ; car le venin de la rage leur a tellement troublé les
ſens, qu'ils ont perdu toute connoiſſance ; leur morſure en eſt
auſſi plus dangereuſe , y en ayant peu qui ſoient mordus à
fang qui en échappent, le venin eſtant ſi grand , qu'il penetre
auſſi-toſt les parties nobles, y voyant pluſtoſt les ſignes de la
mort , que les remedes en ſoient preparez.

La ſeconde eſt approchante de la premiere, toutefois differente en vne choſe, que le chien qui en eſt malade , ne s'attache pas aux hommes, mais ſeulement aux beſtes qu'il trouue en fon chemin ; la morſure en eſt auſſi dangereuſe que la
premiere, le chien qui en eſt frappé, court touſiours ſans s'arreſter, d'où elle ſe nomme Rage courante : à celle-là les chiẽs
ont encore quelque iugement qui leur fait connoiſtre l'homme qu'ils ayment naturellement , ce qui fait qu'ils ne le mordent pas. Ces deux rages font fort contagieuſes pour les autres chiens , encore meſmes qu'ils n'en ſoient pas mordus,
par la communication de leur haleine forte & enuénimée.

Il faut donc oſter, non ſeulement le malade, mais auſſi ſeparer les autres.

La troiſieſme Rage s'appelle tombante, car les chiens qui l'ont, ne ſe peuuent preſque ſouſtenir, allans chancelant, & meurent ainſi: De celle là le venin n'en eſt pas ſi violent, particulierement au cerueau; auſſi n'ont-ils pas la furie des autres, & ne mordent pas; mais ne laiſſent d'en eſtre bien dangereux; ce qui me fait dire qu'il les faut ſeparer, n'ayant point trouué vne meilleure precaution.

La quatrieſme s'appelle Rage efflancquée. Les chiens qui en ſont attaquez ont les flancs ſerrez, & leur battent perpetuellement; ils en tiennent la teſte & le regard bas, leuant les pieds fort haut, & chancellent en marchant; cette Rage vient ordinairement aux vieux chiens, & à ceux qui ſont mal-nourris, mal couchez, & qui ſont rompus; leur venant peu apres vn amaigriſſement de long temps; tels chiens enragez ne ſont pas dangereux pour mordre, n'ayans pas aſſez de force, & meurent dans cette langueur & foibleſſe.

La cinquieſme s'appelle endormie, parce que les chiens ſont touſiours couchez, & font mine de dormir: cela prouiẽt quand l'humeur froide & chaude ſe rencontrent dans le cerueau, ils tombent dans vn dormir-veille, que l'on appelle, c'eſt à dire vn aſſoupiſſement ſans pouuoir dormir; mais ſi l'humeur froide abonde plus que la chaude, le chien dort plus qu'il ne veille; & ne penſe pas à mal-faire, par conſequent cette Rage n'eſt pas dangereuſe.

La ſixieſme & derniere s'appelle Rage de teſte, parce que la teſte du chien malade en deuient enflée, & les yeux en paroiſſent ſi gros qu'ils ſemblent hors de la teſte, ce qui procede de la grande abondance de ſang chaud & ardent, lequel eſt renuoyé du cœur au cerueau, s'épanchant par tout, & à cauſe de cette enfleure, ces chiens ne mordent perſonne,

CHAPITRE II.

Des signes qui font connoiſtre quand vn chien eſt enragé.

C'Eſt le commun prouerbe, que quand on veut tuer ſon chien, on luy fait croire qu'il eſt enragé; C'eſt ce qui arriue à force perſonnes, de ce que voyans leurs chiens faire mauuaiſe mine, ils croyent qu'ils ſont enragez. Les beſtes auſſi bien que les hommes, peuuent eſtre dégouſtées pour deux ou trois iours, ne mangeans que de l'herbe pour ſe purger, & ſi on ne les obſerue pas, l'on croit qu'elles ne mangent aucune choſe: Ie vous en veux dire les vrais ſignes, & à quoy on doit s'aſſeurer qu'vn chien eſt enragé. Pour cela, prenez-le & l'approchez de l'eau, il ne manquera de trembler & de dreſſer le poil; & s'il a les yeux rouges & chancelans, le regard de trauers, la veuë immobile, regardant touſiours en vn meſme lieu, & qu'il panche la teſte, & en courant, s'il va la gueule ouuerte ſans crier, qu'il tire la langue & iette de l'écume de la gueule & des nazeaux, faiſant ſortir le vent gros de ſon nez, mordant les autres chiens en remuant la quëue & les flairant, deuant que les mordre; que les babines couurent ſes dents qui paroiſſent ſi retirées, qu'on ne les puiſſe aiſément voir par deſſous: s'il chancele ça & là, ſe heurte à tout ce qu'il rencontre: s'il ne connoiſt plus ny Maiſtre, ny Maiſtreſſe, où il a eſté nourry; ce ſont là tous ſignes de rage: Et pour l'éprouuer parfaitement & en eſtre aſſeuré, il le faut ſeparer & l'enfermer trois iours & trois nuiéts, luy donnant pain, vin, viande, potage & laiét, & qu'il ait de l'eau auprés de luy, & s'il ne mange pas, il eſt aſſeurément enragé, & ne peut viure en cette rage que neuf iours au plus.

CHAPITRE III.

Des Receptes pour les chiens qui font mordus des chiens enragez.

IE vous veux faire voir comme il y a des remedes experimentez, pour empefcher que les chiens qui font mordus
de chiens ou de Loups enragez, n'en deuiennent malades
mais pour guerir ceux qui font dans ce mal, ie n'en fçache
aucun, n'en ayant point veu guerir particulierement des
trois premieres rages que i'ay fufcrites; mais pour les trois
fuiuantes, leur donnant les remedes dans leur premier accés,
il s'en peut échapper quelques-vns, pourueu que l'on y trauaille promptement. Mais le meilleur & le plus feur, eft de les
panfer auffi-toft que vous vous eftes apperceu qu'ils ont efté
mordus: En voicy les plus affeurez remedes que i'ay experimentez plufieurs fois: le commenceray par S. Hubert, qui eft
vn remede infaillible, de les y mener, fi vous n'en eftes pas
trop efloigné: finon, vous auez les villages où S. Pierre eft le
Patron: on y tient vne clef, qu'ils appellent la Clef S. Pierre,
qui eft faite exprés pour flaftrer & brûler les chiens, & beftiaux, au milieu du front, leur bruflant le poil & la peau; car
il faut que l'efcarre en tombe: apres vous les irez ietter &
plonger trois fois dans vn eftang ou riuiere, & mettrez ainfi
le feu à l'endroit de fon corps, où il aura efté mordu, pourueu
que ce ne foit pas fur des nerfs: & apres y mettrez vn emplaftre de poix neufue, qui attirera le venin: où les menerez à la
mer, fi vous n'en eftes pas bien loing, & les y plongerez auffi
trois fois: Et fi vous eftes efloigné de toutes ces chofes, il faut
faire les remedes fuiuans.

Si le chien qui eft mordu, a vne grande playe, il la faut
laiffer fort faigner, afin qu'vne grande partie du venin s'en

aille par là : & quand le fang fera arrefté, appliquer vne groffe ventoufe fur la playe, auec affez de feu, pour faire plus
d'attraction du venin qui fera dans laplaye ; puis la leuer &
remettre déux ou trois fois : & apres qu'elle aura fait fon effect, il y faut mettre vn poulet tué tout à l'heure, fendu &
appliqué chaud, & l'y laiffer fix heures. Il fait deux effets;
il attire le venin & ofte l'inflammation de la playe & appaife
auffi la douleur. Que fi l'entrée de la playe eft petite, &
qu'elle n'ait pas affez d'ouuerture pour éuacuer le fang &
venin, en ce cas, il la faut fcarifier, deuant que d'y mettre
la ventouze ; Vous les faignerez auffi des véines qui font au
dedans des quatre iambes, & à deux autres veines qui font
à cofté du gros nerf, qui eft fous la langue, & à deux autres
qui font fur les deux yeux : Et fi d'auenture vous n'auez des
ventoufes à propos, vous lauerez bien la playe auec du fort
vinaigre, tout chaud, ou auec de l'eau, où il y aura boüilly
d'vne racine, appellée parelle fauuage, que l'on trouue par
tout. Quand la playe fera bien lauée, vous y mettrez vn
cataplafme, fait auec oignons & aulx cuits dans les cendres, y adiouftant vn petit de miel & de fel puluerifé.

En voicy vne que ie ne tiens pas moins bonne que celle
cy-deffus. Prenez vn gros oignon & le faites cuire entre
deux cendres, & le pilez dans vn mortier auec teriaque
& mitridat, autant de l'vn que de l'autre : & fi vous voulez
auec de la ruë & ortil, y adiouftant fur la fin de l'eau de vie.
Et encores que les remedes cy-deffus puiffent beaucoup
appaifer le mal ; neantmoins il faut y remedier par dedans.
Pour bien faire ietter en dehors ce venin ; vous prendrez
vne poignée de pinprenelle, que vous pilerez & en tirerez
le ius & le mélerez dans vn demy-feptier d'huile d'oliues
vierge, fi vous ne voulez faire vne omelette de cette pinprenelle pilée auec du beurre frais, fans fel, & cinq ou fix
œufs, & leur faire manger. Vous leur pouuez lauer auffi la
playe auec de l'vrine deuant que d'y mettre le cataplafme
fufdit, pourueu que la partie où eft la playe, ne foit pas nerueufe. Vous mettrez ces cataplafmes fix iours durant au
chien:

chien: & apres vous entretiendrez la playe auec des remedes ordinaires pour la tenir long-temps ouuerte.

CHAPITRE IV.

Recepte pour la Rage.

POur les dernieres Rages que i'ay nommées cy-deſſus, l'on peut faire quelques remedes qui peuuent reüſſir à quelques-vns; En voicy vn pour la rage tombante, ou rage muë. Vous prendrez le poids de quatre eſcus du ius d'vne herbe qu'on appelle Paſſerage, laquelle a la feüille comme d'Iris, ſinon qu'elle eſt vn peu plus noire, la mettrez dans vn petit pot plombé, puis prendrez le poids de quatre eſcus du ius d'Esbe, qui eſt vne herbe qui ſe nomme Elebore noir: & encore le poids de quatre eſcus du ius d'vne autre herbe, qu'on appelle Ruë; & ſi les herbes ne rendoient pas de ius, il faut en faire vne decoction & en prendre, y mettre le poids de quatre écus de vin blanc, méler le tout enſemble, le paſ-ſer dans vn linge & le mettre dans vn verre ou gobelet, & apres y adiouſter deux dragmes de Scamonée, ſans eſtre preparée, faire aualer le tout au chien malade, en luy te-nant la gueule haute: encores quelque temps apres, de peur qu'il ne la rejette, vous le ſaignerez auec vn coſteau bien poinctu, dans la gueule, au palais d'enhaut, ſous la denteleure, & luy ferea aſſez d'ouuerture, afin qu'il ſaigne, & apres le mettrez ſur la belle paille fraiche.   Vous pou-uez luy faire aualer auſſi du ius d'herbe appellée Corne de Cerf, huict dragmes, auec vn peu de ſel en poudre

CHAPITRE V.

Recepte pour la rage tombante.

IL faut prendre le poids de quatre écus de la feüille, ou graine, qu'on appelle Peaune, de celle qui porte graine: prendre aussi le poids de quatre écus du ius d'vne racine que l'on appelle *Brionia*, & en François du Parc, qui vient dans les hayes & a la racine grosse comme la iambe d'vn homme; puis prendre le poids de quatre écus du ius d'vne herbe que l'on appelle en Latin *Cruciata*, & en François Croisette: & apres prendre quatre dragmes d'Estafiacre, bien broyez ensemble, & le méler auec tous les ius susdits; puis le faire boire au chien, de la sorte que i'ay dit cy-dessus. Cela fait il luy faut fendre les deux oreilles pour le faire saigner, ou bien le saigner des deux veines des dedans des épaules, que l'on appelle pour les chiens, les erres: Et si vous voyez que la medecine n'ait pas assez operé, il la faut reïterer.

CHAPITRE VI.

Recepte pour la rage endormie.

PRenez le poids de six écus de ius d'Absinthe, & le poids de deux écus d'Aloës, en poudre: le poids de deux écus de Corne de Cerf, brûlée auec deux dragmes d'Agaric, puis mélez les ius & poudre ensemble: & si vous voyez que les poudres rendissent le breuuage trop épais, vous y pourrez adiouster le poids de quatre ou six écus de vin blanc, puis le faire aualer comme dessus.

CAAPITRE VII.

Recepte pour la rage rheumatique des chiens qui ont la teste
enflée.

IL faut prndre le poids de six écus de ius, ou decoction de racine de Fenoüil : le poids de quatre écus de ius, ou decoction de Guy, qui croist dans les Aubes-épines : le poids de quatre écus de ius, ou decoction de Lierre : le poids de quatre écus de ius, ou marc de racines de Polipode, qui croist dans les chesnes, & mettre le tout dans vn petit poëslon, boüillir auec du vin blanc ; & quand il sera vn peu refroidy, le faire prendre au chien.

CHAPITRE VIII.

De la Cacquesandre, ou flux de sang des chiens.

LA Cacquesandre vient aux chiens pour auoir fait longue chasse, où ils ont fait grãd effort, & en ces mémes téps ont esté moüillez par frimas, eaües de neiges, morfondures & mauuais logemens. Cette maladie est contagieuse, & partant il les faut separer des autres & les mettre dans vn lieu où ils soient bien chaudement & nettement, ne leur donner rien à manger de salé, les nourrir de potage fort épois, où vous mélerez de la terre sizelée : & s'ils n'en guarissent, prenez de la farine de féue & en faites de la boüillie fort épaisse, dans laquelle vous mélerez aussi de la terre sizelée : si c'est vn ieune chien, il en guerira ; mais s'il est vieil, cela est douteux.

CHAPITRE IX.

Recepte pour faire mourir les puces, poux & autres vermine des chiens.

PRenez deux ioinctées de feüilles de Berne, & deux de feüilles de la Passe, & deux de Mante, que vous ferez boüillir ensemble en lessiue de sermant, & adiousterez deux onces d'Estafiacre en poudre, pour quand le tout aura boüilly, passer les herbes, & dans la collature, vous y dissoudrez deux onces de sauon ordinaire, auec vne once de saffran & vne ioinctée de sel, puis en lauerez le chien.

CHAPITRE X.

Recepte pour faire tomber les vers.

IL faut prendre des noix quand elles sont encores vertes, & les faire piler, & apres les mettre dans vn pot, & vne chopine de vinaigre par dessus, que vous laisserez tréper quatre heures: apres vous les ferez boüillir sur le feu deux heures, puis les passerez dans vn linge, & mettrez cette decoction dãs vn pot, y adioustât vne once d'Aloës Epatique, vne once de Corne de Cerf brulée, vne once de poix-raisine; puis il faut méler & remuer toutes ces poudres dans la decoction, & bien nettoyer le lieu où sont les vers, & mettre la drogue de dans: ces vers mourront & n'y en viendra plus.

CHAPITRE XI.

Recepte pour les morsures des Serpents & Viperes.

PRenez vne poignée d'herbe nommée la Croisette, ou Cruciate, vne poignée de Ruë , vne poignée de feüilles d'vn arbre nommé *Cassis*, autrement poiure d'Espagne , vne poignée de boüillon blanc vne poignée de pointe de Genests & vne de Mante, pilez fort ces herbes, & quand elles seront bien concassées, prenez vne once de vin blanc, & faites boüillir le tout vne heure, dans vn petit pot plombé ; apres vous passerez la decoction, où vous adiousterez le poids d'vn écu de Theriaque dissous , vous en ferez aualler vn verre au chien , & apres luy en lauerez la morsure lié d'vn Genests.

CHAPITRE XII.

Comme il faut panser les chiens qui sont blessez des Sangliers.

LEs chiens qui chassent le Sanglier, sont tres subiets à estre blessez. Il est donc tres-necessaire de les sçauoir panser promptemét. ils sont ordinairement blessés au ventre, mais pourueu que ce ne soient que décousures, encore que les boyaux leur sortent, n'estans offensez, ils se guarissent facilement par vn homme adroit, leur remettant les boyaux doucement auec la main, qu'il aura auparauant bien lauée, essuyée & oincte d'huile d'oliue, ou de graisse douce & nette. Il doit mettre dans la playe vne petit tran-

T t iij

che de lard, pour empefcher la mouche & la recoudre auec
vne de ces aiguilles dont fe feruent les Chirurgiens, & auec
du bon fil blanc retord & noüer fes poinchs, depeur que le
fil ne s'échappe : ioinch qu'il fe pourroit pourrir, & que les
autres poinchs fe lafcheroient. Il fe peut faire de mefme aux
autres endroits, & tenir toufiours la playe graffe, afin d'o-
bliger le chien à la lefcher; ce qui eft fõ meilleur & plus fou-
uerain orguent: l'aiguille doit eftre carrée par la pointe & le
refte rond, dont les valets de chiens & valets de levriers,
doiuent eftré garnis, auffi bien que de bon fil & de lardons.

CHAPITRE XIII.

*Recepte pour les chiens qui ont efté foulez des
Sangliers.*

IL arriue bien fouuent que les chiens font foulés des Sangliers, leur paffans fur le ventre, & encore qu'ils ne les
atteignent pas des deffenfes, cét animal qui eft pefant, ne
laiffe quelquesfois de leur rompre quelque cofte, ou au
moins leur demettre; en ce cas, il les faut remettre; mais s'il
n'y a que foulure, prenez racine de Simphitõ, emplaftre de
Melillot, poix, ou gomme, huile rofat, autant des vns que
des autres, mélant le tout enfemble, que vous étendrez fur
de la toile neufue, puis vous couperez le poil à l'endroit
du mal, & appliquerez l'emplaftre le plus chaudement
qu'il la pourra fouffrir. Mais en Sauóye & Piedmont, vous
auez vn remede tres-fouuerain, qui eft preparé, que l'on
nomme Benjoin, qui fe prend aux Sapins, dont l'emplaftre
ne fe détache point qu'à la parfaite guerifon.

CHAPITRE XIV.

Recepte pour faire vuider les vers que les chiens ont dans le corps.

LEs chiens font affez fujets aux vers, qui leur caufent vn broüillement & bruit dans le ventre, & les obligent à rendre gorge, cela fe voit par ces fignes, & quelquesfois ils en iettent auec peine. Prenez deux drachmes de ius d'abfynthe, deux drachmes d'aloesEpatique, deux drachmes d'Eftafiacre, vne drachme de corne de Cerf bruflée, vne drachme de fouffre, le tout pilé & incorporé enfemble auec de l'huile de noix, iufques à la valeur de demy verre, & le faites aualler au chien malade.

CHAPITRE XV.

Reftrainctif pour les chiens qui ont les pieds aggrauez.

LEs chiens font fujets par de grandes chaleurs & feicchereffes, à s'aggrauer & à s'échauffer les pieds, & dans les gelées à fe les écorcher. Prenez des jaunes d'œufs, felon les chiens que vous aurez à panfer, & les démeflez auec du fort vinaigre, de la fuye que vous prendrez à la gueule d'vn four, & la pafferez, ne mettant que le plus delié auec les œufs & le vinaigre, & apres vous prendrez de l'eftouppe fur laquelle vous l'étendrez & la mettrez fur vn linge en double à proportion du pied dont vous l'enueloperez; s'il a beaucoup de mal, vous luy raffraifchirez le lendemain, iufques à ce qu'il foit guery.

CHAPITRE XVI.

Recepte pour faire mourir les chancres, dartres, & fils aux chiens.

PRenez vne drachme de sublimé en poudre, & la mettez dans vn mortier de plomb, & y mettez le ius d'vn citron, apres que l'écorce en est ostée ; & quand cela est bien broyé, il faut mettre vn peu de vinaigre & d'eau, puis vous prendrez le poids d'vn escu d'alun, & autant de sauon, lesquels vous meslerez & broyerez auec les choses susdites que vous ferez boüillir dans vn petit pot neuf vernisé iusques à la consommation du tiers, & apres vous appliquerez vostre decoction sur les chancres & dartres qui seront sur la peau & aux aureilles; mais s'il y en a sur le nez, membre, & chair viue, il faudra faire boüillir le sublimé, & en ietter la premiere eau, afin qu'il ne soit pas si corrosif, & apres en frotter, comme cy-dessus.

CHAPITRE XVII.

Recepte pour faire pisser les chiens qui ne le peuuent.

LEs chiens apres auoir fait de grandes courses, particulierement dans les chaleurs, & aussi auoir esté apres des lyces chaudes, se sont échauffez les reins, ce qui leur cause vne difficulté d'vrine: l'on le voit quãd ils se presentent souuent pour pisser. Prenez cinq ou six raues coupées par roüelles, vne poignée de feüilles de Guymauue, autant d'vne herbe qui s'appelle Archagante qui se trouue dans les vignes, racine d'asperges, de fenoüil, & de pissanlys,

lys, de mesme poids, que vous ferez bouillir ensemble auec
du vin blanc, iusques à la reduction de la tierce partie que
vous ferez aualer au chien.

CHAPITRE XVIII.

Recepte pour les playes des chiens.

PRenez du lard vieil salé, & bruslé auec vne pesle
rouge; Il faut qu'il soit picqué d'auoine, & auoir du
jus de choux rouges que vous battrez ensemble, & en mettrez sur la playe, apres l'auoir nettoyée auec du vin & de
l'eauë, & que l'vnguent soit mis sur vne feüille de choux
rouge qui sera auparauant passée sur le feu.

CHAPITRE XIX.

Recepte pour les chiens qui ont mal dans les aureilles.

PRenez du verjus, & le mettez dans vne escuelle; vous
y adiousterez de l'eau de feüilles & fleurs d'vn arbre
que l'on appelle Trosne, ou de l'eau de la fleur de Chevre-
feüille que l'on trouue dans les hayes, auec du miel commun, aussi gros que le bout du doigt, que vous meslerez
auec ces eaus, & les mettrez dans l'aureille du chien, luy
broyant & mouuant auec le pendant de l'aureille, apres
vous luy ferez tomber lesdites drogues : puis vous ferez
chauffer de l'huile de laurain ou laurier que vous luy mettrez dans le fonds de l'aureille, la luy étouppât apres auec
du coton, quand mesme vous n'y mettriez que de l'huile
de laurain, elle peut guerir, à moins que le mal ne s'opinia-
stre. Ce qui vous obligeroit à faire les remedes precedens.

Vu

CHAPITRE XX.

Recepte pour empescher que les Lyces n'entrent
en chaleur.

IL faut donner à vne chienne, auparauant qu'elle ait
porté, par neuf matinées, neuf grains de poivre que
vous luy ferez aualer dans du formage, ou autre chose
qu'elle a accoustumé de manger. Cela reüssit à quelques-
vnes, mais le plus seur, c'est de les faire couper ou cha-
strer.

CHAPITRE XXI.

Comment on doit faire l'vnguent pour frotter & guarir les
chiens quand ils sont galleux.

IL y a quelques Auteurs qui ont écrit plusieurs façons
de faire de l'vnguent pour guerir les chiens de la galle,
qui ont esté épreuuées, & ne s'en est trouuée aucune plus
asseurée que celle-cy. Vous prendrez de l'huile de chene-
uy, ou au defaut, de l'huile de noix; que vous mettrez dans
vn pot de terre neuf, & fort épais, sur de la braize, & en
mettrez aussi autour, & comme elle commencera à fremir,
vous aurez du souffre bien pilé que vous mettrez dedans,
& les remuerez tousiours auec vn baston, & à vne petite
demie-heure de là, vous aurez aussi pilé de la couperoze,
vert-de-gris, & noix de galle; mais plus de souffre que de
pas vne des choses susdites, vous les ietterez aussi dans
le pot, & côtinuerez à les remuer, & si cela veut boüillir par
dessus, vous y ietterez vne poignée de sel & vn peu de vinaigre pour le faire abaisser; il faut qu'il y ait peu de feu, &

pour connoiſtre quand la drogue ſera cuitte, il en faut mettre ſur vne tuile, & ſi elle blanchit, elle ſera cuite: Et ſi vos
chiens ſont tres-galeux, vous y mettrez de la poix neufue
de Bourgogne, & aprés eſtre faite, vous en greſſerez vos
chiens, que vous bouchonnerez beaucoup d'vn bouchon
rude auparauant, afin d'émouuoir la gale, & que l'vnguent
penetre mieux; il faut que l'vnguent ſoit chaud, que pourtant l'on y puiſſe ſouffrir la main, & pour cela, il faut que
le pot ſoit ſur du charbon pour maintenir ſa chaleur égale,
& auoir ſoin de reſeruer de l'vnguent, pour en regraiſſer
ceux qui ſeront les plus galeux, à trois iours de là. Ie ne
mets point la quantité, ny la doze, puis qu'elle ſe doit employer ſelon les chiens que vous auez à graiſſer; L'on les
doit apres laiſſer ſur la paille, ſans les ſortir, & ne les pas
faire chaſſer le Cerf la premiere Chaſſe d'apres, dans les
pays de grand change, à cauſe que cét vnguent leur a of-
fuſqué vne partie du ſentiment.

Fin de la troiſieſme Partie.

QVATRIEME PARTIE
DE LA
VENERIE
ROYALE

ADVIS COMME IL FAVT
peupler les Forests.

Omme les limiers sont aux Veneurs les principaux instrumens pour chasser, ainsi les bestes qu'on veut prendre, en sont & le fondement & la fin pour en acheuer le plaisir, & sans elles la Chasse n'auroit point de lieu. Il faut donc peupler les Forests de bestes, pour commencer la Chasse, & en conclure la satisfaction; C'est pourquoy i'ay trouué bien à propos d'enseigner icy les moyens de peupler les Forests, auant que d'en faire le dénombrement, les Questes & les Relais. Encores que la methode soit maintenant assez conneuë

pour peupler les forests, ie ne laisseray pourtant d'en dire
mon opinion, pour n'obmettre rien de ce qui touche mon
subiet au contentement du Lecteur. Quelques Autheurs
ont écrit qu'il faut faire des parcs de pallis, pour y mettre & enfermer les Biches, & autres femelles, d'vne grandeur raisonnable. I'aduoüe qu'elles y seroient en plus
grande seureté pour le temps qu'on les y veut tenir; mais
apres leur auoir donné la liberté, qu'il leur faut donner à
quelque temps de-là, & dans la saison du Rut, afin que
les Cerfs voisins les puissent ioindre, i'apprehenderois
qu'apres le Rut, elles ne s'éloignassent pour s'asseurer
ailleurs d'vne plus grande liberté, dans le souuenir de
leur prison : ioinct que ces parcs sont d'vn grand coust &
de beaucoup de peine, & que depuis l'experience nous a
fait connoistre qu'il faut prendre les femelles des fauues,
Chevreüils & bestes noires, & quelques masles; pourueu
que ce soit d'vne forest assez éloignée de celle où vous les
voulez mettre, n'en ayant pas encores eu la connoissance,
autrement elles s'en retourneroient. Il les faut prendre
auec des panderets, ou bricolles, tenduës alentour de
l'enceinte où on les aura détournées; mais il les y faut chasser & pousser auec des chiens-courans, pour ne leur pas
donner le temps de reconnoistre les filets: & si-tost qu'elles
y seront prises, il leur faut lier les quatre iambes ensemble,
& les mettre dans vne charrette où il y aura force paille,
de peur qu'elles ne se blessent: Il leur faut bander les yeux,
afin qu'en les transportant, elles perdent la connoissance
du chemin, & ne s'épouuantent pas à tous rençontres. Et
quand vous les aurez conduites au milieu de la forest que
vous leur destinez, il les faut décharger toutes en mesme
temps, les ayant debandées, pour se reconnoistre, & apres
leur délier les pieds; s'il y a quatre Biches, vn Cerf leur suffira, & ainsi des autres bestes : ioint qu'il ne manquera d'y
venir d'autres masles, pourueu qu'ils ne soient éloignez
que de six ou huict lieuës. Plus vous mettrez de bestes en
vostre forest & plûtost elle sera peuplée, pourueu que vous

ayez des gardes qui en ayent bien du foin. Et si c'est dans
le fonds de l'Hyuer que vous les y mettiez, le temps en sera plus commode, parce que les bestes sont toutes ensemble & ne sont pas pleines : Autrement, & en d'autres saisons, vous pourriez blesser les femelles & les faire mourir.
Il leur faut porter de l'auoine & du foin aux lieux où vous
les aurez mises, en plusieurs endroits, pour ne les pas con-
traindre d'en chercher d'ailleurs & de se dépayser, & cela
seulement pendant le grand froid, & tant qu'elles sçachent
le pays, pour y trouuer leur subsistance.

DENOMBREMENT DES FORESTS
& grands Buiſſons de France, & des vrayes ſituations qui s'y trouuent propres aux Queſtes, Relais & Logemens, pour y chaſſer.

PREMIERE FOREST.

FONTAINE-BELLEAV.

POur courre à la foreſt de Fontaine-belleau, le logement des chiens & des Officiers de la Venerie du Roy, doit eſtre à Fontaine-belleau.

Et pour courre du coſté de Tomery, il faut faire l'Aſſemblée à la Vente au Diable, ou au Puys de Moret.

Queſtes.

Queſte.	A la fontaine Nadon, vn valet de limier, il y faut,	vn homme.
	Aux buiſſons des Sables,	I. h.
	Au fort de Tomery,	I. h.
	A la poincte d'Iroy,	I. h.
	Au Bois Gautier & Butte du Mouceaux,	I. h.
	A Montaudart,	I. h.
	A la Vente au Diable,	I. h.
	A la Male-Montagne,	I. h.
	A la plaine du Rut,	I. h.

Pour courre dans toutes ces Questes, il faut placer les Relais aux lieux qui ensuiuent.

Relais.

Relais. Au pays de Moret.
A la Route de Vidausan, dans la Vente au Diable.
A Mont-Marle.
Au paué de Bouron.

Et pour courre du costé de Bouron, dans la mesme forest, il faut faire l'Assemblée au Paué de Bouron.

Questes.

Queste.		
A la garenne de Bouron,	vn homme.
A la vallée Ioubreton,	1. h.
A Cumiers,	1. h.
Au fort de Marlot,	2. h.
A la grande Bruyere.	1. h.
Aux Espines vertes,	1. h.
A la Gauche Guillemette,	1. h.
A la grande Bruyere,	1. h.
A Montmorillon,	1. h.

Et pour courre aux Questes cy-dessus.

Relais.

Relais. Au paué de Bouron.
A la Croix de Souueray.
A la Route de Reclause.
A Mont-Marle.
Au Puys de Moret.
A Franchart.

Pour

Pour courre dans la mesme forest , du costé d'Vry L'Assemblée à la Croix de Souuray.

Questes.

Queste. Aux Bernoulets,   2. hommes.
Au Clos Heron ,   2. h.
Au Clos Tabours.   1. h.
Au Parc au Bœufs,   2. h.

Relais.

Relais. A la Croix de Souuray.
Au chemin d'Achere.
A Franchart.
Au Paué de Bouron.
A Mont-Marle.

Pour courre dans la mesme forest , du costé d'Arbonne.
L'Assemblée à l'Hermitage de Franchat.

Questes.

Queste. Dans les Rochers d'Arbonne & Buissons circon-
noisins,   2. h.
A la Touche au Mulet ,   2. h.
Au Grand-feüillart ,   1. h.
Aux Turrelles,   2. h.
A la Maré aux Corneilles ,   1. h.
Au Franchart.   1. h.
Aux Ventes Barbier ,   1. h.

Relais.

Relais. A la Touche au Mulet , proche le chemin de
Milly.

X x

A la Croix de Souuray.
Au Paué de Bouron.
  Et parce qu'il y a deux refuittes.
A Franchart.
A la Croix du grand Veneur.

Pour courre à la mesme forest, du costé de Chailly. L'Af-
semblée, à Chailly.

Questes.

Queste.	Au bois Nostre-Dame,	2. hommes.
	A la Basse Pommeraye,	2. h.
	Au Mont-Gerard,	1. h.
	A la Croix du grand Veneur,	1. h.
	Au Mont-foy, proche la belle Croix,	1. h.
	A la Mare aux Enées,	2. h.
	A la Beccassiere,	1. h.
	A S. Louys,	1. h.

Relais.

Relais. A l'entrée de la Pommeraye.
  A la Mare aux Enées.
  A Franchart.
  A la belle Croix.
  Au Puys de Vauzernelle.
  A la Boissiere.

Pour courre à la mesme forest du costé de la Table du Roy.
  L'Assemblée, à la Table du Roy.

Relais.

| Queste. | Aux buissons du Lys, | 2. hommes. |
| | Au bois de Coulas, | 2. h. |

Sur-Brolle.
Relais-

Relais. A la Table du Roy.
A la Mare aux Enées, dans la Route-ronde.
A S. Louys.
A la belle Croix.

Pour courre dans la mesme forest du costé de la Boëssiere.
L'Assemblée aux hautes Loges.

Questes.

Queste.	A la Boëssiere,	2. hommes.
	A la queuë de Fontaine,	2. h.
	Au Rocher de Cassepot,	2. h.
	Au bois de la Magdelaine,	1. h.

Relais.

Relais. Au chemin des hautes Loges.
A Cassepot.
A la belle Croix.
Au Puys de Vauzernelle.
A la Croix du grand Veneur.
Dans la Route-ronde, proche de la Mare aux
Enées.

BVISSONS DE LA BRYE.

Pour courre aux buissons de la Brye, circonuoisins du Chastelet, le logement des chiens & des Veneurs, doit estre
au Chastelet. L'Assemblée, au mesme lieu.

Questes.

Queste. Dans Massory,   3. hommes.
X x ij

Au grand Barbault,　　　　　　　2. h.
Au buiſſon S. Denys,　　　　　　1. h.
A la Haye de Chiury,　　　　　　1. h.
Au petit Barbault,　　　　　　　2. h.
A la Marbriere.　　　　　　　　1. h.

Relais.

Relais.　Dans la grande Route de Maſſaury.
Aux trois Cheminées.
A la queuë de Fontaine, ſur le bord de l'eau.
A Caſſepot.

MONTIGNY PRES FONTAINE-BELLEAV.

Pour courre aux buiſſons de Chaillot en Brie. Le logement des chiens & des Veneurs doit eſtre à Montigny.
L'Aſſemblée, à Chaillot.

Queſtes.

Queſte.　Au bois de Ché en Sereine, il y a deux refuites à
　　　　　ce buiſſon, l'vne à la foreſt de Fontaine, &
　　　　　l'autre à Vallery,　　　　　　1. homme.
A la Charmoye, proche Ville-Mareſchal.　1. h.
A la foreſt la Reyne,　　　　　　1. h.
Aux Eſpiziers,　　　　　　　　1. h.
Av grand bois,　　　　　　　　1. h.
Au bois bruſlé,　　　　　　　　1. h.
Au buiſſon de Chaillot,　　　　　1. h.

Relais.

Relais.　A la montagne de Train.
A l'entrée de la foreſt de Fontainebelleau, ſur le

bord de l'eau, au bout de la Garenne de Gros-
bois.

A la Meule-montagne, du cofté de la plaine de
Rozoy.

A Mont-Marle.

Au Puys de Moret.

Au Paué de Bouron.

BOIS D'ARVAVX EN BRIE.

Pour courre au bois d'Aruaux, en Brie. Le logements de
chiens & Veneurs à Montigny. L'Affemblée à d'Aruaux.

Queftes.

Quefte.   A Cercanceaux, il y a deux refuites à ce buiffon,
l'vn à Montigny, & l'autre à la foreft de Fontainebelleau,   2. hommes.

Au bois du Boullay,   1.h.

Au grand Malyferue.   2. h.

Au petit Malyferue,   1. h.

Au bois d'Aruaux,   2. h.

Relais.

Relais.   A l'entrée des bois d'Aruaux, fi vous laiffez
courre aux buiffons de Cercanceaux & du
Boullay.

A la Pierre grife.

A la garenne, fur le bord de l'eau, à l'entrée de
la foreft de Fontaine-belleau.

A la Male-montagne.

Au Puys de Moret.

A Mont-Marle.

Au Paué de Bouron.   X x iij

BVISSONS DE CHAMPAGNE
en Brie.

Pour courre aux buiſſons de Champagne. Le logement des chiens & Veneurs, à Champagne. L'Aſſemblée au meſme lieu.

Queſtes.

Queſte. Au bois de Champagne, du coſté de Grauille, deux hommes.
Dans le meſme buiſſon, ſur Mont-Mellian,   2. h.
Dans le fonds du meſme pays,   2. h.

Relais.

Relais. Au buiſſon de Champagne, dans la route qui va de Grauille à Valrin.
A l'entrée de la foreſt de Fontaine-belleau, au Bois Gaultier.
A vne autre entrée à la Dent, où le Cerf peut aller.
Dans la foreſt de Fontaine-belleau, à la Croix de Guiſe.

LA FERTÉ EN LAYE.

Pour courre aux buiſſons circonuoiſins de la Ferté en Laye. Le logement des chiens & des Veneurs à la Ferté. L'Aſſemblée au meſme lieu.

Queſtes.

Queſte. A Beaumont,   3. hommes.
A la Butte de Chaumont,   1. h.

Au bois du Coudray,	1. h.
En Fremiere,	3. h.
Au bois de la Mare,	1. h.
Au bois des Vaux,	1. h.
Au Rocher d'Ideuille,	1. h.
A Ardenay,	2. h.
Aux bois du Roy,	3. h.
Au Chefne Beccard,	1. h.

Relais.

Relais.
A Beaumont.
A l'entrée du bois du Roy.
A la Butte de Chaumont.
A Ardenay.
En Fremiere.
Au Chefne Beccard.

LVSIGNY, Logement du Roy.

Pour courre au bois S. Martin & au bois Noftre-Dame, & autres buiffons. Le logement des chiens & Veneurs à la Queuë en Brie. L'Affemblée au mefme lieu.

Queftes.

Quefte.		
A la garenne Dyers,	1. hommes.
A la grange du milieu,	1. h.
A la Iuftice de Ville-Crénne,	1. h.
A Gros-bois,	1. h.
Au bois fainct Martin, pres Gros-bois,	1. h.
A la queuë de Sancteny & de Cernon,	2. h.
Au bois Noftre-Dame, iufques au chemin du Chefne au Loup & Mamonces,	2. h.
A la Queuë de Lufigny,	2. h.

A la Queuë de Poiltart, 1. h.
A Pontillort, 1. h.
Au bois l'Abbé, 1. h.
Au bois ſainct Martin, 4. h.

Relais.

Relais. Au deſert de Marolles.
Au Cheſne l'Allouëtte.
Au bois S. Martin.
Au Cheſne au Loup.
A la Chappelle de Moutety.
A la Croix au Loup.
A la Iuſtice de Ville Crênne.

ROND-BVISSON pres Ozoüay la Ferriere.

Pour courre au Rond-buiſſon pres Ozoüay la Ferriere.
Le logement des chiens & Veneurs à Ozoüay.
L'Aſſemblée à Armiere ou à la Planchette.

Queſtes.

Queſte. Au Rond-buiſſon, 2. hommes.
Aux Minieres, 2. h.
Au long Diolle, 2. h.
A la Longue-vente, 1. h.
Au Bois-Roze, 1. h.
A la Lechelle. 1. h.
A la Planchette, 1. h.
Aux bois Darmiere, 1. h.
Aux bois de Pont-carré, 1. h.
Aux bois de Mony, 1. h.
Aux bois de Belle-aſſiſe, 1. h.
Aux bois de la Guette, 1. h.
Aux trente arpens, 1. h.

Relais.

Relais.

Relais. À la Chapelle de Moutety.
Aux bois de S. Martin.
Au Chesne au Loup.
Au Chesne à l'Allouëtte.
A la Poincte le Roy.
A la Rucherie.
A Bourneblanche, qui est és entrées de la Forest
de Cresy.

SENARC FOREST.

Pour courre à la Forest de Senarc.
Le logement des chiens & Veneurs à Montgeron.
L'Assemblée au mesme lieu.

Questes.

Queste. Au petit Senarc,   3. h.
Sur Estiolle iusques aux cinq freres,   1. h.
Sur Ligery,   1. h.
Depuis la Grange de Senarc iusques sur Ar-
moye,   2. h.
A la queuë de Leursin,   2. h.
Allentour de la Trace,   1. h.
Depuis la petite Route qui vient de la Garenne de
Breuuoy, au grand chemin iusques à la Mare
plate,   1. h.
A la Garenne de Breuuoy,   1. h.
A Montgeron iusques au Carrefour du Trem-
blay,   1. h.
Depuis la Route qui va de Montgeron au Carre-
four du Tremblay, iusques au Iardin d'O-
liuet,   1. h.
                                   Y y

LA VENERIE

A la Iustice de Choisy iusques aux cinq freres, 1. h.
Depuis les cinq freres iusques au Carefour du
Tremblay, au grand chemin de Leursin, 2. h.

Relais.

Relais. Au Carrefour des Cerisiers.
A la Mare platte.
Aux cinq freres.
A la Iustice de Choisy.
Au Iardin d'Oliuet.
Au Carrefour du Tremblay.

SEQVIGNY.

Pour courre à la Forest de Sequigny.
Le logement des chiens & Veneurs à Vizy.
L'assemblée à Saicte Geneuiefue des bois, ou à la Gref-
fiere de Reims.

Questes.

Queste.		
A la Garenne de Lisse,		1. homme.
Au bois S. Genault,		1. h.
Au bois d'Orengy & Bondoulfe,		2. h.
Au bois de Sainct Michel,		1. h.
A la queuë de Long-Pont, iusques à la Route de Saincte Geneuiefue,		3. h.
Depuis la Route de Saincte Geneuiefue iusques au chemin qui va de la Greffiere de Reims â Morfan,		2. h.
A la queuë de Vizy,		2. h.
A la Garenne de Sauigny,		1. h.

Relais.

Relais. Au Carrefour dans la Route.

Au bois Sainct Michel.
A Bondoulfe.
A l'entrée de Senart.
A la Greffiere de Reims.
Laiffant courre à Liffe , il faut mettre la vieille
   Meute à la Greffiere de Reims.

VERRIERE.

Pour courre à Verriere.
   Le logement des chiens & Veneurs à Verfaille.
   L'Affemblée à Villecomble.

Queftes.

Quefte. A la Tour.   1. homme.
         Depuis le chemin de la Tour à Iousny à la main
            droicte,   2. h.
         A Eurigny,   1. h.
         A la main gauche du chemin de la Tour à Iousny
            iufques fur Verriere,   2. h.
         Au bois de Villebon,   1. h.
         A Seüre,   1. h.
         A Montafillaut,   1. h.
         Aux Couftaux d'Igny,   2. h.
         Au bois de Pille,   1. h.
         A l'homme mort ,   1. h.
         A Verify,   1. h.

Relais.

Relais vieille Meute , A Velify.
         A Verriere.
         Aux bois du Pillery.
         A Porche Fontaine.
         A la Cuue au Renard.
         A Faulfe repofée.
         A Fruaye.

VERSAILLES.

Pour courre aux buiſſons de Verſailles ; Le logement des chiens & des Veneurs à Verſailles. L'Aſſemblée a Porchefonteine ou Verſailles.

Queſtes.

Queſte.		
Aux Couſtaux de Verſailles,	1. homme.
Aux Couſtaux de Choiſy,	1. h.
A la Cuue au Renard,	1. h.
Aux Couſtaux de Buc,	1. h.
Aux Connehars & bois des Loges,	1. h.
Aux Couſtaux de Iouy,	1. h.
A Porche-fonteine,	1. h.
A l'homme mort.	1. h.
A Veliſy,	1. h.
A Seure,	1. h.
A fauſſe repoſée,	2. h.
Aux bois d'Arſy,	1. h.
Aux bois Berangé,	1. h.
Aux bois de la Selle,	1. h.

Relais.

Relais.	
A Porchefonteine.
A la Cuue au Renard.
A Verriere.
A fauſſe repoſée.
Aux tailles de Merly.
Au Cheual d'or.
Au gros Erable.

CROVY.

Pour courre à Crouy ; Le logement des chiens & Veneurs

Questes.

Queste.	Au Parc de Boissy,	1. homme.
	Aux tailles d'Arblé,	1. h.
	Au Parc Saincte Iame.	2. h.
	Sur les Estangs de Rets iusques à Ioüanual,	2. h.
	Sur Asniere & Vau-Martin,	2. h.
	Sur la Bretesche iusques au chemin du cheual d'or,	2. h.
	Depuis le cheual d'or, iusques à la vallée du gros Houst,	2. h.
	A la vallée du gros Houst iusques aux tailles de Merly,	2. h.
	Sur Noisy,	1. h.
	Aux tailles de Merly,	1. h.
	A la Garenne de Noisy.	1. h.
	Sut l'Estang de Fourqueux,	2. h.
	Depuis l'Estang de Fourqueux à cheual d'or iusques à la Mont-joye,	1. h.
	Depuis le Chesne le Roy iusques au gros Erable,	1. h.
	Aux bois de la Selle,	1. h.
	Au bois Berangé,	1. h.

Relais.

Relais.	Au gros Erable.
	Aux Estangs de Rets.
	Au Chesne le Roy.
	A l'entrée de sainct Germain.
	A la Croix Pucelle.
	A la butte des Loges.
	Au pas du Roy.
	A la Croix Dauphine.

S. GERMAIN EN LAYE.

Pour courre à sainct Germain en Laye. Le logement des chiens & Veneurs, à sainct Germain. L'Assemblée à S. Germain.

Questes.

Questes. Aux Ventes sainct Leger,   un homme.
      Aux Ventes de la queuë au Moyne,   2. h.
      Aux Ventes de Poissy,   2. h.
      Depuis le grand chemin de S. Germain, à Poissy
          & aux Loges,   2. h.
      Depuis le chemin qui va des Loges à sainct Ger-
          main, iusques aux murailles du parc,   2. h.
      Aux Ventes aux Dames, iusques au pas du Roy,
          deux hommes.
      Au buisson Richard,   1. h.
      A la Vente de Bourbon,   1. h.
      Aux Ventes de Maisons,   2. h.
      Au repos du Tonnellier,   2. h.
      A lentour de la Meute,   2. h.
      A la Vente Epineuse,   1. h.

Relais.

Relais. Au grand chemin de Poissy.
      Entre les deux parcs.
      A la Sablonniere.
      A la Croix Dauphine.
      Au pas du Roy.
      Au Chesne saincte Barbe.

AVX ALVETS.

Pour courre aux Aluets. Le logement des chiens & Veneurs, à Chambourcy, ou aux Aluets. L'Assemblée aux Aluets.

Questes.

Queste. Aux Flansbertins,	vn homme.
A Abbécourt & Rougemont,	2. h.
Aux trente arpens,	1. h.
Sur Morinuilliers, à la Mare des bois,	2. h.
Aux Ventes baillées & Ventes sainct Benoist, iusques au chemin de Fresne, aux Aluets,	1. h.
Depuis le chemin d'Albert qui va à Fresne, iusques au Chesne Ferré,	1. h.
Depuis le chemin de la queuë de l'estang, de la ferme des bois au chemin Ferré, iusques au chemin de Bonaflé, iusques au chemin de Fresne à Môle,	1. h.
Aux Preaux iusques à la ferme Rouge & du Roussay,	1. h.
Autour du Roussay & Mareplatte,	1. h.
A la vallée Martinet, iusques sur Presle,	1. h.
Depuis le chemin de Môle, aux treize voyes & sur Bazemont,	1. h.
Depuis les treize voyes & sur la Fontaine poureuse, iusques sur Môle,	1. h.
Depuis les treize voyes, iusques au Chesne Ferré,	vn homme.

Relais.

Relais. Au Chesne Ferré.
Aux treize voyes.

A Abbécourt.
A l'entrée de saincte Iame.
Au gros Erable.
A l'entrée de sainct Germain.
A la butte des Loges.

BASSE FOREST DE MONTMORENCY.

Pour courre à la basse forest de Montmorency. Le logemét
des chiens & Veneurs, à Villiers-Adam. L'Assemblée.
à l'Abbaye du Val.

Questes.

Queste. Depuis la garenne de Mery , iusques à l'Abbaye
du Val & le chemin de Villiers-Adam ,   1. h.
Aux Griuaudes, iusques à l'Abbaye du Val, 1. h.
Depuis les Griuaudes, iusques au chemin de Vil-
liers-Adam,   2. h.
Depuis le grand chemin de l'Isle-Adam , iusques
à la maison de l'apotiquaire,   1.h.
Aux enuirons des Bons-hommes,   1.h.
Sur le haut Merdu ,   1. h.
A Beau-Champ.   1. h.
A la Boissiere,   1.h.
Au Chesne la trouuée.   1. h.

Relais.

Relais. Aux Griuaudes.
Au Chesne des quatre voyes.
A Montauglan , pour l'entrée de la haute forest,
Refuitte de sainct Germain.
Entre Sougnolles & Mery , dans le grand chemin.
Au Chesne de la trouuée.

HAVTE

HAVTE FOREST DE MONTMORENCY.

Pour courre à la haute foreſt de Montmorency. Le logement des chiens & Veneurs, à ſainct Prix. L'Aſſemblée,
au Chaſteau de la Chaſſe.

Queſtes.

Queſte. Au fond des Aulnois,   deux hommes.
Depuis la Croix blanche, iuſques aux eſtangs de
   la Chaſſe,   1. h.
Sur Domons,   1. h.
Sur Bonſemont,   1. h.
Sur Chauery,   1. h.
A la fontaine du Four,   1. h.
Sur Montubois, iuſques au Cheſne au Chat &
   Tauerny,   1. h.
Sur S. Leu, iuſques à la Croix de hautes Bruye-
   res & du chemin qui va à ſainct Prix, à la Croix
   de hautes Bruyeres,   1. h.
Vers ſainct Prix,   1. h.
Aux enuirons de la Croix Cailleux, iuſques à S.
   Pere,   2. h.
Depuis ſainct Pere, iuſques aux enuirons de la
   Chaſſe,   2. h.
Aux Moulineaux & ſur les eſtangs de Marſilly,
   deux hommes.

Relais.

Relais. Au cheſne Cailleux.
A la Croix blanche.
Aux eſtangs de la Chaſſe.
Au carrefour de la Poincte.
A la Croix de hautes bruyeres.

Z z

Au chefne au Chat.
A Beauchant.
A l'entrée de fainct Germain.

LA FOREST DE LIVRY.

Pour courre à Liury. Le logement des chiens & Veneurs,
à Liury. L'Affemblée au mefme lieu.

Queftes.

Quefte.	A la queuë d'Aunelle,	deux hommes.
	A la queuë de Villemonble.	4. h.
	Sur les Rincy, iufques à Clichy,	2. h.
	Depuis Clichy fur Crefne & Vauiour,	2. h.
	A l'Hermitage & les foffes de Labron,	2. h.
	Aux Codreaux,	2.h.
	Aux bois fainct Denys,	I. h.
	Aux bois fainct Martin,	2. h.
	A Ville-Parifis,	2. h.
	Aux bois d'Eguify,	2. h.
	A Montjay,	2.h.

Relais.

Relais.	A la Table.
	Sur les Rincy.
	Au moulin de Beaujour.
	Au bois fainct Denys.
	A l'Hermitage.

FOREST DE MOVCEAVX.

Pour courre à la foreft de Mouceaux. Le logement des
chiens & Veneurs, à fainct Iean des deux Iumeaux.
L'Affemblée, à Mouceaux.

Queſtes.

Queſte.	A Verdelot,	vn homme.
	Depuis la route de Mouceaux, iuſques à la route de Verdelot,	2. h.
	Depuis la route de Verdelot, iuſques à la route de ſainct Iean,	1. h.
	Depuis la route de ſainct Iean, iuſques à la route d'Armantiere,	2. h.
	Depuis la route d'Armantiere, iuſques à la route du Nuiſement,	2. h.
	Depuis le Nuiſement, iuſques à la route de Germigny,	2. h.
	Depuis la route de Germigny, iuſques à la route de Poincy,	2. h.
	Depuis la route de Poincy, iuſques à la route de Trilleport,	2. h.
	Depuis la route de Trilleport, iuſques à la route de Mouceaux,	2. h.
	Autour du carrefour,	1. h.

Relais.

Relais. Au carrefour.

A la route de Trilleport.

A la route d'Armantiere.

A la route du Nuiſement, nommée la petite route.

En Verdelot.

FOREST DE CRESSY.

Pour courre à la foreſt de Creſsy. Le logement des chiens & Veneurs, à Manſart, ou à la Ville-neufue. L'Aſſemblée, au cheſne Patu.

Questes.

Queste. Au bois de sainct Denys, iusques à Borneblanche, vn homme.

Aux bois du Iarrié & Irain,   1. h.

Depuis Borneblanche, iusques à la route herbuë, & la route de la Ville-neufue, & celle de Creuecœur,   2. h.

Depuis la route herbuë, iusques à Creuecœur, à la main droicte de la route, qui va de la Ville-neufue à Creuecœur,   2. h.

Depuis sainct Fiacre, iusques à la route de Man-sard à Creuecœur,   2. h.

Depuis la route de Creuecœur, iusques à la Croix Dandardenne,   2. h.

A la queuë de Lurigny,   1. h.

Aux bois de Maluoisine,   2. h.

Au bois de la Tournelle,   1. h.

Depuis la route de Mansart, à Neufmentiers, ius-ques aux routes de sainct Fiacre, & de la Ville-neufue à Creuecœur,   3. h.

Aux bois des Dames & Sutidens,   1. h.

Autour du Chesne Patu,   1. h.

Aux bois Bourguignon, & aux trois cens arpens, vn homme.

Sur le prez de la Ville-neufue,   1. h.

Relais.

Relais. A la Croix Dandardenne.

A la route de sainct Fiacre.

Au Chesne Patu.

A Borneblanche.

A l'entrée de Maluoisine.

A la route de Creuecœur.

Dans la Capitainerie de Senlis & ancien ressort sont les Forests de Chantilly & de Halatte, haute & basse Pommeraye, Pont-armé, les grandes Ventes, Queus, Dory, Vieury, bois de Chalys, des Rieux, de Lusarcke, bois Bon, Royaumont, & Bertinual, de Quoze, bois Bourdon, de Mouiere, & Char, les bois de Chalis, Darmenouuille, de Verboirets, Mont-l'oignon, Mont-l'Euesque, de Baron, Cornons, Mont-épillion, le haut Montet, bois de Rarets, le bois du Poirier, bois des Agens, le bois du Lieutenant, le bois Bonnart, le bois de Vin, le bois S. Michel, le bois de Cramoisy, bois de Merlou, & plusieurs autres petits bois, lesquels montent à la quantité de trente-mille arpens ou enuiron : Tous lesquels sont nommez ensuitte, & separez pour y aller en Queste, & où l'on peut connoistre les lieux où les Cerfs vont lors qu'ils sont chassez, pour y mettre les Relais.

FOREST DE CHANTILLY.

Le logement des chiens & Veneurs à la Chappelle ou Pont-armé : L'Assemblée à Chantilly.

Questes.

Queste. Sur Tiers le caré qui fait la grande route iusques au grand chemin, le long du ruisseau,   2. h.

Sur Pont-armé iusques au grand chemin tournant par la longue route,   2. h.

Sur Pont-armé la feuë Madame, & le long du ruisseau depuis le grand chemin, le long de la route, iusques à Montgresin,   2. h.

Depuis la route dudit Montgresin, le long de la longue route, iusques à la loge de Vierme qui est sur le ruisseau,   2. h.

Depuis la loge de Vierme, tout le long du ruisseau,

iufques fur la Morlaye,reuenant à la longuë rou-
te,& au chemin qui conduit à ladite loge, 1. h.
Depuis la porte de Chantilly , & bois Bourillon,
& les bois Sainct Denys,les Houis, le long de la
longue route de Montgrefin,   2. h.
Depuis la route de Montgrefin & le long de la lon-
gue route, iufques au chemin qui conduit à S.
Nicolas,   1. h.
Depuis le chemin de Sainct Nicolas , le long de la
Muette, iufques au chemin de Plailly ,reuénant
à la longue route,   1. h.
Le grand buiffon appellé les grandes Ventes , fe-
paré par vn ruiffeau de la Foreft de Chantilly,
appellé Pré harmé,   1.h.
A la queuë de la Chappellé iufques au chemin de
la Chappelle à Ouy,   1. h.
Depuis ledit chemin iufques au chemin d'Ouy à
Lufarche,   1.h.
Depuis le dit chemin,le bois Bonnet,Royaumont,
& Batinual,   2. h.
Au bois Bourdon, & bois Charlet,& de Moriene,
1. h.

Relais.

Relai.   Au Carrefour des routes.
A la loge de Vierme.
Aux Garennes & grand chemin de Paris.

Pour courre aux Buiffons circonuoifins,
comme Chaly.

Le logement des chiens & Veneurs à Armenouuille.
L'Affemblée audit lieu.

Queftes.

Quefte. Au bocquet Dammartin,   1.h.

Au bois Sainct Sulpice, & Armenouuille, 2.h.
A Mont-l'oignon, & fontaine, 1.h.
A Bor & Mont l'Euesque, & les bois de la Victoi-
re, 2.h.

Relais.

Relais. A la Croix Danleu.
A la butte des Gensd'armes.
Autre refuitte.
A l'entrée de Parte.
A l'entrée des bois de Nanteüil.

Buissons de la Pommeraye.

Questes.

Queste. Au bois Sainct Michel, vn homme.
Au bois de Merlou, 1.h.
Au bois de Cramoisy, 1.h.

Relais.

Relais. Aux Garennes de Lauersine.
A l'entrée de la Pommeraye, au bois Sainct Ro-
main, & les autres dans la Forest.

FOREST DE HALATTE, pres Senlis.

Le logement des chiens & Veneurs, à Fleuraine & Sainct
Christophe. L'Assemblée à Fleuraine.

Questes.

Queste. A la queuë au Renard, 3. hommes.
Aux enuirons de la Croix Franc-potel, iusqu'au
chemin de Villiers S.Framboult à Ponts. 2.h.

Depuis le chemin de Villiers ſainct Frambaoult,
　　iuſques au chemin qui vient de Ponts à ſainct
　　Chriſtofle, & iuſques au Pas ſainct Ryeule, vn
　　homme.
Depuis le Pas ſainct Ryeule, iuſques à Malgeneſt,
　　à la main gauche du chemin qui va de S. Ryeule
　　à Senlis,　　　　　　　　　　　　　　　2. h.
Depuis Malgeneſt, iuſques à Oignon,　　　1. h.
Au bois Paris,　　　　　　　　　　　　　1. h.
Depuis le chemin qui va depuis ſainct Ryeule, iuſ-
　　ques au chemin de Fleuraine à Senlis,　　2. h.
Depuis le chemin de Senlis, iuſques à la belle
　　Croix,　　　　　　　　　　　　　　　　1. h.
Au mont Aetas,　　　　　　　　　　　　2. h.
A la longue Vente,　　　　　　　　　　　1. h.
Depuis le mont Aetas, ſur Haultmont, du coſté
　　de Senlis,　　　　　　　　　　　　　　　1. h.
Depuis la longue Vente, iuſques à Malaſſis & la
　　Pommeraye, nommée le fonds du Cornet, 2. h.
Depuis le fonds du Cornet, iuſques à la Croix des
　　Veneurs & ſur Verneüil,　　　　　　　　2. h.
Depuis la Croix des Veneurs, iuſques ſur Beau-
　　repaire,　　　　　　　　　　　　　　　　1. h.
Au fonds du Sac, iuſques ſur Ponts,　　　　1. h.

Relais.

Relais.　A la belle Croix.
　　　　Au pas ſainct Ryeule.
　　　　Au poirier Botelot.
　　　　A la Croix des Veneurs.
　　　　A l'entrée de la haute Pommeraye.
　　　　Aux ſept freres.

　　　　　　　　　　　　　　　　　　FOREST

FOREST DE VILLIERS-COSTE-RETS.

Pour courre à la Forest de Villiers-coste-rets : le logement
des chiens & des Veneurs à Villiers-coste-rets.
L'Assemblée, au mesme lieu.

Questes.

Queste. A la fontaine de Sainct Laurent,	vn homme.	
Au four Robin,	1. h.	
A la fontaine aux Loups,	2. h.	
A la Serue,	2. h.	
A la Crapaudiere,	1. h.	
A la Fontaine Armand,	2. h.	
Depuis la Croix Sainct Georges iusques à la Croix de Dandeu.	4. h.	
Au Puys des Sarrazins,	2. h.	
Depuis le chemin d'Auuigny iusques au chemin de Villiers-coste-rets à Bour-fontaine,	2. h.	
Depuis le chemin de Bour-fontaine iusques au chemin de Bourfonne,	2. h.	

Autres Questes pour la mesme Forest.

L'Assemblée quand elle sera au Verfeüil.

Queste. Au bois du Quesnoy,	vn homme.	
Au bois des Eglises separé de la Forest,	3. h.	
A l'equippée de sainct Pierrelle,	1. h.	
Au tres-fond de Montgobert,	1. h.	
Au quartier de Pieuzeux iusques à Tres-fonds de Mongobert,	2. h.	
A la Chappelle Mantart,	1. h.	
Aux enuirons de Vauluaudrans,	1. h.	
A la Garenne de Valsery,	1. h.	

Aaa

Autre Canton pour courre à la mesme Forest.

L'Assemblée à Danleu.

Questes.

Queste. Aux ventes entre Danleu & Fleury,   2. hommes.
Au fonds Binart,   2. h.
Aux Montieux,   2. h.
Au clos de Long-pont,   2. h.
Au Chasteau aux Fées,   2. h.
A la belle Espine,   2. h.
A la fosse aux Damoiselles,   2. h.
Aux enuirons de saint Antoine,   2. h.
Depuis saint Antoine iusques à Silly,   2. h.
Aux ventes d'Aniauxmont,   1. h.
Depuis les ventes d'Aniauxmont iusques à la route de Daules, & à Villiers-coste-rets,   2. h.

Autre Canton pour courre à la mesme Forest.

L'Assemblée à Bourfontaine.

Questes.

Queste. Depuis Bourfontaine iusques à la Croix de Guseleux,   2. hommes.
Aux Prez des Concierges,   1. h.
A la Fontaine de Long-pont,   2. h.
Au gros bois de Boursonne,   2. h.
Aux ventes du Champ familier,   2. h.
Au Tres-fond Diuor,   4. h.
Au Tres-fond de Gaune,   1. h.
Au Tres-fond d'Ormoy,   1. h.
Au Buisson d'Ovaligny,   3. h.
Au Buisson du Tilloit vers Crespy,   4. h.

Relais pour courre à tous ces Cantons & Questes cy-des-
fus qui seront choisis selon les lieux où on lairra courre
le Cerf.
Relais. Au Carrefour de la Croix du sault du Cerf.
A la Croix du Rond la Reyne.

Resuitte pour aller vers la Forest de Compiegne.

A la Croix Morel.
A la Croix du faiste de Rets qui regarde la Haye
la Biche, la Forest de Rets est celle de Compie-
gne. Ces Relais cy-dessus sont placez le long
d'vne mesme Route.
A la Croix de Guize, au milieu de la Forest.
A là Croix de Danleu.
Ala Croix du haut Pierrie.
Au Carrefour de Meriziers.
A la Croix de Pizieux.
Aux estangs de la Ramée & de Long-pont.

Resuitte pour aller à Nanteüil.

A Claure.
Au Tillou.

FOREST DE COMPIEGNE.

Pour courre à la Forest de Compiegne. Le logement des
chiens & des Veneurs à la Croix saint Oüen. L'Assemblée à la Bresne, quand on veut courre aux enuirons de
la Bresne.

Questes.

Queste. Aux Marests Sainct Louys,   vn homme.
Aux Huguenots & les Bobées,   1. h.

Aux enuirons du Carrefour des Routes,   1. h.
Aux enuirons de sainct Cornille,   1. h.
A la Belle Image, & aux enuirons de Marplat-
     teaux,   1. h.
Aux enuirons des grés de Roussi & du Pont-
     Minet,   1. h.
Aux enuirons du Marest la Reyne,   1. h.
Depuis saint Iean, iusques au bois de Rapon,   2. h.
Aux Marests de l'Eschelle,   1. h.

Et quand vous ferez L'Assemblée à sainct Oüen.

A la belle Cuue,   1. h.
A la haute Cuue,   1. h.
Aux Arpens.   1. h.
A la vente du Vinaigrier,   1. h.
A la plaine aux Biches, & aux enuirons,   1. h.
A l'Epinoy,   1. h.
Aux prez neufs & vieux prez,   1. h.
Aux Cornets,   1. h.
Au Viuier Cors,   1 h.
Aux enuirons du Pré.   1. h.

     Et faisant l'Assemblée à sainct Cornille.

A Embergue, & aux enuirons,   2. h.
A la garde Boudrelot,   1. h.
Aux enuirons du Viuier frere Robert.   1. h.
A la Croix des sept morts,   1. h.
A la Croix de la belle Image,   1. h.
Aux enuirons de la Mare à cheual.   1. h.
A saint Estienne,   1. h.
Aux vsages de Morienual,   1. h.
Au petit Mont,   1. h.

Laiſſant courre dans le canton de S. Cornille.

Relais.

Relais. A la belle Image.
Au Cheual noir.
Aux Huguenots.
Au carrefour des routes.
Dedans la route du bois de Rupon.
A la Mare à Cheual.

Et quand vous ferez l'Aſſemblée à la Croix.

A la planchette de Bethiſy.
A la plaine aux Biches.
Au pont à l'Ange.
Au pont Minet.
Au Carrefour des routes.
Aux Scéguenaux.
Au Cheual noir.

FOREST DE MONTFORT.

Pour courre à la foreſt de Montfort. Le logement des
chiens & Veneurs, à ſainct Leger. L'Aſſemblée au meſme lieu.

Queſtes.

Queſte. Aux Foüilleux,   2. hommes.
A Bauſſart,   2. h.
A l'Eſtang neuf,   1. h.
Au pont à la Dame,   1. h.
Au gros Billot,   2. h.
Aux quatre Eſtres,   2. h.

A la Mare-ronde,	1.h.
Aux Mornées,	1.h.
A la Serquelafe,	2.h.
Au petit Champ,	1.h.
Aux Effartons,	2.h.
Au bois de Mayray,	1.h.
Au Plauiraux,	3.h.
A la fofse au Loup,	2.h.
A l'Epart,	2.h.
A la Quenoüillée,	2.h.
A la Vente au Moyne,	2.h.
Au petit Choifel,	2.h.
Au pré Ionon,	1.h.
Au pont Quentin,	2.h.
Aux Iouffieres,	1.h.
A Villepert,	2.h.
A Coupegorge,	2.h.
A la Renardiere,	2 h.

Laiffant courre vers le Parc, ou à la Serqueufe.

Relais.

Relais. La vieille Meute, au Gros-billot.
Aux Eftangs de Holande.
A Billette.
Au Moulin André de Pongny.
Au chefne Vaul-guion.
A la Croix au Veneur.
A l'Eftanchet.
A l'Eftang rompu.

TAILLES D'ESPERNON.

Pour courre aux Tailles d'Efpernon. Le logement des

chiens & Veneurs, à Poigné. L'Assemblée au mesme lieu,

Questes.

Queste. A la Folie,	1. homme.
A la Croix d'Esprit,	2.h.
A l'estang du Roy,	2 h.
Aux enuirons de Quipêreux,	2.h.
A la vallée des Grecs,	2.h.
A Pecqueuse,	2. h.
Au Pisote,	2. h.
Au Haut-planet,	1.h.
A la Houssine,	

Laissant courre vers Quipêreux.

Relais.

Relais la *Vieille Meute*, A la Croix d'Esprit.
A l'estang du Roy.
A l'Entrée des bois de Gazeran, vers la Pomme-raye.
Vers la Croix au Veneur.
Au Gros-Billot.
A Villepert.

PREAVX.

Pour courre à Preaux. Le logement des chiens & Veneurs, à Ronquerolle. L'Assemblée à Ronquerolle, ou à sainct Iacques.

Questes.

Queste. A Preaux,	3. hommes.
A la Houssée & le Mont à l'Ecache,	2.h.

Depuis Robinet, iufques au chemin de Ronque-
 rolle,   1. h.
Depuis le chemin de Ronquerolle à Dernetal,
 & le fond de Mont-faucon, iufques à la Ta-
 ble,   2. h.
A Mont-faucon & au bois de Monfieur fainct
 Iacques,   2. h.
Depuis la Caue du Roulle & Susbourdeny, iuf-
 ques au bois Dauid,   2. h.
Au bois Dauid & au parc Longuet,   2. h.
Au Marnieres, iufques au beau Quefne,   2. h.
Aux bois du Neuf-bourg,   2. h.
Allentour du Beau-lieu,   2. h.
Aux bois fainĉte Catherine,   2. h.

Laiffant courre à Preaux.

Relais.

Relais, la vieille Meute, A Robinet.
 Au grand chemin de Ronquerolle à Dernetal.
 A Mont-faucon.
 A la Table.
 Aü parc Longuet.

Laiffant courre vers le bois d'Eunebour, ou du Neuf-
 bourg.

Relais.

Relais, la vieille Meute, Au parc Longuet.
 Au bois fainĉte Catherine.
 A Beau-lieu.
 A la Table.
 A Mont-faucon.
 A Robinet.

ROV-

ROVVRAY.

Pour courre au Rouuray. Le logement des chiens & Veneurs, à Leſſart. L'Aſſemblée au meſme lieu.

Queſtes.

Queſte. A Madrillet,   2. hommes.
    Depuis Madrillet, iuſques à la Mare d'Oiſel,
    2. hommes.
    Depuis la Mare d'Oiſel, iuſques au Val au Pre-
    ſtre,   2. h.
    Depuis le Val au Preſtre, iuſques ſur le Catelier,
    2. hommes.
    Sur les Rochers, iuſques au nouueau Monde, 2.h.
    Depuis le nouueau Monde à Moulineaux, iuſ-
    qu'au chemin de Couronne, au nouueau Mon-
    de,   3.h.
    Entre le chemin de Couronne & celuy de Leſſart,
    au nouueau Monde, & le chemin de Leſſart, à
    Couronné,   2.h.
    Depuis le chemin de Leſſart à Couronne, iuſ-
    qu'au premier Val,   2.h.
    Sur le petit Couronne, iuſqu'au dernier Val,
    deux hommes.
    Sur Cueully,   2. h.

Laiſſant courre à Madrillet.

Relais.

Relais, la vieille Meute, A la Mare de Riſel.
    Au gras Meriſier.
    Entre les deux Vaux.
    Au gros Cheſne.

Bbb

Entre Leſſart & le nouueau Monde.
Au Mont à la Queure.

FOREST DV PONT DE LARCHE.

Pour courre à la foreſt du Pont de Larche. Le logement des chiens & des Veneurs, au Vaudreuil, L'Aſſemblée au Cheſne, iuſqu'au Meuſnier.

Queſtes.

Queſte. Depuis la vallée d'Incaruille & du Mont au Gueret, iuſqu'aux Mollieres & la vallée de Maigremont,   trois hommes.

Depuis la vallée de Maigremont, ſur le chemin
d'icelle, & le chemin de l'Ormiere, iuſqu'à la
vallée de la Croix,   2.h.

Depuis le fonds de la vallée de Maigremont, iuſques à la Mare Chalendrin, & le chemin du
Perré,   2.h.

Depuis la vallée & fonds d'Inquaruille, iuſqu'au
fourneau à chaux, & à la main droite du chemin qui va aux Mollieres,   2.h.

Depuis le fourneau à chaux de la vallée d'Inquaruille, iuſques ſur Toſte,   2.h.

Sur Toſte & à la Cramponniere, & la Mare-courante,   2. h.

Depuis la Mare-courante, iuſques à la Mare aux
Eſcouſles,   1. h.

Depuis la Mare aux Eſcouſles & le fonds de la
vallée de Maigremont, iuſqu'au chemin de
Louuiers,   2.h.

Sur la vente des foſſez, iuſqu'à la Fleur-de-lys. 1.h.

Depuis le chemin du Perré & le chemin de Louuiers, iuſques à la Mare Blaroleuſe,   1.h.

Depuis la vallée de la Croix & le chemin de Louuiers, iufqu'à la mare feche,   2. h.

Depuis la mare Garoleufe & le chemin de Louuiers, iufqu'à la mare au Cerf,   2. h.

A la Boiffiere & la mare d'entre les deux gardes,
deux hommes.

Depuis le commencement de la vallée de la Croix,
& haut de faint Cire, iufqu'au chemin de la
mare du Cocq,   -   2. h.

Depuis le chemin de la mare du Cocq, qui va au
chemin de Louuiers, iufques au fonds de Val-
longue,   2. h.

Depuis le chemin de la route & le chemin du Pont-
de-l'Arche, iufqu'au Val la Rouë & le chemin
de Tofte,   2. h.

Depuis le fonds de Craillomene & les champs,
iufqu'à la Blanche-voye, à reuenir au Chefne
Ferré,   2. h.

Depuis le haut du Valoigne & le chemin du
Chefne Ferré, iufqu'au chemin du Pont-de-
l'Arche,   2. h.

Depuis le chemin de la voye blanche, qui va au
Pont-de-l'Arche, iufques fur l'Erroy & les Dan-
ces aux Dames,   2. h.

Depuis le chemin de la voye blanche, qui va au
Chefne Ferré & les Bruflins, iufqu'au Pont-de-
l'Arche,   2. h.

Depuis le Val de la Rouë, iufqu'au chemin de
Tofte & fur Boiniers,   2. h.

Depuis le chemin de Tofte, iufques fur la Corbil-
liere & au chemin de la route du Becquet, 2. h.

Depuis le chemin de la route du Becquet & le
chemin du Tofte, iufques fur Bon-parc. deux
hommes.

Au fief Manffelle, iufques à Criquebeuf,   2. h.
Autour du Val de Seille,   1. h.

380

Au fief du Parc & fur le Becquet,　　　2. h.
Depuis le Becquet, iufques au bout du Pays,
　　2. hommes.
Aux bois de faint Cire,　　　1. h.

Relais.

Relais. Au fonds de la vall ée de Maigremont.
　　A la Croifette.
　　Au chemin de la Tofte.
　　Au fief Manfelle.
　　Au fourneau à chaux de la vallée d'Inquaruille.
　　Au fourneau à chaux de la Follie.

FOREST DV NEVF-BOVRG.

Pour courre à la foreft du Neuf-bourg. Le logement des chiens & Veneurs au Neuf-bourg. L'Affemblée au mefme lieu.

Queftes.

Quefte. Aux tailles de la Maifon-rouge,　　　1. homme.
Depuis le gros Heftre, iufqu à Illet.　　　1. h.
A la creufe mare, depuis le gros Heftre, iufqu'aux
　　Taillis-hardy,　　　1. h.
Aux Taillis-hardy,　　　1. h.
Aux Taillis fainct Nicolas, depuis le chemin de
　　fainlte Vaubourg, à Roüen.　　　2. h.
Sur le fourneau, iufqu'à la carriere de la Neufville
　　du Bocq,　　　1. h.
A la baffe foreft, depuis la carriere de la Neufville
　　du Bocq, iufqu'au Buot,　　　1. h.
Depuis le Buot, iufqu'à la caue de la Neufville à la
　　Haye,　　　2. h.

Depuis ladite caue, iufques au Moulin-à vent,
1. homme.
Depuis le Moulin-à-vent, iufques aux Iumeaux,
1. homme.
Aux Iumeaux & Vieille-buche, iufqu'à la Taille-
Hardy, 1. h.
Au Val-Efme, 1. h.
Au Mont-Maillé, 1. h.
Au petit Parc, 2. h.

Relais.

Relais. A la Perufette,
Au Moulin-à-vent.
Au Beau-Quefne,
Au haut Coudray.

Autre Refuitte.

A l'entrée de Montfortfur-Ifle.
Au parc du Becq.

Autre Refuitte.

A l'entrée de la foreft de Beaumont.
Au chemin de Bernay.

FOREST DE BEAVMONT LE ROGER.

Pour courre à la foreft de Beaumont. Le logement des
chiens & Veneurs, à Beaumont. L'Affemblée au Val
Marin, quand l'on courre à la petite Garde.

Queftes.

Quefte. Depuis le chemin Chaffeur, iufques au chemin
Bbb iij

de la Colliniere, à Lauráille,　　　　2. hommes.
Depuis le chemin de la Colliniere à Lauraille,
iufqu'au chemin de Bernay, où eſt la Belle-
branche,　　　　2.h.
Depuis le chemin de la Belle-branche, iufqu'à la
Vente des Gentils-hommes & le chefne de la
table aux Sergens,　　　　2.h.
Depuis la table aux Sergens, iufqu'à la haye l'Ab-
bé & le clos Gilles,　　　　2.h.
Depuis la Vente aux Gentils-hommes, iufqu'à S.
Marc & bois de Cerquigny,　　　　3.h.
Depuis la Vente au Preſtre, iufques à S. Marc &
petite Vallée.　　　　1.h.
Depuis la grande Vallée & le Chefne fainct Eu-
ſtache, iufqu'au chemin du Chaſſeur & le Val
Bon-cœur,　　　　2 h.

Les Buiſſons détachez de la Foreſt.

Queſtes.

Queſte. Au parc de Plâne,　　　　3. hommes.
A Courſelle,　　　　1.h.
A Maniéval,　　　　1.h.
Aux bois de Fontaine-l'Abbé, iufqu'à Quaren-
tonne,　　　　1.h.
A Maubuiſſon,　　　　1. h.
A faint Brie,　　　　2. h.
A Fontaine la foreſt,　　　　2.h.

Si on laiſſe courre à ces buiſſons détachez.

Relais.

Relais. *La Vieille Meute.* A l'entrée de la foreſt de Beaumont, Haye la Bec.

Refuite du Neuf-bourg.

Au bois de Fontaine l'Abbé.
Au chemin de Bernay.
Au chemin Chaſſeur.
Au chemin Broquet.
A Vallot la Chappelle.

GRANDE GARDE DE LA FOREST
de Beaumont.

Pour courre à la grande Garde de la foreſt de Beaumont.
Le logement des chiens & des Veneurs, à la grande
Garde. L'Aſſemblée au meſme lieu.

Queſtes.

Queſte. Depuis les Terriers, iuſqu'au chemin qui va à la
  Ferriere, & iuſques au chemin qui vient au mou-
  lin à papier,   3. hommes.
  Depuis le chemin qui va à la Ferriere, à main droite, iuſqu'au buiſſon Broquet & grande vallée du
  Val S. Martin,   3. h.
  Depuis le chemin Broquet, iuſqu'au chemin qui
  vient de Groſle à Bernay & au fonds du grand
  Eſſart,   2. h.
  Depuis le chemin de Groſle à Bernay, & le chemin
  de la Ferriere, iuſques au chemin des quatre coſtes, & le chemin qui deſcend du Vallot la Chappelle, au fonds des quatre coſtes, 2. h.
  Depuis le chemin qui deſcend du Vallot la Chappelle, au fonds des quatre coſtes, iuſqu'au chemin de Groſle à Goutiere,   1. h.
  Depuis le chemin qui vient de Groſle à Goutiere, à

main droite du chemin de Ferriere , iufqu'à la
Iuaumiere & Hermeres,   3.h.

Depuis les quatre coftes & le chemin qui va de
Grofle à Goutiere, iufqu'à la Hargerie Picot, &
les champs de Goutiere,   2.h.

Depuis le chemin de Bernay à Grofle, à main gauche , & du chemin de la Ferriere, venant de Beaumont, & le Vallot de la Chappelle ; iufqu'au foffé Pantaleon ,   2.h.

Au foffé du Four , depuis le chemin qui vient
de Beaumont , iufqu'au chemin de Bernay à
Grofle,   1. h.

Depuis le chemin qui va de Grofle à la Hermeres , iufqu'au bout de Gramont , & la vente des
Grés ,   1. h.

Relais.

Relais. Pour ce pays cy-deffus , comme ceux de la foreft
de Beaumont.

BOIS D'ACQVIGNY.

Pour courre au bois d'Acquigny. Le logement des chiens
& des Veneurs, à Acquigny. L'Affemblée au mefme
lieu.

Queftes.

Quefte. Au Chafteau Robert, iufques fur Quembrement
& iufqu'au chemin du Neuf-bourg,   1.h.

Depuis le chemin du Neuf-bourg, iufques au chemin d'Ingremare ,   1. h.

Depuis le chemin d'Ingremare , iufqu'au Champ
Iacques,

Iacques,   vn homme.
Au bois de Fecamp.   1.h.
A la Taſſe, iuſques au chemin du Neuf-bourg,
    deux hommes.
Depuis le chemin du Neuf-bourg, iuſqu'à Bec-
    dal,   2.h.
Depuis le chemin qui deſcend à Becdal, iuſques
    au Meſnil Iourdain & bois du Rouuray, deux
    hommes.
A la coſte à la Violette, iuſques au chemin du
    fourneau,   2.h.
Depuis le chemin du fourneau, iuſqu'à la hayc le
    Comte,   2.h.
        Si on laiſſe courre au Vongoſſe.

Relais.

Relais, la vieille Meute, A Becdal.
        Aü cheſne ſainct Nicolas.
        Au Vongoſſe.
        A la haye le Comte.
        A ſainct Lubin.
        Au fourneau à chaux de Louuiers.

FOREST DE ROSNY.

Pour courre à la foreſt de Roſny. Le logement des chiens
    & des Veneurs, à Bonniere. L'Aſſemblée, à la Tuil-
    lerie.

Queſtes.

Queſte. Au beau Noyer & bois de Buron, deux hommes.
        A la Freſnaye & le clos de Nonnain, iuſqu'à la val-
        lée aux Ernes,   2.h.
                            Ccc

Depuis la vallée aux Ernes, iufqu'aux trois freres
des Vaux de Herdor & chemin de Rofny, au
chefne des Houllettes,   2.h.

Depuis le chemin de Rofny, au chefne des Houllettes, iufques au chemin de Rofny, à la Tuillerie, nommée les vieilles foffes,   2.h.

Depuis le chemin de Rofny à la Tuillerie & Val
de Poiffée, iufques au Val de Mimbour,   2.h.

Depuis le Vaux Mimbour, iufqu'au gros Heftre,
deux hommes.

Depuis le gros Heftre, iufqu'à la maifon Rafy,
nommé la cofte Chaumié,   2.h.

Depuis la maifon Rafy, iufqu'à la mare de laBour-
re, qui eft au bord de la grande route,   1.h.

Depuis la mare de la Bourre, iufqu'au chefne faint
Nicolas,   2.h.

Depuis le chefne faint Nicolas, iufqu'au chefne
des Houllettes,   2.h.

Depuis le chefne de faint Nicolas, iufqu'au defert,   1.h.

Depuis le defert, iufqu'au chefne des Houllettes,
& les Ventes des Buttes,   1.h.

A la petite touffe d'Apremont,   1.h.

En Gallice,   2.h.

A la Houffaye,   1.h.

A la Fontenelle, iufqu'au bois du debat,   3.h.

Relais.

De quelque part que l'on laiffe courre.

Relais, la vieille Meute, Au chefne des Houllettes.
Au gros Heftre.
Au petit Heftre, lieu nommé la Croix Qui-
gnet.

Au Vaux Mimbour.
Au chesne saincte Barbe.

Refuitte de la Roche-Guyon.

Relais.

Relais. En Gallice.
A l'entrée de la Roche-Guyon, sur le haut de la
coste.

FOREST DE BAVVE.

Pour courre à la forest de Bauue. Le logement des chiens
& des Veneurs, à Costenchy en l'Estrée. L'Assemblée à
l'Estrée.

Questes.

Queste. Au Paraclin,	vn homme.
Dans la forest,	4. h.
Au bois de l'Estrée,	1. h.
Au bois du Roy,	1. h.
Au bois du Preu,	1. h.
Au bois des Celestins,	1. h.
Au bois de Iumelle,	2. h.
Au Cantibault,	3 h.
A la Fallaize,	2. h.

Si on laisse courre à la Fallaize, ou au Cantibault.

Relais.

Relais, la vieille Meute, A Iumelle.
Au Cantibault, pour le retour.
A l'entrée de la forest.

Ccc ij

Au bois du Roy.
Au bois de Preu pour le retour.
Au grand chemin de Coſtenchy à Amiens.

MEMBROLLE & VARENNE, & autres Buiſſons prochains.

Pour courre à Membrolle, &c. Le logement des chiens & des Veneurs, à Membrolle. L'Aſſemblée à Cha-rainuille.

Queſtes.

Queſte. Au buiſſon de la Membrolle,	2. hommes.
Au buiſſon de la Vate,	2.h.
Au buiſſon de ſainct Roch,	2.h.
A Beaufort & à Challes,	1.h.
A Montpertuy,	1.h.
A Polle,	2.h.
Aux buiſſons de la Charmoye.	2.h.
Au buiſſon du bois Bigot & du Rouzeau,	2.h.

Si on laiſſe courre à la Membrolle.

Relais.

Relais. La vieille Meute. Au bois Bigot.

Si on laiſſe courre à la Vare.

Relais. La vieille Meute à ſainct Roch, autrement dit la foſſe aux Loups.
Au bois Gaſtet, à la Croix.
A la Pierre Monteputain.
Des Poulaillers à la Croix.

Refuittes aux buiffons de Polly.

Relais. Au buiffon de Beaufour.
　　　A la Sedeliere de la Motte.

Buiffons de Marmontier, de Melle, & le Pleffis-Regnault

Pour courre à Marmontier, &c. Le logement des chiens
& Veneurs, à Monuoye. L'Affemblée au mefme lieu.

Queftes.

Quefte. Au bois de Marmontier,　　　　　2. hommes.
　　　Aux buiffons de Mefle,　　　　　　1. h.
　　　Au buiffon de Beuurié,　　　　　　2. h.
　　　Au Pleffis Regnault, & au buiffon d'Eftaché, 3. h.
　　　Aux buiffons de Ialienge,　　　　　1. h.
　　　Au Chaftene, à la Foreft Blier, & au clos Clous,
　　　　4. hommes.
　　　Aux buiffons de Rougeolle,　　　　2. h.
　　　Aux buiffons de l'Archeuefque,　　　2. h.

Si on laiffe courre à Marmontier.

Relais.

Relais, *La vieille Meute.* Au Pleffis Regnault.
　　　Au grand Chaftenay prés Mormées.
　　　A la Foreft Blier.
　　　Aux buiffons de Rougeolle.
　　　A Beuurié.
　　　A Nozilly, & fe faut mettre entre la butte & le
　　　　village dudit Nozilly.

Refuittes.

Relais. A Flecteaux au Chasteignier.
A l'Abbaye de Flecteaux en Gastine.
Au grand Estang de Flecteau.

FOREST DE LA MOTTE.

Pour courre à la Forest de la Motte. Le logement des chiens & des Veneurs à Embuillou. L'Assemblée à sain-cte Christine.

Questes.

Queste. Aux Parcs de la Motte & la Grenoüillere,	2.h.
Au Parc de la Rochedain & Brenetain,	2.h.
A la Fresnaye & à la Branche,	1.h.
Au Lâga & buissons de Landes,	1.h.
Aux quatre freres & au Brosson,	1.h.
A la Sedilliere, & au Parc aux bœufs,	2.h.
A la Herouniere, au Zonnebry, & à la Boesdrie,	2.h.
A la Pottiminiere, & au beau fort,	2.h.
Aux buissons de Tuanne & de Houport, & aux buissons de Belleuille,	2.h.

Relais.

De quelque part que l'on laisse courre, il faut mettre la vieille Meute au gros Houst.
Relais. Sur la chaussée du grand Estang de la Rochedain.
A l'Estang de la Dame, autrement dit la Çabanne.
A l'Estang de Chosse.

Refuitte.

Relais. A la barriere des Parcs de Champ-Chevrier, autrement Bremande.
Au Chesne de Belliart.
A la Croix des Poullaillers.

Autre Refuitte.

Relais. A la Croix du bois Gautier.
A la Pierre de Monte-putain.
Entre la haye & la queuë de l'Estang de Tourne-Lune.

FOREST DE VAVIOVR.

Pour courre à la Forest de Vaujour : le logement des chiens & des Veneurs à Chaleau. L'Assemblée à Vaujour.

Questes.

Queste. Au Parc de la Caue,   vn homme.
Au Montsion, & au fort de Chosse,   1.h.
A l'Essart, iusques à Rugebecq, & la Franchise,   1.h.
A Mons & à Landoulle,   2.h.
Sur l'Estang du bois,   1.h.
A Rouge-becq,   2.h.
Au buisson de la Nonnain, & à la vieille Heronniere, iusques aux six freres,   2.h.
Depuis la riuiere au Duc, iusques au buisson de Perrouze,   1.h.
A la Braudiere,   1.h.

LA HAVTE FOREST DE VAVIOVR.

Queſte. Au Parc aux vaches,   vn homme.
   A la Laudelle & au buiſſon de la Iuſtice, 1.h.
   Sur ſainct Nicolas,   1. h.
   Aux vieilles ventes,   4.h.

Relais.

Relais. Aux ſix freres.
   A la Raucer au Duc.
   A l'Eſtang à la queuë de Choſſe.
   A la foſſe aux Loups qui ſeruira à l'entrée desParcs
    de Champ-cheurier, & de Bramande.
   A la Roche Dain ſur la chauſſée du grand Eſtang.
   A gros Dou.
   Au gros Cheſne du Belliart.

Le Roy eſtant logé à Vaujour.

Pour courre à Clerté : le Logement des chiens & Veneurs
 à Broche. L'Aſſemblée ſur les Gaſteaux.

Queſtes.

Queſte. Aux Paſtis,   2.h.
   A Buronniere & à Boëſſera, 2.h.
   Au Limbe & Huppe-loup,   2.h.
   Au bois de la Curée,   4.h.
   Aux Tuilleries,   2. h.
   A la grande & petite vacherie & Bouliniere, 2.h.
   Au buiſſon des Touches,   1.h.
   A Mere,   1. h.
   Au bois de Menars,   1.h.
           Relais

Questes.

De quelque part que l'on laisse courre, la vieille Meute à Huppe-Loup dedans le grand chemin qui va de Vaujour à saint Pater.

Relais. A gros Dou.

A la Feruere entre Neullié & Houssay.

Au bois de l'Imbertier.

A la barriere des Parcs Champ-chevrier, autrement Brebande.

Au grand Estang de la Rochedain.

A Zuelambert, il faut mettre les cheuaux à la gallerie de Vaujour.

Aux six freres.

A la queuë de l'Estang de Chaussay.

CHAMP-CHEVRIER.

Pour courre dedans les Parcs de Champ-chevrier. Le logement des chiens & des Veneurs à Embillou. L'Assemblée au Billard.

Questes.

Queste. Au grand Poirier iusques à l'Estang du grand Imeray, 2. hommes.

Depuis la Barriere iusques au petit Imeray allant au Cormier d'Embillou, 2. h.

Alentour de la cabane, iusques à l'Hermitage, prenant le long du bois Painet, 3. h.

Au Boullavrier derriere le Bellart, 2. h.

A la Belleiere & Sinctiere, 2. h.

Au Buisson de Toucherie, & au buisson au Loup, 2. hommes.

Ddd

A Creuille, & au buisson de la barriere prés
    Cleré,   2. h.
A la Fresnaye & la branche, & au Viuier des
    Landes,   2. h.
Au Lagua & au buisson des Landes,   1. h.
Aux quatre freres d'Enbrosson,   2. h.

Relais.

Si on laisse courre dedans les Parcs de Champ-chevrier.

Relais, *la vieille Meute*, A la queuë de l'Estang de Bre-
    mande.
    A l'estang de la Dame.
    A l'estang de la queuë de Chauffay.

Refuitte.

Aux six freres.
A Grosdou.
Au bois Gaultier à la Croix.
A la Croix des Poulaillers.
Au gros chesne du billart.
A Creuille.
A la haute Gruë.
A la Pierre Monteputain.

LVYNE.

Pour courre à Luyne en Digoy. Le logement des chiens
    & des Veneurs à Saint Estienne de Maillé. L'Assemblée
    à Lornay.

Questes.

Queste. Depuis le Parc de Maillé, iusques au grand che-
    min qui vient de la Croix des Poullaillers, iusques
    à Pont-Clous,   2. hommes.

Depuis le Parc de Maillé, iusques au Parc des
    cheuaux,   2.h.
Sur saint Estienne,   2.h.
Au fonds de Daudigny, iusques au Parc aux
    cheuaux,   2.h.
Au buisson de Champ-Iory,   1.h.
Au buisson de Lornay, iusques à la Chappelle, 1.h.
Depuis le buisson de Lornay, iusques au Pont
    Clous, à la main droiſte, à venir de Maillé,
    nommé le grand & petit Aunay,   2.h.
Au bois Gautier & aux hayes rouges,   3.h.
Au bois du Gué,   1.h.
Au buisson de la Toucherie, & au buisson au
    Loup,   1.h.
Au buisson de saint Mars,   2 h.
Au buisson de la Parcoire,   1.h.

Relais.

Si on laisse courre dans le fond Daudigny ou S. Estienne.

Relais, *La vieille Meute*. A la pierre Monte-putain, ou bien
 au grand chemin qui va au Parc aux cheuaux, à sainſt
Mars de la Pille.

Refuitte.

A saint Mars.
Au vaux Bruneau.
A la vallée Marion.

Autre Refuitte.

A la Croix des Poullaillers.
Au gros Chesne du Billart.
A la queuë de l'Estang de Bremande.
D d d ij

Autre Refuitte.

A la Croix Bois-Gautier.
A Grosdou.

FOREST DE CHANSY.

Pour courre à la forest de Chansy. Le logement des chiens
& Veneurs, à Chansy. L'Assemblée à Rugny.

Questes.

Queste. A la forest de Chansy,　　　　　　　2. hommes.
　　　　Aux bois qui sont sur la Valliez,　　　　2. h.
　　　　Au buisson de l'Espine & de Nazile, à ladite fo-
　　　　　rest de Chansy,　　　　　　　　　2. h.
　　　　A Fontaines les blanches,　　　　　　　2. h.
　　　　A la forest bellier & le Clos bous,　　　1. h.
　　　　Au buisson du Vré & la Caligniere,　　　2. h.
　　　　Au buisson de l'Archeuesque & la Boissonniere,
　　　　vn homme.

Relais.

Si on laisse courre à la forest cy-dessus, ou au buisson
　　　　　　　de l'Espine.

Relais, la vieille Meute, Dedans le grand chemin, qui va de
　　　　Rugny à Amboise, prés ladite forest.
　　　　Aux Blanches.
　　　　A l'entrée de Corneau.
　　　　A Herbault.
　　　　A la Coüarde.

Autre Refuitte.

A la forest Bellier.

Au bois Rocolle.
A la sortie du bois de Rougeolle.

BVISSONS DE SAINT LAVRENS
en Gastine.

Pour courre aux buissons de saint Laurens en Gastine.
Le logement des chiens & des Veneurs, à Noisilly.
L'Assemblée, à la Brosse.

Questes.

Queste. Au buisson de Noisilly,	2. hommes.
Au buisson du bois du Roy, & le Roy-boit,	2. h.
Au bois Rouiolle,	1. h.
Au Rond-buisson & Boullignere,	2. h.
A la Ferriere & à la Houlée,	2. h.
A la Brosse & au Plessis-Macé,	2. h.
A la Gibaudiere & aux Herces,	2. h.
A la Penissiere & Boiselin,	2. h.
Au bois Gelin,	1. h.
Au bois du Guy,	1. h.

Relais.

Si on laisse courre à Noisilly, qui est le plus prés.

Relais. La Vieille Meute. A la Thuillerie du Cheruison, ou
à la Chappelle.
A la Ferriere.
A la Houlée.

Autre Refuitte.

Au Carroy Tout luy faut.

Ddd iij

A la Penisiere.
A l'Estang du Qué.

Autre Refuitte.

Aux bois Rongely.
A la forest Blier.

FOREST DE GASTINE.
& de Montoire.

Pour courre à la forest de Gastine & de Montoire. Le logement des chiens & des Veneurs , à saint George.
L'Assemblée , à la Court en Gastine.

Questes.

Queste. Aux enuirons de la Court en Gastine , 2. hommes.
　　　　Depuis le bois de la Sottiere , iusqu'aux Brosses &
　　　　　buissons de Moriuaux ,　　　　　　　2. h.
　　　　Au parc de la Poissonniere ,　　　　　　2. h.
　　　　Au buisson Vigneau ,　　　　　　　　1. h.
　　　　A la forest de Montoire & à la Charmoye,　3. h.
　　　　Au buisson des Foys du Prince ,　　　　4. h.
　　　　Au buisson de la Gruë ,　　　　　　　1. h.

Relais.

Si on laisse courre à la forest de Gastine.

Relais. La Vieille Meute. Au moulin de Vaul-tourneaux.
A Noisilly.

Autre Refuitte.

Aux bois de la Bride.

Aux Eſtangs de la Broſſe.
Au Carrefour Tout-luy faut.
Au bout de la Houlée, à venir du coſté de Pierre-
maiſon, de Monſieur de la Bloüée.
Sur l'eſtang de la Court en Gaſtine.

FOREST D'AMBOISE.

Pour courre à la foreſt d'Amboiſe. Le logement des chiens
& des Veneurs, à ſaint Martin. L'Aſſemblée, à la Croix
de Monſieur le Maiſtre, ou au Paradis.

Queſtes.

Queſte. Au buiſſon de la Bordeſſiere & iuſqu'au cheſne
Corbin,   3. hommes.
Depuis le cheſne Corbin, iuſqu'aux Eſtangs de
Dourdan,   3. h.
Depuis l'Eſtang de Dourdan, iuſqu'au grand che-
min de Bleré à Amboiſe,   2. h.
Depuis le grand chemin de Bleré, iuſqu'à la Croix
de Monſieur le Maiſtre,   2. h.
Au buiſſon des Arpentis,   2. h.
Au bois de Pindre,   2. h.
Au buiſſon de deſſus Chenonſeaux,   2. h.
Aux trois Coſteaux,   4. h.
Depuis la Croix de Monſieur le Maiſtre, iuſqu'aux
Eſtangs Iumeaux,   2. h.

Relais.

Relais. La *vieille Meute.* A la Croix de Monſieur le Mai-
ſtre.
Aux Eſtangs des Iumeaux.
Au grand chemin d'Amboiſe, à Bleré.

400

Aux Eftangs de Dourdan.
Au chefne Corbin.
Sur les trois Cofteaux.
Au bois de Pindré.
Au grand chemin, qui va des Arpentis à Montri-
chard.

PARC DE CHAMBORT.

Pour courre au parc de Chambort & aux buiffons voifins.
Le logement des chiens & Veneurs, à Chambort. L'Affemblée au mefme lieu.

Queſtes.

Queſte. Au Periou,		deux hommes.
A la Plante au Loup,		1. h.
A Maurepas,		1. h.
A la Motte,		1. h.
Au Bouchet,		1. h.
A la Guillaumiere,		1. h.
Aux Chamoifeux & Montrieu,		2. h.
Au Ruant & Vente de la Chauffée,		2. h.
Au vieil Parc,		2. h.
Autour de Coullongne & Pied-plan,		2. h.
Au Telliarge,		2. h.
A la Vente aux Charbonniers,		1. h.
A la Motte & au Marets bourbeux,		2. h.
A la Varie & marche bourbeufe,		2. h.

Laiffant courre au vieil Parc.

Relais.

Relais. La vieille Meute. A l'Eftang neuf.
Dans le parc aux Tauernettes.

A la

A la Plante au Loup,
A Mont-franc.
A Boulogne.
Au détroit de Mont, pour la foreſt de Ruſy.

FOREST D'ANDIGNY,
proche Maillé.

Pour courre à la foreſt d'Andigny, prés Maillé. Le logement des chiens & des Veneurs, à S. Eſtienne de Maillé.
L'Aſſemblée, à Lozné.

Queſtes.

Queſte. Depuis le parc de Maillé, iuſqu'au grand chemin
    qui vient de la Croix des Poullaillers, iuſqu'au
    parc Cloüet,   deux hommes.
Depuis le parc de Maillé, iuſqu'au parc aux Che-
    uaux,   2. h.
Sur ſaint Eſtienne,   2. h.
Au fonds d'Andigny, iuſqu'au parc aux Cheuaux,
2. hommes.
Au buiſſon de Champiory,   1. h.
Au buiſſon de Lorne, iuſqu'à la Chappelle,   1. h.
Depuis le buiſſon de Lorne, iuſqu'au pont Cloüet,
    à la main droicte, venant de Maillé, nommé le
    grand & petit Aulne,   2. h.
Au bois Gaultier & aux Hayes Rouges,   3. h.
Au bois du Quay,   1. h.
Au buiſſon de la Toucherie & buiſſon au Loup,
    vn homme,
Au buiſſon de ſaint Mars,   2. h.
Au buiſſon de la Parquoire,   1. h.

Relais.

Si on laisse courre dans le fonds d'Andigny, ou
　　sainct Estienne.

Relais. La vieille Meute. A la Pierre Monte-putain, ou au
　　grand chemin, qui passe aux Cheuaux à sainct
　　Marode la Pille.
　　A sainct Mars.
　　Au Vaux Bruneau.
　　A la vallée Marion.

Autre Refuitte.

A la Croix des Poullaillers.
A la Croix du Belliart.
A la queuë de l'Estang de Bremande.

Autre Refuitte.

A la Croix du bois Gaultier.
A Gros-dou.

FOREST DE LA MOLLIERE,
en Poictou.

Pour courre à la forest de la Molliere. Le logement des
chiens & des Veneurs, à Amboirie. l'Assemblée à la
belle Croix, ou au beau Chesne.

Questes.

Queste. Aux deffenses & aux bois de la Cour, trois hom-
　　mes.

Sur la Serin, iufques aux eftangs de Charraffe,
  deux hommes.
A la Touche le Comte,   2.h.
Aux Genefts du Roy,   2.h.
Au marché plat & au Goulet,   4.h.
Sur le haut de Boirié,   2.h.
Dans le parc des Coffes, le parc Bertin, & le parc
  de Villiers,   4.h.
A la garenne du Fou,   4.h.
A la borne des bois, iufqu'à la maifon Broffe,
  deux hommes.

Relais.

Si on laiffe courre, à la Touche le Comte.

Relais, la vieille Meute, A la belle Croix.
       A la foffe au Loup.
       A la maifon Broft.
       A la Touche le Comte.
       Aux Gaches des Loges.
       A Marche-platte.
       Au gros Chefne.
       Sur le haut de Boirié.

FOREST DE CLERY.
prés Boifgency.

Pour courre à Clery. Le logement des chiens & des Veneurs, à Four le Potier. L'Affemblée, à Ioüy.

Queftes.

Quefte. Au bois de Meziere,   trois hommes.
       Au bois de Ville-faice & autres bois attenans,
         2. hommes.

Au bois de l'Emerillon & de la Borde, 2.h.
Au bois de Sendre & de Penly, iusqu'au grand
    chemin des bois de Geufy à Lucé, 2.h.
Depuis le chemin du bois de Genfy à Lude, iufques
    au bout du Peré, 2. h.
Aux bois d'Ardon la Beftille & de Lude, 4. h.

Relais.

Si on laiffe courre à Mefiere.

Relais, la vieille Meute. A l'eftang de la Boulle.
    A l'entrée de la Ferté faint Aubin.
    Aux Effars, prés Ioüy.
    A l'eftang de Charenton.
    Aux bois aux Moynes.
    A l'entrée de la Ferté aux Oignons.

FOREST D'ORLEANS, du cofté de Loury.

Pour courre à la foreft d'Orleans, du cofté de Loury. Le
    logement des chiens & Veneurs, à Loury. L'Affemblée
    à la queuë de l'eftang de Rauoir.

Queftes.

Quefte, Au Bouchet, iufqu'au chefne Chappon & la Fon-
    taine falée, 2.h.
    Aux Fleurs-de-lys, iufqu'au chemin de Montar-
    gis, à Ozoiyrs, 2.h.
    Depuis le chemin de Montargis à Ozoiyrs, au-
    tour du Champ-montoye, iufqu'au chefne au
    Chappon & Marches-Bichart, 3.h.
    A la Fontenelle, 2.h.
    A Brouffillon & Crocadet, 2.h.
    A Chape en bois & la Rembliere,

Au haut de Chambault & au parc,   2.h.
Sur les estangs de Rauoir, à la main droite, sur le
chemin d'Ozoiyrs, en allant de Lory à la Bonde-
l'estang,   3.h.
A la main gauche de l'estang, du costé du Bouchet,   3.h.

Relais.

Relais. La Vieille Meute. A la Fontenelle.
Relais. Les six chiens. Aux estangs de Rauoir.
Relais. Pour le retour. A Rauoir,
       A la plaine au Cerf, ou au chesne Lean Gault.

Refuite de la Buffiere.

Au haut de Chambault.
Aux terres de la grande Sergente.

FOREST D'ORLEANS, du costé de Cercottes.

Pour courre à la forest d'Orleans, du costé de Cercottes.
 Le logement des chiens & des Veneurs, à Cercottes.
 L'Assemblée au mesme lieu, ou à Pommiers.

Questes.

Queste. Au Feüillard,   deux hommes.
       Depuis le Feüillard, iusques au paué de Chartres,
       cinq hommes.
       Depuis le paué de Chartres & le parc de Cercot-
       tes, à Orleans,   2.h.
       A Iupeau & Mallevaunie,   2.h.
       Aux ventes des Guiblées,   4.h.
       Aux ventes doubles, iusques à la Laye,   2.h.
       Depuis la Laye, iusques au chesne au Loup,   3.h.
                                    E e e iij

Relais.

Laiſſant courre vers Pommiers.

Relais. *La vieille Meute.* Au chemin de Cercottes à Orleans.
Si on laiſſe courre aux Guyblées.
Relais, la vieille Meute. Au chemin de ſainct Dié ou ſainct
Lié, nommé le chemin au Loup.
A Chanteau nommé les Eſtangs de Bonniers.
A Ember.
Dans le chemin de ſainct Dié, prés le village de
ſainct Dié.
Au paué de Chartres.

FOREST DE CLAIRAMBAVLT.

Pour courre à la Foreſt de Clairambault. Le logement des
chiens & des Veneurs à Gette. L'Aſſemblée à Clairambault.

Queſtes.

Queſte. A la foreſt de Clairambault, deux hommes.
A Lepo, 4.h.
Au bois de la Garenne, 2.h.
Au bois de Lire & de la Foucaudiere, 2.h.
A la Foreſt du Parc, 2.h.
Au Droulliet, 1.h.
Aux Deſſaicts, 1.h.
A la Rombardiere, 1.h.
Aux Arderes & au Faculiarde, 2.h.
Aux buiſſons de la Tanniere, 1.h.
Aux buiſſons des Landes Facuris prés Belle-fon-
taine, 2.h.
Au Cheſne Corbec & à la Rablais, 2.h.

Relais.

Laiſſant courre à Clairambault & à Lepo.

Relais, *la vieille Meute.* Aux Blottieres.
Les ſix chiens. Au Moulin Ralion.
A la Rombardiere.
Au Cheſne Corbet.

Refuitte de Chollet.

Relais. A la Croix au Chat.
Laiſſant courre aux Arderes.
A la Croix de la Varenne.
A l'Eſpinette.
Laiſſant courre au Soucaudiere.
Relais double, *ou* 2. A l'Eſtang de Tilly.

CHOLLET.

Laiſſant courre à Chollet. Le logement des chiens & des
Veneurs dans Chollet. L'Aſſemblée à ſainct Legier.

Queſtes.

Queſte. Dans Chollet, 4. hommes.
Dans Mortaigne & les deffauts, 4. h.

Relais.

Laiſſant courre dans Mortaigne ou dans Chollet.

Relais, *la vieille Meute* A l'Eſpinette.
Relais, *les ſix chiens.* A l'Eſtang de la petite tiere.

A l'Eſtang des Nous à l'entrée de Berlambert.
Dans la grande Challiere.
A la ſortie de Berlambert pour aller à Mont-lé-
vrier.

FOREST DE LA CHAPPELLE-LIEN,
& Buiſſons voiſins.

Laiſſant courre à la Foreſt de là Chappelle-lien , & aux
buiſſons d'alentour. Le logement des chiens & des Veneurs eſtant à la Poicteuiniere. L'Aſſemblée doit eſtre
à la Guiche.

Il ne faut mener que la vieille Meute à l'Aſſemblée , & ſeparer les Relais dés la Poicteuiniere.

Relais , la vieille Meute. A Griagniolet.
　　A la Croix de la Dame.
　　Dans le chemin qui va de la Poicteuiniere à Cha-
　　ſteau-Breand , à vn endroit qui ſe nomme la Ma-
　　re du Rozay.
　　A l'entrée du vieil Reau, à la Chamaye ronde.

Pour le retour.

Vn vieil Relais. A la Noue-Prionet.

Laiſſant courre à la Poicteuiniere.
Relais , vieille Meute. A la Cheſnaye ronde.
Relais , les ſix chiens. A l'Eſtang des vieux Reaux.
　　A la Nouë de Prionet.
Relais volant A la Mare du Rozay dans le grand chemin du
　　Chaſteau-Breand à la Poicteuiniere.
　　A la Croix la Dame.

Laiſſant

Laiſſant courre à vieux Reau.

Relais. *La Vieille Meute*. A l'entrée de Scaffray.
Relais, *les ſix chiens*. A l'Eſtang neuf de Scaffray.
    Au bois vert.
    Au Pont Chollet.
    A l'Eſtang de vieux Reau pour le retour de Scaf-
fray.

FOREST DE LA GVERCHE.

Pour courre à la Foreſt de la Guerche. Le logemeut des
chiens & des Veneurs à Chelun ou à Rance. L'Aſſemblée à l'Abbaye, dans la foreſt.

Queſtes.

Queſte. Aux tailles de Landigny,   deux hommes.
    Aux tailles de l'Abbaye,   2. h.
    Sur l'Eſtang de Roche,   3. h.
    Au bois de Saint Aignan,   4. h.
    Aux tailles de Bouchetail, & és enuirons.   3. h.

Relais.

Laiſſant courre aux bois de Saint Aignan.

Relais, *La Vieille Meute*. A l'entrée de la Guerche qui ſe
tient aux tailles de Landigny.
Relais, *les ſix chiens*. Au grand chemin de Chelun.
    A l'Eſtang de Roche.
    A Bonetail.

Laiſſant courre à la Foreſt, faut mettre la vieille Meute
dans le grand chemin de Chelun, les autres Relais,
comme cy-deſſus, & pour le Retour, vn Relais dans le
grand chemin de Chelun, & vn autre aux tailles de
Landigny.

FOREST DV TEIL.

Pour courre à la foreſt du Teil. Le logement des chiens
& des Veneurs au Teil. L'Aſſemblée à Champigny.

Queſtes.

Queſte. Au bois de ſaincte Chriſtine,   2.h.
    A la main droicte du chemin du Teil à Champi-
      gny,   3.h.
    A la main gauche du chemin du Teil à Champigny,
      iuſques à la Fuſte prés le Teil,   2.h.
    Depuis la Fuſte prés du Teil, iuſques au bout du
      pays, tirant vers le chemin du Teil à la Guer-
      che,   3.h.

Relais.

Relais, *la vieille Meute.* A l'entrée de la Foreſt de la Guer-
    che qui ſe tient au Bonetail.
    Dans le pays.
    Au Moulin à vent dans la Lande, entre la Foreſt
      du Teil, & la Foreſt de la Guerche.
    A l'Eſtang de Roche.
    Au grand chemin de Chelun.

FOREST DV SELIER, 3. lieuës de Nantes.

Pour courre à la Forest du Selier. Le logement des chiens & des Veneurs à Mauue. L'Assemblée à la Paigerie.

Questes.

Queste. A la basse Forest, iusques à la Fontaine carrée,	trois hommes.
Depuis la Fontaine-carrée, iusques à la Paigerie,	1. h.
Aux Sionnieres,	2. h.
A la main droicte du grand chemin de Mauue à la Paigerie, iusques à la Fontaine-carrée,	2. h.
A la Funerie,	1. h.
A la main droicte du chemin de la Fontaine-carrée à la Paigerie, iusques au chemin Nantois,	3. hommes.
Aux Baujes d'Esguan de la petite Mestairie,	2. h.
A la Choupaudiere,	2. h.
A Rigollet & Beaucourre,	1. h.

Relais.

Relais. La vieille Meute. A la Fontaine-carrée.

A l'Estang Hersy.

Au chemin de Nantes prés les baujes des Mestairies.

A l'Estang de la Paigerie.

Pour le retour.

A la Fontaine-carrée.

Au Mortier des Landes.

LES LANDES, trois licuës de Renes.

Pour courre au bois des Landes, prés de Renes. Le logement des chiens & des Veneurs, au bourg de Laillé &
au bout de la Lande. L'Affemblée au mefme lieu.

Queftes.

Quefte. Au petit & grand Chalonge,	deux hommes.
Dans le grand pays,	4. h.
Au buiffon du bout des Landes,	1. h.
A Trainguet,	2. h.
Au bois fainct Iean,	2. h.
A la grand foreft,	2. h.
A la Reauté,	2. h.
Aux bois de Fontenay,	2. h.

Relais.

Relais, La vieille Meute. Aux cinq chefnes.
    Au chefne rond.
    A l'efpine de Mandan.
    A la Reauté.
    A Trainguet.
    A l'autre cofté du bois fainct Iean ; de l'autre
    cofté de la riuiere.

BVISSONS DE PAGVLLE
& du Temple.

Pour courre à la Pagulle & au Temple. Le logement des
chiens & des Veneurs, à la Pagulle. L'Affemblée, à la
Gaury.

Queſtes.

Queſté. Au bois d'Auinie,	2. hommes.
A la Hermonniere,	3. h.
A la Droüille,	2. h.
Au bois de Marigny,	2. h.

Relais.

Relais. *La vieille Meute.* Au cheſne de Lanleu.

Pour courre & aller à Moüils.

Au buiſſon de Marigny, au viuier Mquiere.
Au moulin de la Loy.
A l'entrée du Thiemoy.
A Liéuraut.
A l'entrée de la foreſt de Hery.
A l'eſtang neuf de la foreſt de Hery.

LA PAVGELLE.

Pour courre aux enuirons de la Paugelle. Le logement
des chiens & des Veneurs, à la Paugelle. L'Aſſemblée
au meſme lieu.

Queſtes.

Queſte. Aux bois de la Paugelle,	trois hommes.
Aux bois de Vigneux,	2. h.
Aux bois du Chaſtignier,	1. h.
Au bois de Triliere,	1. h.

Rel is.

Pour courre à la Paügelle.

Relais. La *vieille Meute.* A l'entrée du Thiemoy.
　　　A l'entrée du Liéuraut.
　　　A la Cheuauchée de Malleville.
　　　A l'espine de Hanselay.
　　　A l'entrée de la forest de Hery.
A l'estang neuf, dans la forest de Hery.

Relais.

Pour courre au Temple.

Relais. La *vieille Meute.* Au Themoy.
　　　A Malleville.
　　　A l'entrée de Moire.
　　　A la Paugelle.
　　　A la Croix de Chastillon.
　　　A l'entrée de la forest de Hery.

BVISSONS DE BLIA,
prés de Nantes.

Pour courre aux buissons de Blia. Le logement des chiens
& des Veneurs à Blia. L'Assemblée, au mesme lieu.

Questes.

Queste. A la Garenne d'Effe,　　　　　　　　vn homme.
　　　Au bois de Beaumont & au bois sainct Roch, 2.h.
　　　A Chastillon,　　　　　　　　　　　　　　1.h.
　　　Aux bois de Ganne & de la Violas,　　　　2.h.

A la Primas.   1. h.
Au Breuil ,   1. h.
Dans la Groulas ,   1. h.

Relais.

Relais. A l'entrée du Thiemoy.
A l'entrée de Hery , qui se tient à l'estang de Bon-
de-vel & au moulin de la Bosse de Lande.
A la Croix de Chastillon.
A l'entrée de la Grousse.
A l'entrée du Gaure.

Si on laisse courre dans Beaumont , ou à la garenne d'Effe.

Relais. Dans le chemin de Blin à Fresne , & qu'vn homme
se tienne dans vn moulin-à-vent , afin de voir si la
chasse va vers la Groule ; il faut que le relais s'a-
uance aupres de la Grafmas , afin de relayer , si le
Cerf vient par la Grosle & par Conyant.

PARTE , en Picardie.

Pour courre en Parte. Le logement des chiens & des Veneurs , en Parte. L'Assemblée au mesme lieu.

Questes.

Queste. Aux vzages de Veré , iusqu'au chemin de Renou-
uile à Paris ,   2. hommes.
Du chemin de Renouuille à Paris , iusqu'au chemin de la mare aux eauës & champs de Saint
Sulpice ,   2. hommes.
Depuis le chemin de la mare aux eauës , iusques
au chemin de Renouuille à la Croix neusue , &

de la Croix neufue à sainct Sulpice,   2.h.
Aux Delayes,   2.h.
Depuis l'eſtang de la Ramiere, iuſques au beau
    Carreau, & du chemin de la Croix neufue à S.
    Sulpice,   2.h.
Depuis le beau Carreau, iuſques au chemin de la
    Croix neufue à Charpon,   2.h.
A Haute-chaume & Congne-haye, Bocquet,
    Raux & bois Martin,   2.h.
Aux vieilles Aucelles & bois Cheualier, iuſqu'à
    la Croix neufue,   2.h.
Depuis la Croix neufue, iuſques aux bois de la
    Mazure.   2.h.
Aux bois de la Mazure, iuſqu'à la Croix de Dou-
    leur,   2.h.
Au bois de Boran & Mont-l'Eueſque,   2.h.
Aux bois de Fontaine,   1.h.
Aux bois de la Victoire,   1.h.
Aux bois de Ponteu,   1.h.
Aux bois de Mouſſy & bois de Dam-Martin,
    deux hommes.

Relais.

Relais, la vieille Meute, A Froid-vent.
    A saincte Marguerite.
    A l'entrée de Chantilly.
    A la belle Croix.
    Au Bocquet Roux.

FOREST DE CRVAVLT,
prés de Nantes.

Pour courre à Cruault. Le logement des chiens & des
Veneurs, à Cruault. L'Aſſemblée au meſme lieu.
            Queſtes.

Queſtes.

Queſte. Au grand Bauche, & au Fort la Molliere, vn
    homme.
    A la Houſſiere & Clogan,   1. h.
    Aux taillés de Verger,   1. h.
    Aux Cormieres, à la Pronotiere & la Challiere, 2. h.
    Au Crochet de la Coudre,   1. h.
    A la Brimbres & à la Charbonniere,   2. h.

Relais.

Pour courre aux buiſſons d'Oruault.

Relais. A Pierre-platte.
    Aux bois de Marigny.
    A l'entrée de Hery.
    A l'entrée du Tiemoy.
    A l'entrée de la Paguelle.

FOREST DE DVRTAL

Pour courre à la foreſt de Durtal. Le logement des chiens
& des Veneurs, à Durtal. L'Aſſemblée au meſme lieu.

Queſtes.

Queſte. Au grand Chalou,   2. h.
    Au petit Chalou,   1. h.
    Aux bois de Mene & autres petits buiſſons pro-
    ches,   3. h.
    Depuis le petit Chalou, iuſqu'à la Table, à la
    main gauche du chemin de Durtal à la Ta-
    ble,   2. h.
    Autour de l'eſtang des Landes, iuſqu'au chemin

de Lesigny à Montigny & au grand chemin de
Durtal à la Table,　　　　　　　　　　2. h.
Au Mineray , iusqu'à la Table,　　　　　　2. h.
Aux Blinettes,　　　　　　　　　　　1. h.
Sous Singé, iusqu'au chemin de Durtal à Riche-
bourg,　　　　　　　　　　　　　2. h.
Autour de l'Hermitage, iusqu'à l'estang de Lau-
neau,　　　　　　　　　　　　　2. h.
Aux Enclos, iusqu'à l'estang de Launeau,　1. h.
Au petit bois ,　　　　　　　　　　　2. h.

Relais.

Relais.　A la Table
A l'estang de la Contrechauffée.
A l'estang de Launeau.
A l'estang des Landes.

Pour le retour.

A la Table, ou à la Contrechauffée.

FOREST DE S. HYLAIRE,
pres Poictiers.

Pour courre à la forest de S. Hylaire.　Le logement des
chiens & des Veneurs à sainct Hylaire.　L'Assemblée,
au mesme lieu.

Questes.

Queste.　Depuis Beruge , iusqu'à la Touche de Rongers,
à main droite, venant de Beruge sur le Donjon,
quatre hommes.
Depuis Rongers & de la Touche à la Cassonne ,
iusques sur la Ferriere ,　　　　　　4. h.

Depuis la Touche à la Caſſonne & ſur la Toylly
   & le haut de Creſlier ,   3. h.
Depuis le Verger Marion , iuſques au grand chemin de Montreüil & Potiers , & ſur les Con-
   nillets ,   4. h.
Aux bois Viaux ,   1. h.
Au parc de Montreüil ,   1. h.
Depuis la Fuſtaye de l'Eſpine , iuſques aux trois
   pilliers ,   3. h.
Depuis le plan de l'Eſpine iuſques à Ruffiny ,
   trois hommes.

Relais.

Relais.   A la Touche de la Caſſonne.
       Au Verger Marion.
       Au haut de Voulie.
       Dans la Fuſtaye de Beruge.

Autre Reſuitte.

       Au cheſne Raliu.
       Au Plan de l'Epine.
       Du grand chemin des Eſſarts , à Ruffigny.

BASSE FOREST DE FOLAMBRAY,
en Picardie.

Pour courre à la foreſt de Folambray. Le logement des
   chiens & des Veneurs, à Breſy. L'Aſſemblée au meſme
   lieu.

Queſtes.

Queſte.   A Briquet & la Fortelle ,   2. hommes.
       Au clos Boüée & l'Eſpinoy ,   2. h.
       Au pré Aleu , & les abbatis de Villette , auec la

haute Monnoye,   2. h.
Au bois Bichancourt,   1. h.
Au bois sainct Paul & de Manican,   2. h.
Au Pantier & au bois de Feré,   2. h.
A Cheuremont & Haut-auanne & le roure, 2. h.
En Vignoy,   1. h.
Au bois de Montoy,   2. h.
En Bettemont & la vallée des Charniers,   2. h.

Relais.

Laissant courre vers Chevremont.

Relais, La Vieille Meute. Au puys des Montaignes,
Au moulin-à-vent de Roye.
Au Coniau.

Autre Resuitte.

EnBriquenet.
Aux Tables.

MOVRON, & aux enuirons.

Pour courre à l'Espinasse. Le logement des chiens & Veneurs, à Iuan. L'Assemblée au mesme lieu.

Questes.

Queste. A l'Espinasse, iusqu'au Goutier,   trois hommes.
Aux enuirons de la Crotte au Loup,   2. h.
Aux enuirons de l'abbreuuoy aux Biches, iusques
au Chef de la chausse du grand estang,   2. h.
Depuis le grand chemin de la Chausse du grand
estang, iusqu'au bout du pays de Debere haut-
te-riue,   3. h.

Relais.

Relais. Laiſſant courre à l'Eſpinaſſe, la vielle Meuté, au
    Chouquet.
    A la Crotte au Loup.
    A l'abbreuoy aux Biches.
    A ſainct Thibault, au grand chemin de la chauſſe
    du grand eſtang.
    Dans le chemin de ſainct Thibault, à Haute-aire,
    entre deux les eſtangs.
    Pour le retour, au Chouquet.

Buiſſons és enuirons de Bonniers le Chaſteau.

Pour courre aux buiſſons autour de Bonniers. Le logement
des chiens & des Veneurs, à Bonniers. L'Aſſemblée au
meſme lieu.

Queſtes.

Queſte. Au bois Ramier,   4. hommes.
    Au bois Challiot,   3. h.
    Au bois couſtumier,   2. h.
    Aux Charbonnieres,   1. h.
    Au bois de Voulliou,   6. h.
    Au Fomptiſault   4. h.
    A ſainct Geſſan le Chaume,   2. h.

Relais.

Laiſſant courre au bois Ramiers.

Relais, la vieille Meute. Au grand chemin de Bonieres à
    Pruniers.

Aux ventes de Chasteau-Roux.
Au Grauichon.
Aux trois freres.
A la Croix de Sallecut.
A l'Estang Cherau - benoist.

FOREST DE BONNIERS.

Pour courre à la Forest de Bonniers. Le logement des chiens & des Veneurs à sainct Aulbin. L'Assemblée au mesme lieu.

Questes.

Queste.　A Fomptisant,　　　　　quatre hommes.
　　　　　A sainct Iean des Chaumes ;　　2. h.
　　　　　A Chastin,　　　　　　2. h.
　　　　　Depuis la Croix des trois freres au Grauichon,
　　　　　　2. h.
　　　　　En Chevre,　　　　　3. h.
　　　　　En Chaillon,　　　　　2. h.
　　　　　Au bois coustumier ;　　2. h.
　　　　　Aux enuirons de la Tonnasse.　1. h.

Relais.

En quelque lieu que l'on laisse courre.

Relais.　*La Vieille Meute.* Au Grauichon.
　　　　　A la Croix des trois freres.
　　　　　A la Croix de Sallecut.
　　　　　A l'entrée du bois coustumier.
　　　　　Pour le retour, au Grauichon.

Le Roy eſtant à Bourges.

BVISSONS DE BRESY.

Pour courre aux buiſſons de Breſy. Le logement des chiens
& des Veneurs à Breſy. L'Aſſemblée à Bordeſſeau.

Queſtes.

Queſte. Depuis le Moulin à vent de Francheuille , iuſques
            à Rouſſelan,   2. h.
          Depuis Rouſſelan , iuſques au Cheſne au Loup,
          1. h.
          Depuis le Cheſne au Loup , iuſques au chemin de
            Bordeſſeau à Beaugy ,   2. h.
          Depuis le chemin de Bourdeſſeau à Beaugy , iuſ-
            ques aux mines , & le chemin Fauconnet, 2. h.
          Depuis Bourdeſſeau , iuſques au chemin de Fau-
            çonnet ,   2. h.
          Depuis les Mines , iuſques au Baiou,   2. h.
          Depuis le Briou iuſques au bois Gibaut,   2. h.
          Depuis le bois Gibaut iuſques au bout du pays
            deuers Sauigny ,   2. h.

Relais.

De quelque coſté que laiſſiez courre.

Relais, la vieille Meute. A Bordeſſeau.
Relais , les ſix chiens. A Soyée.
      Au Champ de l'Euangile.
      Au Cheſne au Loup.
      A la Garenne de Beaugy.

Pour courre à Soyée & à Brefy. L'Assemblée entre les deux à Sauigny. Le logement des chiens & des Veneurs à l'vn defdits lieux.

Queftes.

Queftes.	En Soyée,	4. hommes.
	Au bois de Croffé,	1. h.
	Au buiffon de Bourges,	2. h.

Laiffant courre à ces buiffons.

Relais.

Relais, la vieille Meute. A l'entrée de Brefy.
 Au Champ de l'Euefque.
 Dans Soyée.
 A Bordeffeau pour le retour.

BVISSONS DE PLAIN-PIED.

Pour courre aux buiffons de plain-pied. Le logement des chiens & des Veneurs au plain-pied. L'Assemblée au mefme lieu.

Queftes.

Queftes.	En Faittain,	deux hômmes.
	Depuis Faittain, iufques au chemin de Lifay,	2. h.
	Depuis le chemin de Lifay, iufques au bois vert,	3. h.
	Au bois vert,	1. h.
	Au bois Champbon,	2. h.
	En Soyée.	4. h.
	En Croffé,	

En Croffe, 2. h.
Au buiffon de Bourges, 2. h.

Relais.

Laiffant courre à Plain-pied.

Relais, la vieille Meute. Au chemin de Lifay.
A Bois-vert.
Autre Refuitte.
A l'entrée de Soyée.
Autre Refuitte.
A l'entrée de fainct Fleurant, ou au bois de fainct
Fleurant.

BVISSONS D'ALVYS ET DANGO.

Pour courre aux Buiffons d'Aluys & Dango. Le logement
des chiens & des Veneurs à Dango. L'Affemblée à
Aluys.

Queftes.

Quefte. Au buiffon d'Abris, 2. h.
A Dango, 2. h.
A heurte-Malle, 1. h.
A Sonné, 1. h.
Aux buiffons de Bonneual, 2. h.
A Rabeftan, 2. h.

Relais.

Laiffant courre vers Aluys.

Relais la vieille Meute. Au Pillery.
Relais, les fix chiens. A Pinperneau.

Hh h

Aux defpenfes de Sonné.
Au Moulin de fainct Cheré, ou à la Poterie.
Entre Beulou, & la Moutonniere.
Au coin du vieil Parc.

FOREST DE MALLES-HERBES.

Pour courre à Malles-herbes. Le logement des chiens &
des Veneurs à Malles-herbes. L'Affemblée au mefme
lieu.

Queftes.

Quefte.	A Vieux-vy,	2. h.
	A Chafteau-gay,	2. h.
	Au bois de Chafteau,	2. h.
	A Manche-court,	2. h.
	A Rumont,	2. h.
	A Rouuille,	2. h.

Relais.

Laifsant courre à Vieux-vy.

Relais, la vieille Meute. A Chafteau-gay.
     A Manche-court.
     A Toufson.
     A la Ferme des Champs.
     A Vieux-vy, pour le retour.

FOREST DE VILLEBON.

Pour courre à la Foreft de Villebon. Le logement des
chiens & des Veneurs, à Villebon. L'Affemblée au
mefme lieu.

Questes.

Queste.	A la Gastine,	2. h.
	A la grosse pierre,	2. h.
	A la Haye,	1. h.
	Aux Chastellieres,	2. h.
	Aux Yys,	1. h.
	Au bois des forts & la Brosse,	1. h.
	A la fustaye d'Iliers & Huliers,	2. h.

Relais.

Laissant courre à la Gastine. *La vieille Meute,* aux Chastelliers.

Refuitte.

Relais.	Au Moulin au carreau.
	Refuitte à Charronne,
	Au Chesne Mariette.
	Refuitte de Martigny.
	A l'entrée des bois des forts.
	A la Iustice de Mereglise.
	A l'Estang de la fonte,

FOREST DE PLOMIERE,
proche de Dijon.

Pour courre à la Forest de Plomiere. Le logement des chiens & des Veneurs, à Plomiere. L'Assemblée à la Fontaine de Bellegarde,

Questes.

Queste.	Au Chesne de haute Serue,	2 hommes.
	Aux Rondeaux,	2. h.

A la Ferme du milieu,　　　　　　　　　　　2. h.
Depuis la Fontaine de Bellegarde, iufques aux
　Rondeaux & la Ferme du milieu,　　　　2. h.
Sur le Mont de Courfelle, iufques à noftre-Dame
　de l'Eftang,　　　　　　　　　　　　2. h.

Relais.

Relais, *la vieille Meute*. Laiſſant courre au Chefne de
　Haulte-ferue, ou aux Rondeaux, ou à la Ferme du mi-
　lieu, ou à la maiftreffe Ferme aux Rondeaux.
　A la Fontaine de Bellegarde.
　Au Chefne de Haute-ferue.
　A Pagais.

Bois de Noftre-Dame de l'Eftang.

Pour courre aux bois de Noftre-Dame. Le logement des
　chiens & des Veneurs à Coulonge. L'Affemblée au mef-
　me lieu.

Queftes.

Quefte. A Noftre-Dame de l'Eftang,　　　3. hommes.
　A Suzard,　　　　　　　　　　　　　3. h.
　A Suzanne,　　　　　　　　　　　　3. h.

Relais.

Relais, *la vieille Meute*. A Suzanne.
　A Suzard,
　A Noftre-Dame de l'Eftang.
　A Pagais.
　A l'entrée de la Foreft d'Eftain & Bon.

LE PARC DE PONT ET POMPE'E,
pres Nogent sur-Seine.

Pour courre au parc de Pont & Pompée. Le logement des chiens & des Veneurs, à Marne. L'Assemblée au mesme lieu.

Questes.

Queste.	A Pompée,	trois hommes.
	Aux Brosses,	2. h.
	A Grosmont,	1. h.
	Au bois de la Muette,	1. h.
	A la haye d'Argenté & Ribouïlly,	2. h.
	A la Haye l'Abbesse, iusques aux murailles du parc,	2. h.
	A la Sermoise,	2. h.
	A la vente Sourson,	2. h.
	Au dessus de Salles, iusques au bois Fougeon, 2. hommes.	
	Aux bois des Salles,	1. h.
	En Fayette.	1. h.

Relais.

Laissant courre à Pompée.

Relais, la vieille Meute. Aux Brosses.
A Venbrenan, à la garenne, qui est la refuite de Vauluisan.
A l'entrée du parc de Pont, à la Haye d'argent.
Au haut de la fustaye du parc.
En Fayette.
Au carrefour des routes.

LA VERTE FOREST,
proche de Roüen.

Pour courre à la Verte foreſt. Le logement des chiens &
des Veneurs, à Maromme & Boudeuille. L'Aſſemblée à
la Bretaiche.

Queſtes.

Queſte. Sur la teſte de ſaint Geruais, iuſques à la Bretai-
che,   2. hommes.
A la haye coupée, iuſques au Vauton de bœuf,
  4. hommes.
Au parc de Neufuille,   2. h.
A la belle Image,   2. h.
Au Bocq au Moyne, & à la Vente à la pierre,
  2. hommes.
Au bois le Vicomte & au bois des Dames ſainct
  Amant,   2. h.
A la Ventelette,   2. h.
Au buiſſon de Tollez & bois de Montvelle, 2. h.
Au Val à Ribault & à la Ruandiere,   2. h.
Au gros Heſtre & Vollaſſoin, & la Coudrette,
  2. hommes.
A la voye blanche,   1. h.

Relais.

Relais. Aux Vaux tout de bœuf.
A la belle Eſpine.
A la belle Image.

Autre Reſuitte.

A l'entrée de Preau.

Au val à la femme.
Au val à Ribault.
Dans le chemin de Houppeville à la Bretaiche.

FOREST DE CHASTEAVROVX.

Pour courre à la forest de Chasteau- Roux. Le logement
des chiens & des Veneurs, à Chasteau-Roux, ou à Ar-
dente. L'Assemblée à Grandmont.

Questes.

Queste.	Au bois Simon,	quatre hommes.
	Au bois du Mayne,	2. h.
	A Lauroy,	2. h.
	Autour de l'estang de la Motte,	2. h.
	Autour de Grand-Mor,	2. h.
	A Rommesac,	2. h.
	Depuis Lonroy iusques au chemin de Clouy, deux hommes.	
	Dessus la Fenge.	2. h.

Relais.

Si on laisse courre dedans la forest.

Relais, La *vieille Meute.* Au chemin de Clouy.

Et si on laisse courre au bois Simon.

Relais. La *vieille Meute.* A l'estang de la Motte.
A Groongne.
Au bois Simon dedans le grand chemin de Clouy.
Pour le retour.
A l'estang de la Motte.

LES BVISSONS DE GIRONGNE.

Pour courre aux Buiſſons de Girongne. Le logement des chiens & des Veneurs, à Girongne. L'Aſſemblée à la maiſon du grand François.

Queſtes.

Queſte. Dans Girongne,   6. hommes.
    Au buiſſon du grand François,   2. h.
    Au buiſſon de Taupin,   2. h.
    Depuis Girongne, iuſques au chemin de Cloüy,
    quatre hommes.

Relais.

Relais. *La Vieille Meute.* A l'entrée de la foreſt.
    Au chemin de Cloüy.
    A l'eſtang de la Motte.
    A la maiſon du grand François.
    A la grande Eſie.

FOREST DE S. MAVR.

Pour courre à la foreſt de ſainct Maur. Le logement des chiens & des Veneurs à Colombiers. L'Aſſemblée à Bridagou.

Queſtes.

Queſte. A la foreſt de ſainct Maur,   ſix hommes.
    Au buiſſon de Iuan,   2. h.
    Au buiſſon de Merne,   3. h.
    Au buiſſon du grand François,   2. h.
                                               Au

Au bois du May,   2. h.

Queſtes.

Relais, Vieille Meute. A l'eſtang de la grande Effe.
   Aupres du May.
   A la maiſon du grand François.
   Dedans Herongne.
  Autre Relais, pour le retour, à la grande Effe.

Buiſſons & Foreſt de Montigny pres Beulon, pays Chartrain.

Pour courreà Montigny.   Le logement des chiens & des
 Veneurs, à Montigny.   L'Aſſemblée au meſme lieu.

Queſtes.

Queſte· A Beulon,   vn homme.
   A Equilly,   1. h.
   A Rabeſtan,   1. h.
   A la Moutonniere,   1. h.
   A la Cochardiere,   1. h.
   Aux Nids-- verts,   2. h.
   Au Deſur,   2. h.
   Au vieil parc, depuis le Gremier, iuſqu'au chemin
     de Montigny, à Fraze,   2. h.
  Depuis le chemin de Fraze, iuſqu'au chemin de la
     porte du parc,   2. h.
  Depuis le chemin de la porte de parc, iuſques aux
     eſtangs & à Nouiers,   2. h.
   Au petit parc,   3. h.
   A Meregliſe,   1. h.
   Au bois de Reuze,   1. h.
   Aux bois des Forts & Broſſe, vers Chanrou, 2. h.
   A la futaye d'Iliers & la Huilliere,   2. h.

I i i

Relais.

Laiſſant courre vers Beulon, ou Equilly.

Relais, *La vieille Meute*, Ala Montonniere.
Au coing du parc de Montigny.
Au grand pré.
A l'eſtang de la Fonte.

Autre Refuitte.

Laiſſant courre aux Nids-verds, ou au deſert.

Relais. *La vieille Meute*, Aux Grenes.

Deux Relais au grand pré, dont l'vn ſeruira pour le retour.

Aux eſtangs de la Fonte.
Derriere la ferme de Noyers.

Autre Refuitte, pour Tiron.

A la Ruze & à la Iuſtice de Mereglise.

LE BOIS BRETON, pres Marchenoir,
pres d'Orleans.

Pour courre au bois Breton. Le logement des chiens & des
Veneurs, à Houques. L'Aſſemblée, au meſme lieu.

Queſtes.

Queſte.　Au bois ſainct Georges & bois Breton,　　　1. h.
Depuis la vallée de Vauparfont, iuſques ſur l'étang
& parc de Ville-goublin,　　　　　　　2. h.

Au bois de Fay, touchant à Mogé,	2. h.
Au bois d'Espine,	1. h.
Au bois du Tartre,	1. h.
Aux Riuandieres & aux Tenieres,	2. h.
Au bois d'Escoman,	2. h.
Au bois de Vieux-vy & garenne de S. André,	3. h.
Au bois de Montau,	1. h.
Au bois de la Haye,	1. h.

Relais.

Laissant courre au bois Breton.

Relais, La vieille Meute.   A la vallée de Nonmolle.
A la Crouppe de la Chappelle.

Autre Refuitte, pour Messe.

Relais.   Au parc de la vallée neufue.
A la Guignardiere.
Aux estangs de Seruian.
Au moulin de Vieux-vy.

Autre Refuitte, pour Marché-noir.

Laissant courre vers l'Orge.

Relais.   *La vieille Meute,*   A la Croix Grelot.
A la Croix Pissier.
Au moulin de Vieux-vy.
Aux estangs d'Escoman.
Au carrefour des routes.

TABLE
DES FORESTS,
SELON LES PROVINCES,
qui se trouuent dans la Table suiuante, par ordre
Alphabetique.

GASTINOIS.

Fontaine-belleau.
Montigny.
Ville-bon.
La Ferté en Laye.
Mallesherbes.

BRIE.

Buissons de la Brie.
Liury.
Bois d'Aruaux
Buissons de Champagne.
Lusigny, pour courre au bois S. Martin.
Le bois Nostre-Dame & autres buissons.
Le Rond-buisson.
Gressy.
Le parc de Ponts.
Senart.
Sequigny.
Mouceaux.

NORMANDIE.

Verriere.
Mont-fort.
Versailles.
Taillis d'Espernon.
Croüy.
Sainct Germain en Laye.
Les Alluets.
Preau.
Rouuray.
Verte-forest.
Pont-de-l'Arche.
Du Neuf-bourg.
Beaumont le Roy.
Grande-Garde de la forest de Beaumont.
Bois d'Acquigny.
Rosny, pres la Roche-Guyon.
La Guerche.

PICARDIE.

Montmorency, haute forest.
Montmorency, basse forest.
Chantilly.
Hallatte.
Villiers-Coste-Rets.
Parte.
Folembray.
Compiegne.
Bauue, pres d'Amiens.

ORLEANOIS.

Orleans, forest du costé de Loury.
Orleans, forest du costé de Cercottes.
Clery.
Clairambault,
Aluy & Dango.
La Chappele, lieux & buissons voisins.
Montigny, pres Beulon.
Bois-Breton, pres Marché-noir.

TOVRAINE.

Membrolle & Varenne.
Marmontier.
La Motte.
Vaujour, haute forest.
Vaujour, basse forest.
Champ-Chevrier.
Luynes
Chanssy
Buissons de sainct Laurent, en Gastine.
Gastine & Montoire.
Amboise, forest.
Chambort, parc.
Dandigny, pres Maillé.

POITOV.

La Molliere.
Sainct Hylaire.
Bonniers le Chasteau.
Bonniers, forest.
Plain-pied.
Bressy.

BRETAGNE.

Du Sellier, forest pres Nantes.
Les Landes, pres Rennes.
La Paguelle & le Temple.
La Paugelle.
Du Teil.
Blia.
Cruault, pres Nantes.
Durtal, en Adiou.

BOVRGOGNE.

Mouron.
Plomiere.
Noftre-Dame de l'eftang.
Chafteau-Roux.
Girongne.
Sainct Maur.

TABLE
ALPHABETIQVE
DES FORESTS DE FRANCE,
CONTENVES EN CE LIVRE.

A

B.

Cercottes

TABLE ALPHABETIQVE.

C

D

E

LOVYS par la grace de Dieu, Roy de France & de Nauarre; A nos amez & feaux Conseillers les Gens tenans nos Cours de Parlement, Maistres des Requestes ordinaires de nostre Hostel, Baillifs, Seneschaux, Preuosts, leurs Lieutenans, & tous autres nos Iusticiers & Officiers qu'il appartiendra, Salut. Nostre amé & feal ROBERT DE SALNOVE, Seigneur dudit lieu, Conseiller & Maistre ordinaire de nostre Hostel, Lieutenant de la grande Loueterie de France, Gentil-homme ordinaire de nostre Venerie, Escuyer ordinaire de nostre tres-chere tante la Duchesse de Sauoye, & Gentil-homme ordinaire de sa Chambre, & de la Chambre de nostre Oncle le Duc de Sauoye; Nous a fait remonstrer qu'il a composé vn Liure intitulé: La Venerie Royale, diuisée en six traitez d'autant de Chasses differentes, de Cerf, de Lievre, de Cheureüil, de Loup, de Sanglier, & de Renard: Et vn Traicté particulier pour la differente maniere de chasser le Cerf en Piémont, le Dictionnaire des Chasseurs, l'instruction pour peupler les Forests de Bestes fauues & noires, & le dénombrement des Forests & grands Buissons de France, où sont marquez les Relais pour y chasser; qu'il desireroit faire imprimer, s'il nous plaisoit luy accorder nos Lettres à ce necessaires. A CES CAVSES nous auons permis & permettons audit Suppliant de faire imprimer par tel Imprimeur qu'il luy plaira, ledit Liure en telles marges & caracteres que bon luy semblera durant le temps & espace de neuf ans entiers & accomplis, à compter du iour qu'il sera acheué d'imprimer pour la prmiere fois. Faisons expresses inhibitiõs & deffenses à toutes personnes de quelque qualité & conditiõ qu'elles soient, d'imprimer ou faire imprimer ledit Liure, vendre, ny distribuer en aucun lieu

de noſtre Royaume, durant ledit téps, ſans le conſentemét
exprés dudit Expoſant, ſous pretexte d'augmentation, cor-
rection, ou autrement, en quelque ſorte & maniere que ce
ſoit, à peine de deux mil liures d'amande applicable, vn
tiers à Nous, vn tiers à l'Hoſtel-Dieu de noſtre ville de
Paris, & l'autre tiers à l'Imprimeur qui aura le conſente-
ment de l'Expoſant, confiſcation deſdits Liures, de tous
dépens, dommages & intereſts dudits Imprimeur; à condition qu'il ſera mis vn Exemplaire dudit Liure en noſtre Bi-
bliotheque publique, & vn autre en celle de noſtre tres-
cher & feal Cheualier, le ſieur Mollé, & Garde des Seaux
de France auant qne de le faire expoſer en vente; comme
auſſi à la charge de faire regiſtrer ces preſentes és regiſtres
des Libraires & Imprimeurs de noſtredite ville de Paris,
ſuiuant l'Arreſt de noſtre Cour de Parlement dudit lieu,
du 8. Avril 1653. à peine de nullité des Preſentes, du con-
tenu deſquelles nous voulons que vous faſſiez ioüyr l'Expoſant, & ceux qui aurout droict de luy, ſans ſouffrir qu'il
leur ſoit fait aucun empeſchement. VOVLONS auſſi qu'en
mettant au commencement ou à la fin dudit Liure vn Ex-
trait des preſentes, elles ſoient tenuës pour deuëment ſi-
gnifiées, & que foy y ſoit adiouſtée, & aux coppies colla-
tionnées par l'vn de nos amez & feaux Conſeillers & Secretaires, comme à l'Original. MANDONS au premier
noſtre Huiſſier, ou Sergent, ſur ce requis, de faire pour
l'execution des Preſentes tous exploits neceſſaires, ſans
demander autre permiſſion. CAR tel eſt noſtre plaiſir;
Nonobſtant Clameur de Haro, Chartre-Normande, &
autres Lettres à ce contraires. DONNE' à Paris le vingt-
ſeptiéme iour de Nouembre, l'an de grace mil ſix cens cin-
quante-quatre. Et de noſtre Regne le douziéme.

PAR LE ROY EN SON CONSEIL.

DV CHASTEL.

V.

Fin de la Table Alphabetique.

DICTIONNAIRE
DES
CHASSEVRS·
A

AGES ou difcernement des Cerfs,
ieune Cerf, Cerf de dix cors ieu-
nement, Cerf de dix cors , & vieil
Cerf.

Aages ou difcernement des Lievres, Levrauts, Lievres & Hazes.

Aages ou difcernement dés Chevreüils , Fans,
Chevrotins, ieune Chevreüil, vieil Chevreüil
& Chevrete.

Aages ou difcernement des Loups , Louveteaux ,
ieunes Loups , vieux Loups & Louves.

Aages ou difcernement dés beftes noires, Marcaf-
fins, beftes de Compagnie, Ragot, Sanglier en
fon tieran, Sanglier en fon quartan, vieil Sanglier miré & laye.

¶

Aage ou difcernement des Renards, Renardeaux, ieunes Renards, vieux Renards & Renardes.

Abois, tenir les abois ; c'eft quand la Befte s'arrefte & tient deuant les Chiens de laffitude, & n'en peut plus.

Derniers abois, c'eft quand la befte tombe morte ou outrée.

Abbatis, c'eft lors que les ieunes Loups vont & viennent aux lieux où ils font nourris, y faifant des petits chemins où ils abbatent l'herbe.

Abbatis, c'eft auffi quand les vieux Loups ont tué des beftes.

Accuts, ce font les bouts des forefts & des grands pays de bois.

Accoüer, c'eft quand le Veneur court vn Cerf qui eft fur fes fins, & le ioint pour luy donner le coup d'épée au defaut de l'épaule, ou luy couper le jarret.

Accourir le traict, c'eft le ployer à demy ou tout à fait pour retenir le limier.

Aiguilles, fil, lardons, c'eft ce que les Valets de Levriers pour Sanglier doiuent porter pour penfer les Levriers lors qu'ils font bleffez de leurs defenfes.

Aiguillons font fientes & fumées de beftes fauues qui ont vne pointe au bout.

Aller de bon temps, c'eft à dire qu'il y a peu de temps que la befte eft paffée.

Aller d'affeurance, c'eſt à dire que la beſte va au
pas le pied ſerré & ſans crainte.

Aller au gaignage, c'eſt à dire que la beſte fauue,
qui eſt le Cerf, Dain & Chevreüil, va dans les
grains pour y viander & manger: ce qui ſe dit
auſſi du Lievre.

Aller de hautes erres, c'eſt à dire qu'il y a ſept ou
huiƈt heures qu'vne beſte eſt paſſée.

Aller en queſte, c'eſt quand le valet de limier va
aux bois pour y deſtourner vne beſte auec ſon
limier.

Alleure, c'eſt le marcher des beſtes.

Allonger le traiƈt à vn limier, c'eſt le laiſſer dé-
ployé de ſon long.

Andoüillers, ce ſont les cheuilles qui ſortent des
perches ou du marain du Cerf, du Dain, & du
Chevreüil.

Anguichure, c'eſt l'écharpe où eſt attaché le cor
ou la trompe de Chaſſe.

Au liƈt, au liƈt chiens; c'eſt vn des termes dont on
vſe pour faire queſter les chiens lors que l'on
veut lancer vn Lievre.

B

BALLENGER, c'eſt quand vne beſte qui eſt
couruë & chaſſée des chiens courans, eſtant
laſſée, va vacillant en fuyant.

Ballancer, c'eſt auſſi quand vn limier ne tient pas

la voye iufte, ou qu'il va & vient à d'autres voyes.

Bans, licts des chiens.

Battre, fe fai re battre, c'eft quand vne befte fe fait chaffer long-temps dans vn canton de pays.

Baftons de Chaffe, ce font ceux que l'on porte quand on va courre.

Baffets, ce font chiens pour aller en terre.

Battre l'eau, c'eft quand vne befte eft dans l'eau, alors on doit dire aux chiens, *Il bat l'eau.*

Bauge, c'eft le lieu où les beftes noires fe couchent & demeurent le iour.

Beau chaffeur, c'eft vn chien qui crie bien dans la voye, & retourne volontiers toufiours la queüe fur les reins.

Biches, femelles des Cerfs; elles font leurs Fans en Auril & May.

Bien iuger des alleures, c'eft voir quand la befte met fes pieds dans vne mefme diftance.

Bien cheuillé, c'eft quand il y a beaucoup d'andoüillers à la tefte d'vn Cerf, d'vn Dain & d'vn Chevreüil.

Bon Cognoiffeur, c'eft vn Veneur qui a toutes les cognoiffances des beftes dont ie traitte.

Bon Picqueur, c'eft quand vn Veneur eft bon Cognoiffeur, homme de iugement & experimenté à faire chaffer les chiens courans.

Bondir, faire bondir, c'eft dire qu'vn Cerf, vn Dain, vn Chevreüil fait partie de la repofée d'autres beftes fauues.

Botte, c'eſt le collier du limier dont on le meine
 aux bois.

Bouquiner, c'eſt quand vn lievre eſt en amour, qu'il
 tient vne haze.

Boutis, ce ſont les lieux où les beſtes noires foüillent.

Boutoy, c'eſt le bout du nez des beſtes noires.

Bouzards, ce ſont fientes de Cerf qui ſont molles
 en forme de bouzées de vache, dont elles ont
 pris ce nom, & qu'on nomme fumées.

Boyau, franc boyau, c'eſt le gros boyau où paſſent
 les viandes du Cerf, que l'on met auec les menus
 droits.

Boyau, grand boyau de Loup & de Louue; ſert à
 la colique tant aux hommes qu'aux femmes,
 eſtant preparé, comme vous le verrez au chapitre des proprietez du Loup. *Premier chapitre de*
 la Chaſſe du Loup, page 253.

Bricolles, ce ſont filets faits de petites cordes pour
 prendre les grandes beſtes, qui ſont en forme
 de bourſes.

Briſer bas, c'eſt rompre des branches, & les jetter
 par où a paſſé la beſte, que nous appellons ſur les
 voyes.

Briſer haut, c'eſt rompre les branches à demy, à
 la hauteur de l'homme, & les laiſſer pendre au
 tronc de l'arbre.

Fauſſes Briſées, c'eſt quand l'on met des morceaux
 de papier arrachez à des branches ſur les voyes

d'vne befte pour les ofter apres, & tromper fon
compagnon; comme vous le verrez au traicté
pour Cerf. *Chap. 43. pag. 141.*
Broffer & percer dans le fort, c'eft courre auec les
cheuaux dans le bois.
Brunir, c'eft quand le Cerf, le Dain, & le Chevreüil fait changer de couleur à fa tefte, qui de
blanche qu'elle eftoit, apres en auoir ofté la
peau veluë qui la couuroit, la fait venir rouge,
grife, & de couleur brune, felon les terres où il
la frote, comme vous verrez au chapitre du
traicté pour Cerf qui en parle. *Chap. 5. p. 22.*

C

CERVAISON, c'eft quand vn Cerf eft gras
& en venaifon.
Chandelier, porter le chandelier, c'eft quand le
haut de la tefte d'vn vieil Cerf (que nous appellons empaumure) eft large & creufe; c'eft ce qui
fe peut dire, mais non pas en vrais termes.
Charbonnieres, terres glaifes & rouges, ce font les
lieux où les Cerfs, les Dains & les Chevreüils,
vont froter leurs teftes apres auoir touché au
bois, ce que nous appellons brunir, & en prennent la couleur.
Chaftier, c'eft donner de la houffine à vn chien
lors qu'il eft en faute.
Chaffer de gueule, c'eft laiffer crier & abboyer vn

limier, lors qu'on le laiſſe courre : car le matin il doit eſtre ſecret & ne dire mot, pour ne pas donner de l'effroy, & lancer la beſte.

Chenil, c'eſt le logement des chiens courans.

Cheuilles, ſont Andoüillers qui ſortent des perches de la teſte du Cerf, du Dain & du Cheureüil.

Chevreüil, beſte fauue.

Chevrette, c'eſt la femelle du Chevreüil, ils ſe gardent fidelité tant qu'ils viuent. On n'eſt pas obligé quand on les a deſtourné, en faiſant le rapport, d'en faire le diſcernement.

Chiens de chaſſe.

Eſpeces de Chiens pour chaſſer.

Mâtins pour le vautret.

Chiens corneaux, ſont chiens qui ſont engendrez de chiens courans & de mâtines, ou de mâtins & de lyces courantes.

CHIENS COVRANS. Les chiens courans doiuent auoir toutes les qualitez dont i'ay parlé à vn chapitre particulier du traicté pour Cerf. *Chapitre 14. page 41.*

Les Levriers.

Ces chiens doiuent auoir les qualitez que i'ay dites aux chapitres dans les traittez pour Loup

& Sanglier, *Chap. 6. du Loup, p. 274.* Le discernement comme il ensuit.

Levriers pour courre le Lievre.

Levriers pour courre le Loup & le Sanglier.

Levriers de flancs, pour courre les mesmes bestes.

Levriers de teste, pour courre & arrester les mesmes bestes.

Les lyces ouuertes, tant courantes que levrettes,
doiuent estre taillées comme ie l'ay dit dans le
traicté pour Cerf, pour Loup & Sanglier, &
comme il les falloit faire couurir par des chiens
pour estre de bonne race, & en proportionner
la taille. *Chap. 15. pour Cerf pag. 43. Chap. 6.
pour Loup, page 374.*

Les bons poils sont pour estre asseurément bons,
blancs noirs, quatroüillez de blanc ; rouges, d'vn
rouge de feu, ou quatroüillez de noir ; gris, d'vn
gris vif, non eslaué, qui est vn signe de peu de
force, comme à tous les autres poils.

Chiens blancs : Ils ne sont pas propres à mettre à
la main, & en faire des limiers, parce qu'ils apprehendent les gelées & rosées froides du
matin.

Chiens de change, sont ceux qui maintiennent &
gardent le change de la beste qui leur a esté
donnée & mise deuant eux pour la chasser.

Cimier, c'est la croupe du Cerf, du Dain & du
Chevreüil.

Coëffé, bien coëffé, c'est quand vn chien courant
est bien

eſt bien aualé, dont les oreilles luy paſſent le
    nez de quatre doigts, *Chap. 65. pour Cerf, p. 232.*
Coffre, c'eſt le corps du Cerf quand toutes les cho-
    ſes en ſont leuées, que i'ay dites au chapitre de
    la curée pour Cerf; C'eſt auſſi le meſme terme
    pour Dain, Chevreüil & Lievre.
Collier du limier s'appelle botte qu'il a quand on
    le meine aux bois.
Connoiſſeur, ce ſont les notions & connoiſſances
    qu'on doit auoir des beſtes dont ie traitte.
Cor, c'eſt la trompe des Chaſſeurs.
Cordes de crin, c'eſt le traict dont on ſe ſert pour
    mener le chien au bois.
Corner, c'eſt ſonner du cor.
Cornes de cerf, ſont appellées, pour parler en bons
    termes, bois de Cerf, & ainſi du Dain & du Che-
    vreüil.
Corps de la teſte d'vn Cerf, d'vn Dain & d'vn Che-
    vreüil, s'appellent les perches & le marrain;
    c'eſt où ſont attachez les andoüillers cottez:
    ce ſont les deux coſtez du pied d'vne beſte fau-
    ue, & les pinces qui forment le bout du pied.
Couleur de poil, brune, fauue & rouge; c'eſt le
    pellage du Cerf, du Dain & du Chevreüil.
Couleur de poil pour chiens courans, blanche,
    noire, rouge & griſe, & les quatroüilleures ſur
    tous les poils, ſont blanches, griſes, noires, fau-
    ues & rouges de feu, comme il y peut auoir des
    mantelleures de tous ces poils.

ſſ

Couper, c'eſt quand vn chien quitte la voye de la
   beſte qu'il chaſſe eſtant auec les autres, & qu'il
   la va chercher en coupant les deuans pour
   prendre ſon aduantage, qui eſt vn vice auquel
   on doit prendre garde pour n'en pas tirer race.

Couple, c'eſt le lien de cuir & fer dont on couple
   deux chiens enſemble.

Coupler les chiens, c'eſt les attacher deux enſemble auec vn couple.

Courre, le courre ou la courre, c'eſt où l'on met les
   leuriers pour prendre le Loup, le Sanglier & le
   Renard.

Crier bien, c'eſt quand vn chien courant abboye
   ſouuent en chaſſant.

Crochets, c'eſt dequoy l'on crochette & attache
   par en-bas vne des cordes ou maiſtres qui eſt aux
   toiles.

Clabaut, c'eſt vn chien courant, à qui les oreilles
   paſſent le nez d'vn grand demy pied. Ce nom
   vient qu'ils demeurent à chaſſer, & rebatre des
   voyes en trois ou quatre arpens de bois que l'on
   appelle clabauder, c'eſt qu'ils manquent de force, & ne peuuent aller auec les autres chiens.

Croix de Cerf, c'eſt l'os qu'on trouue dans ſon
   cœur qui tire ſur cette forme.

Croupe de Cerf s'appelle cimier.

Curée, c'eſt faire manger le cerf ou autres beſtes
   aux chiens.

D

DAGVES, c'eſt le premier bois que porte vn
Cerf; elles ont la meſme vertu que la corne
de Lycorne.

Daguets, ce ſont ieunes Cerfs à leur ſeconde année, qui pouſſent & portent leurs premiers bois,
qui ſont enuiron gros & longs comme deux fu-
ſeaux, ſans aucuns andoüillers.

Deffenſes, ce ſont les grandes dents d'en-bas d'vn
Sanglier.

Defaut, demeurer en defaut, c'eſt auoir perdu les
voyes pour quelque-temps, ou tout à fait, de la
beſte que l'on chaſſe.

Deharder, c'eſt oſter des couples que l'on a paſſées
dans le mytan d'vne couple qui tient deux
chiens, pour en tenir pluſieurs enſemble, & auſſi quand ils ont les jambes priſes dans leurs couples les en oſter.

Deliées, ſont fumées bien machées, que nous appellons en termes, bien moulües.

Dent, groſſes dents du Loup, ſont propres pour
mettre à des hochets pour les petits enfans, &
à pollir.

Derriere, c'eſt le terme dont on doit vſer quand
on veut arreſter vn chien, & le faire demeurer
derriere ſoy.

Déployer le traict, c'eſt allonger la corde du crin

qui tient à la botte d'vn limier.

Deschauſſures, c'eſt le lieu où a graté le Loup, & où il s'eſt déchauſſé.

Découſures, c'eſt quand vn Sanglier a bleſſé de ſes deffenſes vn chien.

Dintiers, ce ſont les roignons d'vn Cerf.

Donner le Cerf aux chiens & les autres beſtes, c'eſt les lancer & faire découpler les chiens ſur les voyes.

Dorées, ce ſont fumées de cerf qui ſont iaunes.

Drap de curée, c'eſt vne toile ſur laquelle on eſtend la moüée qu'on donne aux chiens quand on leur fait curée de la beſte qu'ils ont priſe.

E

ECLABOVCHVRE, c'eſt à dire que la beſte que vous courez fait aller de l'eau ſur les branches & herbes qui ſont des deux coſtez du ruiſſeau qu'elle aura longé ou trauerſé, ou ſur les pierres qui excedent l'eau.

Embler, c'eſt quand aux alleures d'vne beſte les pieds de derriere ſurpaſſent ceux de deuant de quatre doigts.

Empaumure, c'eſt le haut de la teſte du Cerf & du Chevreüil, qui eſt large & renuerſée, où il y a trois ou quatre andoüillers ou plus, pour les Cerfs de dix cors, & vieux Chevreüils : car les ieunes n'en ont pas.

Enceinte, c'eſt le lieu où le valet de limier deſtourne les beſtes dont ie traitte auec ſon limier.

Ergotté, chien ergotté, c'eſt quand iL a vn ongle
de ſurcroiſt au dedans & au deſſus du pied.

Entées, ſont fumées de Cerfs ou de Biches que deux
n'en font qu'vne, qui ſe peuuent ſeparer ſans ſe
rompre.

Eſlaué, poil eſlaué, c'eſt vn poil mollaſſe & blaffart
en couleur, de beſte à chaſſer & de chiens, qui
eſt vne marque de foibleſſe.

Eſpié, chien eſpié, c'eſt quand il y a du poil au milieu du front plus grand que l'autre, & dont les
pointes ſe rencontrent, & viennent à l'oppo-
ſite, c'eſt vne marque de vigueur & de force.

Eſponge, c'eſt ce qui forme le talon des beſtes dont
ie traitte.

Eſtreuſler, chien eſtreuſlé, c'eſt à dire qu'il a vn os
de la hanche hors de ſon lieu.

Euerrer, c'eſt oſter vn nerf de deſſous la langue
d'vn chien ; ce qu'eſtant fait il ne mord iamais,
fuſt-il enragé. Voyez le traitté pour cerf au chapitre de la nourriture des ieunes chiens. *Chap.*
17. *pour Cerf, page* 50.

F

F ANS, ſont les petits des Bichés, Daines &
Chevrettes.

Fauue, befte fauue, c'eft Cerf, Dain & Chevreüil, y comprifes les femelles.

Faux fuyant, c'eft ce que l'on appelle vne fente à pied dans le bois.

Faux rembuchement, c'eft lors qu'vne befte entre dans vn fort dix ou douze pas, & reuient tout court fur elle pour fe rembufcher dans vn autre lieu.

Filandres, font crefpes qui tombent de l'air, & s'attachent fur les voyes d'vne befte, ce qui les fait connoiftre vieilles.

Filets, grands filets, c'eft la chair qui fe leue au deffus des reins du Cerf, & les petits filets fe leuent au dedans des reins.

Flafture, c'eft le lieu où le Lievre & le Loup s'arreftent & fe mettent fur le ventre lors qu'ils font chaffez des chiens courans.

Flaftrer, c'eft faire rougir vn fer en forme de clef plate, & l'appliquer au milieu du front du chien qui eft mordu d'vn chien enragé pour empefcher qu'il le deuienne.

Folilets, c'eft ce qu'on leue le long du defaut des épaules du Cerf apres qu'il eft depoüillé.

Formées, fumées formées, font fientes de fauues comme en crottes de chevres, mais plus groffes.

Forhu, font les petits boyaux du Cerf que l'on donne aux chiens au bout d'vne fourche émouffée durant le Printemps & l'Efté, apres qu'ils ont mangé la moüee & le coffre du Cerf.

Foulées, c'est quand on reuoit la forme du pied d'vne beste sur l'herbe ou des feüilles par où elle a passé, & si c'est en terre nette : cela s'appelle voye, pour Cerf, Dain, Chevreüil & Lievre ; & pour Loup & Renard, piste ; & pour beste noire, trace.

Fraize, c'est la forme des meules & des pierrures de la teste du Cerf, du Dain & du Chevreüil, qui est le plus proche de la teste, que nous appellons massacre.

Freoüer, c'est vne marque que le Cerf fait au bois quand il y touche de sa teste pour destacher & oster cette peau veluë qui la couure : Celuy qui apporte le premier freoüer à l'assemblée où est le Roy, & en laisse courre le Cerf, merite vn present du Roy ; sçauoir vn cheual à vn Gentil-homme de la Vennerie, & vn habit à vn valet de limier : ce qui s'est obserué de tout temps.

Fuite, c'est ce qui se connoist quand les bestes courent qu'ils ouurent le pied ; c'est ce que nous appellons fuite.

Fumées, sont les fientes des bestes fauues.

G

GAIGNAGES, ce sont les lieux où sont les grains, où les bestes fauues vont la nuict se repaistre & viander.

Gans : il les faut oster si on est present à la curée.

autrement ils appartiennent aux valets de chiens.

Gardes, ce font les deux os qui forment la iambe à toutes les beftes noires.

Garre, crier garre, c'eft le terme que doit dire ce-luy qui laiffe courre, & entend partir le Cerf de la repofée, afin de faire connoiftre aux pic-queurs qu'il eft lancé.

Gigotté, chien bien gigotté, c'eft quand vn chien a les cuiffes rondes & les hanches larges, c'eft figne de viteffe.

Gifte, c'eft le lieu où fe couche le Lievre.

Golys, ce font bois de dix-huict ou vingt-ans, & au deffus.

Goutieres, ce font les rayes creufes qui font le long des perches ou du marrain de la tefte du Cerf, du Dain ou du Chevreüil.

Graiffe de loup eft propre pour les foulures des membres debilitez.

Grez, ce font les groffes dents d'en-haut d'vn San-glier qui touchent & frayent contre les defen-fes, & qui femblent les aiguifer ; c'eft d'où eft venu ce nom.

Gros ton, c'eft le ton bas du cor.

Grefle, ton grefle, c'eft le ton haut, & le plus clai du cor.

HAY,

H

HAYE, c'eſt le terme dont on doit vſer pour arreſter les chiens qui chaſſent l'échange, & les oſter de deſſus la voye ; & pour les arreſter ſeulement lors qu'ils chaſſent le droiĉt pour attendre les autres, il faut dire *Derriere*.

Harde, le Cerf en harde (comme les autres fauues) c'eſt quand ils ſont en compagnie.

Harder les chiens dans l'ordre, c'eſt mettre les chiens chacun dans ſa force pour aller de Meute, ou aux Relais.

Hardois, c'eſt de petits brins de bois où le Cerf touche de ſa teſte lors qu'il veut oſter cette peau veluë qui la couure, l'on les trouue écorchez.

Harder, c'eſt dire harder des chiens & les prendre auec des couples paſſées dans le milieu de celles où ils ſont couplez pour les tenir & mener aux Relais.

Hary, hary, c'eſt le terme dont vſe le Picqueur pour donner de la crainte aux chiens lors que la beſte qu'ils chaſſent s'eſt accompagnée, afin de les obliger d'en garder le change.

Harpé, chien bien harpé, c'eſt quand vn chien a les hanches larges.

Harovt aly, c'eſt le terme dont le valet de limier doit vſer parlant à ſon limier lors qu'il laiſſe courre vne des beſtes dont ie traitte.

ſſſ

HAVLT A HAVLT, A MOITIE' A HAVLT, c'eſt le
terme pour appeller les chiens, & les faire venir
à ſoy.

HO LO LO LO LO LOOOO, c'eſt le terme dont vſe
vn valet de limier le matin quand il eſt aux bois
pour exciter ſon chien à aller deuant & ſe rab-
battre des beſtes qui paſſeront, il le peut auſſi
exciter de la langue.

HARLOV CHIENS, c'eſt vn terme dont le Picqueur
ſe doit ſeruir pour faire chaſſer les chiens courans pour Loup.

HOV, HOV, HOV, APRES LAMY, ſont les termes
dont le valet de limier doit vſer parlant à ſon
limier quand il laiſſe courre vn Loup & vn Sanglier.

Houper vn mot long ou deux, c'eſt quand vn Veneur appelle ſon compagnon lors qu'il trouue
vn Cerf ou vne autre beſte courable qui ſort de
ſa queſte & entre en celle de ſon compagnon.

Houzures ou crottures, c'eſt quand vn Sanglier
vient de ſortir du foüille, qu'il entre dans le
bois où il met de la crotte ſur les branches en
s'y frottant, ce qui ſert à en connoiſtre la hauteur.

HVBERT, SAINT HVBERT, c'eſt le Patron des
Chaſſeurs : Il a le pouuoir de guerir de la rage.

I

IAMBE de beſte, c'eſt depuis le talon iuſques
aux os, pour beſtes fauues, & aux gardes pour
beſtes noires qui en font auſſi la largeur.

Iarret droit, c'eſt ſigne de viteſſe aux chiens.

IL BAT L'EAV, c'eſt vn terme dont on vſe quand la
beſte que vous chaſſez entre & donne à l'eau.

Immondices, ſont les excremens des chiens.

L

LAISSE'ES, ce ſont les fientes de Loup & de
beſtes noires.

Laiſſer courre, c'eſt faire courre la beſte aux chiens
courans.

Lambeaux, c'eſt la peau veluë du bois de Cerf
qu'il dépoüille, & qu'on trouue au pied du
freoüer.

Lancer le Cerf, c'eſt le faire partir de la repoſée
comme les autres beſtes fauues.

Lancer vn Loup, c'eſt le faire partir du licteau.

Lancer vn Lievre, c'eſt le faire partir du giſte.

Lancer vne beſté noire, c'eſt la faire partir de la
Bauge.

Laye, c'eſt la femelle du Sanglier.

LAYLA, LAYLA, CHIENS, c'eſt vn terme dont le

Picqueur doit vser pour tenir ſes chiens en crainte lors qu'il s'apperçoit que la beſte qu'ils chaſſent eſt accompagnée, pour les obliger à en garder le change.

Ladre, Lievre ladre, c'eſt celuy qui habite aux lieux mareſcageux.

Larmes de cerf, c'eſt vne liqueur iaune qui ſe prend dans les larmiers du Cerf, qui eſt propre à quelques maux que vous verrez dans le chapitre des proprietez du Cerf, *Chap. 2. pour Cerf pag. 5.*

Larmiers, ce ſont deux fentes qui ſont au deſſous des yeux d'vn Cerf.

Leſſe, c'eſt vne corde de crin longue de trois braſſes ou enuiron, dont on tient les Levriers en leſſe.

Limier, c'eſt le chien qui deſtourne le Cerf & autres grandes beſtes.

Licteau, c'eſt le lieu où ſe couche & repoſe le Loup pendant le iour.

Lievre: Il eſt plus aſſeuré aux mutations des temps que les Aſtrologues, comme vous le verrez au chapitre du naturel du Lievre dans le traicté de la meſme Chaſſe, *Chap. 3. pour Lievre, p. 289.*

Longer vn chemin, c'eſt quand vne beſte va d'aſſeurance, ou qu'elle fuit, cela s'appelle, Elle longe le chemin, & quand elle retourne ſur ſes voyes, cela s'appelle, Ruſe & retour.

Loup, c'eſt vn chien ſauuage ayant les meſmes qualitez & infirmitez: ce que vous verrez au chapitre du naturel du Loup dans son traitté, *chap. 1. pour Loup, page 353.*

M

MAINTENIR & garder le change, c'est quand les chiens chassent toûjours la beste qui leur a esté donnée, & la maintiennent dans le change.

Maistre valet de chiens, c'est celuy qui donne l'ordre aux autres valets de chiens.

Mal semé, c'est quand le nombre des andoüillers est non-pair aux testes des Cerfs, Dains & Chevreüils.

Mangeures, sont les pastures des Loups & Sangliers.

Manteleures, c'est quand vn chien a sur le dos vn different poil de celuy qu'il a au reste du corps.

Marcassins sont les petits de la laye.

Marche du Loup, c'est ce qu'on appelle en vray terme, Piste ou voye.

Martelées, sont fientes fumées de fauue qui n'ont point d'aiguillon au bout.

Massacre, c'est la teste du Cerf, du Dain, & du Chevreüil.

Mésiant, c'est le Loup, qui est le plus mésiant & le plus méchant de tous les animaux que nous ayons en France.

Menée belle, c'est dire qu'vn chien a la voix belle.

Mener les chiens courans à l'ébat, c'est les promener ce qui se doit faire deux fois le iour.

Menus droicts, ce sont les oreilles d'vn Cerf, les bouts de sa teste, quand elle est molle, le musle, les dintiers, le franc boyau & les nœuds qui se leuent seulement au Printemps & dans l'Esté, c'est le droict du Roy.

Meules, c'est le bas de la teste d'vn Cerf, d'vn Dain & d'vn Chevreüil, & qui est le plus proche du massacre, c'est la fraize & les pierrures qui les forment.

Mots de Chasse, se doiuent appeller Termes.

Mots, sonner vn ou deux mots, c'est sonner vn ou deux tons longs du cor, qui est le signal du Picqueur pour appeller ses compagnons.

Moüée, c'est vn meslange fait du sang de la beste (que vous auez prise à force) auec du laict ou potage selon les saisons, où l'on doit mettre force pain coupé par petit morceaux, que l'on donne aux chiens courans en leur faisant curée.

Musle, c'est le bout du nez des bestes fauues.

Muë, c'est vn costé de la teste d'vn Cerf, d'vn Dain & d'vn Chevreüil, qu'il met bas lors qu'il muë en Fevrier & Mars ; ce qu'ils font tous les ans : mais le Chevreüil ne muë pas reglément dans cette saison.

Muzer, c'est lors que les Cerfs commencent à sentir leur chaleur venir pour entrer en rut, qu'ils

vont pour quelques iours la teſte baſſe le long
des chemins & campagnes.

N

NA P E, c'eſt la peau des beſtes fauues.
N'aller plus de temps, c'eſt quand il y a vn
iour ou deux, ou plus qu'vne beſte eſt paſſée.
Nez fin, c'eſt quand vn chien a le ſentiment bon.
Nerf de Cerf, c'eſt ſon membre.
Nœuds, ſont des morceaux de chair qui ſe leuent
    aux quatre flancs du Cerf.
Nombres & petits filets, ſe leuent enſemblent, &
    ſont encores des droicts du Roy, c'eſt ce qui ſe
    prend au dedans des cuiſſes & des reins du Cerf.

O

OV R V A R Y A MOITIE' A HAVLT, ce terme eſt
    pour obliger les chiens à retourner & trou-
    uer les bouts de la ruſe d'vne beſte, lors qu'elle
    a fait vn retour.
Ouuertes, teſtes ouuertes, ſont teſtes de Cerf, Dain,
    & Chevreüil, dont les perches ſont fort écar-
    tées, qui eſt vne des belles qualitez que puiſſe
    auoir vne teſte.
Os de Cerf, Dain & Chevreüil ; ce ſont les ergots
    des beſtes priuées, & ce qui forme la iambe aux
    beſtes fauues.

P

PANS DE RETS, ce font filets de quoy l'on prend les grandes beftes.

Parc, c'eft où l'on fait le courre pour faire venir les beftes noires quand on les a mifes & enfermées dans les toiles.

Parchaffer, c'eft chaffer vn befte auec des chiens courans, qu'il y a deux & trois heures qu'elle eft paffée, c'eft ce que l'on dit auffi rapprocher.

Pâtter, c'eft vn Lievre qui emporte la terre auec fes pieds dans les lieux humides & gailleux.

Patte, c'eft le pied de Loup, qui confifte au talon, doigts, ongles & la foffette qui eft dans le milieu, qui en forment les connoiffances fur la terre.

Pelage, c'eft dire en gros la couleur des beftes courables & chiens, en difant leur principale couleur.

Percer, c'eft lors qu'vne befte tire de long, & s'en va fans s'arrefter eftant chaffée, c'eft auffi quand le Picqueur perce dans le fort.

Perches, font les deux groffes tiges du bois ou tefte du Cerf, du Dain & du Chevreüil où font attachez les andoüillers.

Perlures, ce font des grumeaux qui font le long des perches & andoüillers de la tefte d'vn Cerf, d'vn Dain & d'vn Chevreüil, mais ils ne vont

pas

pas iufques au bout des andoüillers.

Peſer beaucoup, c'eſt quand vne beſte enfonce beaucoup de ſes pieds dans la terre, c'eſt vne marque
qu'elle a grand corſage.

Pieux, ce ſont les baſtons dont on frappe & tuë les beſtes noires, quand elles ſont dans le parc; le coup
mortel eſt ſur le boutoy.

Pieux fourchus, ce ſont ceux dont on tend & attache les
toiles.

Picqueurs, ce ſont gens à cheual eſtablis pour faire
chaſſer les chiens.

Pierrures, c'eſt ce qui forme la fraize qui eſt autour des
meules de la teſte d'vn cerf, d'vu daim, & d'vn cheureüil.

Pigache, c'eſt la connoiſſance qui ſe void au pied du
ſanglier quand il a vne pince à la trace plus longue
que l'autre.

Pied du ſanglier, s'appelle trace en vray terme, comme
de toutes les beſtes noires.

Pillart, c'eſt vn chien querelleux.

Pinces, ſont les deux bouts des pieds des beſtes fauues;
ſi elles ſont vſées, c'eſt ſigne de vieilleſſe, comme
auſſi les coſtez du pied.

Piſte de Loup, c'eſt la marche ou ſa voye.

Platteaux, ſont fientes & fumées de fauues qui ſont
plattes & rondes, & encore en forme de bouzards.

Porchaiſon, c'eſt vn ſanglier qui eſt gras & en porchaiſon.

¶¶¶¶

Portées, c'eſt quand vn Cerf paſſe dans vn bois qui eſt fort épais & pliant, dont il fait plier les branches, & tourner en auant, comme les autres feüilles auec ſa teſte ; pour eſtre de la teſte d'vn cerf, il faut qu'elles ſoient de ſix pieds de hauteur ; car il en peut faire du corps comme toutes les autres beſtes.

Porte de chenil doit eſtre à deux guichets, afin que la baye & l'ouuerture en ſoit plus large, de peur que les chiens ne s'y choquent de la hanche, & ne s'y eſtreuſſent.

Poudrer, c'eſt quand on chaſſe vn Lievre dans les temps de ſechereſſe, & qu'il paſſe dans les chemins poudreux & les terres nouuelles labourées, où il fait voler la poudre qui recouure ſes voyes ; ce qui en diminuë beaucoup le ſentiment.

Prendre le vent, c'eſt mener les chiens courans quand vous prenez les deuans d'vne beſte ; c'eſt auſſi faire vne courre à bon vent pour y mettre les Levriers en ſorte que le vent vienne du coſté du bois où ſera deſtourné la beſte ; c'eſt encore quand vn limier ou chien courant a le vent d'vne beſte, & qu'il la va lancer au vent.

Prendre les deuans, c'eſt quand on a perdu les voyes d'vne beſte, que l'on fait vn grand tour pour en rencontrer & en renouueller ; c'eſt auſſi quand le Veneur a rembuché vne beſte qu'il en prend les deuans auec ſon limier pour la deſtourner, & eſtre aſſeuré qu'elle demeure.

Q

QVACQVECENDRE, c'eſt le flux de ventre, & le flux de ſang des loups & des chiens.
Quartan, ſanglier en ſon quartan, c'eſt lors qu'il a
quatre ans.
Quartier de la Venerie, c'eſt le logement des chiens &
des Veneurs.
Quatroüillé, c'eſt vn poil meſlé aux chiens parmy leur
principale couleur.
Queſter & aller en queſte, c'eſt vn valet de limier qui
va deſtourner les beſtes auec ſon limier; c'eſt auſſi
aller queſter vne beſte pour la lancer & chaſſer auec
les chiens courans.
Querelleur, c'eſt vn chien pillart.

R

RABBATRE, c'eſt lors qu'vn limier ou vn
chien courant tombe ſur les voyes d'vne beſte
qui va de temps qu'il s'en rabat, & remonſtre, & en donne la connoiſſance à celuy qui
le meine.
Rage, c'eſt vne maladie qui ſe prend dans le ſang, ce
qui rend furieux celuy qui en eſt atteint. Il y en a de

six sortes pour les chiens, sçauoir rage enragée, rage courante, rage tombante, rage efflanquée, rage endormie, ou rage muë, & rage enflée. Voyez-les au chapitre qui en parle du traitté des receptes, *Chap. 1. des Receptes.*

Randonnée, c'est quand apres qu'vne beste est donnée aux chiens elle se fait chasser, & tourne deux ou trois tours alentour du mesme lieu.

Rapport, c'est quand le Veneur vient dire à l'assemblée, à son Capitaine ou à son Maistre qu'il a destourné vne beste, qui se doit faire en ces termes pour Cerf, *Ie mécroy destourner vn jeune Cerf ou vn Cerf de dix cors ieunement, ou vn Cerf de dix cors, en tel lieu, si mon chien ne me trompe, ou s'il ne passe depuis moy, qui a le pied rond, ou le pied long, ou aussi long que rond, ou rond deuant, & long derriere.* Et s'il a vne connoissance, il la doit dire, & à quel pied elle est, comme si elle est de dedans en dehors, ou de dehors en dedans; & cette connoissance est vn des costez de la pince plus long que l'autre.

Mais pour les autres bestes, horsmis les sangliers (ce que nous appellons en leur tieran & au dessus, les Veneurs ne sout pas obligez de faire le discernement des masles de la femelle à leur rapport; mais ils doiuent vser simplement des termes cy-dessus, en disant, *Je mécroy destourner vne beste* (la nommant telle qu'elle est) *si mon Chien ne me trompe, ou si elle ne passe depuis moy.* Vous verrez plus amplement toutes les circonſtances du rapport au chapitre des traittez des Chaſſes. *Chapitre 51. pour Cerf.*

Rapprocher vn Cerf ou vne autre beſte, c'eſt le par-chaſſer auec les chiens courans. Ces termes ſe diſent de parchaſſer & rapprocher, à cauſe que les chiens ſont obligez d'aller doucement pour tenir la voye d'vne beſte qui eſt paſſée deux ou trois heures aupa-rauant.

Rayer, rayer les voyes d'vne beſte, c'eſt faire vne raye derriere le talon de la beſte, cela ne ſe doit faire qu'aux beſtes que l'on a deſſein de deſtour-ner; c'eſt ce qui le fait connoiſtre à ceux qui ſont aux bois.

Receller, c'eſt quand vne beſte demeure deux ou trois iours dans ſon fort ou enceinte, ſans en ſortir.

Redonné aux chiens, c'eſt lors qu'on a requeſté vn Cerf, & qu'on le relance, & on le redonne aux chiens, ainſi ſe doit dire, *Relancé & re-donné.*

Reer, c'eſt le cry ou beuglement d'vn cerf, d'vn daim, & d'vn chevreüil quand ils ſont en rut.

Refuite, ce ſont les lieux où vont les beſtes, lors que l'on les chaſſe.

Relaiſſé, c'eſt vn Lievre qui eſt chaſſé auec les chiens courans, qui ſe met ſur le ventre.

Relais, tenir les Relais, c'eſt quand on met des chiens en certains endroits, & dans la refuite de la beſte

que vous courrez pour les donner quand elle paſ-
fera.

Relancer vne beſte, c'eſt dire qu'elle a eſté deſia lancée,
ce qui ſe fait lors que l'on la chaſſe, & particulierement quand elle eſt ſur ſes fins

Releué d'vne beſte, c'eſt quand elle ſe leue & ſort
du lieu où elle a demeuré le iour pour aller ſe repaiſtre.

Rembuchement, c'eſt lors qu'vne beſte eſt entrée dans
le fort que vous briſez ſur ſes voyes haut & bas de
pluſieurs briſées.

Remonſtrer, c'eſt donner connoiſſance des voyes de
la beſte qui eſt paſſée.

Renard, eſpece de chien ſauuage, qui n'a rien de bon
que le poulmon preparé, ſert aux poulmoniques, &
la peau ſert aux fourrures.

Rentrer au fort d'vne beſte, c'eſt quand elle s'y rembuche.

Repoſée, c'eſt le lieu où les beſtes fauues ſe mettent ſur le ventre pour y demeurer & dormir le
iour.

Reins hauts & bien reinté, c'eſt quand vn chien a
les reins, & eſleuez en arc, & larges, c'eſt ſigne de
force.

Requeſter vn cerf ou autre beſte, c'eſt lors qu'on l'a
couru & briſé le ſoir, & qu'on le va chercher & queſter le lendemain auec le limier pour le relancer &
redonner aux chiens.

Retour, faire vn retour, c'eſt quand la beſte retourne

d'où elle vient sur ses voyes.

Ressuy, c'est le lieu où se met la beste fauue pour s'es-
    suyer de la rosée du matin auant que de se mettre à
    la reposée.

Reuenu de cerf, de daim & de chevreüil, c'est qu'a-
    pres auoir mis bas leurs testes, ils en repoussent vne
    nouuelle.

Ridées, sont fientes & fumées de fauues qui sont
    ridées aux vieux Cerfs & vieilles Biches seule-
    ment.

Roüée, teste roüée, ce sont testes de cerf, daim & che-
    vreüil dont les perches sont peu ouuertes & ser-
    rées.

Route, c'est vn grand chemin dans les bois.

Rut, c'est quand les bestes sont en amour, les Cerfs y
    entrent au commencement du mois de Septembre,
    & le finissent à la my-Octobre, tant les vieux
    que les ieunes; car ils n'y sont chacun que trois
    sepmaines; ce sont les vieux Cerfs qui y entrent les
    premiers.

Rut des Chevreüils commence en Octobre, ne dure
    que douze ou quinze iours; car le chevreüil iouyt
    seul de sa femelle, & quand il veut; qui se fait
    par vne espece de mariage, se gardant fidelité l'vn à
    l'autre.

Rut, ou plustost amour des Lievres, ou autremenr le
    bouquinage, se fait d'ordinaire dans les mois de De-
    cembre & Ianuier; mais le temps n'en est pas si cer-
    tain que pour les autres bestes pour les raisons dedui-

tes en vn chapitre de la chasse pour lievre, *Chapitre 2. pour Lievre.*

Rut & chaleurs des Loups se tient dés la fin de Decembre iusques au cômencement de Fevrier; mais non
pas comme l'écrit le sieur du Foüilloux; ce que je
fais connoistre dans vn chapitre au traitté pour loup,
Chap. 1. pour Loup.

Rut des sangliers, se tient tout le mois de Decembre; &
quand ils manquent de leurs femelles, ils en viennent chercher de domestiques.

Rut ou amour des renards, se tient en Decembre &
Iannier.

Ruzer, c'est quand vne beste qui est chassée, va & vient
sur ses mesmes voyes dans vn chemin ou autres
lieux, à dessein de se deffaire des chiens.

Ruze, le bout de la ruze, c'est quand on trouue au bout
du retour qu'a fait vne beste, que ses voyes sont sim-
ples, & qu'elle s'en-va & perce.

S

SAGES, sages chiens, sont ceux qui conseruent le
sentiment de la beste qui leur a esté donnée, & qui
en gardent le change.

Saison que les Chevreüils mettent plus ordinairement bas leurs bois ou testes, c'est dans le mois
d'Octobre; mais ils n'y sont pas si reglez que
les Cerfs, puisque nous voyons qu'il y en a

qui

qui ont leurs testes molles & veluës dans toutes les saisons.

Sauuages, chiens sauuages, Loup & Renard.

Semé, bien semé, c'est quand à la teste d'vn Cerf, d'vn Daim & d'vn Chevreüil le nombre des andoüillers se trouue pair ; & mal semé, c'est quand il est non-pair.

S'en-va, Chiens, c'est vn terme à parler aux chiens, quand ils chassent ; les mesmes sont, Il va la, Chiens, ovrte-vavx, Chiens, ce sont mesmes choses qui se doiuent dire à la discretion du Piqueur les vns apres les autres.

Separer, separer les questes, c'est distribuer aux Veneurs & valets de limiers vne forest par cantons ou plusieurs buissons, apres les auoir écrits, & les leur auoir donné par billets pour aller aux bois destourner les bestes dont ie traitte.

Son de cor du gros ton, son du cor du gresle.

Sonner vn mot ou deux du gros ton, c'est quand le Picqueur donne le signal à quelqu'vn de ses compagnons pour le faire venir à luy.

Solle, c'est le milieu du dessous du pied des grandes bestes.

Sortir du fort, c'est vne beste qui debuche de son fort, qui est le lieu où elle a demeuré le iour.

Soüille, c'est quand la beste noire se met sur le ventre dans l'eau & dans la bourbe.

Spées, sont bois poussez d'vn an ou deux.

Suiure, c'est quand vn limier suit les voyes d'vne

¶¶¶¶¶

beste qui va d'asseurance : car quand elle fuit c'est la chasser.

Sur-andoüiller, c'est vn grand andoüiller qui se rencontre à quelques testes de Cerfs, qui excede en longueur les autres de l'empaumure.

Sur-aller, c'est quand vn limier ou vn chien-courant passe sur les voyes d'vne beste, sans en rabbatre, & en remonstrer à celuy qui le meine.

Sur-neigées, sont les voyes des bestes où la neige a tombé.

Surpleües sont aussi des voyes où il a pleu.

T

TAYOO, c'est le terme du Chasseur quand il void la beste, sçauoir Cerf, Daim & Chevreüil.

Tieran, Sanglier en son tieran, c'est quand il a attaint l'âge de trois ans.

TIREZ, CHIENS, TIREZ, c'est le terme pour faire suiure les chiens quand on les appelle.

Tirer de longue, c'est quand la beste s'en-va sans s'arrester,

Termes pour chiens sont les mots dont on vse pour parler à eux.

Termes & manieres d'aller aux bois, & chasser le Chevreüil sont de mesme que pour Cerf.

Toiles qui seruent à enfermer les bestes noires.

Torches, ce sont fumées qui sont à demy formées.

Tons pour chiens font Don, Don, Don, Don, Doon,
& cela du gros ton pour quand on fait chaffer,
& pour faire tourner & requefter les chiens, il
faut fonner ainfi, Donhon, Donhon, Donhon,
du gros ton. Et quand la befte eft à veuë il
faut fonner du grefle les mefmes tons que pour
chiens ; & pour fonner la mort, il faut fonner
trois mots longs ainfi , Don-on-on du gros
ton ; & pour la retraitte, il faut encore fonner
du gros ton, Donhon, Donhon, Donhon,
Don-on-on.

Toucher aux bois, c'eft quand le Cerf , le Daim
& le Chevreüil veulent ofter la peau veluë qu'ils
ont fur leurs bois.

Tourner , c'eft lors que la befte que l'on chaffe
tourne & fait vn retour ; c'eft auffi faire tourner les chiens pour en trouuer le retour & le
bout de la rufe.

Trace, c'eft le pied des beftes noires.

Traict, c'eft la corde de crin qui eft attachée à la
botte du limier qui fert à le tenir, lors que le
Veneur va aux bois.

Trôlle , c'eft ce qui fe fait quand on n'a pas efté
au bois pour y deftourner les beftes dont ie
traitte ; & ce terme veut dire, découpler des
chiens courans dans vn grand pays de bois pour
quefter & lancer la befte que vous voulez
courre.

¶¶¶¶¶ ij

V

VA OVTRE, c'eſt le terme dont vſe le valet de limier lors qu'il eſt au bois qu'il allonge le traict à ſon limier, & le met deuant luy pour le faire queſter.

Vaines, ſont fumées legeres & mal preſſées de beſtes fauues.

Valets de chiens, ſont ceux qui ont le ſoin des chiens.

Valets de limiers, ſont ceux qui vont au bois pour deſtourner les beſtes auec leurs limiers, & qui les doiuent dreſſer, & en auoir le ſoin.

Valets de levriers, ce ſont ceux qui ont le ſoin des levriers, & qui les tiennent & laſchent à la courre.

Vautraict, c'eſt la chaſſe qui ſe fait aux beſtes noires auec des mâtines.

VAYLA, c'eſt le terme dont vn valet de limier doit vſer quand il arreſte ſon limier qui eſt ſur les voyes d'vne beſte pour connoiſtre s'il eſt dans la voye.

VELCYALLE, terme dont doit vſer le valet de limier à ſon chien pour l'obliger à ſuiure les voyes d'vne beſte quand il en a rencontré; ce terme peut ſeruir auſſi pour faire queſter & requeſter les chiens courans.

VELCY VA AVANT, c'eſt encore vn terme que

doit dire le valet de limier lors qu'il laisse courre vne beste qui va d'asseurance ; & quand il en
reuoit des voyes, & quand ce sont foulées ou
portées, il doit dire, *Velcy va auant par les foulées, ou portées, ou par les fumées*, s'il en trouue,
& que ç'en soit la saison.

VELLE-LA, c'est le terme que l'on doit dire quand
on void le Lievre, le Loup & le Sanglier.

VELESCYALLE', c'est le terme dont on doit vser
quand on void des fuites de Loup, Sanglier &
Renard.

Veluë, c'est la peau qui est sur les testes du Cerf,
du Daim & du Chevreüil lors qu'ils la poussent.

Venaison, c'est la graisse du Cerf qu'on appelle de
mesme aux autres bestes ; c'est le temps qu'il est
meilleur à manger, & qu'on le force plus aisément : Ce sont les Cerfs de dix cors & vieux Cerfs
qui en ont le plus.

Vermiller, c'est quand les bestes noires suiuent
auec le bout du nez ou boutoy la trace des mulots pour denicher leur magazin.

Vers, ce sont vers qui s'engendrent l'Hyuer entre
la nappe & la chair des bestes fauues, & qui se
coulent & vont le long du col aux Cerfs, Daims
& Chevreüils entre le massacre & le bois pour
leur ronger & les faciliter à mettre bas leurs
testes.

Veüe, beste à veüe, c'est quand on void la beste, & qu'on la court à veüe.

Viandis, sont les pastures des bestes fauues.

VOLCE. LESL, c'est vn terme que l'on doit dire quand on reuoit de la beste fauue qui va fuyant; ce qui se void quand elle ouure les quatre pieds.

VOYEZ & REVOYEZ, c'est quand on reuoit du pied de la beste par où elle est passée pour en faire reuoir.